POLYOLEFIN COMPOUNDS AND MATERIALS

FUNDAMENTALS AND INDUSTRIAL APPLICATIONS

聚烯烃共混物及材料

基础和工业应用

[卡塔尔] 马里亚姆·阿里·阿尔玛·阿德德（Mariam Al-Ali Alma’adeed） 伊戈尔·克鲁帕（Igor Krupa） 主编

张师军　等译

内 容 提 要

《聚烯烃共混物及材料：基础和工业应用》从聚烯烃的基础知识展开，介绍了聚合工艺到聚烯烃的合成、加工，解释了有关聚烯烃复合材料和共混物的基本知识。本书涵盖了聚烯烃材料的发展趋势及其在食品包装、纺织业、汽车和生物医用等领域的研究和应用，详细阐述了各领域应用聚烯烃材料的合成、加工、分类、测试表征等。本书反映了现阶段聚烯烃材料的生产及加工应用方面的研究进展，内容全面、实用，讨论了聚烯烃的处理、生物降解和回收的问题，并阐明其商业重要性和经济价值。

全书内容涵盖了聚烯烃从聚合、合成、加工到应用和回收整个“生命周期”，为聚烯烃领域从业人员提供了翔实的基础介绍和行业知识，适合从事聚烯烃加工领域的研究者使用，同样适合聚烯烃产品研发、开发、加工应用等相关从业者使用。

著作权合同登记 图字 01-2020-5792
First published in English under the title
Polyolefin Compounds and Materials: Fundamentals and Industrial Applications
edited by Mariam Al-Ali AlMa'adeed and Igor Krupa

图书在版编目（CIP）数据

聚烯烃共混物及材料：基础和工业应用 / 马里亚姆·阿里·阿尔玛·阿德德，伊戈尔·克鲁帕主编；张师军译. —北京：中国石化出版社，2021.3
书名原文：Polyolefin Compounds and Materials: Fundamentals and Industrial Applications
ISBN 978-7-5114-6020-2

Ⅰ.①聚… Ⅱ.①马… ②伊… ③张… Ⅲ.①聚烯烃—共混—复合材料 Ⅳ.① O632.12

中国版本图书馆 CIP 数据核字（2021）第 056286 号

中国石化出版社出版发行
地址：北京市东城区安定门外大街58号
邮编：100011 电话：（010）57512500
发行部电话：（010）57512575
http://www.sinopec-press.com
E-mail：press@sinopec.com
河北宝昌佳彩印刷有限公司印刷
全国各地新华书店经销
*
787×1092毫米 16开本 17.25印张 343千字
2021年4月第1版 2021年4月第1次印刷
定价：108.00元

聚烯烃是广泛应用于国民经济和人民日常生活中的一类热塑性高分子材料，由于它具有良好的原材料来源、制备工艺比较简单、加工比较容易以及良好的综合性能，聚烯烃一直以来都是聚合物研究中最活跃的领域之一。聚烯烃共混物是指以一种聚烯烃材料为基础，与其他不同结构、不同组成的聚烯烃、功能性聚合物或其他材料通过机械共混、反应性共混等方式制备的高分子共混材料。聚烯烃共混物往往具有单一聚烯烃材料达不到的性能，可满足不同的应用需求。由于聚烯烃具有低成本、低密度、易加工、化学与物理性能优良的特点，以及新的应用市场的不断扩大，有关聚烯烃共混物的研究、开发与应用在过去十几年里得到了迅猛发展。

施普林格出版社出版的*Polyolefin Compounds and Materials*：*Fundamentals and Industrial Applications*是近年来集中阐述聚烯烃共混物基础知识和工业应用的高水平专著，本书涵盖了聚烯烃材料的发展趋势及其在食品包装、纺织业、汽车和生物医用等领域的研究和应用。全书共分为14章，第1章对聚烯烃材料进行总体的介绍；第2章主要对聚烯烃的发展历史和经济影响进行介绍，其中包括聚乙烯、聚丙烯等的发展历程以及聚烯烃各大生产厂商的内容；第3章详细介绍了烯烃聚合的发展过程；第4章中全面概况了聚烯烃的加工工艺方法；第5章和第6章分别介绍了聚烯烃共混物和聚烯烃复合材料的基本知识，其中包括材料的形态、性能和形态的关系以及不同类型聚烯烃共混物和聚烯烃复合材料的应用；第7章详细介绍了包装及食品工业中应用的聚烯烃材料，从性能、加工、技术需求等方面进行了详细阐述；第8章着重介绍了对聚烯烃的粘附性改性，包括改性分类、预处理、特性表征和改性应用；第9、第10、第11章分别详细介绍了聚烯烃在纺织、生物医药和汽车工业领域的应用；第12、第13章对聚烯烃的降解以及聚烯烃材料的回收进行详细介绍；第14章综合概括了聚合物材料及制品的发展现状，并对其未来的发展进行了展望。

本书为一本专业性很强的科研类书籍，比较适合从事聚烯烃研究开发工作的研究机构、高校院所、生产和研发公司的有关人员作为辅助材料加以参考学习，书中所介绍的技术和工艺发展紧跟世界前沿。编译组为中国石化北京化工研究院从事聚烯烃领域的专家和研究人员，他们在聚烯烃催化剂制备、聚合工艺、共混技术、加工应用等领域积累了丰富的经验，具有较高的专业技术水平。

此书的翻译和出版可以帮助有关的科研人员系统地了解聚烯烃共混物的相关知识和研究进展，为从事聚烯烃材料研究和开发，以及从事聚烯烃产品加工应用领域的科技人员提供了有益的参考资料。读者不仅可以对聚烯烃材料的历史发展、技术领域有全面的了解，还能够了解到比较新的发展动态。

翻译委员会

主　　译：张师军

副 主 译：董　穆

翻译组成员（排名不分先后）：

陈若石　徐毅辉　付梅艳　徐　萌

张　琦　郭　鹏　李长金　解　娜

目录
CONTENTS

第1章 引言

马里亚姆·阿里·阿尔玛·阿德德、伊戈尔·克鲁帕

1.1 聚烯烃是什么?

聚烯烃是由丙烯、乙烯、异戊二烯和丁烯等烯烃聚合而成的热塑性聚合物，通常从天然的碳源如原油和天然气中获得。聚烯烃只含有碳原子和氢原子，有或无侧链。

图1.1 聚乙烯颗粒

聚烯烃的生产始于研究实验室。聚乙烯是E.W.福西特（E.W.Fawcett）和R.O.吉布森（R.O.Gibson）在帝国化学公司（Imperial Chemical Company）的研究实验室中首次生产的聚烯烃，在高压和高温下由纯乙烯制成。在图1.1中所示的是聚乙烯颗粒。2018年度，全球聚乙烯的产量约为1亿吨，新工厂的投资约为1亿元。

在1950年齐格勒–纳塔催化剂的开发之后，聚烯烃的生产更加容易，并且具备了低成本、高质量和更易控制分子量等特点，这使得聚烯烃在各个领域得到了广泛应用。

这本书研究了聚烯烃化合物和材料的“生命周期”：包括它们的历史和经济影响、合成和加工、应用、回收和热氧降解。

1.2 概述

聚烯烃的性能主要取决于烯烃单体的类型和聚合路线，它们会导致不同的分子质量和结晶度。可以通过引入各种官能团或与其他聚合物和填料混合来进行简单的改性，以获得所需应用的定制特性。

通常，聚烯烃具有良好的化学稳定性，它们不溶于水、不溶于极性溶剂以及60℃以下的单极性有机溶剂，且具有高电阻率和高介电强度。

聚烯烃和它们的共混物及其复合材料通常通过吹塑、注塑、挤压、模压、旋转模

塑和热成型来加工。聚烯烃材料可以加工成块状材料、纤维和薄膜。

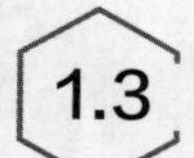

1.3 聚烯烃生产和改性研究的重要性

《聚烯烃共混物及材料：基础和工业应用》强调了学术和工业之间的重要关系，以及在不同领域中，聚烯烃的应用生产和改善对社会的帮助。世界各地的学术研究开发了不同用途的聚烯烃工业。科学家提供的知识和创新可以由工业生产转化为聚烯烃产品。工业界利用这些想法来谋求经济发展和打造真正高质量的产品来造福社会。新的问题和要求通常被工业界反馈给学术界和不同的研究部门，以改善聚烯烃的应用并形成新的效益。图1.2显示了学术界、社会和工业界对聚烯烃生产及改进的周期。

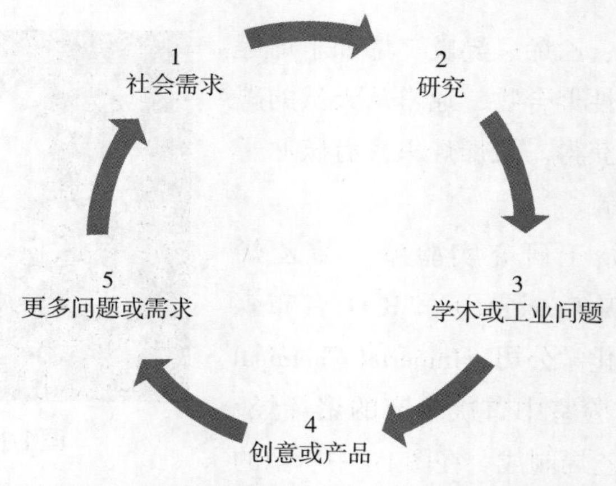

图1.2 学术界和工业界研究合作开发新材料

基础研究产生了重要的知识，以不断满足行业和社会的新的要求。开放式探索性研究是可以带来社会效益和经济效益的第一步。生产新聚烯烃材料的时间线如图1.3所示，该时间线包括研究阶段、新型聚烯烃材料阶段、聚烯烃复合材料阶段、量产阶段、高产阶段、成熟阶段和成本降低阶段。

聚烯烃可被视为需要不同学科如化学、物理学、计算机科学和工程学合作的跨学科材料。不同领域的整合带来了新的先进技术和经济竞争力，以改变聚烯烃的不同应用。聚烯烃正在取代许多不同用途的其他材料。科学家正试图通过新的聚合工艺、改性催化剂和改进的添加剂，为聚烯烃寻找新的生产、加工工艺和应用前景，并提供更加友好的环境路线，以更广泛地应用这些材料。

学术界和工业界之间的这种互动可以促使聚烯烃技术和经济的新发展。本书由聚烯烃领域的学者和工业专家撰写，期望为社会进步做出积极贡献。本书介绍了聚烯烃的基础知识及应用，可供学生、学者和工业界参考借鉴。

本书从聚烯烃的历史和经济影响开始，列举了世界各地的例子，介绍了聚合和加工方面的基本知识。

有关聚烯烃混合物和复合材料的基础及高级知识，在讨论应用于不同领域之前，有必要对其进行相关解释。

本书通过以下几个方面介绍了聚烯烃的新产品：

（1）包装和食品工业；

（2）聚烯烃黏结性改性；

（3）聚烯烃在纺织品和无纺布中的应用；

（4）聚烯烃的生物医学领域的应用；

（5）聚烯烃在汽车领域的应用；

（6）聚烯烃的热降解、氧化降解和燃烧。

在本书最后，我们根据目前的状态和未来展望，讨论了通过回收利用和氧化降解来保护环境的两大重要可能性。

1.4 为什么选择聚烯烃?

2015年，全球聚丙烯和聚乙烯的生产量达到178万吨，表明市场和经济发展对于不同聚烯烃产品的持续需求。基于聚烯烃的低成本和良好的机械及物理特性，人们可以针对不同领域应用对其进行定制。

聚烯烃行业为许多国家的经济做出了贡献，例如卡塔尔，由于石油和天然气的工业化产品，卡塔尔目前人均GDP居世界排名第二。聚烯烃和油气产业增强了卡塔尔的经济实力，并吸引了来自世界各地的高水平专家。图1.3为聚烯烃生产、高产量和成本降低的时间表。

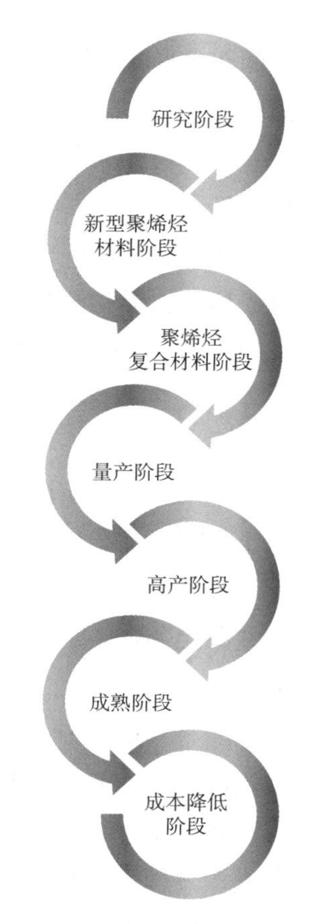

图1.3　聚烯烃生产、高产量和成本降低的时间表

1.5 聚烯烃共混物及复合材料

聚烯烃可应用于不同领域，而共混聚烯烃可通过引入具有更好性能的新材料，适用于更高级的应用领域，如：

（1）将超高分子量聚乙烯（UHMWPE）与低分子量聚乙烯（LMWPE）共混可用于医疗植入物。

（2）通过共混废物来回收，以保持良好的机械性能和热性能。

（3）共混是为食品包装引入低透气性的常用方法。

（4）相变材料（PCM）可通过聚烯烃基体与石蜡共混制备。不混溶的相容性共混物可以通过石蜡的熔化来储存能量，而聚烯烃相（特别是聚乙烯）又能保持形状和紧凑的固体形式，因此PCM可用于不同的应用领域，例如保持建筑物或食品包装中的温度。

（5）将聚烯烃与可降解聚合物（如聚乳酸或淀粉）共混时，制备部分降解材料，这可以减少目前世界上聚合物的浪费问题。

薄膜包装、汽车零部件、医用管和电缆系统涂层可以通过混合两种聚合物［如聚乙烯和乙烯-醋酸乙烯共聚物（EVA）］来实现，聚乙烯和乙烯-醋酸乙烯共聚物可用于农业，因为这两种聚合物的共混物引入了新的组合特性。

通过将聚烯烃与橡胶混合，可以实现电缆、电线、鞋类和汽车工业方面的应用。

未来共混的应用包括将聚烯烃与其他聚合物［如聚苯胺（PANI）］混合以减少由于聚苯胺具有自由基清除性质而引起的食品包装的氧化。

共混应用中的挑战来自可降低机械性能的共混物的不混溶性。当受到应力时，这些共混物在不混溶组分的界面处失效。通过添加新的添加剂，通过反应性共混或通过添加另一种聚合物，可以改善相容性。

当将聚烯烃与可生物降解的组分如聚乳酸共混时，聚烯烃的性能会降低，可以通过添加增容剂来改善聚烯烃的性能。

在多组分热致液晶聚合物（LCP）、汽车油箱、聚合物太阳能电池、化学传感器、聚合物膜和泡沫材料中，我们可以看到混合聚烯烃的新的应用。

在聚烯烃中添加微米或纳米填料或添加剂可以改善其性能，改善后的聚烯烃适用于汽车、家具、医疗、包装、电气、交通运输、建筑、纺织和农业等不同的现代应用领域。过去几十年来，这些行业一直保持着良好的发展势头。添加剂可以有不同的形状，例如薄片、纤维和颗粒类型，它可以是天然的，也可以是合成的。添加剂还可以改善聚烯烃的新型复合材料或纳米复合材料的性能。

对于聚烯烃复合材料的应用面临诸多挑战，例如填料的纵横比、取向和界面。控制添加剂的这些性质是控制和调整所需性质的简单方法。

1.6 包装和食品工业

聚烯烃材料在食品包装中占有重要的作用，因为它们具有良好的机械强度，可以满足消费者的使用需求，并且对于热加工方法具有良好的热稳定性。由于需要改善润湿性，对食品表面或其他材料的黏附性、染料吸收性、可印刷性、抗微生物和阻隔特性以及耐上釉性，因此聚烯烃的表面改性引起了很多关注。表面官能化可以通过不同的方法来加以改善（见图1.4）。

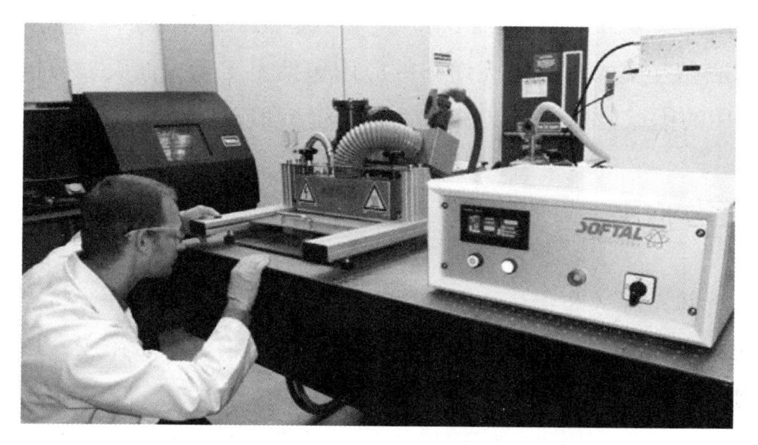

图1.4　等离子体处理改善聚烯烃的表面形态

在食品包装中使用聚烯烃的挑战在于改善材料的表面性能以保持其优异的整体性能。另外，还需要改进除氧体系以减少食物的氧化以及需氧细菌和霉菌的生长。

1.7 黏结

聚烯烃的表面改性对许多工业应用非常重要，例如与另一种聚合物、复合材料的黏接，以及与金属的黏合。

可以通过化学或物理方法来改变附着力以增加表面自由能。化学处理、紫外线处理、火焰处理和等离子处理等方法可通过化学或物理的方法来改变附着力以增加表面自由能，从而实现表面改性。

以上处理是通过修改材料表面的前几个原子层完成的。表面处理的结果是：清洁、消融、交联和表面改性。

聚烯烃一般具有表面自由能低和黏合性差的特点，其黏合改性的主要挑战之一是官能化的过程，对此，我们可以添加柔性极性基团来应用于高附加值领域，如燃料电池、膜和电池。其他常见应用包括汽车涂装和建筑工业（如屋顶膜）。改善抗黏附性能后聚烯烃还有其他应用，特别是在生物医学领域，如血液接触设备中。

1.8 纺织品和无纺布中的聚烯烃

聚烯烃纺织纤维通常通过熔体纺丝工艺生产，具有良好的机械性能、耐化学性和耐磨性。该应用的主要缺点之一是聚烯烃纺织品难以染色，除非使用添加剂。聚丙烯的主要应用之一是用于代替天然纤维制造地毯。其他聚烯烃织物包括手袋、运动服和针织服装。

无纺布是由纤维或纤维制成的织物。它们不是针织或编织的。纤维可以通过化学、热法或机械方法相互交缠。目前无纺布的应用包括土工膜、滤膜、擦拭布、尿布和医用织物。此应用的优点包括易回收利用，易于清洁和应用广泛。

1.9 生物医学应用

聚烯烃由于其无毒、非生热、非炎性、非致癌和非免疫原性等特点，在生物医学领域有着广泛的应用，例如人造皮肤、整形外科植入物、心脏瓣膜，以及医疗应用中使用的处置物品（如注射器）。

聚烯烃在生物医学应用上面临的挑战是：需要研究它们与活性组织的相互作用以及它们作为医疗装置的稳定性。采用添加剂或新型加工技术可以改善其物理和机械性能。

用于储存缓冲液和介质溶液的聚烯烃材料的浸出物需要通过分析检测，以确保医用聚烯烃材料的安全性。

1.10 汽车行业

聚烯烃由于其成本低廉、耐候性好和性能优异而用于汽车工业。它们可以用在许多部件上以减轻车重、节省燃油、增加舒适度、减少二氧化碳排放。例如，聚乙烯［超高分子量聚乙烯（UHMWPE）或高密度聚乙烯（HDPE）］用于吸收振动和噪声并用于防冲击保护。聚丙烯是最轻的聚烯烃之一，通过合适的设计，可以提高汽车的安全性。聚丙烯也可用于保险杠系统，目的在于吸收动能。

新的趋势是将聚烯烃纳米复合材料应用于汽车工业的不同部件，如涂层、轮胎、电气电子设备、刹车系统、框架、车身部件及保险杠体系。

这其中的挑战包括常见的纳米复合材料问题，例如添加纤维素的聚烯烃基体的黏结性和纤维/基体界面的优化。

1.11 聚烯烃的稳定性和阻燃性

了解聚烯烃的生命轨迹对于延长工业应用的寿命很重要。通过添加稳定剂来清除聚烯烃中的自由基或氢过氧化物，可以防止聚烯烃性能的恶化。两种（或多于两种）不同类型的抗氧化剂可以共同用作抗氧化剂。紫外线稳定剂可以用来消除自由基，该类稳定剂包括滤光剂、吸光剂和猝灭剂。

通过加入无机添加剂（如氢氧化镁或氧化镁）等不同技术，可以提高聚烯烃的阻燃性。减少烟雾也是现代社会的一个重要要求，可以通过添加不同类型的添加剂来实现。

提高聚烯烃的稳定性和阻燃性的一个主要的挑战是改进聚烯烃阻燃添加剂，该添加剂可以清除反应性原子并将其转化为活性较低的物质。聚烯烃阻燃体系可以减少灾难性的火灾。

1.12 回收和含氧生物降解

图 1.5 显示了聚烯烃的生命周期。与填埋和焚烧相比，回收更加环保。为了减少空气污染、水污染、燃料及原材料的排放，聚烯烃的回收是很有必要的，且再生聚烯烃可用于非承重部件，也是行业内普遍认可的。政府应该制定法律并利用经济手段来鼓励聚烯烃的回收利用。

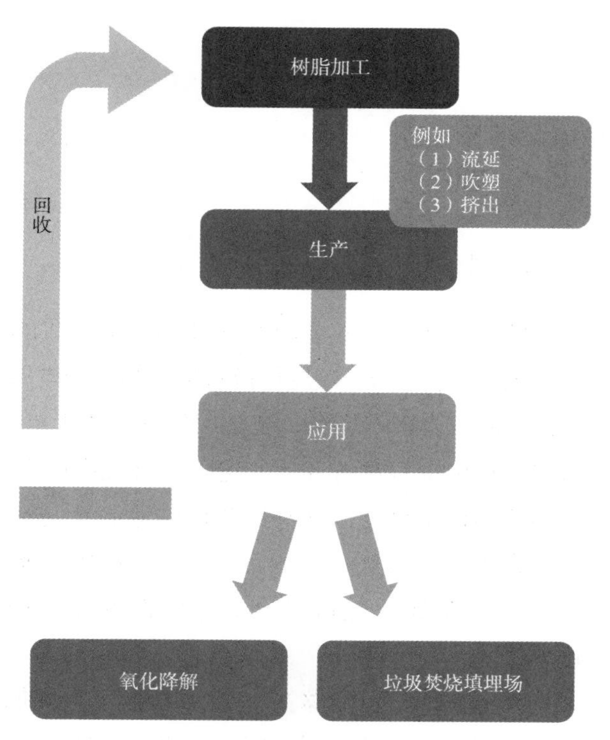

图1.5 聚烯烃的生命周期

本书中讨论的另一个内容是通过在聚烯烃材料中添加添加剂（金属盐）而激发的氧化降解。当材料暴露于空气（氧气）时，这些添加剂可以加速聚烯烃的降解。氧化降解对于市场上的短使用周期耗材来说非常重要。现代社会非常需要这种技术来减少废物对环境的负面影响。

1.13 结论

聚烯烃的应用范围很广，在聚合物材料中占有巨大的市场份额。为了保证聚烯烃材料的应用有利于社会的发展及环境的可持续发展，研究和创新技术必不可少。本书从历史、经济及不同技术的角度，讨论了聚烯烃在现代及未来工业中的应用实例，并对聚烯烃的其他方面如阻燃剂、再循环及氧化降解进行了探讨。

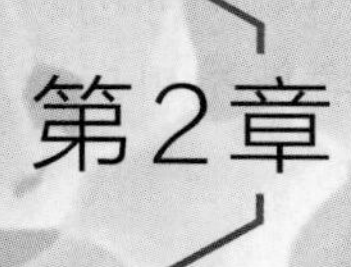

第2章 聚烯烃的历史和经济影响

特雷弗·J·郝特利（Trevor J. Hutley）
马布罗克·欧德利（Mabrouk Ouederni）

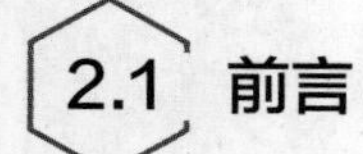

2.1 前言

2.1.1 定义

烯烃［来源于法语词汇oléfiant（油形成的）］或者烯，是拥有至少一个碳碳双键的碳氢化合物。α－烯烃是指双键在第一个碳原子上的烯烃。聚烯烃是聚合物分子，它是人们利用自由基聚合，离子引发剂，或无机催化剂（金属氧化物）、有机催化剂，将这些烯烃中的双键打开，并进行聚合反应而得到的。这些聚合过程制备了线型高分子量的热塑性聚合物。这些聚合物也是本章主要要讲的内容。自从这些聚烯烃聚合物在80年前商业化以来，就一直是塑料材料的主要组成部分。聚烯烃的存在也改变了现代生活[1]。在20世纪60年代，它们大概占全球聚合物需求量的20%，但是到1995年，这个数字达到了60%[2]。

没有其他材料能够在这么短的时间里就获得如此重要的地位。作为新材料，聚烯烃带来了新的特性，同时因为价格低廉带来了收益。聚烯烃材料每年的增长率依然非常显著。聚烯烃可以应用在生活的每个角落，同时可以利用每种聚合物加工技术进行加工。聚烯烃被认为是商业化聚合物（其大量的生产和消费量证明了这点），同时也是非常特殊的优异的生态材料，具有独特的性能和特征。

2.1.2 范围

本章试图通过聚烯烃对经济影响的阐述，来论证这些聚烯烃广泛和巨大的经济及商业影响。

聚烯烃的商业和经济影响与对其性能的发现、认知或发展有着不可分割的联系。因此，本章将聚烯烃的技术应用和市场开发结合在一起。

本章从历史的角度阐述了聚烯烃是如何从德国和英国的实验室早期研究发现演变成如今这个行业的，以及在将近80年的时间里，聚烯烃产业如何变成了一个接近1.7亿吨的全球产业，价值达到约2000亿美元。

2.2 聚烯烃的历史和经济影响

2.2.1 聚烯烃弹性体

严格地讲，首次商业化的高分子量聚烯烃材料是一种异丁烯的均聚物。聚异丁烯首次被染料工业利益集团（IG Farben AG）在1931年利用三氟化硼催化剂在低温下获得。聚合单体异丁烯是在1825年被迈克尔·法拉第（Michale Faraday）发现的。那仅仅是在100多年前。中等分子量和高分子量的聚异丁烯（PIB）以Oppanol B的商品名在售卖，也是如今巴斯夫（BASF）的核心商品之一。2003年巴斯夫收购了竞争对手埃克森美孚的Vistanex聚异丁烯业务。巴斯夫有四家工厂生产聚异丁烯，包括在路德维希港（Ludwigshafen）的产能达18000吨的工厂。聚异丁烯的玻璃化转变温度T_g是-73℃，不结晶。高分子量（100000～400000或者更大）的聚异丁烯均聚物是聚烯烃弹性体，不是热塑性塑料，因此也就不在讨论范围内。在很宽的温度范围内，它们都是一种韧性很强的像橡胶一样的材料，同时它们有和聚烯烃一样的低密度（0.913～0.920g/cm^3）、低渗透性和优异的电学性质。聚异丁烯被用作口香糖的基料，也用在胶黏剂、密封剂、屋顶材料、涂料、光学纤维束的保护材料和电线电缆护套中。2017年，全球聚异丁烯的产量约为1200万吨[3]。

Glissopal®，一种用在燃料和润滑油添加剂的重要中间体，在安特卫普和路德维希港的工厂生产，每年的产能分别达到10万吨和4万吨。

1937年，威廉·斯帕克斯（ William J. Sparks）和罗伯特·托马斯（Robert M. Thomas）等研究者在标准石油公司（现埃克森美孚）通过在聚异丁烯中共聚上2%的异戊二烯，将聚异丁烯转变为丁基橡胶［异戊二烯的存在为硫化提供了不饱和双键（和硫交联）］。这种丁基橡胶在1943年得到商业化。2016年，丁基橡胶的全球产能达到160万吨，有六家供应商（埃克森美孚占有40%的市场份额）。因为丁基橡胶拥有杰出的抗渗透性，所以轮胎内胎成为丁基橡胶的一个主要用途。如今，这也仍然是一个主要的市场。

因独特和多样的应用及性能表现，聚异丁烯及其衍生品丁基橡胶这个重要的分支有显著的经济效益。它们总共有280万吨/年的产量，能够创造约40亿美元的收入。这部分会包含在本章所讲的范围内，以提供聚烯烃发展的全貌，但是它们实际上不是目前所公认的聚烯烃产业的一部分。

2.2.2 聚乙烯

真正意义上的聚烯烃是从聚乙烯开始的。聚乙烯第一次出现是在法国化学家皮埃尔·尤格·马塞林·贝塞洛特（Pierre Eugène Marcellin Berthelot）的工作中。1869年，皮埃尔研究将乙烯暴露在沸腾的碱中的现象，在报告中他描述乙烯组分在280～300℃沸腾的碱中生成聚乙烯[4]。这种聚乙烯材料就是乙烯聚合物，或者低聚物，但是它不是固体。

此事过去60年后，马弗尔（Marvel）教授成功制备了聚乙烯；1933年，在ICI（英国帝国化学工业集团）实验室的研究中，人们偶然发现了热塑性聚乙烯，并在1938年成功地将之商业化。

1930年，作为杜邦公司的技术顾问，卡尔·希普（Carl Shipp）教授加速了马弗尔的工作。当时杜邦签约了一个毕业生[5]，研究从四乙基砷溴化丁基锂制备烷基砷化合物。其中一个实验就是将乙烯气体通过高温下矿物油中的丁基锂溶液。结果表明，在温和条件下，用有机金属催化剂直接加入聚合反应制得的纯线型聚乙烯具有优异的产率。杜邦公司可能过于专注一系列的商用聚合物（包括尼龙、氯丁橡胶、聚丙烯酸），因此忽视了线型聚乙烯的商用可能性[6, 7]。

这一切都源于1933年3月27日ICI研究室埃里克·威廉·福西特（Eric William Fawcett）以及雷金纳德·奥斯瓦尔德·吉布森（Reginald Oswald Gibson）在英国柴郡温宁顿的一次偶然观察，他们当时正在研究高压（约1000个大气压）对化学反应的影响。他们于3月24日（星期五）开始实验，在170℃、1900个大气压下进行乙烯和苯甲醛的反应［罗伯特·鲁宾逊（Robert Robinson）先生建议的50种实验之一（罗伯特先生为ICI顾问，是1947年诺贝尔奖获得者）］。1933年3月27日（星期一），名为“炸弹”的反应器被拆开。福西特发现在钢管的尖端有蜡状物。吉布森在他粗糙的笔记本上记录：“反应器中发现蜡状固体物质”（见图2.1）。

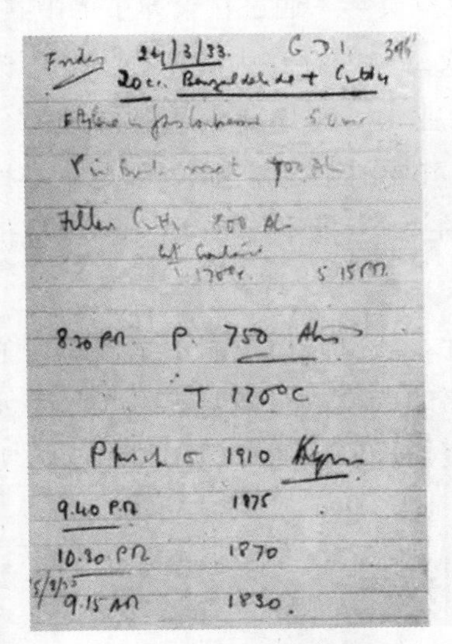

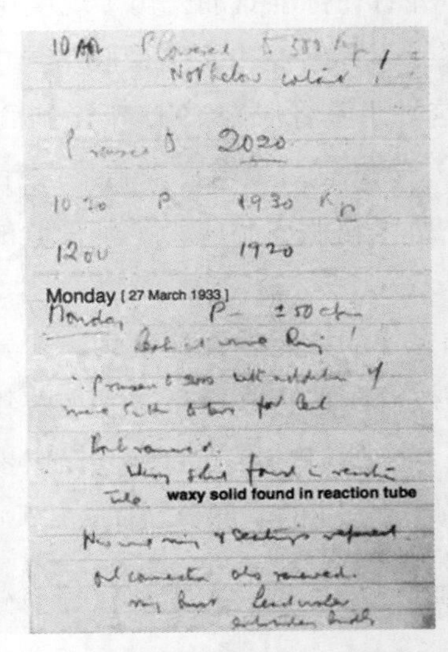

图2.1　雷金纳德·奥斯瓦尔德·吉布森在ICI实验室的原始实验笔记本，其中描述了在反应管中发现的蜡状固体（聚乙烯）[8]

福西特收集了0.4g的蜡状物质，并对它进行了分析。蜡状物中被证明存在CH_2的化学结构，同时分子量至少达到了3700。他在内部报告中（1933年4月7日）说，这可能是聚合乙烯。从吉布森和福西特在1933年分离的这0.4g的物质中，聚乙烯经历了80多年的成长。聚乙烯产业已经发展成8000万吨/年的全球工业，也是世界上最大的热塑性塑料（2013年数据）。这是一个引人注目的成长的故事。

现在人们认为，福西特和吉布森所用的乙烯可能含有足够的氧，以至于在这种压力下可以引发乙烯进行自由基聚合[9]。这种产物（最初叫作高压聚乙烯，本文称之为低密度聚乙烯）是由自由基高压聚合制成的。当ICI实验有了更先进的设备时，这个用乙烯作为单体的实验在1935年12月20日被重复了一遍。这一次实验制备了8.5g的固体。

在聚乙烯被发现的时候，聚合物科学才刚刚开始。在1935年9月26～28日，法拉第学会（Faraday Society）在英国剑桥举行了第一次聚合物科学会议，福西特参加了会议。赫尔曼·斯托丁格（Hermann Staudinger，1953年诺贝尔化学奖得主）在会议的第一天做了报告，在报告中他指出乙烯在聚合之后形成稳定的化合物，但只是分子量较小的惰性化合物。在斯托丁格文章的讨论部分，会议的主席赫尔曼·马克（Herman Mark）援引了一些理论解释乙烯为什么没有聚合。然后，福西特站起来向与会代表说道，他实际上制备了一种乙烯基固体聚合物，分子量是4000，实验条件是将乙烯在170℃、200MPa的压力下进行反应。“这场报告没有引起在座代表的反应，而他们是英国和世界的顶级聚合物科学家。”

即使在会议主席的提示下，斯托丁格也拒绝对此发表评论。福西特显然因为这次报告被ICI开除。后来，福西特在1938年加入了英国石油公司（BP）的研究中心。

在福西特发表这个没有被认可的声明之后一年，ICI的乙烯聚合物工艺在英国专利471590中被公开（1936年2月4日申请，1937年9月6日授权），相对应的美国专利2153553（烯烃的聚合，1939年4月11日公开，优先权日期1936年2月4日）。

在1937年11月，ICI启动了一个9升的反应器（能够每年生产10吨的聚乙烯），直到1938年12月22日，第一吨连续装置生产的聚乙烯被制备出来。因此可以说聚烯烃工业从那时起就开始了。

1939年在瓦勒斯科特（Wallerscote）建成了100吨/年的聚乙烯工厂，第二个100吨/年的工厂在1940年完成。这些投资和设备的先进设计和可靠性与这些新材料的发展齐头并进。

在1936年，迈克尔·佩林（Michael Perrin）写道：“据说，聚烯烃最有可能的大规模应用会首先集中在电气行业。Alketh优异的绝缘性和它在胶带、薄膜应用上表现出的柔韧性，加上它的化学惰性，使它拥有广阔的应用前景。”❶

事实上，第一个建议使用聚乙烯的是哈伯古德（B.J. Habgood），他从电缆行业加入

❶ 1942年5月，ICI引入商标Alkathene来代替Alketh。

到ICI实验室：聚乙烯完美地将电气性能和力学强度结合（高介电强度、低介电损耗和防潮性能），这使得聚乙烯成为适合用作跨太平洋电线电缆的绝缘材料。当时聚乙烯每年的需求量大约是2000吨，最终聚乙烯取代了天然热塑性聚合物古塔胶（反式1，4–聚异戊二烯）。天然胶的应用是从1843年开始的，它首次应用是用在西部铁路的电话绝缘线上。

在1857年、1858年和1865年，跨太平洋的海底电线电缆用古塔胶来做绝缘材料。直到古塔胶材料被聚乙烯材料替代时，它已经用作潜艇线缆绝缘材料超过80年了。聚合物工业成长的关键驱动力——材料取代物——正式拉开了序幕。

当时聚乙烯在高压下生产，密度为0.910～0.920g/cm^3，故被称为低密度聚乙烯。线型结构的聚乙烯（支链很少，因此聚合物链更容易折叠结晶在一起，密度更高）之后被制备出来。

海底电线电缆应用是商业化聚乙烯装置的正当理由，但是事实上，从1939年第二次世界大战爆发到1945年生产的4000吨聚乙烯都用在高频雷达线缆的绝缘材料中。聚乙烯在英国的商业配额被中止了，实行保密原则，大多数聚乙烯被用作雷达同轴线缆的绝缘层。可能是由于聚乙烯绝缘层提供了结实的电缆，机载雷达被证明是大西洋战役和英国战役中一个关键的优势，帮助英国船只躲开德国潜水艇。1943年4月，德国海军上将卡尔·邓尼茨（Karl Dönitz）告诉希特勒："现在（对战争具有）决定性的是德国飞机已经装备上一种新的定位装置，这样飞机能够探测到潜艇，并且能够在低云层、低能见度或者在夜晚的条件下对潜艇进行袭击。"[10]

二战结束［欧洲（1945年5月）和亚洲（1945年8月）］后，军用聚乙烯的需求量减少，对改进产品的探索和替代应用的寻找开始了。另外一个聚合物工业的关键驱动力——产品和应用的发展，已经开始。

压延聚乙烯板材（Crinothene）被用于灯罩上。Winothene是一个低分子量的聚乙烯蜡的应用实例。Halothene是氯化聚乙烯。这些都是聚乙烯产业的增长点。然而直到ICI启动了它们首台122cm挤出机，聚乙烯的主要应用才被发现。如今挤出薄膜（吹膜、流延膜、挤出包覆）是聚乙烯的主要应用。

2.2.2.1 "额外发明"

在1929年10月，杜邦公司和ICI签订了一项专利和过程协议，以常规方式交换科学和技术信息，这个协议直到1948年仍然有效。当面临美国司法局提出的反托拉斯压力时，这个协议就取消了（最终取消时间是1949年）[11]。

杜邦公司声称，氯丁橡胶（1930年）和尼龙（1934年）是"额外发明"（在理解范围内，但不在协议的实际合同条款范围内），因此无须提前披露给ICI。聚乙烯是在1933年9月由ICI展示给杜邦公司的，但是之后在1939年，ICI通知了杜邦公司聚乙烯是一个"额外发明"，所以聚乙烯也在它们的协议范围之外。

杜邦公司在1936年开始了它们关于高压聚合的投资，到1940年开发了聚乙烯制备的优化工艺。1942年12月，一座50吨/年的聚乙烯工厂建成，同时在1943年开始建立一座500吨/年的工厂[11]。

杜邦公司被ICI授予了可授予ICI专利非排他许可证的权力。1942年10月，联合碳化物公司和杜邦公司签订了一份协议，建成一座500吨/年的聚乙烯工厂，为海军提供聚乙烯，然后改进了工艺和产品的质量。在二战末期，联合碳化物公司将它们的产能提高到杜邦公司的6倍，当时杜邦公司每年的生产能力是750吨/年。聚乙烯在薄膜、涂布纸、电线电缆绝缘、瓶子和管道等领域也不断得到应用。

2.2.2.2 线型聚乙烯

杜邦公司发现（专利申请号739264，1947年4月3日申请）在聚乙烯结构中存在更多线型自由基（密度为0.955g/cm^3），这些特定的自由基可以通过引发剂引发聚合得到，聚合条件包括AZDN（偶氮二异丁腈）和非常极限的压力条件（专利中的压力条件是5～20MPa）。它们无法说服专利审查员这个线型聚乙烯是具有专利性的发明。只有在1951年的专利申请以后（各种低压聚乙烯工艺专利的出版，详见下文），这项发明专利（USP2816883）才得以公布。杜邦公司从来没有追求过这种线型聚乙烯，因为这种极限压力“大大超过了商业可行性的限制”[11]。

2.3 无机和有机–金属催化剂

下一个重要的时间节点是在ICI发现乙烯高压自由基聚合的20年后，当时一项发明显示：金属氧化物和有机–金属催化剂可以在非常低的压力下生产出更多线型结构的高分子量聚乙烯。这些催化剂几乎是在美国和欧洲几个实验室同时被发现的[12]。

本章简要回顾一下这些发现的年代史，看看它们是如何引领工艺发展的。这些工艺是20世纪50年代开始擅长的聚乙烯工艺的重要基础。我们还可以看到这些技术是如何快速地扩展到聚丙烯工业的。考虑到产量和影响，到目前为止，聚烯烃工业的增长主要来自聚乙烯和聚丙烯的发展历史。

虽然从本章的视角来看，到目前为止，聚乙烯和聚丙烯已经成为完全不同的聚合物和工业，而且这些聚烯烃聚合物中的每一种都具有较高的商业价值，但从20世纪50年代的新型金属氧化物和有机–金属催化剂合成的角度来看，它们只是α–烯烃聚合的结果。这就是为什么早期聚乙烯和聚丙烯的历史和这些金属氧化物和有机–金属催化剂有如此错综复杂的历史纠葛。

2.3.1 杜邦公司“在有趣的高分子化学领域的边缘”

尽管从法律和专利的角度来看，杜邦公司并不在这个编年史的开始阶段，但这里要第一个介绍它。因为1930年马弗尔教授的早期工作是固体聚合物合成有机–金属催化剂的开端，同时1954年杜邦公司的业务也是从巴斯夫（1943年）衍生出来的。

1954年，杜邦公司的探索性部门——由弗兰克·格雷沙姆（Frank Gresham）博士牵头的10个人，开始研究比低密度聚乙烯模量更高的聚合物。为了降低分子链的灵活性，他们试图将降冰片烯作为大量的共聚单体加入聚乙烯链段中。在研究小组中，有一位化学家尼古拉斯·默克林（Nicholas G. Merckling）被委派来寻找适合这种共聚物的催化剂。默克林在他的报告综述中发现，巴斯夫公司的马克斯·费希尔（Max Fischer）根据他在1943年（第二次世界大战期间）改进的用于将乙烯聚合成低分子量液体的钛和氯化铝催化剂而获得了专利（1953年）。当默克林在摸索这个技术，并且成功使用这些催化剂制备高模量的聚乙烯时，人们很快就意识到他已经用相对低的压力制备出线型聚乙烯，并且他使用了这种新的催化剂。格雷沙姆写信给他的老板说："我们正处在高分子化学领域一个非常有趣的领域的边缘。"1965年8月16日，默克林就还原（二价）钛催化剂和在0.1～10MPa的压力下聚合乙烯的过程发表了一篇专利❶。在一个例子里，他们发现了密度是0.98g/cm^{3}的聚乙烯，在另一个例子中，他们由测得的熔体流动指数来说明聚乙烯具有高分子量。

2.3.2 印第安纳标准石油公司［后来的阿莫科石油公司（Amoco）］

印第安纳标准石油公司（后来的阿莫科石油公司）的亚历克斯·兹莱茨（Alex Zletz）实际上最先解释了（1951年4月28日申请专利）使用过渡金属催化剂来生产高线型聚乙烯HDPE（所谓的高密度聚乙烯），使用负载在氧化铝上的氧化钼催化剂❷。聚合物密度是0.96 g/cm^3。这项发明的目的和过程在其专利中非常清楚地陈述：

提供用于将含乙烯气体转化为高分子量树脂或塑料材料的相对低温、低压方法。简而言之，本发明方法包括乙烯主要通过与碱金属和铬、钼、钨或铀中的一种或多种氧化物接触而延伸到载体上并转化成通常为固体的高分子量聚合物。[13]

由于公司的管理层不确定这个产品的重要性，因此商业化进程很慢。1961年，日本第一家使用这种技术的工厂正式投入使用。最终在1961年到1971年之间成立了三家工厂，但是这段时间的经济不景气，它们不久就"关闭了"。具有讽刺意味的是，这个首例通向市场且具有一定优势的技术，对于今天聚乙烯技术来说没有任何经济影响和地位。

2.3.3 菲利普斯石油公司

1951年6月5日，菲利普斯石油公司［现拥有雪佛龙菲利浦斯化学公司（Chevron Phillips Chemical）50%权益的菲利浦斯66公司（Phillips 66）］的研究者保罗·霍根

❶ 资料来源：美国专利3541074。

❷ 资料来源：美国专利2692257。

（Paul Hogan）和罗伯特·班克斯（Robert Banks）试图将丙烯转化为汽油（石油），就是在那时，他们发现了结晶聚丙烯。

这一发现促成了1953年1月开发的一种基于氧化铬的新型催化工艺，它可以用于制造聚丙烯和高密度聚乙烯❶。这个“菲利普斯（铬系）催化剂”能够在低压下制备高度线型的、密度为0.963g/cm³并且力学性能很好的高结晶聚合物。菲利普斯公司投入了5000万美元来发展这项新技术，同时在1956年推出了它们的Marlex®的HDPE。一开始，只有一种可用的牌号，熔融指数在1g/10min以下（一个高分子量的牌号）。这不符合已经多元化的市场需求，所以库存开始积压。据说，Marlex®可能是由Wham-O公司所拯救的。Wham-O公司在1958年用Marlex®聚乙烯管制造出它们的新产品——呼啦圈。超过100种呼啦圈在两年内被制备出来。这个完全出乎意料的需求给了菲利普斯公司足够的时间来解决最初的生产问题，并将自己定位为塑料树脂的主要来源。美国邮政局（USPS）在一张贴有它们照片的官方邮票上记载了菲利普斯石油公司两位科学家的巨大贡献（见图2.2）。

图2.2　美国邮政服务邮票来纪念菲利普斯石油公司的科学家罗伯特·班克斯和保罗·霍根

菲利普斯公司的这些发现很快就被商业化了，而且在今天也仍然是主要工艺。菲利普斯公司生产的铬系催化剂生产了全球40%～50%的HDPE。第一批工厂在1955年和1956年投入使用。然而，菲利普斯公司管理层认为没有一家制造商能够完全开发出菲利普斯公司HDPE产品的市场潜力，因此它们决定对这项工艺进行授权。直到1956年，有7个国家的9家公司都被授权许可使用。

2.3.4　卡尔·齐格勒（Karl Ziegler）教授

“齐格勒催化剂是……聚合物合成领域史无前例的突破。”❷

在1943年2月，卡尔·齐格勒教授受邀请担任德国鲁尔河畔凯撒-威尔海姆煤炭研究所（Kaiser-Wilhelm-Institute）[1949年更名为马克斯·普朗克（Max-Planck）煤炭研究所]的主任，并在1943年4月16日接受任命。

在那里，卡尔·齐格勒和汉斯-乔治·盖勒特（Hans-Georg Gellert）发现三乙基铝可以通过逐步加成与乙烯进行反应，所谓的“Aufubau”（建立）反应，从而生产乙烯低聚物和低分子蜡或聚合物（最多聚合100个乙烯单体）❷。

❶ 资料来源：美国专利2825721。

❷ 资料来源：美国专利2699457。

在1953年年初，研究生爱海德·霍尔兹卡姆（Erhard Holzkamp）出乎意料地把Aufbau反应带上了一条不同的道路。除了不改变三乙基铝以外，他还获得了1-丁烯的定量产率而不是低聚物。最终发现这是由于之前在做氢化研究时反应器容器中残留的微量胶体镍而造成的。这一发现后来被称为“镍效应”。齐格勒教授随后通过对其他过渡金属氧化物对Aufbau反应的影响进行了系统的研究[14]。一位研究生海因斯·布赖尔（Heinz Breil）被指派去完成一系列探索的任务。

在1953年10月26日，布赖尔进行了一场革命性的聚合物化学反应：他在乙基丙酮酸锆的存在下用三乙基铝处理乙烯。这个反应在Aufbau反应的标准条件（100℃，10MPa）下进行，但是得到了完全不同的结果——形成了白色的聚乙烯块。1953年11月7日，也就是在布赖尔最初的实验三周之后，卡尔·齐格勒向德国专利局提交了一份4页2个声明的专利（为了获得知识产权，齐格勒亲自撰写资料，并亲自辩护和谈判）。在该专利中，他声称利用有机-金属催化剂制备高分子量聚乙烯是三乙基铝系列和过渡金属氧化物的组合❶。

卡尔·齐格勒积极地为自己的专利授权而奔波。在1954年，这些协议为卡尔·齐格勒和马克斯·普朗克煤炭研究所赚取了大概900万马克（当时研究院一年的预算是120万德国马克），相当于当时的450万美元。米尔海姆（M ü lheim）的马克斯·普朗克煤炭研究院在开发他们1953年至1954年专利权利用方面持续了40多年[15]。

然而齐格勒的授权许可只提供催化剂知识，每个被许可人还需要开发一种工艺。这就与菲利普斯石油公司形成了鲜明的对比，菲利普斯公司在执行它们的许可策略时，催化剂和工艺包都是其中的一部分。

1955年年底，赫希斯特公司（Farbwerke Hoechst AG）在德国建立了第一座全尺寸低压HDPE装置。《塑料技术》在1955年9月的报道中说，这种Hostalen树脂（密度是0.94g/cm^3）首次在德国汉诺威工业博览会的薄膜、管材和家用模具制品等领域展出。第一座齐格勒工厂于1956年年底由赫希斯特公司投入生产，1957年由赫尔克勒斯公司（Hercules）在美国投入生产。

到了1960年，美国通过菲利普斯公司工艺生产的高密度聚乙烯年产量达到了9.1万吨以上，而齐格勒工艺则达到了3.2万吨。

过渡金属卤化物和烷基铝的组合仍然是齐格勒催化剂的核心，如今是世界上应用最广泛的聚烯烃生产技术[16]。

2.3.5 赫尔克勒斯粉末公司

埃德温·范登堡（Edwin J. Vandenberg）作为一个参与者，描述了他在赫尔克勒斯

❶ 资料来源：卡尔·齐格勒德国专利973626。

公司的聚乙烯合成方面的工作。他回顾性地指出，他利用亚铁络合物在叔丁醇和异丙苯氢过氧化物混合液中反应得到的产物"显然是线型高密度聚乙烯"。它是一种非常重要的可以大量生产的产品[17]。但是这种产品分子量太低，以致他无法认识到线型聚乙烯的价值。无论如何，这种工艺的转化率和产率都太差，所以当时没有使用价值。当然，在这之后，赫尔克勒斯公司成为美国第一家生产聚丙烯的公司，并于20世纪80年代成为世界上最大的聚丙烯生产商。

从对聚烯烃聚合物同时期的简要调查中可以看出，在发现高压（低密度）聚乙烯之后，催化剂成为主要的技术因素。这些不同的催化剂使得反应条件不再像LDPE聚合那样需要极限压力和温度；它们能够使线型聚乙烯具有更高的密度和更高的结晶度，同时还改善了产品所需要的力学性能。这些催化剂很快就从实验室转移到了工厂。我们调查了催化剂的发展进程，包括从1951年4月到1953年11月之间申请的专利。到1956年年初，已有8家公司宣布具备生产17.2万吨线型聚乙烯的能力。菲利普斯公司在1956年年末就开始生产线型聚乙烯，于1958年中期达到峰值。直到1960年，杜邦公司才开始生产线型聚乙烯，当时它们已经占据了10%的市场份额。

2.4 新的进入者

在需求增长之前，对生产力的积极投资自然会降低市场的价格，因为每一个新进入者都试图获得或者维持市场份额。这些新的加入者包括菲利普斯石油公司，它们进入下游化工领域［就像60年后阿美石油公司（Aramco）做的那样］，或者其他部门因为战略原因进入化学品领域。W.R.Grace是一家航运公司，习惯于做降低利润率的事情。它们发现即使在这种竞争激烈的情况下，在相对充满活力的化学工业中，多元化经营可以提供可观的回报。事实上，W.R. Grace的聚乙烯主要作为呼啦圈的原材料，而Marlex成为聚乙烯管材的主要供应商。

高密度聚乙烯行业的创建，有这么多的参与者，需要在市场需求增长前进行投资，以及由此产生了激烈的竞争。这意味着到1970年，线型聚乙烯是杜邦公司的一次冒险行为——价值2000万美元的红色冒险行为[10]，具有相当可观的经济影响。

2.5 线型低密度聚乙烯

1957年1月，杜邦公司申请了一项专利，基于在聚乙烯链结构中加入高级α-烯烃❶能够提高产品的质量。但是对于杜邦公司来说，这种乙烯共聚物和其他具有高利润的

❶ 资料来源：美国专利4076698。

专利产品（如尼龙）比较，并没有真正的吸引力。虽然加拿大杜邦公司在1960年引进了这样一种工艺，但是到了1978年，联合碳化物公司宣布了它们的Unipol工艺，实际上创造了“线型低密度聚乙烯”（LLDPE）这个名字。正如本文后面看到的那样，到了1980年，线型低密度聚乙烯在聚乙烯产品组合的发展中重要性不断增加，到20世纪90年代末，线型低密度聚乙烯可能接近聚乙烯市场份额的三分之一。

2.6 催化剂化学的进展

铬（菲利普斯公司）和钛（齐格勒）催化剂仍然是高密度聚乙烯的主要工业催化剂，并持续了30年，直到1979年沃尔特·卡明斯基（Walter Kaminsky）发现甲基铝氧烷作为茂金属催化剂的活化剂，更有能力使过渡金属氧化物电离。这些新活化的茂金属（如二茂锆）——被描述为单活性中心的催化剂——现在也适用于聚烯烃聚合，它们要比齐格勒催化剂的活性高100倍。单体聚合时间（30μs）和酶解法一样快。卡明斯基发现这些茂金属基催化剂体系的均相（可溶）性质使其“与齐格勒-纳塔催化剂显著不同”。因为他的催化剂可以制备分子量分布更窄、单体聚合更均一、能够有不同性质、适用于不同制造工艺的聚合物，他将这些称作聚合物工业的一次革命。茂金属催化剂特别适用于线型低密度聚乙烯，但是“由此产生的结晶度、强度和正己烷析出物等性能的改善都带来了更高的成本，所以市场渗透率没有预想的那么大”[18]，最新的估计是，可能有10%的线型低密度聚乙烯是由茂金属催化剂制成的[19]。

聚乙烯行业的规模和价值确保了其在催化领域的持续研究、进步和发展，以及其潜在的商业影响。虽然这个主题不在本章的范围之内，但是本章提到了这个进展可能会影响到这个行业的几个方面。1995年，杜邦公司通过美国有史以来最大的专利申请介绍了北卡罗来纳大学与它们合作的工作。它们披露了所谓的“后茂金属”催化剂，这些是与二亚胺配体的过渡金属配合物和晚期过渡金属配合物，其构成了杜邦公司“Versipol”技术。此类催化剂产生高度支化至异常线型的乙烯均聚物和线型α-烯烃。晚期过渡金属不仅提供了极性共聚单体引入的可能性，现在已经在低密度聚乙烯的反应器中变成了可能，而且与自由基聚合的低密度聚乙烯共聚物的随机组合相比，它们更能够控制链段的分布。这样的聚合物每年消费100万吨[20]。Versipol仅在杜邦陶氏弹性体公司（DuPont Dow Elastomers，一家前合资企业，现已解散）的三元乙丙橡胶工厂获得了交叉应用授权和使用许可。

2.7 聚乙烯的进展

综上所述，可以看到聚乙烯的发展历史：从1896年文献中首次提到的低分子量聚合物到1930年由马弗尔教授首次报道的线型聚乙烯固体聚合物；然后由ICI（在高压下制备，后来称为低密度聚乙烯）在1933年3月无意间合成的0.4g固体聚乙烯；几十年后同时发现的过渡金属催化剂及催化剂技术在工业中的出现，促进了高密度聚乙烯工业、线型低密度聚乙烯的发展，和1979年发现的茂金属催化剂用于聚烯烃聚合——现在都是主流聚乙烯工业的一部分。后茂金属催化剂提供了在没有高压或共聚单体的情况下的应用前景以及在没有高压的情况下引入极性基团的可能性，同时还能够控制这些共聚物的微观结构。

这三种主要的聚乙烯——低密度聚乙烯以及它的共聚物、高密度聚乙烯、线型低密度聚乙烯现在都具有1亿吨的产能（2018年），价值高达183亿美元[21]。

占据了全球塑料超过31%的市场，聚乙烯已然成了“世界领先的合成高分子”[22]。

根据从不同渠道获得的有效数据显示，在过去80年中，聚乙烯工业显著增长的趋势如图2.3所示。

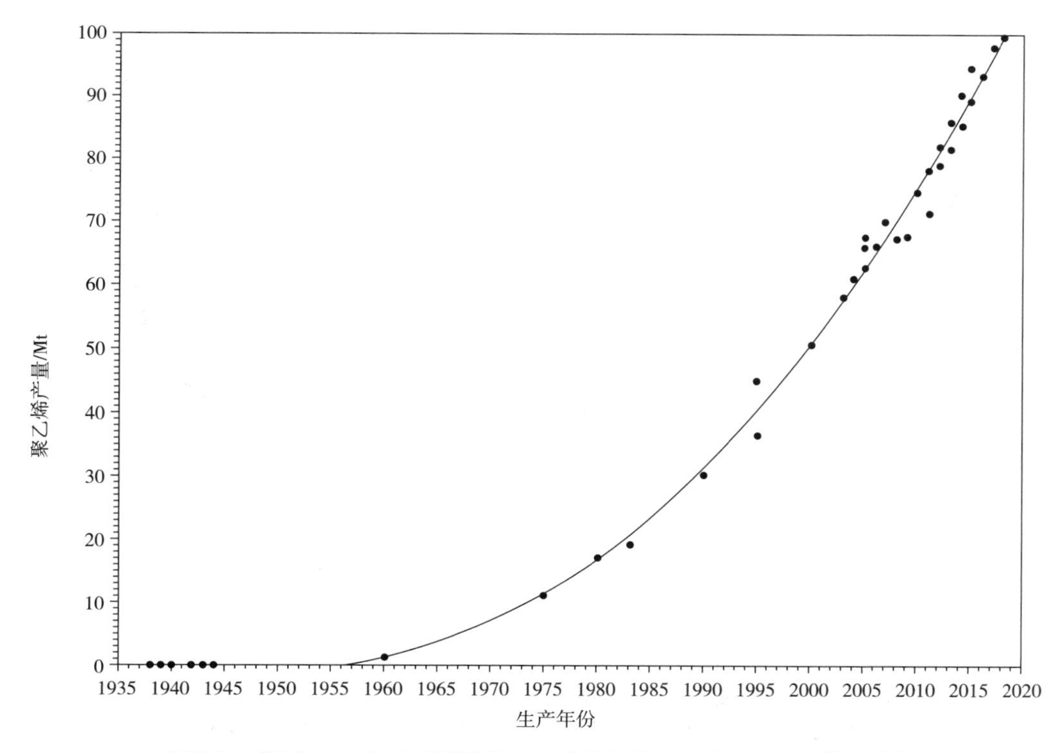

图2.3 截至2018年全球聚乙烯产量（数据来自各种私人及开放渠道）

2.8 聚丙烯

尽管低密度聚乙烯、高密度聚乙烯、线型低密度聚乙烯是由同一种单体——乙烯聚合而来，但我们不得不承认它们是三种不同的聚合物。所以严格地说，聚丙烯是世界上用量最大的聚合物。

$$\left[\begin{array}{c} CH_3 \\ | \\ -CH-CH_2- \end{array}\right]_n$$

聚丙烯化学结构式

无论我们在这一观点上的立场如何，都会看到聚丙烯虽然是聚烯烃游戏的后来者，但它的确是明星材料。

从1953年问世以来，1957年商业化，如今它已经是8600万吨产能的工业（2018年数据），价值1350亿美元，占据了世界塑料市场的27%。

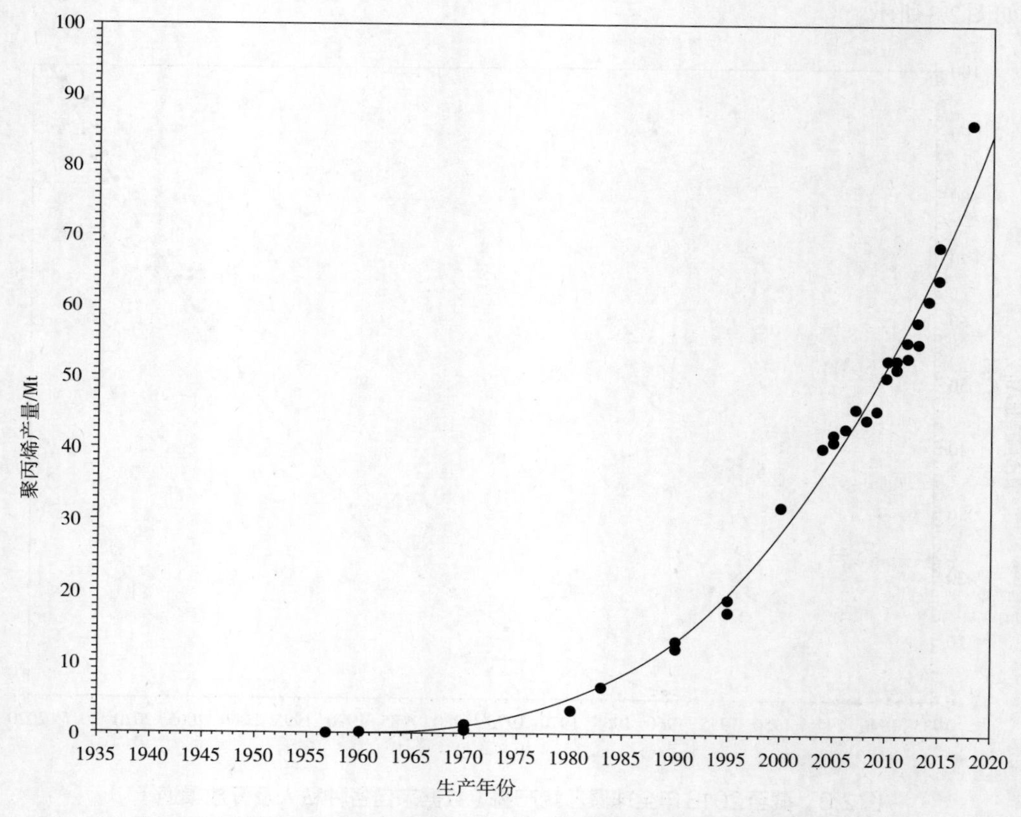

图2.4　截至2018年全球聚丙烯产量（数据来自各种私人及开放渠道）

与前文的聚乙烯产量情况曲线相同，图2.4显示了自发明以来的聚丙烯生产的情况（类似地使用来自各种来源的所有数据）。

外推曲线，我们会发现聚丙烯的发展速度越来越快。在十年内，聚丙烯将发展成聚乙烯的规模，这一点不足为奇。

聚丙烯和聚乙烯的故事既相似又不同。

下面，先来看看结晶聚丙烯被发现的时间线。

2.8.1 印第安纳的标准石油公司

亚历克斯·兹莱茨发现，他在1950年7月18日的实验室日志上建议钼系催化剂可以应用于聚丙烯的聚合。在1953年7月之前，他和其他的同事进行了不同的聚丙烯聚合试验，但是他们没有被作为优先权的证据，因为后来法官裁定："他们既没有对产品的制备进行充分的描述，也没有对产品进行过确认，也没有给出实用程序。"这个判决结果对经济的影响是重大的，这也为实验的设计、描述和报告结果、制作实验记录提供了有益的教训。这次判决是依据美国法律来裁定的，其中规定：决定优先发明权需要满足三个条件，这三个条件是国际公认的。

（1）制作一种能够满足法律限制的混合物；

（2）对物质构成的认识；

（3）对物质具体实用性的认识。

2.8.2 菲利普斯石油公司

正如前文所述，菲利普斯石油公司于1951年6月无意间首次制备出聚丙烯，而当时菲利普斯石油公司正在试图将过量的炼厂气、乙烯和丙烯转化为高辛烷值燃料。它们开发了铬系烯烃催化剂，用来制备线型聚乙烯❶，但是事实上，菲利普斯公司从未有进入聚丙烯制造业务。保罗·霍根和罗伯特·班克斯记录了发明的过程，在他们的发现之后大约1h的时间里，他们制备出了聚丙烯。正如后文提到的，1953年1月，他们提交了专利申请，1983年3月他们的专利得到了授权❷。[11]

2.8.3 纳塔

朱利昂·纳塔（Giulio Natta）博士是米兰理工学院的教授，他曾和蒙特卡蒂尼公司（Montecatini Company）有过密切的合作，也是通过这家公司，他找来了很多合作伙伴。1952年，在法兰克福的阿赫马，他听了卡尔·齐格勒关于乙烯聚合的讲座。他很

❶ 资料来源：美国专利2825721。

❷ 资料来源：美国专利4376851。

快就邀请齐格勒来米兰交流，所产生的费用由蒙特卡蒂尼公司承担。这次交流的成果之一就是齐格勒和纳塔之间达成了互相交换科学信息的约定，这促成了蒙特卡蒂尼已经签约纳塔的科学家到齐格勒的研究室工作。在1953年年末，他们从齐格勒那里学到了线型聚乙烯的聚合技术，纳塔让他的研究团队尝试用齐格勒催化剂进行聚丙烯聚合（因此团队被命名为纳塔）。根据保罗·奇尼（Paolo Chini）在1954年3月11日的实验数据，纳塔在他的笔记本上写着“今天我们制备出了聚丙烯”。在后来拜访齐格勒的过程中（1954年5月），纳塔还多次向他请教关于聚丙烯聚合物的问题。齐格勒说他也曾尝试过，但是效果不好（没有奏效）。纳塔因此也确定他的工艺是最新的，因此他于1954年6月8日和7月27日在意大利提出了关于聚合物的专利。

2.8.4 Hoechst公司

Hoechst公司是早期齐格勒纳塔线型聚乙烯的许可证持有者。Hoechst的研究化学家雷恩（Rehn）博士于1954年3月成功地使用齐格勒催化剂制造聚丙烯。出于尊重齐格勒博士的研究领域，没有申请专利。

2.8.5 齐格勒

1953年10月27日，海因茨·布雷尔（Heinz Breil）在成功利用锆聚合得到聚乙烯后，同样研究了聚丙烯，但是他得到了的结论是“丙烯不能转化为高分子量的聚丙烯”。1954年6月，海因茨·马丁（Heinz Martin）使用新的反应器来聚合丙烯得到高分子量聚合物，而且还有很好的转化率。他证明，丙烯、1-丁烯都可以在新的催化剂体系中成功聚合。因此，海因茨·马丁于1954年8月3日提交了第六项专利，将范围扩大到α-烯烃（如丙烯和1-丁烯）。

2.8.6 PCL公司

位于英格兰的石油化工有限公司（PCL）是齐格勒聚乙烯许可证持有者，它们经营一家规模较大的聚乙烯试点工厂。在1954年的一天，就在它们准备运行试点工厂时，乙烯生产线失败了。技术专家伯纳德·赖特（Bernard Wright）决定尝试使用丙烯来替代乙烯，并最终它取得了成果。出于对齐格勒的理解，同时这也是齐格勒博士的研究领域，PCL公司就像上面提到的Hoechst公司一样甚至都没有考虑发表专利或出版结果。它们甚至没有告诉齐格勒，它们自己制造了聚丙烯。

2.8.7 杜邦公司

在弗兰克·格雷沙姆（前面提到过）的大胆声明之后，1954年4月到8月斯塔马托夫（Stamatoff）和巴克斯特（Baxter）一起在杜邦公司使用不同的乙烯和丙烯催化剂完成了一系列实验。这些实验中大部分甚至都没有转化为聚合物，或者只是产生了液体聚合物（油状物）。在一些情况下，实验形成了微量的固体。1954年5月21日，巴克斯特借助格林尼亚化合物和四氯化钛的混合物将丙烯转化为聚丙烯，但是产量只有0.5g粉末。当时产物的特点是“坚韧而有弹性”，红外结果显示它们确实是聚丙烯，但是没有记录结晶度的证据。

后来，一个法律判定认为他们“既没有认清聚丙烯产品本身，也没有按照规律展示它的任何用途”，并且杜邦公司于1954年8月19日生成的结晶聚丙烯具有最早的优先权。1954年9月，杜邦公司获悉卡尔·齐格勒的研究，并得出结论：“他的研究与我们的非常相似，他的研究日期要更早一点，杜邦公司不会占据齐格勒的专利地位”。因此杜邦公司给齐格勒支付了“5万美元的费用”，并且失望地发现他的“过程”只不过是实验室的结果。

2.8.8 赫尔克勒斯公司

赫尔克勒斯公司是1954年中期获得齐格勒聚乙烯的生产许可者之一。1954年10月，埃德温·范登堡被赋予了使用新的齐格勒催化剂进行探索工作的任务，在一周之内，他用齐格勒催化剂聚合了丙烯，并垄断了“不寻常的、不溶的、结晶的聚合物”。正如之前看到的那样，赫尔克勒斯公司在20世纪80年代成为全球最大的聚丙烯生产商。

1955年年初，赫尔克勒斯公司的催化剂研究引起了改进型催化剂的发展。范登堡还发现使用氢气来控制齐格勒·纳塔型催化剂制备的聚烯烃的分子量，这仍然是当今分子量控制的主要方法[23]。

2.8.9 抵触审查

从1953年到1956年，美国专利局公开了5篇关于聚丙烯发明的专利申请（见表2.1）。1958年9月9日，美国专利局宣布对这5个不同的利益方执行“抵触审查”（美国专利法实施的程序，由美国专利局的专利上诉委确定在同一时期内有两项或多项具有相同或者类似声明内容的发明优先权）。无论是利益方还是美国专利局都没有考虑将卡尔·齐格勒的专利纳入这次“抵触审查”的范围内。

表2.1 1953年至1956年在美国专利局关于聚丙烯的专利申请

申请人	受让人	申请日期
纳塔等人	蒙特爱迪生公司	1954年6月8日
巴克斯特等人	杜邦公司	1954年8月19日
兹莱茨	标准石油公司	1954年10月15日
范登堡	大力神公司	1955年4月7日
霍根和班克斯	菲利普斯石油公司	1956年1月11日

“抵触审查”的焦点是“结晶聚丙烯的发明优先权——一种具有相当的商业利用价值的塑料”。

专利局的行动和后来法院的斗争持续了30多年，并列举了大量的证据和科学实验研究。事实上，法律程序可能包含了发现晶体材料最完整的科学记录。直到1970年，共有超过1000件展品被提交，超过100名证人做证，证词共有18000页。在1977年9月19日到1978年5月17日之间进行的85天审判过程中，地方法院收到了大量的在专利局中的记录，还有包括1000件展品、海量的物理和高分子化学专家的证词。

因为赫尔克勒斯公司发现聚丙烯的时间较晚，而且专利申请时间也较晚，所以它们被美国专利局在1964年剔除出抵触审查的范围。最终在1971年11月29日，董事会终于将发明优先权给了纳塔的高级成员，并于1973年2月向蒙特爱迪生公司（Montedison）授权了美国专利3715344。然后，那些败诉的当事方以民事诉讼的方式提起了诉讼（美国特拉华州地区医院，民事诉讼4319）。在1980年的听证会上得出的结论是，菲利普斯石油公司的发明专利不晚于1953年1月27日。地区法院还裁定，菲利普斯石油公司证明了“蒙特爱迪生公司对于专利局审查员提交了欺骗性信息，这些欺骗性信息对菲利普斯石油公司是不利的”。然而，因为菲利普斯公司有权根据其付诸实践来发表优先权，蒙特爱迪生公司的欺骗信息对菲利普斯享有优先权没有影响。因此，法院认定在“抵触审查”中的结晶聚丙烯是实用的、有新意的、非显而易见的，因此授予菲利普斯公司专利❶，并在1983年3月15日授权该专利。

如果菲利普斯公司将技术授权给聚丙烯制造商，它们将收获3亿美元的收入，对经济有重大影响[24]。

海因茨·马丁博士详细地记录了（297页）聚烯烃催化剂的所有权和许可的整个过程以及它们的经济影响，包括金额高达数百万美元的财务细节[15]。马丁博士提到（124页）他的研究所单独承担了3000多万元德国马克的专利维权费用和起诉侵权者的费用（当时约为750万美元）。甚至在卡尔·齐格勒去世之后，马丁博士依然能够在美国获得专利和许可证，最终在45年后的1999年与得克萨斯州的台塑公司达成了165万美元的协议。除此之外，菲利普斯公司还迫使日本汽车制造商在1988年至1995年期间支付使用费，因为它们出口到美国的汽车含有在日本生产的使用齐格勒催化剂制成的聚丙烯部件。

我们注意到，美国专利法现在已经在国际上统一（自从1995年6月），并且专利的期限也从曾经的17年改成了自发明日起20年，或者从提交开始算起20年后，以较长时间为准。因此，上述案例中关于专利的如此长时期的争论，以及由此产生的经济影响，不太可能重演。

❶ 菲利普斯公司最终赢得了专利——《化学周报》第23期，1983年3月。

2.9 其他聚烯烃

聚乙烯行业在近80年来，从1938年的1吨发展到2018年的9960万吨。最初在1938年商业化了聚乙烯、低密度聚乙烯，如今出现了结晶度更高、线型结构更多的高密度聚乙烯。20年后，高密度聚乙烯成功地被制作出来，并通过和高达8个碳原子的长链α–烯烃共聚得到增强结构的聚乙烯。具有这样结构的线型聚合物支链更少、密度更低，也就是线型低密度聚乙烯。随着总聚乙烯产量在增加，线型低密度聚乙烯的市场份额也持续增大，接近乙烯基聚合物总市场的1/3。

同时，聚丙烯反应器主要使用齐格勒–纳塔催化剂，现在仍然在快速发展，在10年内有可能接近聚乙烯反应器的规模。从数量上讲，聚乙烯和聚丙烯对经济都有重要的影响作用，但是它们并不能全面概括。因此，下面重点介绍其他的聚烯烃材料及其在工业上的应用和商业上的影响。

2.9.1 超高分子量聚乙烯

超高分子量聚乙烯是利用齐格勒–纳塔催化剂制备的一种线型聚乙烯，但是分子量通常比传统低压聚乙烯大10~100倍。这些分子量实际上非常大：分子量高达600万g/mol，聚合度超过20万，这意味着聚乙烯主链中的聚乙烯分子含有超过40万个碳原子。

超高分子量聚乙烯最早由齐格勒制备出来的，在1955年由鲁尔化学公司（Ruhrchemie AG）商业化[1]。

超高分子量聚乙烯具有独特的性能组合，特别是耐化学性、润滑性、无与伦比的韧性以及出色的耐磨性质。考虑到由于高分子量引起的聚合物缠结，超高分子量聚乙烯无法进行传统的熔融加工，而是通过高温高压烧结来加工。许多工业应用都利用超高分子量聚乙烯的耐磨性质。从20世纪60年代开始，约翰·查尼（John Charnley）教授（后来是爵士）基于它的生物惰性和出色的耐磨性开发了一个重要应用，这改变了成千上万人的生活质量。

2.9.2 聚1–丁烯

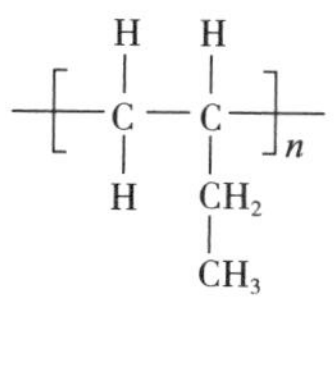

聚1–丁烯是由朱利昂·纳塔教授于1954年发现的另一种立体构型的（全同立构）聚烯烃聚合物。它是一种线型高分子量的结晶热塑性聚合物，密度很低（$0.91g/cm^3$）。乙烯侧基的存在提供了缠结的可能性，这让聚合物有很好的抗蠕变性，也让聚1–丁烯具有和超高分子量

$$\left[\begin{array}{cc} H & H \\ | & | \\ C - & C \\ | & | \\ H & CH_2 \\ & | \\ & CH_3 \end{array} \right]_n$$

---

[1] 资料来源：美国3254070.

聚乙烯相当的耐磨性、出色的耐化学品性质和环境应力开裂性。

自1964年以来，聚丁烯便由弗斯托伦公司（Vestolen BT）提供，该公司从1964年开始进行第一次工业生产，产能达到了3000t/a。1973年，希斯公司（Huls）在其聚合工厂出现了一些制造问题之后，退出了弗斯托伦公司。美国的美孚石油公司于1968年独立开发了它们自己的聚1-丁烯工艺技术，并在路易斯安那州的塔夫脱建立了一个小工厂。在20世纪70年代初，该工厂被维特科化学公司（Witco Chemical Corporation）收购并经营。

1977年年底，壳牌收购了聚1-丁烯业务，包括塔夫脱工厂。壳牌随即启动了一项重大投资计划，以提高产品质量，并将产能提高至约2.7万吨。这个工厂在2002年关闭了，那时候它们已经生产了30多年的聚1-丁烯。日本的三井公司同样也有较小规模的生产能力。2004年，巴塞尔在荷兰穆尔代克（Moerdijk）开了一个4.5万吨的工厂，花费了不到1000万美元，该工厂拥有当时世界上最大的聚1-丁烯生产装置。当时是聚1-丁烯生产的50周年。这个工厂在2008年被淘汰了，那时的产能达到6.7万吨。利安德巴塞尔工业公司（Lyondell Basell Industries）现在是全球聚1-丁烯的主要供应商，拥有80%的市场份额，三井公司拥有剩余的20%的份额。

聚1-丁烯是一种具有特殊应用的聚烯烃。例如它可以用于家庭或商业用途中的冷热水管道以及供暖系统。与聚乙烯共混后，能够形成两相结构，这也是封口剥离技术的基础（易开封软包装）。热水箱是利用聚1-丁烯吹塑得到的。

与聚乙烯和聚丙烯相比，聚1-丁烯可被描述为“相对未知的聚烯烃”。

聚1-丁烯的生产规模仍然相对较小，但它拥有独特的性能，所以一直保持着两位数的增长率。

管道是聚1-丁烯在聚烯烃工业方面的一个应用案例，法律规定使得它产生了巨大的经济效益。聚1-丁烯于20世纪60年代被引入欧洲市场，在加压冷热水系统中获得了长期应用的成功，因此被欧洲和亚洲的管道系统制造商和安装商广泛认可。然而，20世纪90年代，聚丁烯管道系统在美国涉及一个长期的集体诉讼案件，不过该案件实际上与缩醛树脂制造的管道连接件和配件有关。聚丁烯管道系统协会（PBPSA）只专注于聚1-丁烯的这一应用，并在其网站（www.pbpsa.com）上提供了更多详细信息，其中明确解释了“鉴于以前美国诉讼程序的结果”，聚1-丁烯不在北美推广（尽管历史证明了它的内在适用性）。

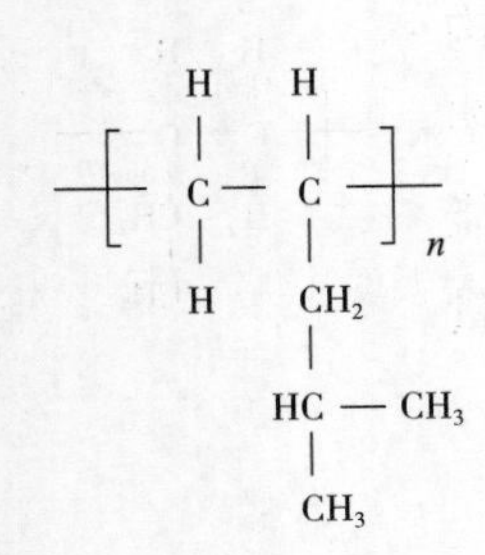

2.9.3 TPX®

TPX是聚4-甲基-1-丁烯的商品名。它最开始是由ICI公司制备出来的。1975年，三井化学收购了ICI所有的业务和英国石油公司的单体技术。今天TPX只由三井化学生产。2003年11月，三井化学提高了TPX的年产能，从6.8万吨提高到7.5万吨。

在1953年聚4–甲基–1–丁烯是作为过渡金属催化剂聚合聚烯烃的实例而被记录的[1]。

还应该注意到，4–甲基–1–丁烯在有些线型低密度聚乙烯中是作为共聚单体出现的。

TPX具有一些特殊的性质和功能，但是它仍然是一种特殊的工程聚合物。它是塑料材料中密度最低的，只有0.835g/cm^3。虽然它是结晶聚合物，但是由于它的无定形区和结晶区具有相同的密度，所以它是完全透明的。它的表面能很低，并且在光学、声学方面具有出色的性能。目前的增长领域是薄膜行业。在三井化学公司，薄膜用聚4–甲基–1–丁烯有单独的商品名Opulent。

2.9.4 聚双环戊二烯

环戊二烯是石脑油蒸气裂解得到C_5中的主要成分。因为它非常活泼，所以它在特定温度下以稳定的二聚体以及双环戊二烯存在。

这个二聚体是两种聚烯烃聚合物的基础。

第一种是包含无定形结构的热塑性工程聚合物。它们都是环烯烃聚合物或者含有乙烯的环烯烃共聚物。它们都是商业化产品，例如Zeonex（1991年商业化）、Zeonar（瑞翁）、Topas（宝理）、Apel（三井）、Arton（JSR）。Topas原本是泰科纳公司（Ticona）的产品之一，在2006年它被出售给大赛璐化学公司（Daicel）。2000年9月，德国奥伯豪森公司（Oberhausen）建立了一个产能为3万吨/年的Topas工厂。

这些环烯烃聚合物都具有良好的耐化学性、光学性能以及较低的吸湿率，它们都是烯烃在高温（玻璃化转化温度高达180℃）下的聚合物。

早期COC是作为一种低价的聚碳酸酯替代物出现的，它们都可以用在光盘上，但是COC的商业化很慢，现在这个市场已经消失了。

第二种聚烯烃是直接由双环戊二烯单体聚合得到，但是它们是热固性聚合物，采用的加工方式是RTM（树脂传递模塑）工艺或RIM（反应注射成型）工艺，它们经常被用在运输工具的大型部件上（汽车车身部件）或者能源领域（风电叶片）。这些双环戊二烯聚合物采用开环易位聚合法制备，催化剂用的是格拉布（Grubbs）催化剂。制备聚双环戊二烯的过程要比制备传统的热固性聚合物环氧树脂要更加环境友好，步骤也更简单。严格地说，它们也不在本章的讨论范围之内，但是它们仍然是一种很有潜力的聚烯烃（见图2.5）。

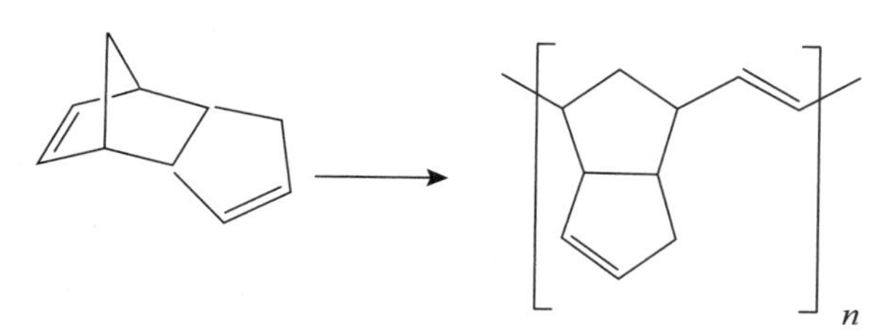

图2.5　双环戊二烯聚合为聚双环戊二烯

[1] 资料来源：美国专利4376851，霍根。

2.10 聚烯烃工业的发展

聚烯烃对经济的影响可以用聚烯烃工业的发展来评价。聚烯烃工业集中了一批在材料方面具有开创性的企业，这些企业通过成长或联合成为大公司。尽管那些新的竞争者声称他们继承了这些先锋企业，但很多先驱公司的名字已成为历史，不复存在。

当回顾聚乙烯和聚丙烯的发展时，可以看到它们的商业化过程、发展和聚合物的制备涉及的工业化企业。它们都是典型的化学公司（如ICI、巴斯夫、杜邦公司）进入聚合物领域开展多元化经营，石油公司向下游拓展（菲利普斯公司、标准石油公司、阿莫科公司），还有其他寻找全新多样化发展的公司，比如格雷斯公司（W.R.Grace）就是这样的一个例子，最近它在完成从陶氏收购UNIPOL™聚丙烯催化剂技术之后，现在已大胆地进入了聚烯烃催化剂领域。

80年来，企业在不断地并购与整合、资产交换、地域多元化，同时在寻找低成本原料的过程中引导行业进步。其他驱动进出的因素包括全球贸易和商业行为，加入新兴市场行业的机会，以及塑料消费的全球化行为，就像汽车工业，以及宝洁和联合利华的快速消费品公司。由此可见产品多样化以及投资组合扩张后的驱动力，这种驱动力使得企业剥离掉非核心业务的部分产品，从而专注于核心业务的开拓。

本章仅提供一些全球工业发展的案例，而不提供详细的解决方案及分析。

下面以一些聚烯烃工业发展的案例进行描述。从个别企业的角度来看，它们中的一些企业的业务仍然在聚合物领域，但是已经不再是早期的聚烯烃活动（例如杜邦公司），甚至不再参与以前涉足的行业了，就像赫希斯特公司和孟山都公司（Monsanto），它们已经变成了生命科学和农业公司。企业有时候即使是奠基者，也可能转型换了行业，ICI就是典型的例子。

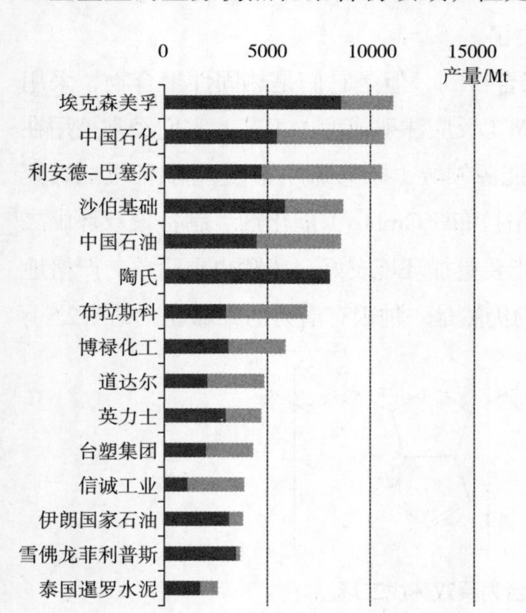

图2.6 世界前15名的聚烯烃生产商（2013年）

如今，特别是过去的30年，任何进入聚烯烃行业和今天的主要企业，都不会知道这个行业曾经经历的创伤和变革。

了解聚烯烃工业的一种方法是探究主要的聚烯烃生产商。图2.6显示了2013年世界上排名前15名的聚烯烃生产商。

说起"响亮的名字"，只有两个聚烯烃行业的先驱企业位列榜单：埃克森美孚（曾经的埃克森）在榜单的前列，还有在

2000年7月1日成立的雪佛龙菲利普斯，它是通过菲利普斯石油公司和雪佛龙公司合并形成的。陶氏化学在2001年用93亿美元收购了联合碳化物公司。联合碳化物公司在第二次世界大战期间从杜邦子公司中迅速发展为ICI的低密度聚乙烯公司。通过这次并购，陶氏化学也成为聚烯烃的早期参与者之一。

利安德-巴塞尔公司，世界上第三大的聚烯烃公司，通过比较复杂的历史积累了丰富的聚烯烃工业基础，另外，2000年7月1日巴塞尔和利安德公司的合并是行业里具有较大经济影响力的事件。此处简要追溯利安德和巴塞尔公司早期的动态，观察它们作为一个主要的高附加值聚烯烃生产商的发展进程，如图2.7所示。

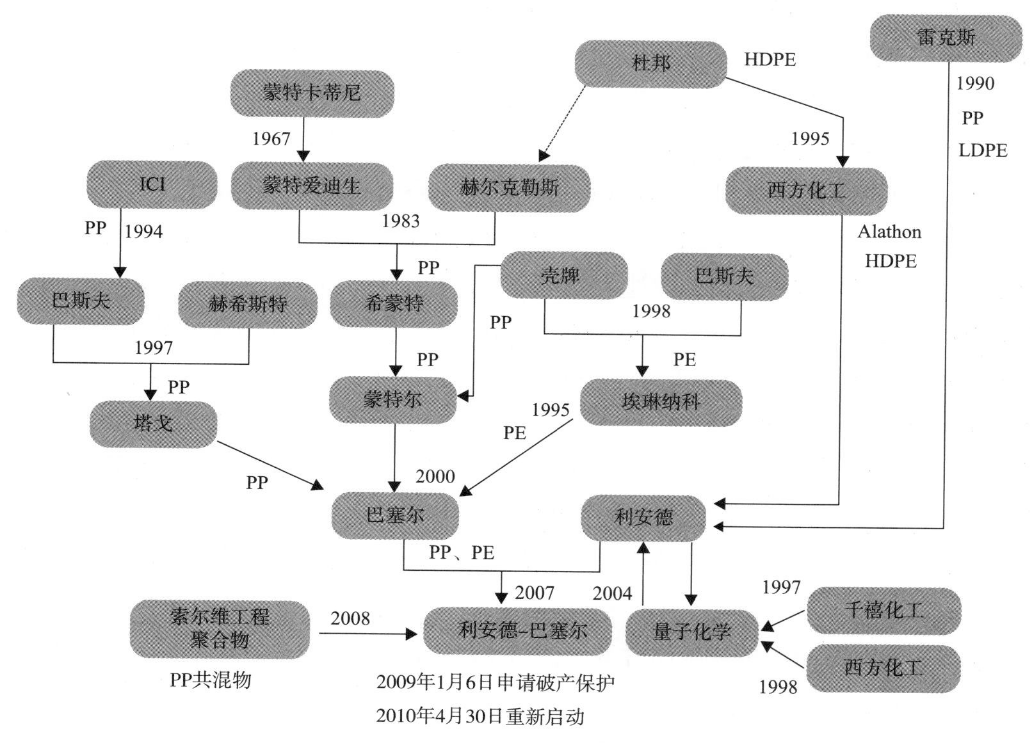

图2.7 利安德-巴塞尔公司的历史发展

这件事情的脉络可以从1955年开始梳理。当时得克萨斯州的丁二烯和化学公司在得克萨斯州的钱纳尔维尤购买了利安德乡村俱乐部，并在周边建造了工厂。辛克莱石油公司（Sinclair Petrochemicals）随后在1962年购买了钱纳尔维尤的站点。大西洋炼油公司（Atlantic Refining Company）和里奇菲尔德石油公司（Richfield Oil Corporation）在1966年成立了大西洋-里奇菲尔德公司（ARCO），在1909年和辛克莱石油公司合并，所以钱纳尔维尤工厂成了大西洋-里奇菲尔德公司的一部分[25]。1985年，大西洋-里奇菲尔德公司将它的烯烃业务从公司剥离出来，成立了一个新的子公司，最终命名为利安德石油公司，其中50%的股份在1989年以14亿美元的价格向公众出售[26]。

1990年，利安德从雷克斯产品公司（Rexene Proclucts Company）购买了于70年代由埃尔帕索产品公司（El Paso Products Company）在得克萨斯州贝波特建造的低密度聚乙烯和聚丙烯工厂。1995年，利安德公司的高密度聚乙烯业务是以3.56亿美元从西方化工公司（Occidental Chemical Corporation）购买的。1997年，利安德公司将它的石油和聚合物业务和千禧化工公司（Millennium Company）合并成为合资公司［千禧化工公司由美国最大的聚乙烯生产商美国昆腾公司（Quantum Chemical Company）组建］，西方化工公司的石化业务于1998年成为昆腾公司的第三业务板块量子化学公司（Equistar）。

合并的结果是，量子化学公司控制了70亿美元的资产，同时1997年预计销售额为60亿美元。现在是北美最大的聚烯烃生产商和世界第二大生产商。1998年，利安德以56亿美元的价格收购了大西洋-里奇菲尔德化学公司，更名为利安德化学公司。利安德在2002年以400亿美元的价格收购了量子化学公司的西方化工公司的股权，2004年，利安德收购了千禧化工公司，从而获得了量子化学公司100%的所有权。

三个附属业务并入巴塞尔溪流。首先从蒙特卡蒂尼公司开始，纳塔分配给它的聚丙烯专利，蒙特卡蒂尼公司和爱迪生公司合并，并于1967年成为蒙特爱迪生公司。大力士公司（Hercules Powder）在1983年将它们的聚丙烯业务与蒙特爱迪生公司合并，形成希蒙特公司（Himont），后来与壳牌公司的聚丙烯业务合并于1995年组建蒙特尔公司（Montell）。第二个业务是巴斯夫聚丙烯早期的聚丙烯生产线，1994年巴斯夫收购了ICI公司30万吨的聚丙烯业务（1982年退出聚乙烯业务，当时将聚乙烯业务换成PVC业务），这次收购使巴斯夫聚丙烯业务规模翻了一番，达到60万吨。1997年，巴斯夫将自己的聚丙烯业务与赫希斯特公司的聚丙烯业务合并为名为塔戈（Targor）的风险投资公司。

第三个业务是聚乙烯业务埃琳纳科公司（Elenac），成立于1998年，由巴斯夫和壳牌的聚乙烯权益合并。

蒙特尔公司、塔戈公司（Targor）、埃琳纳科公司在2000年作为荷兰公司巴塞尔合并在一起。巴塞尔当时是世界上最大的聚丙烯生产商，拥有780万吨/年的产能，也是欧洲最大的聚乙烯生产商。巴塞尔在聚丙烯许可方面也是世界领先的：世界上40%的装机容量使用巴塞尔技术，如Spheripol技术。

巴塞尔在运营的前三年中有两年亏损，但在2004年，销售额达到82亿美元，实现了1.75亿美元的利润。

2005年年底，由乌克兰出生的，受过哈佛大学教育的金融家莱恩·布拉瓦尼克（Len Blavatnik）创立并领导的私人控股工业集团通路实业公司（Access Industries）以54亿美元的80%杠杆收购巴塞尔公司，交易金额达11亿美元。这是化工行业最大的杠杆收购。在从收购到2007年12月的两年内，通路实业公司以股息和管理费的形式从巴塞尔公司提取了4.63亿美元的现金。

2006年，巴塞尔公司是全球最大的聚丙烯和聚乙烯生产商，也是聚丙烯和聚乙烯工艺和催化剂开发和许可的全球领先企业。

下一个阶段就是“利安德时间”。2007年7月，布拉瓦尼可建议以每股48美元的价格收购利安德公司，比2007年7月16日的股价溢价45%。这次收购总共花费210亿美元的资金（包括120亿美元的股票收购）。根据合并协议，于2007年12月20日，全球第三大化工公司利安德-巴塞尔工业公司（LBI）由巴塞尔公司与利安德合并组建。

在2008年，利安德-巴塞尔工业公司的收入为507亿美元，其中税息折旧及摊销前利润（EBITDA）为33.98亿美元。

两家公司合并的时机太不走运了，不仅利安德-巴塞尔工业公司有巨额债务（236亿美元），而且雷曼兄弟在2008年9月的崩溃也正在卷入全球金融危机。由于部分债务是资产支持的，因此库存价值的下降导致借贷基数严重下降，并触发了利安德-巴塞尔工业公司的偿还贷款的义务。缺乏流动性意味着偿还日益困难，利安德-巴塞尔公司于2009年1月6日申请破产保护。

在第11章中，利安德-巴塞尔工业公司在许多方面开始了“新的征程”，并于2010年4月30日以“有利的资本结构”退出。

当时利安德-巴塞尔工业公司也准备好开发低成本的页岩气（乙烷），以供应其在美国的六套乙烷裂解炉。它们被转换为最小的资本投资，能够在乙烷裂解炉上运行90%的时间。

迅速认识到并利用这种新的原料机会显著提高了利润率和盈利能力，这使得其他投资者问责陶氏等公司，质问他们为什么表现不如利安德-巴塞尔工业公司。

利安德-巴塞尔工业公司于2010年10月14日起在纽约证券交易所上市，开盘价为27美元/股。2014年9月，达到115.40美元/股的高峰。

图2.7显示了利安德-巴塞尔工业公司聚烯烃系列的历史发展。

2.10.1 海湾阿拉伯国家合作委员会（GCC）的聚烯烃产业的发展

前文已经详细地介绍了聚烯烃行业是如何发展起来的。我们现在转向海湾阿拉伯国家合作委员会地区，这个地区在过去二三十年里从无到有地发展了一个聚烯烃工业。阿拉伯国家的聚烯烃工业发达，但在本章内容范围内，我们选择了两个例子，并通过一个类似于为利安德-巴塞尔工业公司准备的图表来说明它们的进展和状况。首先是卡塔尔，这是第一个拥有聚烯烃工业的海湾合作委员会国家。其次是阿联酋，那里的主权财富基金已经展开战略布局，并被大胆执行，它们创建了具有全球和区域影响力的聚烯烃产业集团。

2.10.2 卡塔尔

卡塔尔是第一个拥有聚烯烃工业的海湾阿拉伯国家合作委员会成员。海湾阿拉伯国家合作委员会首次生产聚烯烃是由卡塔尔石油化学公司（QAPCO）于1981年创立的低密度聚乙烯工厂。图2.8以一张图的形式展示聚乙烯工业的历史发展和所有权。卡塔尔拥有强大的法国伙伴关系，这是显而易见的。35年后主要的聚乙烯生产被各大工厂所垄断。

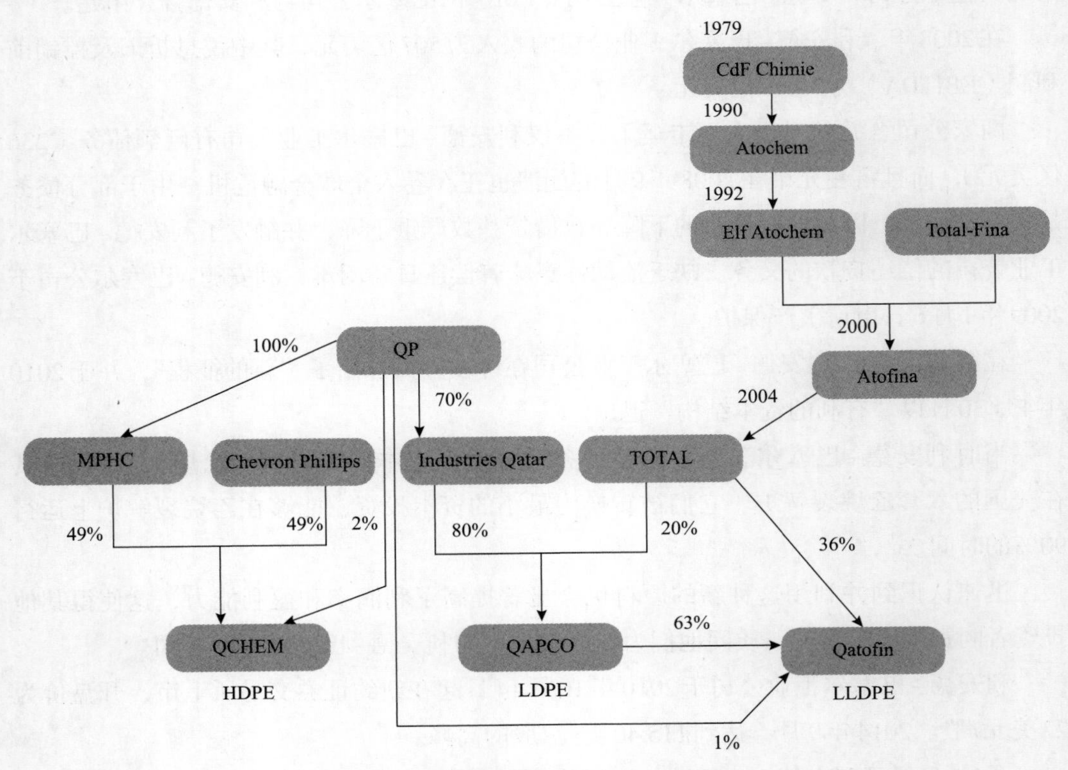

图2.8 卡塔尔国家聚烯烃工业的发展

2.10.3 阿拉伯联合酋长国（阿联酋）

国际石油投资公司（IPIC）是阿布扎比政府长期的战略投资机构，它是在30年前由远见卓识的谢赫·扎耶德（Sheikh Zayed）建立。在过去的20年中，国际石油投资公司已经购买、开发和培育了一批聚烯烃行业的公司。今天，国际石油投资公司的投资组合包括诺瓦化学公司（Nova Chemicals），北欧化工公司（Borealis）和博禄公司（Borouge）。但这在5年里，无论是将诺瓦化学公司的业务整合到北欧化工/博禄公司的业务领域范围，还是将这三家公司协同在一起，国际石油投资公司都没有做出很多努力（见图2.9）。

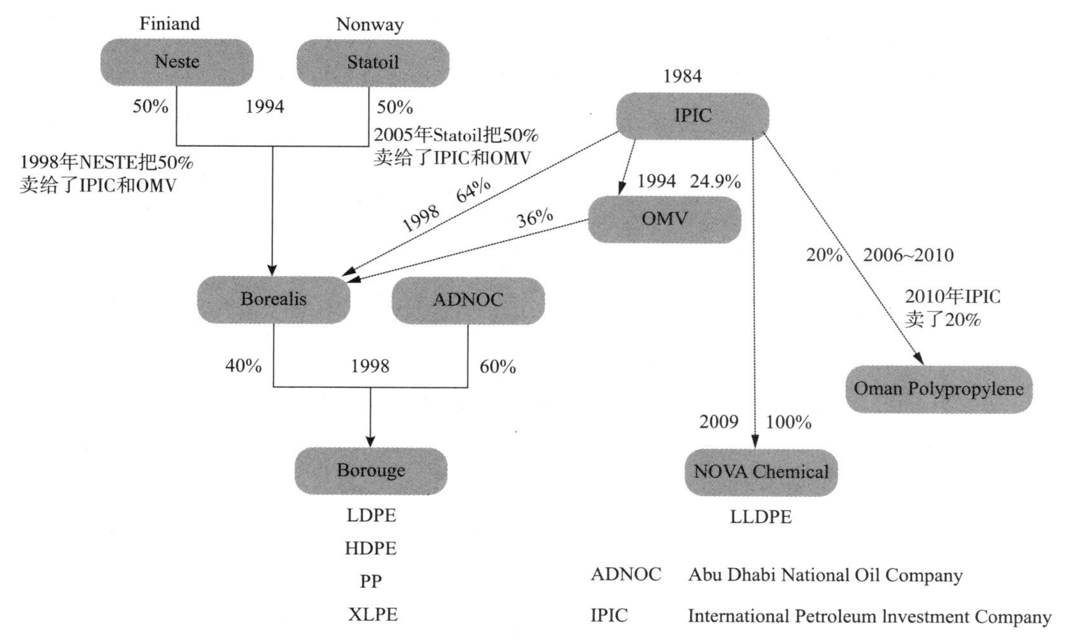

图2.9 阿联酋的聚烯烃工业发展情况

2.11 工业经济影响

就公司的发展和并购活动而言，可以看到聚烯烃行业的发展是如何评估聚烯烃的经济影响的。从数十年的时间角度来看，大量的并购交易积累起来，使行业彻底改变和重塑了。

聚烯烃工业的一个特点就是资本密集。这是其经济影响的一个方面，即投资这个行业的资金量。下游聚合物加工企业的经典模式为车间具备一台小型注塑机即可从事生产。与之不同的是，即便是规模最小的聚烯烃生产，例如希斯公司的聚1-丁烯只有3千吨/年的产量，也涉及几百万美元的投资。

目前世界规模的聚乙烯和聚丙烯工厂要比行业起步时大得多（超过三个数量级）。回想一下，最早的ICI公司低密度聚乙烯工厂每年只有100t的规模。1957年第一家聚丙烯工厂产能是6千吨/年，到1965年，经典的新型聚烯烃工厂产能是1万吨/年，在19世纪70代年代早期，大约为2.5万吨/年的产能，到1985年产能是8万吨/年，到了1990年是10万吨/年，发展到2000年就是30万吨/年。现在的新工厂产能要超过45万吨/年，甚至高达75万吨/年。

尽管产能的容量变了，但是制备聚乙烯的工艺自1960年以来一直变化很小。这样的结果就是产能放大降低了单位产量的花费。另外，工艺的提高——工艺控制、自动化、工艺设备、催化剂技术的改进都降低了聚合物转化的成本，改善并提高了产品质量。

尽管有大量的投资（每个世界级的最先进的工厂投资额为5亿美元到10亿美元），这些高度自动化的工厂提供了很少的就业机会。它们提供了有趣的、具有挑战性的、要求苛刻的和高薪的职位。但是符合这样职位要求的人非常少，因为只有经验丰富的专业人员才可以胜任。聚合物工厂如果在当地进行改造，则可以提供更多的就业机会。工厂及其下游价值链，无论是通过当地消费还是出口都会对当地经济做出重大贡献。

自从这个行业开始以来，成立了多少家聚烯烃生产厂？解答这个问题的途径是去追踪技术的许可者，在这里我们并不进行深谈。例如，ICI在授权低密度聚乙烯方面非常活跃，截至1977年，它授权了23家单位，总共81.2万吨的产能。然而，它的核心技术是建立在搅拌釜式反应器上（釜式反应釜），这不像其他家公司开发的管式反应器那样扩大规模。到1980年，ICI 已经失去了“第一生产者优势”，在技术开发方面没有领先，1982年它退出了聚乙烯业务。

据宝石化学公司（GEM-CHEM）估计，全世界有170个聚丙烯工厂和376个聚乙烯工厂。我们从上文也看到，世界上只有少数几个工厂生产特殊的聚烯烃（聚1-丁烯、TPX、聚双环戊二烯），所以实际上有超过500个生产聚烯烃的工厂。

2.12 全球化、原料和原料供应

合成聚合物开始于1910年，当时热固性树脂Bakelite被商业化，并在100多年的时间里成为一个全球化的工业。合成热塑性聚合物行业起步于欧洲，并在欧洲、美洲和日本发展起来。然后，在过去的30年里，生产和消费转向了亚太地区（尤其是中国）和中东地区。聚烯烃工业在很大程度上主导了这次转移。五家主要的聚烯烃生产商（榜单的前15名）来自亚太地区，它们中的三家在中东。这是对行业的彻底的重塑。全球化是一个不可逆的过程。

转向亚洲是由于当地区域性的需求，而不仅仅是为了获得廉价的劳动力，所以我们希望看到这个区域的需求因为人均收入的增长而增长。在这些国家，中产阶级越来越多，消费预期也提高了。中国变成了世界上最大的聚合物消费国，1983年的市场份额为6%，2013年的市场份额为30%。剩下的亚太市场占据15%的市场份额。

然而生产转向中东，在很大程度上因为大量低成本的原料和资本的投入，而不是区域需求，低成本的能源在一定程度上得到了补充。中东工业仍然以出口为主，如今中东地区的碳氢化合物原料供应不足，资本将会根据成本和可用性寻找替代原料。

我们可以看到两种原料因素已经在发挥作用。首先从第11章可以看到，低成本的乙烷（页岩气）的获取显著地改善了利安德-巴塞尔工业公司的经济表现。到目前为止还没有讨论过英力士公司（Ineos），在用90亿美元收购亿诺公司（Innovene）之后，它也面临着财政的困难。因为杠杆作用，它的信用评级立即降低了。页岩气是它们的救星。大量低成本的原料显然吸引了投资（虽然没有中东那么低，但是是不久前北美原料价格的1/4～1/3），并且带回了一些曾经的撤资者。这个故事才刚刚开始，可能很快就会在未来的十年里建立起一个趋势和投资方向。

第二个原料因素是在中国使用的煤炭。煤资源储量巨大，成本也低。由于物流的因素（煤矿关停），再加上担心原料质量和低质煤对环境的影响，这两个积极的因素也被抵消掉了。二战以来，石油一直是世界大部分地区的首选原料，除少数几个国家外（特别是南非），政治因素驱动了整个煤化工产业的发展。在短短10～15年的时间里，以煤炭为基础的中国化学工业的发展是显而易见的。煤制烯烃是现实存在的——合成气由煤生产，然后用于制造甲醇，然后转化为烯烃（乙烯或丙烯）。煤制烯烃在中国正在迅速发展，涉及30多个项目，并且可能与北美页岩气的发展一样重要或者更为重要。最近石油价格从每桶100美元下降到45美元/桶（2014年），其他原料（页岩气和煤制烯烃）都可能受到影响。如此低廉的石油价格使得页岩油、页岩气和深海钻井的吸引力降低，甚至不再具有经济效益。

还有一些其他原料。有一些聚乙烯是由巴西的甘蔗乙醇制成的。这个制备路径现在被推广和吹捧，好像这是一个革命性的进步。事实上，它只是回到了事情最初的状态，也许很多人都不知道这里面的故事。1933年，ICI制造的第一个聚乙烯是通过糖蜜发酵生产的乙醇脱水制备的乙烯制成的。虽然油砂不是每一天都能登到头条新闻，但它仍然是碳氢化合物来源的主要替代物。几乎没有人注意到在海洋或苔原上的20亿吨的甲烷水合物。

虽然据说（如沙特阿拉伯）现在已经没有天然气了，但是这个说法是不准确的。事实上是，沙特阿拉伯有三分之四的天然气在发电站被燃烧，而不是变成有价值的石油化工原料和特种材料。行业需要关键的原料来实现增长，如果原料供应不足，投资者就会把这个行业转向其他可用的原料来源。

2.13 聚烯烃工业的未来

从材料的角度来看，聚乙烯和聚丙烯工业总量仍然处于上升曲线当中，远没有到达顶峰。这在本章前面的图2.2和图2.3中有非常清楚的生产预测数据。

事实上，即使是后来者，聚丙烯似乎也可能更快地发展，而且在接下来的十年里，可能会有两个同样规模的行业。届时，聚烯烃产业将超过2亿吨，价值超过2500亿美元。聚乙烯行业本身的情况可能会发生变化，符合发展良好的趋势。线型低密度聚乙烯会继续占据主要的市场份额，同时低密度聚乙烯仍然继续保持增长，但是增长速度会因为基数庞大而比较慢。图2.10展示了从1970年开始的聚乙烯工业的发展趋势。

据预估在这个10年结束前，线型低密度聚乙烯将会占据乙烯行业的三分之一。

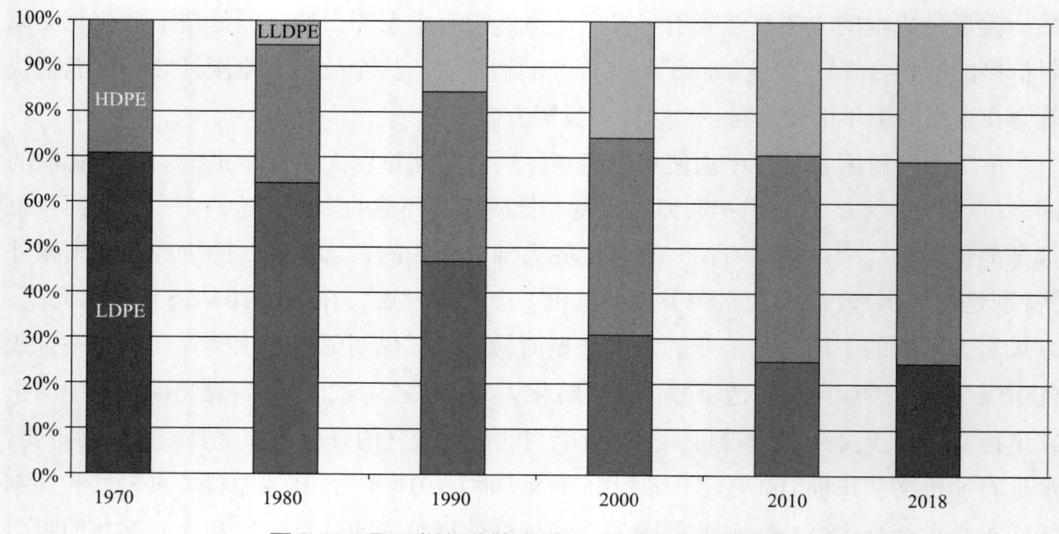

图2.10 聚乙烯行业截止到2018年前的发展趋势

2.14 结束语

我们讲述了聚烯烃聚合物的发展历史，详细描述了那些处于行业前沿的人所进行的研究——一些是有目的、有意图地进行研究，一些是偶然的机会。我们探索了一些公司和国家如何提高它们在聚烯烃行业中的地位和保持它们的传统。

在聚烯烃行业发展的同时，关于聚合物的高分子科学研究也在快速发展。聚烯烃产业增长的推动力包括材料替代、客户需求的增长以及聚合物的性能、加工性和经济性，实现产品化和应用开发等活动。

我们也谈到了知识产权的各个方面，如专利和许可，以及如何确定新技术的发展和更重要的所有权。

全球化和地域上的变更对于聚烯烃的发展具有重大的影响。原料的品种、可用性和经济性的变化被认为仍然是聚烯烃行业的基本驱动力，同时，我们注意到，我们正处在聚烯烃行业的几个关键时刻。

聚烯烃行业是资本密集型的，投资被用于工厂建设、开发和升级，以及用于研究、技术和创新。这个行业本身能够提供充满希望和挑战的就业机会，同时相关的下游行业链——聚合物转换和加工也提供了越来越多的就业机会。

如本章所示，聚烯烃具有重大的经济和全球化影响。它继续保持强劲的增长曲线，预计将来会有更大的影响力。此观点很容易达成共识：聚烯烃在日常生活中是不可缺少的［北欧化工（Borealis），2014年］。

可见聚烯烃聚合物在如今的生活中的每一个方面确实无处不在，并且是不可或缺的。聚烯烃自80多年前诞生以来的发展和产生的经济影响，以及丰富的聚烯烃行业信息，都将在此分享给您，也希望您能一起享受这一独特和不寻常的旅程。

参考文献

1. Polyolefins Report. IHS Chemicals (2014)
2. P. Galli, J.C. Haylock, E. Albizzati, A. Denicola, High performance polyolefins: polymers engineered to meet needs of the 21st century. Macromol. Symp. **98**(1), 1309–1332 (1995)
3. Polyisobutylene: 2014 World Market Outlook and Forecast up to 2018, Research & Markets. January, 2014
4. H. Morawetz, *Polymers the Origins and Growth of a Science*. Wiley-Interscience (1985) pp. 20–132-3, ISBN 0-471-89638-1
5. M.E.P Friedrich, C.S. Marvel, J. Am. Chem. Soc. **52**, 376 (1930)
6. R.B. Seymour and T.C. Cheng, *History of Polyolefins The World's Most Widely Used Polymers*. (D Reidel Publishing Company, Dordrecht NL, 1986) ISBN-13: 978-94-010-8916-6, doi: 10.1007/978-94-009-5472-4
7. F.M. McMillan, *The Chain Straighteners, Fruitful Innovation: The Discovery of Linear and Stereo-Regular Synthetic Polymers*. (Macmillan Press, London, 1979), ISBN 0-333-25929-7
8. L. Trossarelli, V. Brunella, *Polyethylene: discovery and growth, UHMWPE Meeting* (University of Torino, Italy, 2003)
9. C. Flavell-While, Plastic Fantastic. www.tcetoday.com Nov 2011, pp. 49–50
10. M. Lauzon, PE: the resin that helped win World War II. Plastics News **19**(23), p27 (2007)
11. D.A. Hounshell, J. Smith, *Science and Corporate Strategy: Du Pont R&D, 1902–1980*. (Cambridge University Press, Cambridge, 2006)
12. S. Ali, Polyolefin catalyst market overview. Catal. Rev. **27**(4), 91–6 (2014) ISSN 0898-3089
13. A. Clark, Olefin polymerization on supported chromium oxide catalysts. Catal. Rev. Sci. Eng. **3**, 145–173 (1970) doi:10.1080/01614947008076858
14. M.W. Haenel, *Historical Landmarks of Chemistry: Karl Ziegler* (Max-Planck-Institut für Kohlenforschung, Mülheim an der Ruhr, 2008)
15. H. Martin, *Polymers, Patents, Profits: A Classic Case Study for Patent Infighting*. (Wiley-VCH Verlag GmbH & Co. KGaA, 2007), ISBN: 9783527318094, doi: 10.1002/9783527610402
16. M. Gahleitner, W. Neissl, C. PAULIK, *Two Centuries of Polyolefins*. (Kunststoffe international, 2010), pp. 8–11
17. E. Vandenberg, *History of Polyolefins Chapter 5*. (D Reidel Publishing Company, Dordrecht NL, 1986), ISBN-13: 978-94-010-8916-6
18. W. Kaminsky, *The Discovery of Metallocene Catalysts and Their Present State of the Art, Institute for Technical and Macromolecular Chemistry*. (University of Hamburg, May 2004), doi:10.1002/pola.20292
19. A. Shamiri, M.H. Chakrabarti, S. Jahan, M.A. Hussain, W. Kaminsky, P. Aravind, W. Yehye, The influence of ziegler-natta and metallocene catalysts on polyolefin structure. Prop. Process. Ability Mater. **7**, 5069–5108 (2014). doi:10.3390/ma7075069
20. G.M. Benedikt, B.L. Goodall, *Metallocene Catalyzed Polymers: Materials, Processing and Markets*. (Cambridge University Press, Cambridge, 2008), ISBN 0080950426
21. World Polyethylene, *Demand and Sales Forecast, Market Share Market Sixe, Market Leaders* (The Freedonia Group, Report, 2014)
22. J.C. Sworen, *Modeling Linear Low Density Polyethylene: Copolymers Containing Precise Structures*, PhDDissertation, University of Florida (2004)
23. J. Karger-Kocsis, *Polypropylene: Structure, blends and Composites,* vol 1, 2, 3. (Springer Science & Business Media, 1995)

24. C.W. Adams, Allocating Patent Rights Between Earlier and Later Inventions. St. Louis U.L. J. **54**, 47–55 (2010)
25. H. Sailors, J.P. Hogan, History of polyolefins. J Macromol Sci Part A Chem **15**(7), 1377–1402 (1981). doi:10.1080/00222338108056789
26. C. Freeman, L. Soete, *The Economics of Industrial Innovation, 3rd Edition*. Routledge, Polyethylene §5.7 pp. 123–124 (1997), ISBN-10: 1855670704
27. J. Soarez, T. McKenna, *Polymer Reaction Engineering. "Polyolefin Reactors and Processes"*. (Wiley, Hoboken, 2012) doi:10.1002/9783527646944.ch4

第3章 烯烃聚合

哈尼·塔巴（Hani D.Tabba）、尤瑟夫·希吉（Yousef M.Hijji）、
阿丹·阿布-萨拉（Adnan S.Abu-Surrah）

3.1 前言

聚烯烃是化工行业中稳居前十的明星产业。全世界范围内聚乙烯（PE）和聚丙烯（PP）年产值占塑料产品的50%，若包括聚苯乙烯，其产值将达到60%以上。由于聚乙烯和聚丙烯应用广泛，其年产量超过1.3亿吨。聚烯烃生产使用的催化剂主要以齐格勒-铬系催化剂为主。在近20年里，全球每年聚合物及石化行业材料，尤其是聚烯烃的生产和消费都保持了大约7%的年增长率，进而带动了世界范围内学术及工业研究热潮[1, 2]。在过去的几十年里，烯烃聚合经历了几个重要阶段，本章将重点介绍烯烃聚合的发展。

3.2 聚合原理

聚合的基本含义为单体化合物通过化学反应键合起来的过程。从这个基本含义出发，可以开发出具备各种性能的聚合物。加成聚合过程可通过基于引发剂的多种反应机理实现，制备得到的聚合物结构与聚合单体理论经验式完全吻合。

“链增长聚合”是这种加成聚合过程的形象描述。

在这种聚合过程中，分子链在引发剂的引发下开始增长，最终生成末端带有活性基团的聚合物大分子，该活性基团可能是负离子、自由基或正离子。下文将详细介绍每种聚合反应的反应机理。

3.2.1 自由基机理

自由基是极其活泼的、寿命极短的反应中间体，通常是共价键的断裂或者多重键的自由基加成反应产生的未成对电子。典型的碳自由基中心碳是sp^2杂化平面构型，未杂化的垂直p轨道上被一个电子占据。

过去自由基聚合是应用最广的烯烃聚合方法[3]。由于C═C极易被自由基攻击，生成一个新的自由基活性中心，使得反应能够持续不断地进行下去（如式3.1所示），因而在烯烃聚合领域中自由基聚合得到了长足发展。

烯烃单体在每一次自由基加成反应过程中，都会将其活性中心传递到分子链末端[3, 4]。

直到20世纪90年代，这种常规自由基反应发展到了新型休眠活性中心（reversible deactivation radical polymerization，可逆失活自由基聚合）可逆自由基反应阶段。

式3.1　自由基聚合示意步骤

自由基聚合反应主要有三个阶段，分别是引发阶段、链增长阶段和链终止阶段。

（1）引发阶段。

引发阶段是指自由基引发剂与聚合单体分子发生加成反应后生成自由基活性中心的过程。下列反应式（式3.2）为常用的自由基引发剂生成方法。

$$R_1{-}O{-}O{-}R_2 \xrightarrow[60\sim90℃]{\triangle} R_1{-}\ddot{O}\cdot + \cdot\ddot{O}{-}R_2$$

过氧化物　　$R_1\ R_2$=H，烯丙基，芳基

$$C_6H_5{-}C(=O){-}O{-}O{-}C(=O){-}C_6H_5 \xrightarrow{\triangle} 2\,C_6H_5{-}C(=O){-}\ddot{O}\cdot \longrightarrow C_6H_5\cdot + CO_2$$

过氧化苯甲酰　　苯自由基

$$(CH_3)_3{-}O{-}O{-}H \xrightarrow{\triangle} (CH_3)_3C\ddot{O}\cdot + \cdot OH \longrightarrow (CH_3)_2C{=}O + \cdot CH_3$$

叔丁基氢过氧化物　　甲基自由基

$$R{-}\ddot{N}{=}\ddot{N}{-}R \xrightarrow{\triangle} 2R\cdot + :N{\equiv}N:$$

$$(CH_3)_2{-}C(C{\equiv}N){-}N{=}N{-}C(C{\equiv}N){-}(CH_3)_2 \xrightarrow{\triangle} (CH_3)_2{-}C(C{\equiv}N)\cdot + :N{\equiv}N:$$

偶氮二异丁氰　　2－氰丙基自由基

式3.2　通过热解均裂生成的自由基引发剂

①均裂（受热均裂）。

该反应通常是在受热（热解）或者受到紫外线照射（光解）的情况下发生，如式3.2所示。

②光解（光化学引发）。

相对于受热均裂，在紫外线光照下更易发生均裂反应，反应过程如式3.3所示。

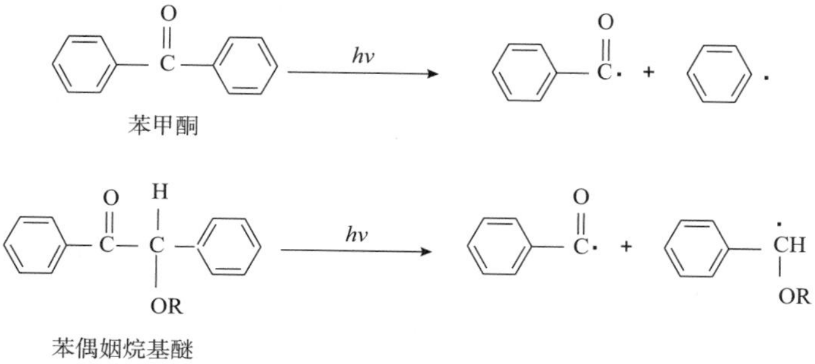

苯甲酮

苯偶姻烷基醚

式3.3　光解产生自由基引发剂

③ 氧化还原反应（单电子转移）。

在加热和光照无法产生自由基的情况下，通常采用单电子转移的氧化还原反应来制备自由基引发剂，如式3.4所示。

Fe_2^+或者Co_2^+与过氧化物或者氢过氧化物接触时，也能观察到氧化还原反应。

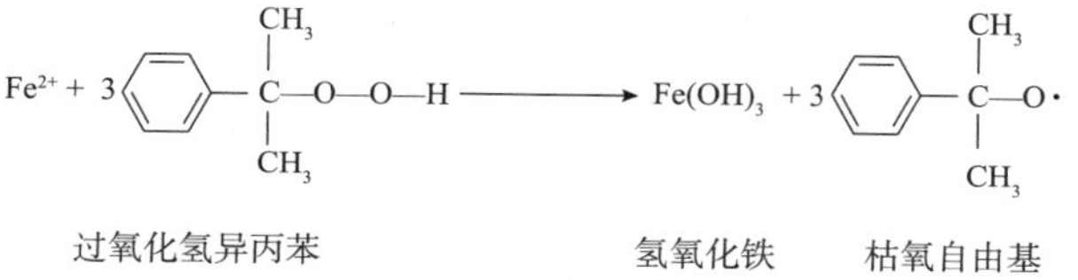

过氧化氢异丙苯　　氢氧化铁　　枯氧自由基

式3.4　通过单电子转移的自由基引发剂

自由基引发剂进攻烯烃单体位阻最小的碳原子，并生成较为稳定的自由基，空间效应和中介（电子）效应共同影响自由基加成位点，如下图所示。

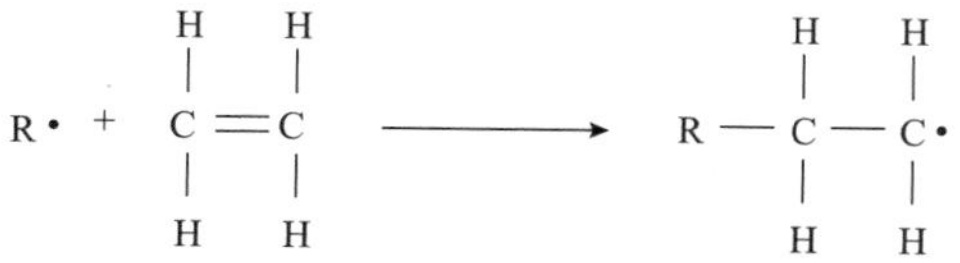

（2）链增长阶段。

这一阶段是烯烃单体快速依次加成到分子链上，最终形成聚合物的过程。数以千计的单体分子在几秒钟内加成到乙烯（a）或者更高级别的烯烃（b）上，如式3.5所示。

（3）链终止阶段。

通常双自由基的偶联反应或者歧化反应由于破坏了活性中心导致发生链终止反应。处在增长状态中的两个长链偶联后会形成一个带有引发碎片基团和其他链端的线型聚合物长链，如式3.6所示。

当自由基通过链转移方式转移到其他长链或者分子时，原分子链停止增长，实现链终止。

工业应用的自由基聚合反应不在这里做详细介绍。

(a)

(b) 尾 头

聚合物自由基

式3.5 （a）烯烃的链增长加成反应（b）高级烯烃（R=烷基）的头尾加成

(a)

(b)

歧化反应

偶联反应

式3.6 链终止反应

3.2.2 离子聚合

烯烃通过离子活性中心（活性种）完成的聚合过程为离子聚合。其中离子活性中心可以是阳离子，也可以是阴离子，这取决于离子所带取代基的稳定性，而取代基稳定性遵循诱导效应和电子效应。

给电子取代基能够提供更大的正电荷离域空间，有助于阳离子活性中心的稳定性。相反地，吸电子取代基或者电负性取代基有利于负电荷的离域，而有助于阴离子活性中心的稳定性，如下图所示。

如果活性中心上取代基的结构既能稳定负电荷也能稳定正电荷，那么阴、阳离子聚合反应则均能发生（如苯乙烯和1, 3-丁二烯）。在离子聚合过程中，反离子效应是聚合物空间结构的决定因素。

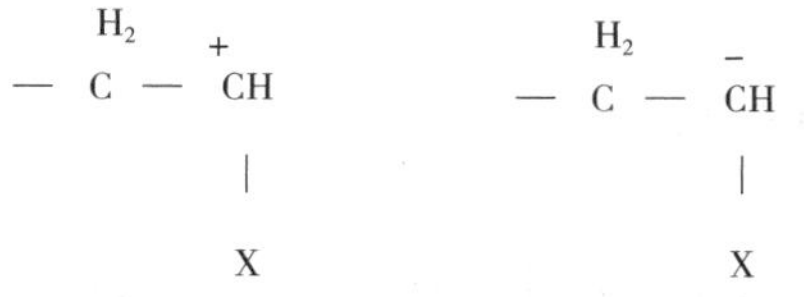

X=供电子基团
（ a ）碳正离子

X=吸电子基团
（ b ）碳负离子

离子聚合的链终止反应不同于自由基反应，下面将浅析几种离子聚合反应。

3.2.3 阳离子聚合机理[6, 7]

（ 1 ）链引发。

亲电试剂与烷基化烯烃反应（如捕获硫酸或者高氯酸中的H^+）生成的阳离子活性中心即为聚合反应引发剂。常用的引发剂通常是由路易斯酸如$AlCl_3$、BF_3及$SnCl_4$等与水或卤代烃反应生成的。

$$H_2O + BF_3 \longrightarrow H^+(BF_3.OH)^-$$

$$R—X + AlX_3 \longrightarrow R^+AlX_4^-$$

（ 2 ）链增长。

亲电试剂（H^+或者R^+）攻击烯烃单体生成阳离子活性中心（碳正离子），亲电试剂的加成倾向于生成更加稳定的碳正离子，使得分子链不断增长［遵循马氏取向理论，（ Markovnikov Orientation ）］，如式3.7所示。

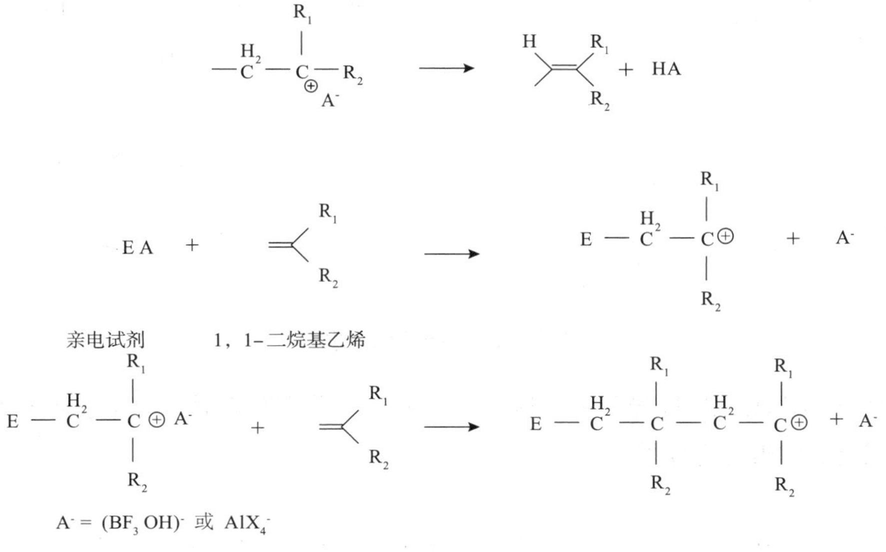

亲电试剂　1，1–二烷基乙烯

$A^- = (BF_3 OH)^-$ 或 AlX_4^-

式3.7　阳离子聚合链增长过程

（3）链终止。

链终止反应目前有两种推测。

①邻位氢转移至端基C═C上。

②邻位氢链转移到单体分子上生成单体阳离子化合物，如下所示。

$$—\overset{H_2}{C}—\overset{R_1}{\underset{\oplus\ A^-}{C}}—R_2 + \underset{H}{\overset{H}{>}}C═C\underset{R_2}{\overset{R_1}{<}} \longrightarrow \sim\sim\overset{H}{C}H═C\underset{R_2}{\overset{R_1}{<}} + H_3C—\overset{R_1}{\underset{R_2}{C^{\oplus}}}\ A^-$$

3.2.4 阴离子聚合

早期聚合研究显示，碱类化合物可用作阴离子聚合催化剂，但是由于其聚合程度低导致应用受到限制。在苯乙烯聚合时，为了提高阴离子的寿命不得不在液氨中使用$K^+NH_2^-$引发反应。$K^+NH_2^-$与烯烃单体不断加成生成长链，直到阴离子从液氨中吸收一个质子后链增长反应结束。如果阴离子从液氨中夺取质子步骤发生得太快，则聚合过程就会受限，如式3.8所示。

如果不使用液氨，加入大量聚合单体时，碳阴离子聚合物也能保持活性并能使链增长。苯乙烯聚合也可以采用丁基锂作为引发剂，其中Bu^-将加成在乙烯基上［需要使用THF（四氢呋喃）作为溶剂同Li^+配位］。

$$PhCH═CH_2 + \bar{N}H_2 \longrightarrow Ph\overset{\ominus}{C}H—CH_2—NH_2 \xrightarrow[\text{聚合}]{PhCH═CH_2} H_2N—(CH_2—CH(Ph))_n—CH_2\overset{\ominus}{C}HPh \xrightarrow{NH_3} H_2N—(CH_2—CH(Ph))_n—CH_2CH_2Ph$$

式3.8 阴离子聚合机理

在链终止步骤，活性炭阴离子聚合物通过夺取质子性溶剂中的质子而失去活性，最后生成饱和的聚合物分子。

$$—CH_2—\overset{-}{\underset{Li^+}{CH}}—R + R\text{-}OH \longrightarrow —CH_2—CH_2—R + RO^-Li^+$$

利用二氧化碳或稀酸与活性炭阴离子链反应生成端羧酸，或者利用烯烃氧化物（环氧化物）与活性阴离子反应生成端醇也可以终止聚合物分子链的增长。

$$-CH_2-\underset{\substack{|\\ C=O \\ / \\ HO}}{CH}-R \qquad -CH_2-\underset{\substack{| \\ CH_2CH_2OH}}{CH}-R$$

3.3 立体化学结构和立构规整度

烯烃在聚合过程中会产生不同的几何和构象排列（立构规整度）[8]。由于立构规整度是影响聚合物物理性能的重要因素，因此控制聚合物分子空间构型显得尤为重要。

无规聚合物是非晶态的、柔性的，等规和间规聚合物却是结晶态的，其柔韧性较差。

当聚合单体碳原子上连接两个不同的基团时（如R和H），聚合过程就会产生手性碳，进而得到的聚合物中的R和H会形成如下图所示的两种手性结构。

聚合物中重复单元不同的空间排列方式，可形成如下三种立构规整度。

（1）等规物：分子链中重复单元的空间构型完全相同。

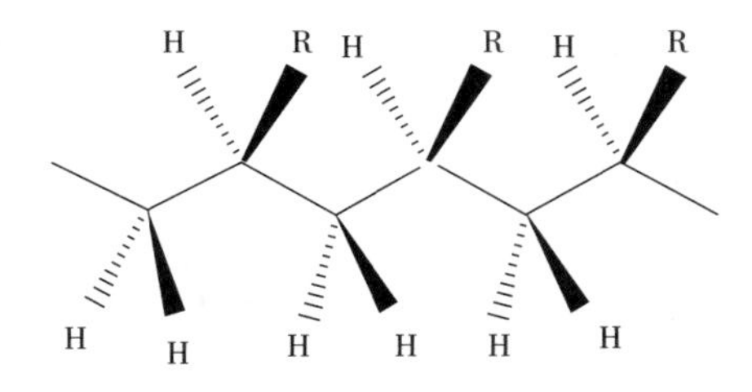

（2）间规物：分子链中重复单元的空间构型交替呈现。

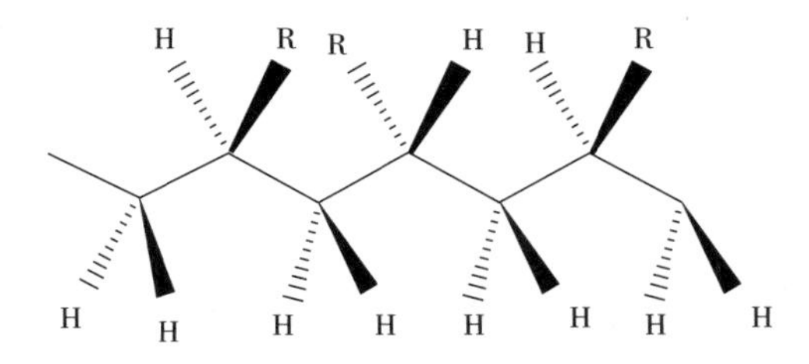

（3）无规物：分子链中重复单元的空间构型排列呈现无序性。

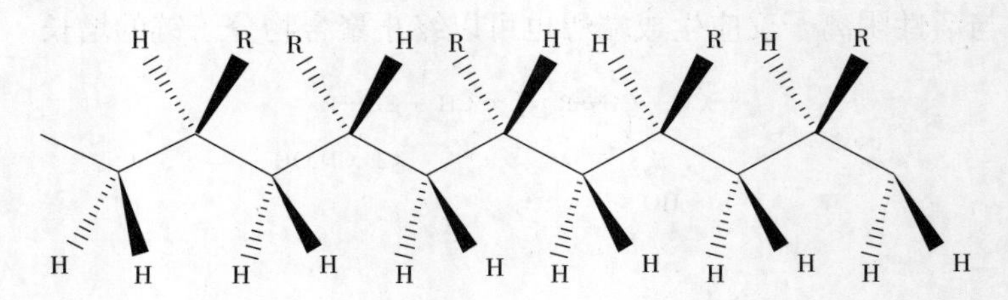

由于等规聚合物具有更优良的结晶性能和良好的加工性能（如聚丙烯），因此商业用途更为广泛。无规聚合物多为非晶体材料，呈蜡状，机械性能较差。

由于反离子与聚合物的端基活性中心及聚合单体形成强配合作用时，生成的聚合物为等规排列。因此对于非极性单体，可以通过使用阳离子或阴离子聚合方法，使单体获得极性以解决非极性单体聚合时等规度难以控制的问题。由于极性溶剂会干扰配位过程，进而导致空间构型失控而生成间规或无规聚合物，因此非极性溶剂和低温聚合对提高聚合物的等规度也有一定帮助。

3.4 共轭二烯的立体化学结构

共轭二烯在聚合时会生成顺式（cis）和反式（trans）同分异构体，如式3.9所示的聚异戊二烯同分异构体。异戊二烯的自然聚合反应，主要产物是非对称的顺式异构体，呈非晶态即天然橡胶。若想得到具有更高刚性和结晶度的对称反式异构体则需要在低温下进行聚合。由于甲基的存在，使得加成反应更倾向于反式加成，因此反式结构比顺式结构更加稳定。

顺式　　反式

H_3C 异戊二烯 → 顺式1,4–聚异戊二烯；反式1,4–聚异戊二烯

式3.9　顺式和反式异戊二烯聚合物

阴离子异戊二烯聚合过程使用非极性溶剂和Li^+作为反离子可以制备顺式聚合物，这是由于在反应过程中生成了如下中间体：

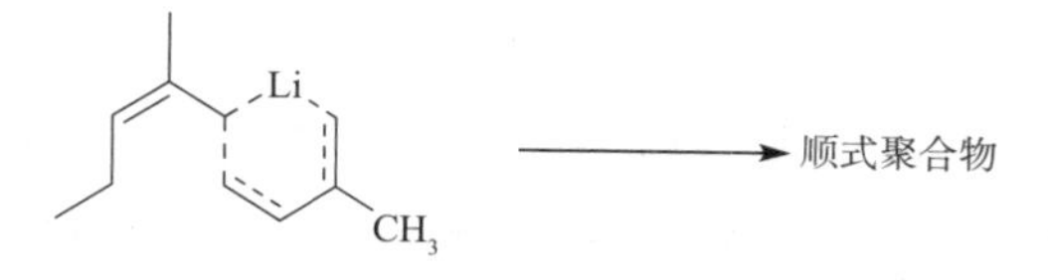

聚合物立体化学配位效应指引着研究者去寻找各种各样能够生成特定结构聚合物的催化剂。下面这节将介绍过渡金属催化剂在聚烯烃领域中的应用。

3.5 配位聚合

1953年，齐格勒发明了一种过渡金属催化剂能在低压下生成聚乙烯和聚丙烯，与此同时，陶氏化学公司的普鲁伊特（Pruitt）等人的专利公开了使用氯化铁催化剂进行氧化丙烯开环聚合，生成了结晶态的聚丙烯。因此1956年人们首次提出了烯烃配位聚合的概念。使用配位催化剂聚合过程称为配位聚合，烯烃单体在插入聚合物长链之前都会与催化剂活性中心形成配合物[9]。

聚烯烃催化剂主要有钛系（齐格勒催化剂）和锆系（茂金属催化剂）以及自由基反应体系（低密度聚乙烯）。近年来，以镍、钯[10.11]、铁和钴等为代表的后过渡金属（LTMs）催化剂也受到了广泛关注[12, 13]。

1980年，甲基铝氧烷（MAO）的发现在高分子科学上具有划时代的意义[14]。这种助催化剂可以代替烷基铝作为烷基化试剂和除杂试剂用以显著提高催化剂的活性。

未桥联的茂金属是下一代催化剂研发的主要方向，这是由于该催化剂主体结构相对松散，其金属活性中心对称性的改变导致生成的催化剂具有不同的微观结构，因此开创了可控微观结构合成的新领域。

1984年，尤恩（Ewen）首次报道了使用茂金属催化剂用于等规聚丙烯的制备[15]，其使用的茂金属催化剂是Cp_2TiPh_2（如图3.1所示），以MAO作为助催化剂，聚合温度为−45℃。得到的等规聚丙烯五分子单元组（mmmm）含量约52%，内消旋双分子单元组概率P_m=0.85。

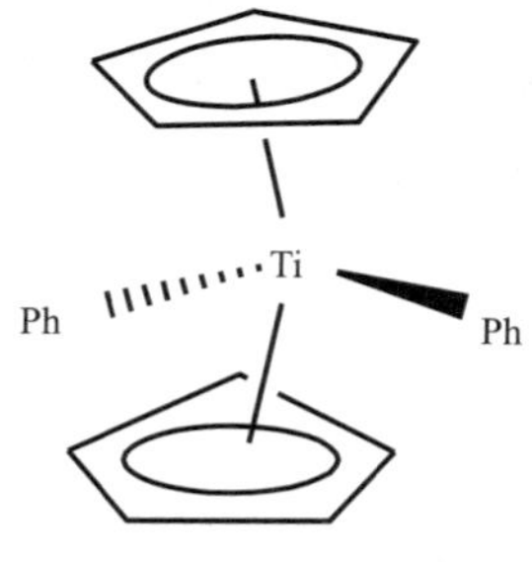

图3.1　合成局域等规聚丙烯的C_{2V}− Ewen前体

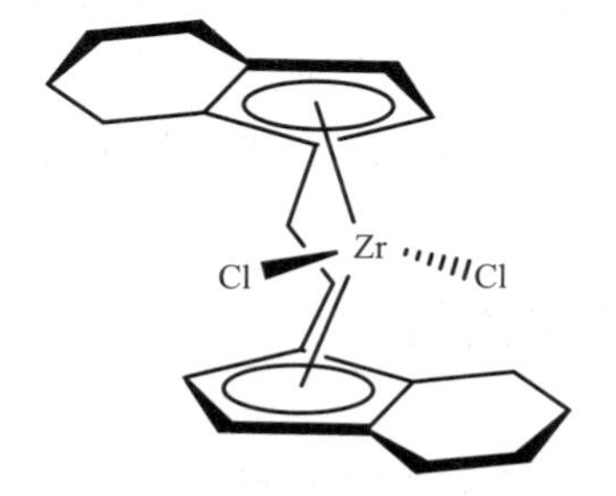

图3.2　桥联C_{2-}（*ebthi*）$ZrCl_2$催化剂前体结构

卡明斯基（Kaminsky）等[16]报道了一种锆茂金属催化剂［Et［$IndH_4$］$_2ZrCl_2$］（见图3.2），使用MAO作为助催化剂，得到了高等规的聚丙烯。这篇发表在《德国应用化学》（*Angewandte Chemie*）上的文章被视为世界范围内聚合催化剂分子设计领域和新材料领域激烈竞争的开端。

红外检测显示，MAO在-60℃也能同茂金属形成络合物，随后过渡金属中心快速烷基化，配合物解离成离子对（如下式所示）。该过程被视为在MAO协助下的α-烯烃聚合的引发阶段[17]。

$$L_2ZrCl_2 + 2MAO \rightarrow L_2Zr(CH_3)_2 + 2MAO\text{-}Cl$$

$$L_2Zr(CH_3)_2 + MAO \rightarrow L_2Zr(CH_3)^+ + MAO\text{-}CH_3^-$$

按照上述反应路径，Cl^-或者CH_3^-会与助催化剂MAO［具有较大分子量的Me_2AlO-（MeAlO）$_x$-$OAlMe_2$，$5 < x < 20$］或者硼酸结合，形成具有弱相互作用的大体积助催化剂阴离子和茂金属阳离子对。此时烯烃单体就会插入到活性种$L_2Zr\text{-}CH_2R^+$中的碳-金属键上进行聚合反应。为了利于生成茂金属碳正离子，需要使用过量的MAO，通常［Al］/［M］>100，而这样做的代价则是引入了部分非活性的配合物。

大量专利和综述类文献也报道了许多限制几何构型（constrained geometry catalyst，CGC）催化剂[18]，其结构如图3.3所示。

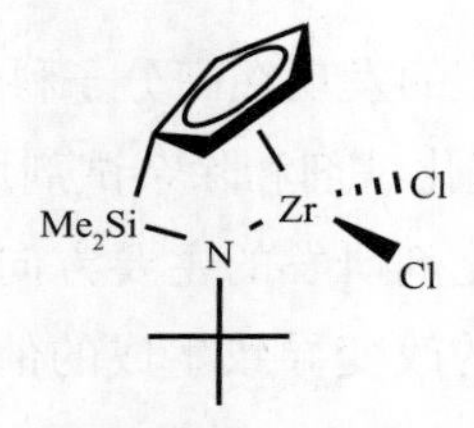

图3.3　CGC催化剂的结构［（叔丁氨基-*N*-二甲基硅基）-（η^5-环戊二烯）二氯化锆］

世界范围内对单活性中心茂金属催化剂的研究成果，不仅提升了α-烯烃聚合物材料的性能，而且也揭示了基于金属活性中心的等规聚合链增长的基本反应机理[10.11.16]。但是由于前过渡态金属络合物对供电基团的敏感性问题，导致这一代催化剂只适用于有限的、带有大位阻取代基的极性烯烃单体[19]。而乙烯与带有特定官能团的极性单体聚合只能采用高压自由基反应。因此，开发新型的、聚合物结构可定制化的催化剂仍然具有无穷的魅力。下面将介绍几种成功应用的过渡金属催化剂。

3.6　催化剂的发展

3.6.1　α-二亚胺型催化剂

后过渡金属配合物较弱的氧化能力使得后过渡金属催化剂对功能性基团的敏感

性低于齐格勒-纳塔和茂金属催化剂，但正是由于其弱氧化能力使得这类金属催化剂在带有极性官能团聚合反应中具有广阔的应用前景。然而，直到20世纪90年代中叶，仅有几例此类催化剂在α-烯烃与乙烯聚合中应用的报道[10, 11]。其主要原因是这类催化剂不仅活性较低而且极易发生β-氢消除而产生大量低聚物。

1995年，随着钯（Ⅱ）和镍（Ⅱ）二亚胺结构催化剂（见式3.10）的发现，LTM催化剂在乙烯聚合中的应用才取得巨大突破。这也是第一个生成高分子量聚乙烯的后过渡金属催化剂。这类催化剂芳香胺的邻位带有大位阻取代基，能够有效地抑制聚合过程中协同置换和链转移反应，因而提高了聚合活性[20]。

$H_2C{=}CH_2 \xrightarrow{MAO} -[(CH_2)_y-(CH(CH_2)_xCH_3)_z]_n-$

TOF = 3.9×10^5/h (11000 kgPE $mol^{-1}Ni\ h^{-1}$)

式3.10　约翰逊（Johnson）等报道的高活性乙烯聚合镍-α-二亚胺型催化剂

基利恩（Killian）等[21]系统研究了在α-烯烃聚合中，Ni-二亚胺体系催化剂的活性聚合以及二嵌段、三嵌段共聚性能，并且发现1，2-嵌入与2，1-嵌入的比例与α-二亚胺配体的性质有关（见式3.11）[21]。

甲苯，MAO → α-聚烯烃

Ar=2,6-$(Pr^i)_2C_6H_3$-；Ar= 2-$^tBuC_6H_4$-

式3.11　使用Ni^{II}-二亚胺体系催化剂的聚合反应

3.6.2　2，6-二亚胺吡啶型催化剂

在布鲁克哈特（Brookhart）和吉布森（Gibson）发现了用于乙烯聚合的Fe（Ⅱ）-2，6-二亚胺吡啶络合催化剂之后（式3.12）。LTM配合物催化剂引起了人们越来越多的关注[22, 23]，该催化剂经过MAO活化后，显示出了高活性，可制备得到完全线型聚乙烯产品[24]。目前对Fe（Ⅱ）和钴（Ⅱ）-2, 6-二亚胺吡啶类催化剂的研究显示，聚合物的分子量和芳香配体邻位取代基的位阻有直接关系。

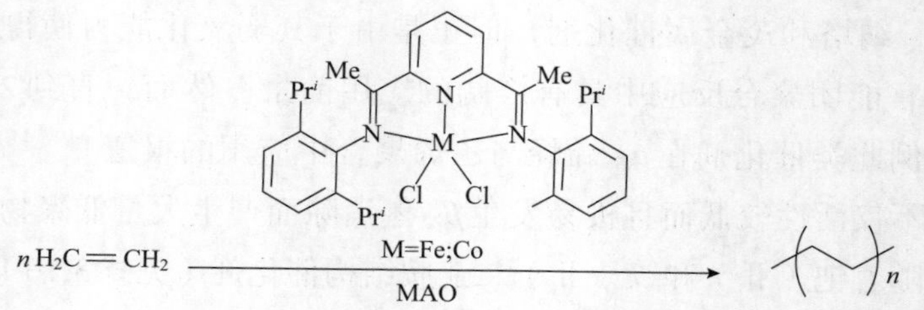
Me
Me
Pr^i
Pr^i
Pr^i
N
N
N
M
Cl
Cl
$n\,H_2C=CH_2$
M=Fe;Co
MAO
n

式3.12　布鲁克哈特／吉布森型 BIP聚合催化剂

由于亚胺邻位的两个异丙基取代基的存在，阻断了β-氢消除反应，进而生成了全线型聚乙烯。

随后，许多科研机构致力于该催化剂体系的理论研究。格里菲思（Griffiths）等[27]率先对该催化剂体系展开研究，提出的Cossee-Arlman聚合机理[25-27]目前已被广泛采纳（式3.13）。

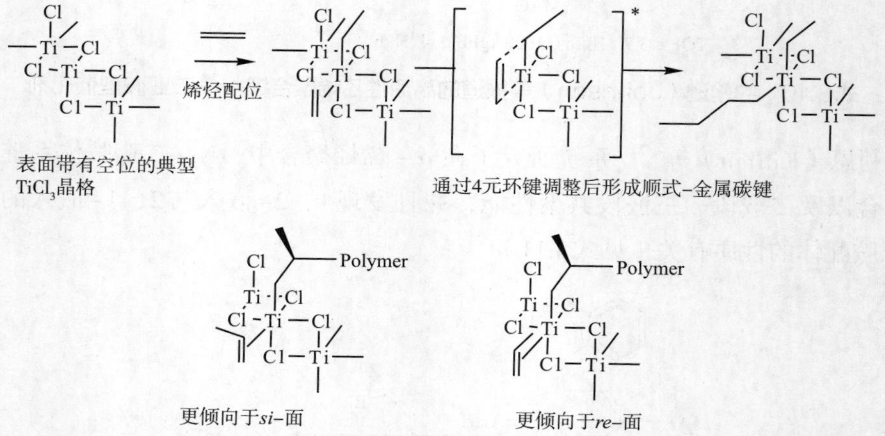
表面带有空位的典型
$TiCl_3$晶格
烯烃配位
通过4元环键调整后形成顺式-金属碳键
Polymer
Polymer
更倾向于si-面
更倾向于re-面

式3.13　Cossee-Arlman 机理（齐格勒-纳塔钛-系催化剂）

* 为了表达更清楚，省略了其他钛原子

阿布-萨拉等[29]也报道了一种基于2, 6-二（芳亚胺）吡啶铁（Ⅱ）或钴（Ⅱ）的乙烯聚合催化剂，该催化剂中芳香亚胺取代基的邻位上并没有烷基取代，但同样也显示出了高活性。调整三齿配体芳香基团位阻的大小，不仅影响催化剂的活性、聚合物的分子量，并首次证明了能够影响最终聚合物材料的微观结构（式3.14）[28]。

麦克塔维什（McTavish）等[30]报道了另一种带有BIP结构的配体，这种配体与氯化亚铁配合得到的催化剂，在MAO作为助催化剂的情况下进行乙烯聚合，显示出较高活性，在0.1MPa压力下可达3000～18000g/mmol·h，所得聚乙烯的数均分子量（M_n）可达6500～24000，并且分子量分布较宽（16.5～38.0）。亚胺碳上的取代基对聚合物的分子量大小起着决定性的作用，但对催化剂的活性影响并不明显[29]。

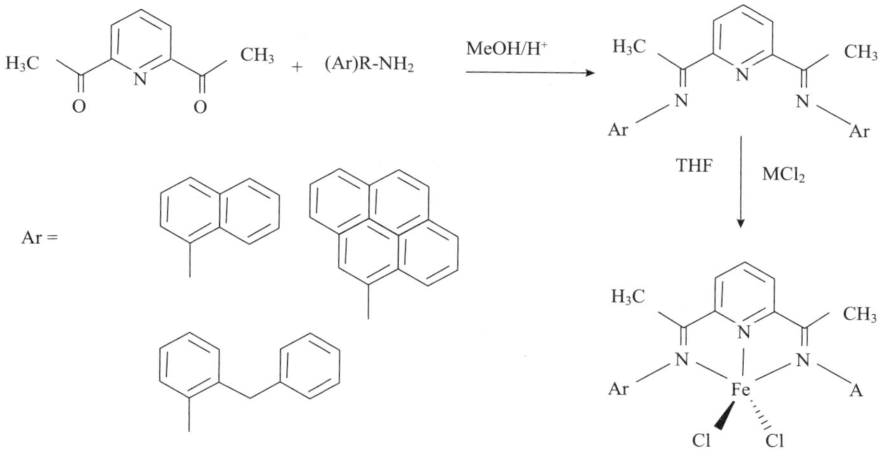

式3.14　芳基邻位上无烷基取代的2，6-二（芳亚胺）吡啶铁（Ⅱ）或钴（Ⅱ）催化剂

2, 6-（二亚氨基）吡啶氯化铁（Ⅱ）与MAO反应生成的催化活性中心为单甲基铁（Ⅱ）阳离子［LFe-Me］$^+$（L=2, 6-二亚氨基吡啶），与之配对的是具有弱配合作用的［Me-MAO］$^-$阴离子。反应体系中会出现氯和甲基阳离子，它们的浓度与MAO/Fe的比例有关[24]。

在高负荷下，会生成双甲基活性中心，该活性中心不会使乙烯发生聚合反应，但推测其和茂金属——MAO聚合过程一样[23]，能够和金属铝发生还原消除反应（B路径）进而生成新的活性中心（Z；式3.15）。

式3.16显示了不同的链终止路径，其中路线D即乙烯单体嵌入金属-烷基键中的Cossee-Arkman机理。后面的几条路径均为链转移机理：β-H到金属的转移（路径E的两种方式）或到聚合单体上的转移（路径F），会生成末端带有双键（端烯烃）的聚合物长链。相反地，当链转移到铝原子上（路径G）时，则会生成饱和的聚合物长链。吉布森和他的研究团队通过NMR和理论计算[30]对钴配合物的研究表明，β-H转移过程是通过生成氢化钴逐步实现的（路径E）。

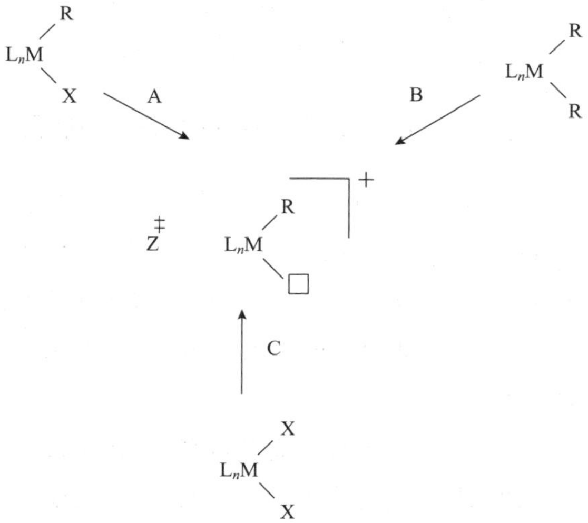

式3.15　活化过程基本机理，（□代表空位）

β-H 转移到金属 (D)

β-H 转移到单体 (E)

σ-bond 置换 (F)

链转移到铝 (G)

式3.16 不同的链终止路径

3.6.3 水杨醛亚胺配合物

1933年Salen型配合物问世，成为配位化学中最经典的一类配体。对此类配体的研究也极其广泛，目前有超过2500多种此类配合物。1990年，雅各布森（Jacobsen）和真沙子（Katsuki）研究组发现使用手性Mn–salen配合物作为催化剂可使无官能团取代的烯烃发生对称选择环氧化作用。这一发现激发了更多的研究热情，进而，相继开发了大量使用Salen配合物制备的催化剂。

3.6.4 前过渡金属——水杨醛亚胺配合物

1998年，日本三井化学的藤田（T. Fujita）研究组利用“配体导向设计”（ligand-oriented design）方法得到了用于第ⅣB族过渡金属配位的水杨醛亚胺化合物。这类催化剂被命名为“*FI*–催化剂”，代表水杨醛亚胺配体在日语中的发音（Fenokishi–Imin Haiishi）和“Fujita小组发明”的双重含义[31, 32]。

水杨醛亚胺配体具有结构多变和可调的突出优点，其配体主体结构中有三个可以修饰的基团，通过这三个基团位阻和供电性能的调整可以影响聚合反应（R^1–R^3，见图3.4）。

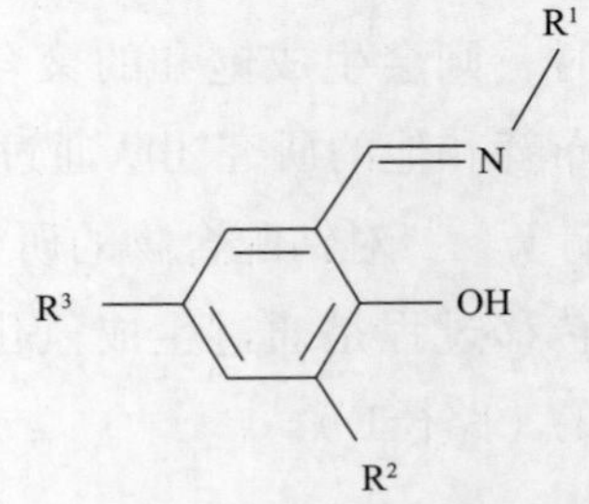

图3.4 *FI*–水杨醛亚胺配体的基本结构

经过反复试验，发现水杨醛亚胺与第ⅣB族过渡金属配位后在25℃、0.1MPa乙烯分压下具有很高的聚合活性，如二［*N*–（3–叔丁基水杨醛亚胺）］二氯化锆（配合物1，见图3.5），乙烯聚合活性可达519kgPE/mmolZr·h，是茂金属催化剂Cp_2ZrCl_2/MAO（27 kgPE/mmolZr· h）在相同聚合条件下活性的20多倍[33]。

藤田等报道了一种氟取代的二（水杨醛亚胺）二氯化钛配合物，并研究了其苯氧基邻位不同取代基，对乙烯/α–烯烃聚合（共聚）性能的影响（如1–己烯、1–辛烯和1–癸烯）（见图3.6）[27]。

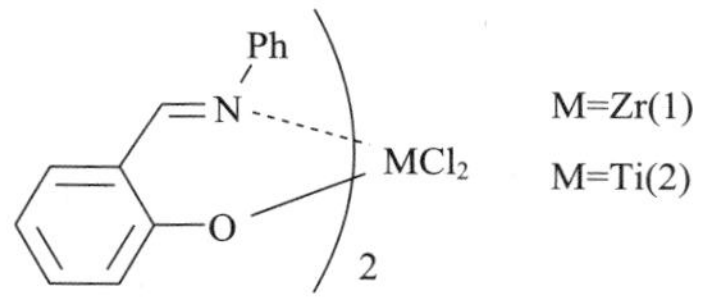

图3.5　*FI*–锆（Ⅳ）和钛（Ⅳ）水杨醛亚胺的结构

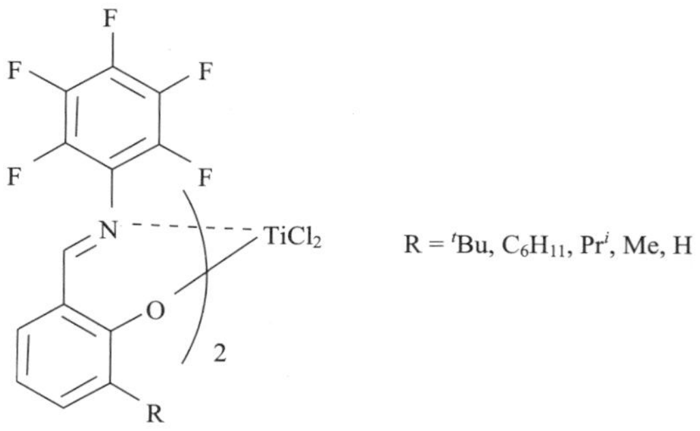

图3.6　氟代*FI*–钛（Ⅳ）催化剂的基础结构

使用该类催化剂在乙烯聚合或乙烯与其他α–烯烃共聚时，聚合物分子量分布不受邻位取代基空间位阻的影响，得到的聚合物均具有较窄的分子量分布［聚乙烯：M_w/M_n=1.05～1.16，M_n：44000～412000；乙烯与1–己烯共聚物：M_w/M_n=1.07～1.19，M_n：49000～102000，1–己烯含量3.2%（摩尔）~22.6%（摩尔）］呈现出活性聚合特点。但α–烯烃的嵌入能力取决于邻位取代基的性质，在钛系配合物中，邻位取代基的位阻越小，所得共聚物中α–烯烃含量越高。通过使用这种催化剂可以得到许多独特的含有线型聚乙烯和乙烯/1–己烯嵌段共聚物片段的高分子材料。这类嵌段聚合物与单纯的聚乙烯相比具有相对较低的熔融峰温（T_m）。

3.6.4.1　后过渡金属——水杨醛亚胺配合物

具有*N*，*O*–混合螯合作用的金属配体也是后过渡金属催化剂研究的热点之一，例如镍金属配合物，由于其具有易合成、空间效应和给电子效应易调节等特点，在乙烯聚合中引起了广泛关注。

几种镍（Ⅱ）–水杨醛亚胺类配合物均显示出较高乙烯聚合活性（见图3.7）。水杨醛亚胺配位环3–位上大位阻取代基能够有效提高催化剂活性和降低聚乙烯中支链的产生。配位环5–位上的强吸电基团也能有效提高催化剂的活性。这类体系适合制备带有10～50个支链/1000碳的中高分子量聚合物。而在其他后过渡金属催化剂体系中，支链数量可以通过聚合温度和压力的调节进行控制[34]。

张亮等[36]合成了一系列中性镍（Ⅱ）配合物，其配体为苯胺取代的α，β–不饱和羰基化合物，并在配位环上带有吸电子基团三氟甲基和三氟乙酰基（见图3.8）。该

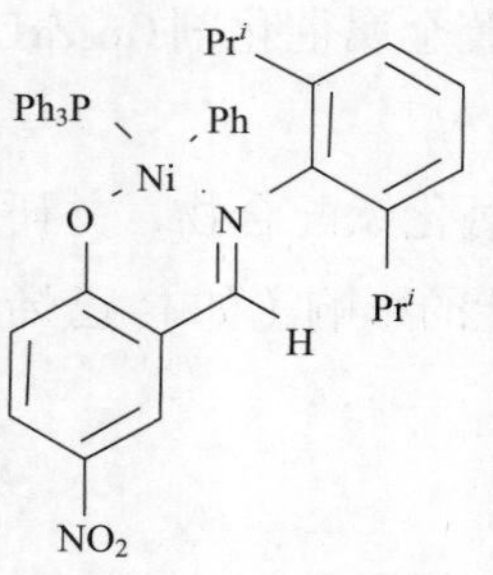

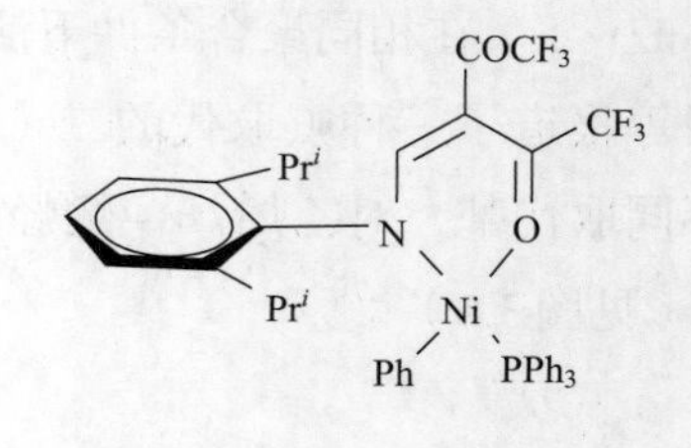

图3.7 文献中报道活性最高的化合物［以Ni（COD）$_2$为助催化剂］

图3.8 取代的α，β－不饱和羰基化合物SD-Ni^{II}型配合物

催化剂被Ni（COD）$_2$ 或 B（C_6F_5）活化后，可用作支化聚乙烯催化剂，具有较高的活性和较长的寿命，在1.38MPa 压力下、反应温度为60℃时，其转化率（TOF）可达5×10^5，35℃下的半衰期超过15h，在1.38MPa压力下、反应温度为35℃时，其总体转化率可达10^6[35]。

3.6.5 喹啉二亚胺配合物

喹啉二亚胺类化合物是一种特殊的醛亚胺，常用作制备乙烯聚合或包含极性官能团单体（尤其是甲基丙烯酸酯）聚合催化剂的骨架结构。

阿布－萨拉等[37]合成了一种呈C_2对称的带有2-溴甲基喹啉四配位的铁（Ⅱ）和钴（Ⅱ）配合物。该类配合物是首个由C_2对称的四面体组成的呈C_2对称的八面体茂金属催化剂（式3.17）[36]。

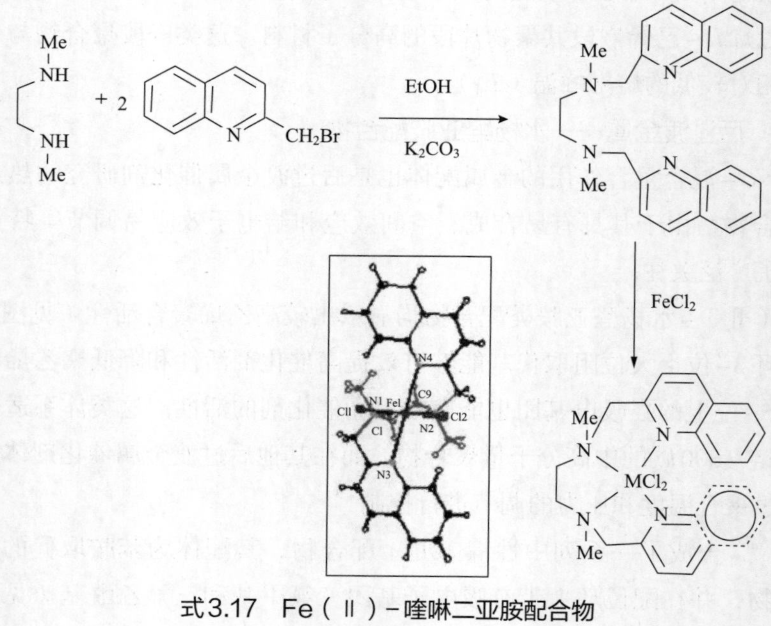

式3.17 Fe（Ⅱ）－喹啉二亚胺配合物

布里托夫塞克（Britovsek）等[38]报道了一系列用于乙烯聚合的亚胺喹啉二溴化镍二齿配合物（见图3.9），但此类化合物活性不高，且易生成低聚物[37]。

伊利海克凯拉（Yliheikkila）等[39]报道了一系列亚胺喹啉二氯化锰配合物，与助催化剂MAO搭配用于乙烯聚合（见图3.10），其中两个带有手性骨架和四齿氮配体的八面体锰（Ⅱ）配合物在乙烯聚合时显示出较高的活性[39]（阿布·萨拉等[40]），使用A^1/MAO，在0.5MPa压力下，80℃聚合活性最高（可达67.0kgPE/mol·Mnh）。

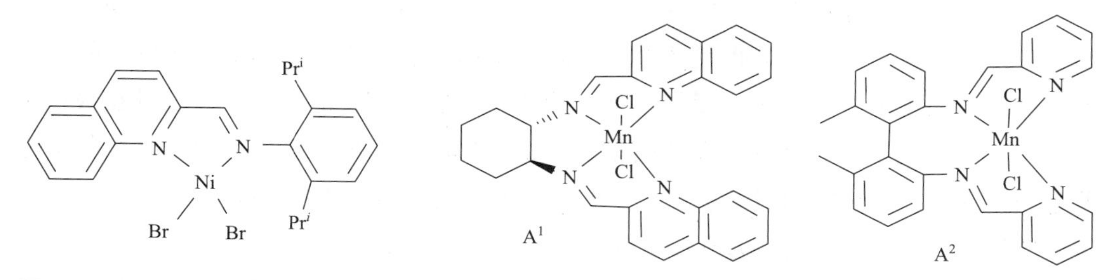

图3.9　二齿Ni（Ⅱ）的代表结构　　图3.10　四齿配位的Mn（Ⅱ）八面体配合物

3.6.6　钌系聚合催化剂

烯烃重排（卡宾）聚合是环内双键重排反应，20世纪70年代，由格拉布斯（Grubbs）和他的团队首次提出，随后成为重要的有机合成工具。这一反应使用的是较为稳定的钌催化剂[40]。随着不断的改进提高，该类催化剂已成为制备新型聚合物的常用手段[41]。

重排聚合的催化活性中心是金属和烯烃之间形成的金属–卡宾键，在与环烯反应时，形成了具有链增长能力的活性部分，烯烃重排反应机理如式3.18所示。

最近也有使用格拉布斯催化剂进行闭环重排反应和使用格拉布斯第二代催化剂进行闭环相转移反应的报道[42, 43]。

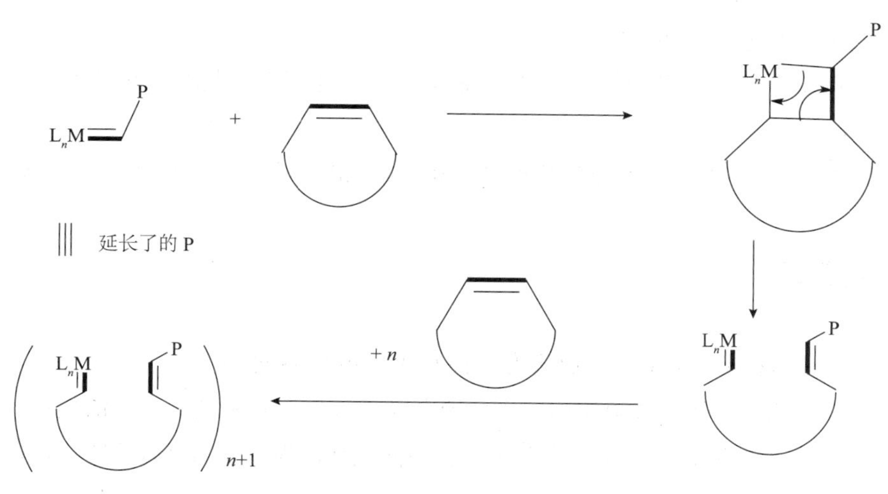

式3.18　开环重排聚合反应机理

3.7 总结与展望

在过去的60年里，能超越齐格勒–纳塔催化剂对人类社会贡献的发明为数不多。齐格勒–纳塔催化剂极大地提高了聚烯烃、橡胶的产量，并由于聚烯烃产品的引入，大大降低了日用品材料的成本。

高活性金属铁催化剂体系的首次发现，引领了聚烯烃催化剂研发的新方向。催化剂的研发已不再局限于已知催化活性的金属范围内，后过渡金属给催化剂的研发提供了更加肥沃的土地。后过渡金属催化剂对功能性官能团独特的包容性，使其在极性单体嵌段共聚领域中具有良好的发展前景。少量的功能基团可以极大地改善聚合物的附着力和可湿性；大量的功能基团则会使聚合物具有全新的性能和功能参数。众所周知，对新催化剂的探索和研发还远没有结束。

不可降解普通塑料制品的污染、石油储量的下降以及对全球温室效应的担忧，使得聚烯烃研究不断向具有可持续发展的替代品及其他石化高分子材料方向转移[44]。

最理想的情况是，可持续发展材料必须超越现有聚合物材料的物理和机械性能、具有价格优势、原料可再生、并对环境友好，如可完全回收、不产生有害物质和不可降解成分残留等[45, 46]。

目前烯烃聚合产业面临的重要挑战如下：

（1）稳定生产（在保持成本效益的前提下）。

（2）生产效率提升和产品结构调整。

（3）产品品质提升，紧跟客户需求。

（4）聚合物可回收问题和原材料的可持续发展问题。

（5）最新技术的工业化推广问题。

（6）降低工业污染和降低生产损耗。

（7）为满足对新材料和优质材料的高需求，必须找到扩大市场和扩大生产规模的有效解决方案。

（8）按需定制产品，尤其是结构可定制和带有功能性官能团的高分子量聚合物产品。

3.8 结束语

烯烃聚合正逐渐成为化工行业研发最值得关注的领域之一。

纵观聚合物发展历史，100年前，烯烃聚合尚未涉足金属领域，主要依赖离子聚合和自由基聚合。而当代聚烯烃工业已将金属配合物催化剂作为主要的聚合手段。目前，金属催化聚合是聚烯烃合成最成功、最可预见、最可持续的方法。金属配合物催化剂中包含了几种过渡金属，不同的金属遵循不同的催化机理，进而生成性能各异的聚合物产品。

20世纪50年代非均相金属催化剂的诞生，引领聚烯烃工业飞速发展。20年后，均相茂金属催化剂的发明使得生产特定结构的聚合物成为可能。

随着对催化剂认识的进一步加深，20世纪90年代，新型后过渡金属或非茂金属催化剂的诞生开创了全新的局面，是催化剂发展的重大突破。此类催化剂组合方式灵活多变、聚合活性高，并可调控聚合物结构。在日用品中的广泛应用也体现了该类催化剂灵活多变的优越性。

总之，烯烃配位聚合已经成为聚合物研究最重要的领域之一，在聚合物科技发展中占据着最突出的地位。

参考文献

1. G. Odian (ed.), *Principles of Polymerization*, 4th edn. (Wiley, Hoboken, 2004) 832 p, ISBN 978-0-471-27400-1
2. R.J. Young, P.A. Lovelle, *Introduction to Polymers*, 3rd edn. (CRC press, Boca Raton, 2011), ISBN 978-0-8493-3929-5
3. K. Matyjaszewski, T.P. Davis (eds.), *Handbook of Radical Polymerization* (Wiley, Hobken, 2002)
4. G. Moad, D.H. Soloman, *The Chemistry of Radical Polymerization*, 2nd edn. (Elsevier, Oxford, 2006)
5. A.A. Gridnev, S.D. Ittel, Catalytic chain transfer in free radical polymerization. Chem. Rev. **101**, 3611 (2001)
6. K. Matyjaszewski, P. Sigwalt, Unified approach to living and non-living cationic polymerization of alkenes. Polym. Int. **35**, 1 (1994)
7. M. Sawamoto, Modern cationic vinyl polymerization. Prog. Polym. Sci. **16**, 111 (1991)
8. L.S. Baugh, J.M.M. Canich (eds.), *Stereoselective Polymerization with Single Site Catalyst* (CRC Press, Boca Raton, 2008)
9. W. Kuran, *Principles of Coordination Polymerization* (Wiley, Hoboken, 2001) ISBN 0-479-84141-9
10. A. Abu-Surrah, B. Rieger, Late transition metal complexes: catalysts for a new generation of polymers. Angew. Chem. Int. Ed. Engl. **35**, 2475–2477 (1996)
11. L. Johnson, C. Killian, M. Brookhart, New Pd (I1)- and Ni(I1)-based catalysts for polymerization of ethylene and α-olefins. J. Am. Chem. Soc. **117**(23), 6414–6415 (1995)
12. B. Small, M. Brookhart, A. Bennett, Highly active iron and cobalt catalysts for the polymerization of ethylene. J. Am. Chem. Soc. **120**, 4049–4050 (1998)
13. G. Britovsek, V. Gibson, B. Kimberley, P. Maddox, S. McTavish, G. Solan, A. White, D. Williams, Novel olefin polymerization catalysts based on iron and cobalt. Chem. Commun. **7**, 849–850 (1998)
14. W. Kaminsky, The discovery of metallocene catalysts and their present state of the art. J. Polym. Sci. A: Polym. Chem. **42**, 3911–3921 (2004)
15. J. Ewen, Mechanisms of stereochemical control in propylene polymerizations with soluble group 4B metallocene/methylalumoxane catalysts. J. Am. Chem. Soc. **106**(21), 6355–6364 (1984)
16. W. Kaminsky, K. Külper, H.H. Brintzinger, F. Wild, Polymerization of propene and butene with a chiral zirconocene and methylalumoxane co-catalyst. Angew. Chem. Int. Ed. Engl. **24** (6), 507–508 (1985)
17. W. Kaminsky, A. Funk, H. Haehnsen, New application for metallocene catalysts in olefin polymerization. Dalton Trans. **41**, 8803–8810 (2009)

18. A. McKnight, R. Waymouth, Group 4 *ansa*-cyclopentadienyl-amido catalysts for olefin polymerization. Chem. Rev. **98**, 2587–2598 (1998)
19. M. Kesti, G. Coates, R. Waymouth, Homogeneous Ziegler-Natta polymerization of functionalized monomers catalyzed by cationic Group IV metallocenes. J. Am. Chem. Soc. **114**, 9679–9680 (1992)
20. L. Johnson, C. Killian, M. Brookhart, New Pd(I1)- and Ni(I1)-based catalysts for polymerization of ethylene and α-olefins. J. Am. Chem. Soc. **117**(23), 6414–6415 (1995)
21. C. Killian, D. Tempel, L. Johnson, M. Brookhart, Living polymerization of α-olefins using NιII α-diimine catalysts. Synthesis of new block polymers based on α-olefins, J. Am. Chem. Soc. **118**(46), 11664–11665 (1996)
22. C. Pellecchia, M. Mazzeo, D. Pappalardo, Isotactic-specific polymerization of propene with an iron-based catalyst: polymer end groups and regiochemistry of propagation Macromol. Rapid Commun. **19**(12), 651–655 (1998)
23. V. Gibson, C. Redshaw, A. White, D. Williams, Novel aluminum containing ring systems: an octanuclear structural analogue of calix [4]pyrrole. Angew. Chem. Int. Ed. Engl. **38**(7), 961–964 (1999)
24. V. Gibson, S. Spitzmesser, Advances in non-metallocene olefin polymerization catalysis. Chem. Rev. **103**(1), 283–315 (2003)
25. B. Small, M. Brookhart, A. Bennett, Highly active iron and cobalt catalysts for the polymerization of ethylene. J. Am. Chem. Soc. **120**, 4049–4050 (1998)
26. G. Britovsek, V. Gibson, B. Kimberley, P. Maddox, S. McTavish, G. Solan, A. White, D. Williams, Novel olefin polymerization catalysts based on iron and cobalt. Chem. Commun. **7**, 849–850 (1998)
27. E. Griffiths, G. Britovsek, V. Gibson, I. Gould, Highly active ethylene polymerization catalysts based on iron: an *ab-initio* study. Chem. Commun. **14**, 1333–1334 (1999)
28. P. Cossee, Ziegler-Natta catalysis I. Mechanism of polymerization of α-olefins with Ziegler-Natta catalysts. J. Catal. **3**, 80–88 (1964)
29. A. Abu-Surrah, K. Lappalainen, U. Piironen, P. Lehmus, T. Repo, M. Leskela, New bis (imino)pyridine Iron(II) and Cobalt(II)-based catalysts: synthesis, characterization and activity towards polymerization of ethylene. J. Organomet. Chem. **648**, 55–61 (2002)
30. S. McTavish, G. Britovsek, T. Smit, V. Gibson, A. White, D. Williams, Iron-based ethylene polymerization catalysts supported by Bis(imino)pyridine ligands: derivatization *via* deprotonation/alkylation at the ketimine methyl position. J. Mol. Cat. A: Chem. **261**, 293–300 (2007)
31. K. Tellmann, M. Humphries, H. Rzepa, V. Gibson, Experimental and computational study of β-H transfer between cobalt (I) and alkenes. Organometallics **23**(23), 5503–5513 (2004)
32. V. Gibson, K. Tellmann, M. Humphries, D. Gould, Bis(imino)pyridine cobalt alkyl complexes and their reactivity towards ethylene: a model system for β-hydrogen chain transfer. Chem. Commun. **20**, 2316-2317 (2002)
33. R. Furuyama, M. Mitani, J.-I. Mobri, R. Mori, H. Tanaka, T. Fujita, Ethylene/higher α olefin copolymerization behavior of fluorinated bis(phenoxy- imine) titanium complexes with methylalumoxane: synthesis of new polyethylene-based block copolymers. Macromolecules **38**(5), 1546–1552 (2005)
34. H. Makio, N. Kashiwa, T. Fujita, FI catalysts: a new family of high performance catalysts for olefin polymerization. Adv. Synth. Catal. **344**(5): 477–493 (2002)
35. C. Wang, S. Friedrich, T. Younkin, R. Li, R. Grubbs, D. Banseleben, M. Day, Neutral nickel (II)-based catalysts for ethylene polymerization. Organometallics **17**(15), 3149–3151 (1998)
36. L. Zhang, M. Brookhart, P. White, Synthesis, characterization, and ethylene polymerization activities of neutral nickel(II) complexes derived from anilino-substituted enone ligands bearing trifluoromethyl and trifluoroacetyl substituents. Organometallics **25**(8), 1868–1974 (2006)
37. A.S. Abu-Surrah, B. Rieger, R. Fawzi, M. Steiman, Synthesis of chiral and *C2*-symmetric iron (II) and cobalt(II) complexes bearing a new tetradentate amine ligand system. J. Organomet. Chem. **497**, 73–79 (1995)
38. G. Britovsek, S. Baugh, O. Hoarau, V. Gibson, D. Wass, A. White, D. Williams, The role of bulky substituents in the polymerization of ethylene using late transition metal catalysts: a comparative study of nickel and iron catalyst systems. Inorg. Chimica Acta **345**, 279–291 (2003)

39. K. Yliheikkila, K. Axenov, M. Raisanen, M. Klinga, M. Lankinen, M. Kettunen, M. Leskela, T. Repo, Manganese(II) complexes in ethene polymerization. Organometallics **26**, 980–987 (2007)
40. A. Abu-Surrah, T. Laine, R. Fawzi, M. Steiman, B. Rieger, An enantiomerically pure Schiff base ligand. Acta Cryst. **C53**, 1458–1459 (1997)
41. R.H. Grubbs, Olefin Metathesis catalyst for the preparation of Molecules and Materials. Angew. Chem. Int. Ed. **45**, 3760–3765 (2006)
42. G.C. Vougioukalakis, R.H. Grubbs, Ruthenium-based heterocyclic carbene- coordinated olefin metathesis catalysts. Chem. Rev. **110**, 1746–1787 (2010)
43. E. de Brito Sa', J.M.E. de Matos, Ring closing metathesis by Hoveyda-Grubbs catalysts: a theoretical approach of some aspects of the initiation mechanism and the influence of solvent. Inorg. Chim. Acta **426**, 20–28 (2015)
44. Y. Kobayoshi, S. Inukai, T. Watanabe, Y. Sogiyama, H. Hamamoto, T. Shioiri, M. Matsugi, A medium fluorous Grubbs-Hoveyda 2nd generation catalyst for phase transfer catalysis of ring closing metathesis reactions. Tet. Lett. **56**(11), 1363–1366 (2015)
45. S. Mecking, Nature or petrochemistry?-biologically degradable materials. Angew. Chem. Int. Ed. **43**(9), 1078 (2004)
46. A.J. Ragauskas, C.K. Williams, B.H. Davison, G. Britovsek, J. Cairney, C.A. Eckert, W. J. Frederick Jr, J.P. Hallett, D.J. Leak, C.L. Liotta, J.R. Mielenz, R. Murphy, R. Templer, T. Tschaplinski, The path forward for biofuels and biomaterials. Science **311**, 484 (2006)
47. A.K. Mohanty, M. Misra, L.T. Drzal, Sustainable bio-composites from renewable resources: opportunities and challenges in the green materials world. J. Polym. Environ. **10**(1–2), 19–26 (2002)

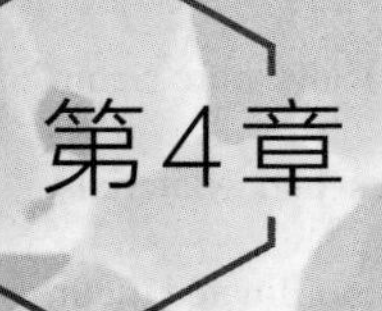

第4章 聚烯烃加工技术

托马斯·赛德拉切克（Tomáš Sedláček）

4.1 前言

1975年，一项塑料行业的研究预测，塑料市场的未来存在于某些高性能塑料材料之上（这类材料应该占据整个市场50%的份额）。随着聚烯烃科学的发展，聚烯烃材料不可思议的秘密和潜能不断被揭开，必须依靠技术进步和特种塑料技术来生产高性能塑料。因此，塑料市场的最新趋势是生产技术主要控制在聚烯烃生产商手中（1997年，高性能塑料仅占市场的0.25%）[1]。

聚烯烃具有优异的加工性能，具有较高的熔体稳定性和较低的加工温度，可以使用分子钉、共聚、合金化、接枝、交联等多种手段来改进最终产品的性能，另外聚烯烃良好的可回收性也使其能够持续发展。聚烯烃主要包括：高密度聚乙烯（HDPE）、低密度聚乙烯（LDPE）、线型低密度聚乙烯（LLDPE）、中密度聚乙烯（MDPE）、超高分子量聚乙烯（UHMWPE）、茂金属聚乙烯（mPE）、交联聚乙烯（xPE）、环状聚烯烃（COC）；间规、等规、无规聚丙烯（sPP、iPP、aPP），无规共聚和均聚聚丙烯（rPP、hPP），热塑性弹性体（TPO），还有一些特殊的聚烯烃如聚丁烯（PB）。而且，这些聚烯烃还可以共混合制成母料，进一步扩大了使用范围。

毋庸置疑，没有任何一种聚合物材料能像聚烯烃一样销售到世界各地，并被制成如此多种多样的制品：

（1）吹塑包装膜和农膜；

（2）挤出成型卫生用箔，建筑和汽车用板材和发泡材料，耐压管材；

（3）挤吹成型容器、油箱、洗涤剂、汽车除霜系统；

（4）电线电缆绝缘涂层；

（5）注塑成型各种终端应用产品；

（6）熔喷无纺布；

（7）纸张涂层、覆膜、胶水及其替代品。

终端应用的实例包括汽车前灯、尾灯、刹车片和保险杠，地毯，CD和光盘，透明食品包装膜，眼镜，床和家具用柔性发泡材料，硬泡沫绝缘材料，抗冲和防弹玻璃，注塑制品（如筐、食品容器、厨房用具和垃圾筐），弹性软管，密封材料和垫片，防护涂层，零售商品袋，毯用合成纤维，毛衣、袜子和摇粒绒，冷水瓶，木塑制品（如胶合板、定向刨花板和层压板）。

4.2 加工基本原则

生产商通常用配有大型熔体造粒机头的大功率挤出机将聚烯烃挤出造粒，这种粒料中一般不含或只含有少量的基础助剂（润滑剂、稳定剂、抗静电剂和爽滑剂）[2, 3]。聚烯烃粉料[4]可以通过研磨粒料的方法获得[5]，也可以直接采用聚合过程生产[6]。在对聚合物进行后续加工（如母粒制备、共混或合金化）时，可以按需添加稳定剂、有机或无机填料、染料、阻燃剂和其他助剂。根据所需粒料的尺寸、各组分的温度敏感性和剪切敏感性，采用的混合设备可以为搅拌器、单螺杆或双螺杆挤出机（平行、异向[8]或锥形[9, 10]）、行星式挤出机[11, 12]和配备熔体或切粒机头的捏合机（如单螺杆共捏合[13~15]）。接下来，这些聚合物材料再被制成最终制品，制品生产商可以是本地小企业，也可以是掌握多种热塑加工技术的跨国大企业。不管是想要掌握多种多样的加工技术还是数不清的生产流程，研究材料的加工流变行为都非常重要。要将聚合物熔体流变学应用在加工工艺参数设定和优化最终产品性能上，不仅要理解加工过程中复杂的聚合物熔体流动特性，还要了解聚合物的分子结构及组成，以及分子结构如何影响熔体在重新固化过程中形成的无序或有序的材料结构的物理和机械性能。

我们需要将聚合所得的聚烯烃粒料或粉料（一般称为塑料）加入加工设备（挤出机、注塑机、模压机等）中。原料一般装在料包、吨包或料仓中，加料时使用带有重量或体积称量装置的真空上料系统[17]将原料吸入料斗中，料斗可以是静止或振动的。聚烯烃比起极性塑料还有一个特殊的优点，那就是极低的吸湿性。当从中心储料仓通过管道向多个加工设备供料时，即使储料仓位于加工车间外部，聚烯烃也通常无须再经过干燥或除湿工序。也有例外的情况，如聚烯烃中添加了大量吸湿性助剂或离子型助剂，聚烯烃共混物中含有亲水组分，或制品表面具有大表面积结构。

第一步，加工设备将固态的塑料粒子转化为聚合物熔体，在这一过程中加工设备起到了传热的作用，一部分热量来自设备加热元件，还有一部分热量由原料在加工过程中摩擦产生。加工设备的结构设计对于将原料高效转化为聚合物熔体，并且在生产过程中不出现问题非常重要。而且，想要最大程度地发挥加工过程优势，不但需要在恰当的时间内（螺程）将塑料转化为熔体[18, 19]，还要尽可能使熔体温度均匀，从而减少接下来聚合物成型过程中的问题。温度均匀性对温度敏感性高的加工过程更加重要，如挤出发泡过程[20]和薄膜挤吹过程[21, 22]，对制备高填充共混物这种对摩擦或黏度增加非常敏感的过程也很重要。

4.3 聚合物熔体流变学的应用和作用

流变学是加工的基本工具，用于根据材料或加工过程的要求来指导设计和优化加工技术。此外，在聚合物的固相转变方面，流变学不只能在加工设备的设计上，也能够对加工工艺给出适当的建议，如加工温度窗口和最大熔体流动速率[25]。软件方面有工艺流程模拟技术，代表性例子有克姆普拉斯特国际有限公司（COMPUPLAST INTERNATIONAL）的虚拟挤出实验室（Virtual Extrusion Laboratory）[26]、安瑟斯（ANSYS）公司的聚合物流变软件（POLYFLOW）[27]、欧特克（Autodesk）公司的模流分析软件（Moldflow）[28]和科学计算机顾问（Sciences Computers Consultants）公司的卢多维克软件（Ludovic）[29]。这些软件起到了不可替代的重要作用。然而，即使程序设计得非常复杂，可以对加工过程中的流变和热传递进行定量分析，但由于每种树脂批次之间含水量不同，实际情况可能更加复杂。由此看来，在实验室常用的流变表征方法中，离线流变表征技术［单螺杆挤出流变仪、高压毛细管流变仪（圆形或者狭缝口模）、旋转流变设备——取决于要模拟的加工过程］很难满足实际加工过程中的研究需要，而在线流变技术就更为灵活和适用[30]。现已商业化的设备包括丹尼斯科（Dynisco）公司的视觉系统（ViscoSensor）（回流式毛细管流变仪[31]）、格诺伊斯（Gneuss）公司的在线黏度计（旁路狭缝毛细管设备[32]）和海默生（Hydramotion）公司的黏度计（旋转流变原理的在线黏度计[33]）。

4.3.1 黏弹性

在流程模拟及过程控制上，材料行为通常用复杂的物理黏弹模型来描述[34]。工艺条件（如温度、压力、产率）和由材料的分子链结构决定的材料性能（弹性、强度等）都非常重要。

在用流变学指导流程优化前，首先应该熟知与加工特性有关的聚合物（聚烯烃）熔体的黏弹特性。聚合物熔体表现出黏弹性流体的特征，根据流经加工设备或变形速度的快慢可能表现出黏性或弹性。硅橡皮泥实验可以很好地描述这种现象。如果使一个硅橡皮泥球快速变形，比如发生弹跳，小球会表现出弹性体的特征。储存的能量使小球的弹性形变回复并导致了弹跳。但如果将橡皮泥小球放置一段较长的时间，黏性行为和重力就会使小球像流体一样流动。材料表现为弹性还是黏性主要取决于变形过程的时间尺度以及过程时间与材料弛豫时间的比值，也可以称为德博拉（Deborah）或韦森伯格（Weissenberg）数。如果材料的弛豫时间小于过程时间，材料主要表现为黏性。如果德博拉大于等于1，流体的弹性特征会变强并占据主导地位。

4.3.2 剪切黏度

总之，分子量呈单分散的流体的流变行为（主要用黏度-流动阻力来表示）与剪切速率无关。对于牛顿流体来说，只需要一个唯一值就可以描述和预测其流动性。而聚合物熔体属于分子量呈多分散性的流体，其流动行为主要与剪切速率有关。这种现象可以用大分子间的缠结来解释。聚合物分子链的缠结速率和解缠速率（用松弛时间表示）与黏度变化成正比。在低剪切速率下，聚合物熔体的黏度位于牛顿区，也叫零切黏度，这时分子链的缠结和解缠结处于完全平衡的状态；随着剪切速率的增大，缠结速率小于解缠速率，从而导致聚合物熔体黏度的降低。黏度随着形变速率的增加而降低，这种现象叫作剪切变稀（这是聚合物加工过程中最重要的非牛顿流体性质，因为剪切变稀能够加速材料流动，同时降低产热和能耗）。当剪切速率继续增大，大到所有的缠结都被解开，此时的黏度又开始与剪切速率无关，这个区域被称为第二牛顿平台区。然而，由于这个区域的剪切速率很高，通常黏度也会受到不稳定流动的影响。

需要强调的是，复杂的流动行为不仅与聚合物的分子链结构有关，还与化学性质、平均分子量、分子量分布、所含添加剂或填料等因素有关，如果要研究黏度变化对塑料转变和加工的影响，这些因素都应该被考虑到[35]。

例如：

（1）加宽聚合物的分子量分布能够改进聚合物的成型和挤出性能，同时还可以改进制品的表面光泽度，提高吹塑薄膜的光学性能（如光泽度和雾度）。

（2）聚合物分子链结构很小的变化也能造成特定流动区域的变化，包括但不限于以下情况，如长支链的微小变化或引入少量的高分子量组分，虽然剪切黏度行为不会有太大改变，却会引起吹塑制品重量的变化。

以上研究表明，熔融指数只是剪切速率-黏度曲线上的一个数值，通过其来研究加工问题是很不充分的，即使是用毛细管进行的标准黏度测试方法，由于加工过程中的形变会使材料响应延迟，也并不足以研究实际情况中出现的问题。除了形变的影响，加工参数（如温度和压力）也会影响黏度变化，因此对于每种材料，不但要评价剪切速率的影响，还要评估加工参数的影响（由材料在加工过程中所需的流动速率决定）。一般为了简化熔体的黏度行为，假定当温度升高时黏度降低，压力升高时黏度增大。黏度的变化可以同流动材料中自由体积的变化相联系。较高的自由体积会导致流动性增大，因为材料更易伸展，温度升高和压力降低有助于增大自由体积，分子链段会沿流动方向不断占据新的位置，导致黏度随之发生相应的变化。也有例外的情况，如发生化学反应，导致聚合物的交联或其他限制链段自由运动的过程发生。温度和剪切速率的影响一般可以用常见的流变分析设备进行表征，通过施加一些限制也可以表征压力的影响[36]。

4.3.3 拉伸黏度

大多数流变表征采用旋转或毛细管流变仪，在剪切模式下进行，然而在薄膜吹塑、纺丝、发泡或吹塑等工艺过程中，材料的流变行为常常由于拉伸形变变得更加复杂。由于拉伸黏度对于以上加工方法来说非常重要，而含有支链的聚合物大分子通常具有较高的剪切敏感性，应将二者区分对待。拉伸黏度可以通过在空气或液体环境中对纤维或扁带进行单轴拉伸来表征。此类测试可以采用自制或市售的单一用途的设备进行，设备通常根据芒斯泰特（Munstedt）方法[37]或迈斯纳（Meissner）和霍斯泰特勒（Hostettler）[38]方法来设计，分别可称作MTR技术和RME技术。另一种方法是森特曼特（Sentmanat）流变技术（SER），根据最早由麦科斯克（Macosko）和洛恩特森（Lorntson）[39]提出的纤维卷绕技术，对传统扭矩流变仪的传感器进行改装。最后一种方法是使用带有流体拉伸流变仪（Rheotens）和熔体拉伸测试单元（haul-off）牵伸附件的毛细管流变仪，来表征聚合物的拉伸流变行为。以上提到的方法各有优缺点，缺点包括拉伸速率的限制、温度均匀性的限制和重力影响等，需要根据实际情况来进行选用。

4.4 聚烯烃加工技术

前面已经提到过，聚烯烃原料粒子可以直接由聚合过程得到，也可以用普通共混或合金的方法得到，可以添加各种聚合物和助剂，助剂主要包括加工助剂、热稳定剂、UV稳定剂。再使用工业化技术和生产线将原料进一步转化成半成品或成品。总之，聚烯烃只需采用通用热塑性加工技术就可以进行加工（如挤出、注射、吹塑或滚塑），并不需要特殊的技术。

在间歇式加工流程（注射、吹塑和滚塑）中，聚烯烃熔体在模具中冷却固化，制品性状取决于模具设计。注射成型是生产塑料部件最经济高效的工艺之一，目前绝大多数领域都要用到注塑制品，如容器、食品和化学品包装、玩具、箱子、密闭件，以及汽车用制品如保险杠、遮阳板和仪表板等。注塑件能在很短的时间内达到最终所需的性能。聚合物熔体黏度受过程时间影响很大，即受注塑工艺参数影响很大（注射速度和压力、保压压力、模温等）。填充阶段可以简化成熔体流经封闭管道的过程，只需考虑高剪切速率-黏度行为，因为通常对于数千秒的倒计时时间，还需要考虑固化过程主要受到熔体黏弹性和结晶动力学的影响。各阶段注塑工艺的恰当选择对聚烯烃制品的性能影响很大。高熔融指数（一般用于表示聚合物熔体的流动性）的聚烯烃材料通常用于注塑成型薄壁和更大表面积的制品。熔体的固化成型过程主要取决于所选材料在模温下的热性能，而不是熔体流动行为。螺旋流动测试常被用于测试特定工艺条件下，熔体的流动性和固化过程动力学的共同作用对注射材料的影响[40]。温度条件（模温）设置甚至能够在一定程度上改变塑料制品的性能，如力学性能、光学性能、阻隔性、热性能等由材料本身决定的性能。其他大部分改性工作都要添加填料（无机颗粒、玻纤、玻璃粉、金属粉）、添加剂（成核剂、吹膜助剂和染料）和其他成分。

在连续工艺流程（如型材、管材挤出、片材成型、薄膜制造和挤出发泡）中，固化成型过程是一个不断变化的过程，不但成型过程的时间尺度更长，通常需要辅助设备（冷辊、管径、内部压力）的帮助，还会影响薄膜、箔、片材和其他挤出制品的性能（冲击和撕裂强度、韧性、光学性能、热封性能）。分子结构（分子量分布和规整性、支链长度、支化度等）和超分子结构（如纤维或拉伸扁带中的取向纤维结构、结晶度/无定形区比例）决定了性能。本章后面会对几种连续工艺流程进行深入讨论。

4.5 吹塑薄膜

包装是聚合物在全世界最大的用途，在欧洲占塑料总需求量的40%[41]。图 4.1 所示的吹膜工艺是聚烯烃特别是聚乙烯使用最广泛的重要加工手段。

采用高效经济的管状吹膜工艺可以将聚烯烃制备为数微米的薄膜（ASTM 术语[42]将薄膜定义为厚度不大于0.254mm的片材），也可以制成几百微米厚的工程膜，宽度可达12m。

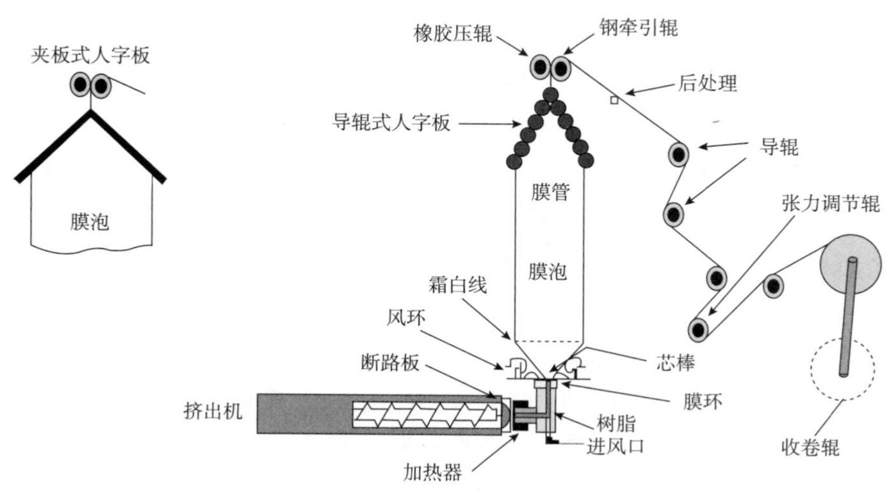

图4.1 吹膜生产线[43]

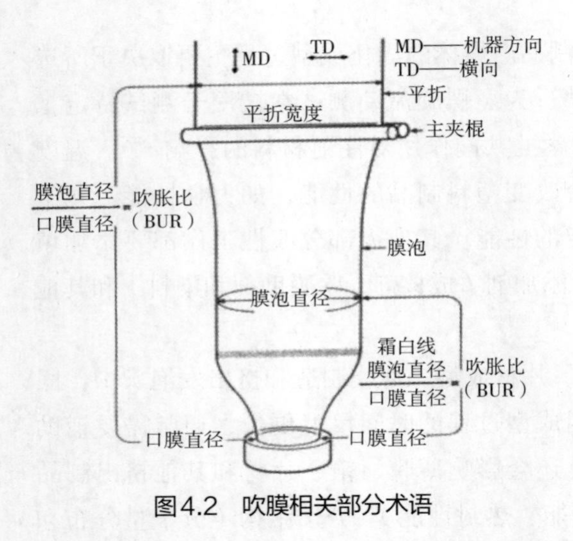

图4.2　吹膜相关部分术语

通常，吹塑薄膜可以满足不同的需求。食品和零售包装需要高透明性，工业包装通常不需要。有些食品包装对强度有要求，有些要求高撕裂强度，以及对氧气、特殊气体或香味儿的阻隔性或透过性。非包装用薄膜（如农用膜和卫生薄膜）对光学性能、阻隔性和力学性能的要求各不相同。要达到这些多种多样的要求，不只需要改变薄膜的厚度，还需要从聚合物分子链结构、分子量分布和薄膜结构方面来进行研究。

图4.2中有一些关于吹膜工艺的专业术语，很多术语都非常有用，相关人员应该熟记：（1）吹胀比（BUR）：膜泡直径和口模直径的比值，或平折宽度（收卷平放后薄膜的宽度）乘以0.637后和口模直径的比值。（2）牵伸比（DDR）：挤出膜泡厚度与薄膜厚度的差值除以BUR（口模间隙宽度和最终薄膜厚度的比值与吹膜过程中熔体厚度的减少有关）。（3）薄膜取向：拉伸方向（机器方向，MD）和吹膜方向（横向，TD）可能不同。

在吹膜挤出过程中，用挤出机将聚合物粒子熔融并输送至一个环形口模，可以使用一台（制备单层薄膜）也可以使用多台挤出机（制备多层薄膜）。比较普遍的方法是上吹法，近来下吹法也使用得越来越多[45]。单层薄膜的性能一般会受到单种聚合物的性能限制。多层共挤技术为满足不同的需求提供了众多的可能性，但工艺相对比较复杂，常常需要定制生产线。

一般的挤出机通常具有光滑的内膛、带沟槽的加料段，以增加聚合物和料筒表面的摩擦。这种结构也可以用在降低温度以提高加工稳定性的场合，从而优化工艺流程，提高生产速度，特别是可以用于高分子量聚合物那样的高黏度聚烯烃的加工[22]。为了提高熔体流动的稳定性，可以在挤出机末端和模头之间加入齿轮泵（也叫作熔体泵）。熔体泵可以提供稳定没有波动的熔体输出，保证薄膜各层的均匀性，这对于连续多层薄膜的挤出过程非常重要。熔体泵对于非常薄的膜层的挤出也非常重要，例如黏结层的制备。

泡管经挤出离开模头出口后开始膨胀。如图 4.3所示，吹膜的模头一般有蜘蛛形和螺旋形。螺旋形模头使熔体分布更加均匀，减少了因为蜘蛛形模头包住芯轴引起的熔接痕，现在蜘蛛形模头已绝大多数被螺旋形模头替代[43, 46]。

通过调整内部风量可以提高挤出泡管的直径（如果要提高吹膜效率，需要对温度进行控制），膜泡在离开口模的同时开始冷却。薄膜在模口和霜白线之间成型，刚经模口挤出的膜泡还处于熔体状态，同时受到吹膜和拉伸的作用。霜白线是薄膜由熔体转变为固体的分界线。

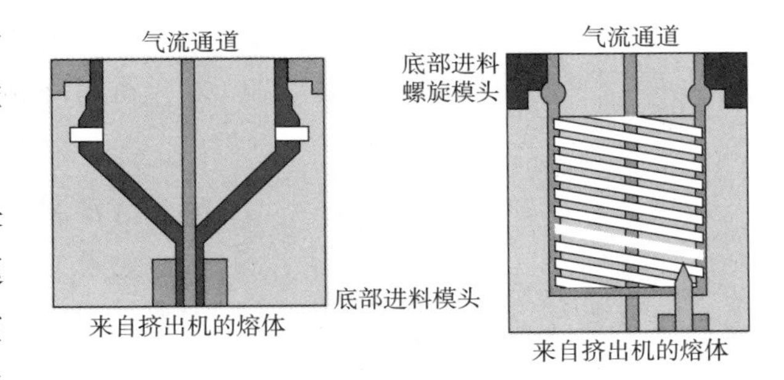

图4.3 蜘蛛形和螺旋形吹膜口模

生产效率由薄膜的冷却速度决定。换句话说，冷却速度越快生产速度就越快。大多数聚乙烯薄膜采用空气冷却，聚丙烯吹塑薄膜通常采用水冷。为了提高空气冷却的效率，通常会使用双风环或内部冷却系统，在保持内压的同时更换膜泡内部的空气。需要注意的是，当通过提高风环冷风风速来提高冷却速率时，常常会导致薄膜抖动和不稳定，甚至导致“膜泡”难以成型，这与其他外部因素的影响是类似的（较小的气流、热、拉伸）。除了膜泡稳定性以外，影响吹膜过程和薄膜性能的因素还有霜白线高度、膜泡内空气温度和膜泡定径笼[22]。

如图 4.4所示，当对线型高分子（如HDPE）进行吹膜时，薄膜倾向于在霜白线前形成“长颈”的膜泡形状，而支链较多的聚合物倾向于形成“口袋”形的膜泡。对于HDPE吹膜生产线来说，推荐长颈的高度为口模直径的7 ~ 9倍[47]。然而，为了提高HDPE薄膜的性能通常需要较高的BUR比，因此为了达到所需的BUR比，HDPE生产线使用的模头一般较小。相对来说，LDPE和LLDPE生产线的BUR比就低得多，只需2 ~ 3。同样，对于HDPE吹膜线来说，典型的口模间隙尺寸为1.0 ~ 1.5mm，而LDPE和LLDPE吹膜线使用的口模间隙一般较宽（1.5 ~ 3mm）。

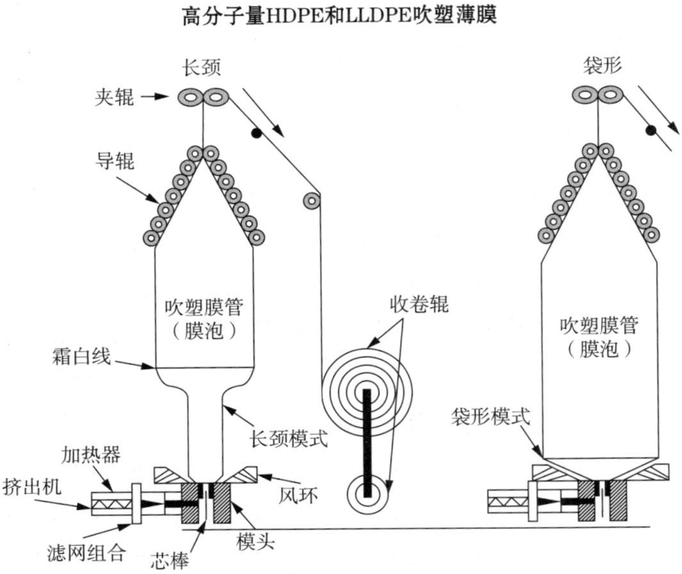

高分子量HDPE和LLDPE吹塑薄膜

图 4.4 HDPE和LDPE吹膜时分别形成的主要膜泡形状

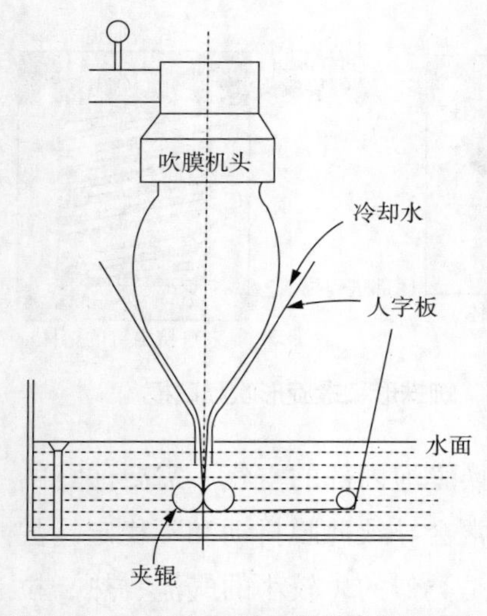

图4.5 水冷聚丙烯吹塑薄膜解决方案

当膜泡冷却下来后，先通过人字板将膜泡弄平，再通过夹辊和托辊，最后进行卷绕。影响工艺稳定性的因素还有人字板的类型、卷绕参数和薄膜的张力控制。图 4.5 为聚丙烯的下吹工艺，夹辊位于冷却水下。吹塑薄膜的厚度均匀性非常重要，特别是在工业应用上，薄膜同一个部位的厚度偏差会在卷绕过程中不断叠加，导致最后的膜卷出现不可接受的尺寸问题。可以使用不同效率的方法来定位以消除偏差，如振动式挤出机、旋转或振动模头或夹辊、带旋转塔的收卷装置。接下来，根据薄膜的使用场合，在最后的收卷过程中，膜筒可被直接卷绕成平膜（如热封膜），还可剖开一面形成一张平膜，也可以彻底划开形成两张独立的薄膜。聚烯烃薄膜的表面是非极性的，因此卷绕好的薄膜在进行实际应用和运输前，通常需要进行电晕、等离子体等表面处理，以适应印刷、复合、涂层等其他后续处理过程[22]。

在吹膜过程中，较高的吹胀比能够使大分子链双向取向，从而使薄膜各方向具有平衡的物理性能。降低熔体温度可以延长松弛时间，从而使固态的大分子链获得较高的取向。聚合物的结构不同，HDPE缺少长侧链，因此比LDPE和LLDPE更难获得平衡的双向取向。HDPE熔体离开口模形成长颈时先沿机器方向取向，分子链取向在熔体还较热的时候发生。另外，分子链的横向取向发生在HDPE进一步吹塑成最终膜泡的阶段，这时薄膜已经受到了充分的冷却。聚合物熔体到达长颈顶端时的温度越低，TD向的取向程度越大。如果薄膜的加工温度较高（分子链的松弛时间变短），最终薄膜产品TD方向的取向会显著降低[43]。

吹塑薄膜在霜白线以上完全固化，只在MD方向进行拉伸，即使膜泡发生的应变很小，使薄膜沿MD方向取向也需要很大的力。这种取向有利于提高薄膜的阻隔性、平整性、刚性、拉伸强度和其他性能，因此会采用在线或离线的方法来提高薄膜取向。在线法直接在吹膜过程中进行，离线法是使用其他的拉伸设备进行拉伸（通常将拉伸辊预热，利用两辊的速度差将薄膜在较快的辊子和较慢的辊子之间进行拉伸）。为了使薄膜具有一定的取向从而具有较高的性能，温度的恰当控制和合适材料的选择非常重要[49]。

采用双泡法可以得到不同取向程度（MD和TD）的薄膜。当薄膜被加热到取向温度以上时会发生收缩，根据薄膜的这种特点开发出了兼具韧性和弹性的收缩薄膜。如上所述，薄膜需要被加热到取向温度以上，可以采用热空气、储存在初始膜泡内部较低一端的液体等（见图4.6）。加热后的薄膜通过第一对夹辊后再次吹胀成膜泡，再由第二对夹辊压平。需要注意的是：加热后的薄膜在二次吹胀时既能够单向拉伸也能够双向拉伸，取决于拉伸倍率的组合；通常MD方向的倍率为1:1 ~ 9:1，TD方向的倍率为1:1 ~ 5:1。另外，第二段的TD和MD向的拉伸都可以独立于初始薄膜的吹胀比，这样也可以自由组合初始吹胀比和第二段的拉伸倍率[49 ~ 51]。

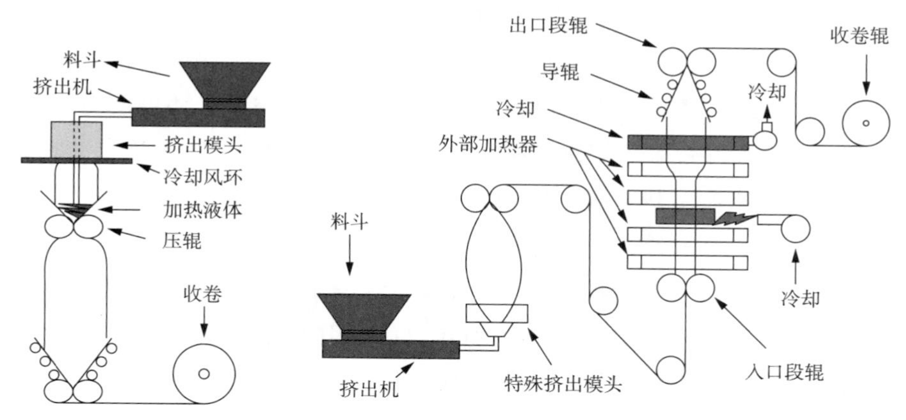

图4.6 双膜泡法吹膜工艺流程[50, 51]

4.6 挤出流延、挤出涂层和复合膜

生产聚烯烃薄膜的方法还有流延法。在流延过程中，聚合物熔体挤出后用冷辊进行冷却，所制备的薄膜可以是单独的薄膜（单层或多层），也可以是挤出涂层，或是在其他基层上复合作为表层或者黏结层（见图4.7）。流延、挤出涂层和复合工艺开始与吹膜过程类似。如前面章节所述，第一步是利用带有熔体泵的挤出机把塑料原料转化为熔体并输送至口模。

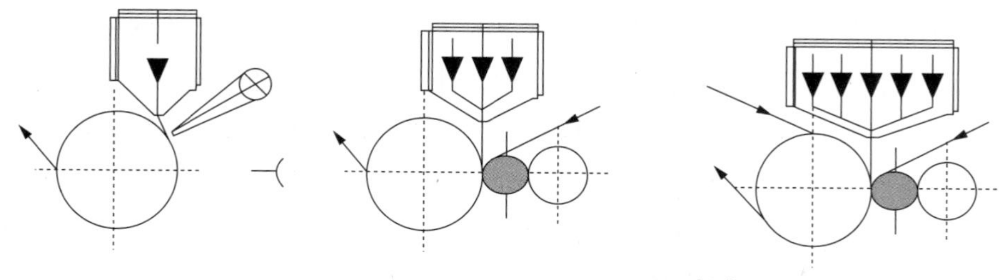

图4.7 流延、涂层和复合工艺流程[52]

在接下来的步骤中，聚合物熔体通过带有狭缝的扁平模头得到温度较高的薄膜，模头的设计是为了熔体流动更加平滑，它们可以使熔体有着稳定的横截面性质和压力，减少工艺流程中原料过热的可能性，使温度均匀性最大化。扁平模头通常包括模头主体、加热器、送料机构、芯轴、可以调节模头间隙的模唇，它们可以控制薄膜厚度均匀性并使熔体具有最佳的流动特性。在制备共挤出薄膜时，现代喂料手段可以使一个

挤出机挤出的熔体分成两个或多个膜层，需要的挤出机的数量不只是由薄膜层数决定的，更主要的是由使用材料的种类决定的。例如，为了提高薄膜的氧气阻隔性能，聚烯烃需要和其他聚合物［如乙烯－乙烯醇共聚物（EVOH）］进行共挤出。共挤出薄膜一般可以达到7层，目前层数更多的薄膜也越来越多[53]。

挤出薄膜在离开口模后立即被冷却，通常在气刀的帮助下贴在冷却辊上进行冷却（也可用多个冷却辊），也可采用半浸在水中的冷却辊进行冷却，还可使用如图4.8所示的水浴冷却。迅速冷却带来了较快的薄膜生产速度（与吹膜相比）。这种薄膜的无定形程度较高，可以用来制备热封膜，这种薄膜的主要优点是具有优异的抗穿刺性能和很好的光学性能，在食品和零售包装方面应用较多。熔体厚度均匀性、膜口处的熔体速率、冷辊表面是否非常光滑无损伤和瑕疵都会影响薄膜的质量。薄膜接触冷辊的一面与另一面具有不同的表面性质。如图4.8所示，如果用水浴代替冷辊，熔体的两个表面都能受到相同时间相同条件的冷却，因此薄膜两面的表面性质非常相近。

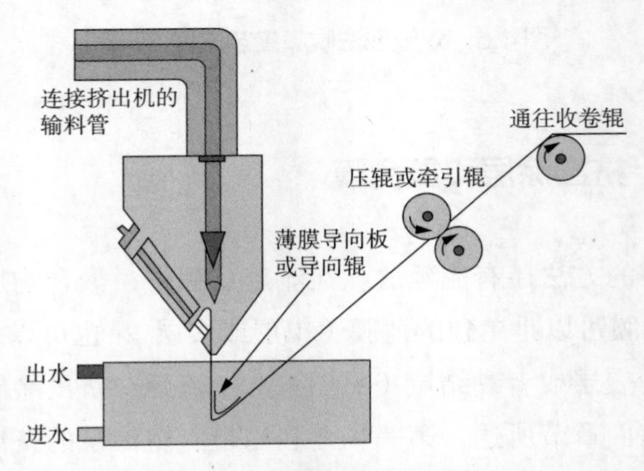

图4.8　流延膜的水浴冷却

与吹膜过程相比，这几种工艺的温度有时要高得多（挤出涂层和复合的温度能高达300℃），有必要保证精确的温度控制和均匀性（通常一个加热段长度最多为20cm）。聚合物熔体的均匀性对于高速生产较薄的薄膜非常重要，例如食品包装用聚丙烯薄膜，这种薄膜需要优良的光学性能。多种混合元件被用于提高挤出机出口和模头处聚合物熔体的均匀性，图4.9是这些元件中的几种。总的来说，混合元件有两个基本类型，一类是分散混合元件［如马多克（Maddock）混合元件］，这种元件和分离型螺杆类似，能够引起很高的压力变化，挤出过程中使聚合物流经狭窄的缝隙，从而引起很高的剪切力，高剪切会使聚合物分子量显著降低；另一类是分布混合元件，它能使流体充分分散和重新取向（多数情况下采用这种元件）。有关更多可能的混合方式和各种方式的优缺点的深入探讨可以参考相关文献[54]。想要保持挤出机中的熔体稳定性还有很重要的一点——体积流动速率即使只有一点很小的波动（1%左右），都会导致不稳定的脉动流的出现。流动稳定性直接受到挤出机构造和工艺条件设置的影响。

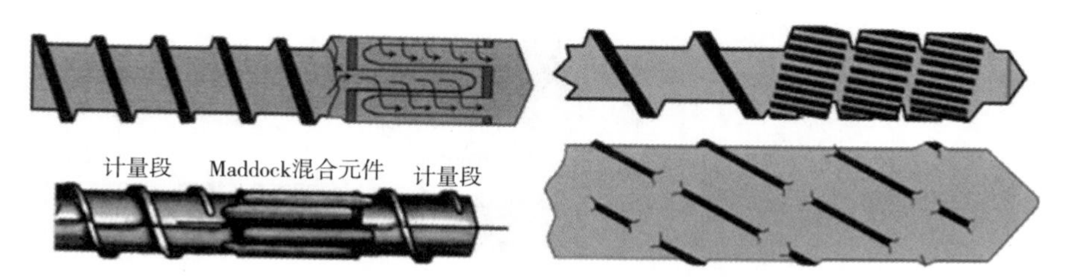

图4.9 螺杆挤出机混合组件［马多克（Maddock）混合元件[55]、萨克斯顿（Saxton）混合元件[56]］

想要保证薄膜生产过程顺利高效，除了挤出机设计，模头组合是另一个重要因素，合适的模头可以确保薄膜厚度均匀性和速率稳定性。过滤系统能够除去熔体中的杂质，例如混合不充分的填料和挤出过程中形成的凝胶。这个阶段是为了保证熔体不受污染。常见的过滤器通常带有金属滤网。固定过滤器的部分要能够承受聚合物熔体在挤出过程中能产生的最大压力。连续的不停机换网器可以大大减少换网时间，提高生产效率[53]。

如果使用进料系统，挤出机通常要配置熔体输送配适器。配置这些加热并隔热的连接部分，不只要考虑材料的输送量，还要考虑加热元件的最佳尺寸和管件的直径和长度。需要注意的是：即使增大管件直径能够减少压力消耗，停留时间的延长也有可能增加降解的可能性。关于进料系统，建议在进料情况需要变化的场合配备选择器活塞或阀，这样可以提高生产效率，比如有不同组合的原料通过模头的情况，以及薄膜中含有多种添加剂的情况。固定的进料器结构使生产过程更加稳定，虽然当挤出参数发生变化时需要调整进料器的机械结构。不过，共挤出薄膜如果想达到最佳生产工艺，还需要进料系统和优化设计的模头的共同帮助。设计合理的扁平模头通常有衣架式、鱼尾式和T形（主要用于涂层和复合）模头（见图4.10），这些设计可以保证共挤出原料从进料系统中出来后，分散成均匀的片层。想要保证各片层的均匀性，不仅要保证熔体流动的稳定性，还要设计好模唇宽度，在要求更高的情况下还要使用定边装置。而且熔体停留时间也不能随意延长，防止降解或各膜层间出现不想要的热传递。最后一点建议是，保持压力降的稳定并使其低于一般的挤出过程，因为不只是熔体温度的波动，压力的不稳定也会不受阻挡地由口模传递出去，导致制膜过程出现问题。有时需要使用调节器来帮助克服流动波动和模头部分的局限，以提高薄膜产品的质量。因此，模头一般在管道段和最后的可调模唇段配置可调的扼流圈或限制杆来进行熔体流动调节（压力和剪切速率）。多种类型的螺栓可用于调节控制。可在单推或推拉螺栓的帮助下手工设置，也可以使用带有可加热或冷却的螺栓（单推或推拉）的自动调节系统[43]。

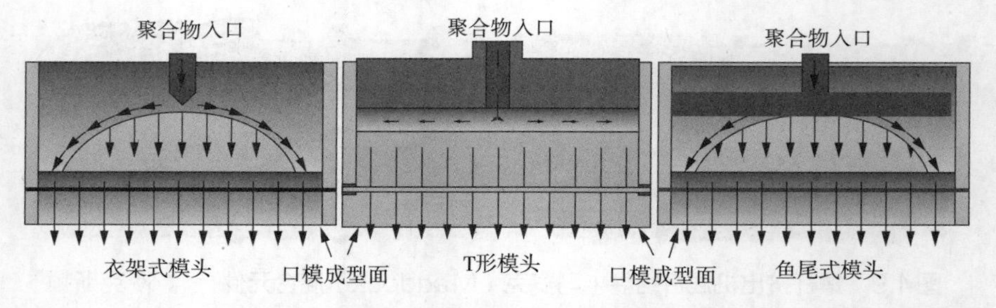

图4.10　衣架式、T形和鱼尾式挤出模头[43]

熔体离开模头后，会在气隙中进行拉伸，拉伸程度由第一冷辊与模唇出口速度的比值（牵伸比）表示。拉伸不只决定了冷辊处薄膜的厚度（等于模头狭缝厚度与牵伸比的比值），也会使还没有完全凝固的熔体发生收缩（颈缩）（见图4.11），表现出中等各向异性程度薄膜的性质。薄膜横向存在着不均匀性，边缘厚度与中心厚度的不同由上面提到的颈缩导致。在共挤出的情况下，层间的不均匀性不只由颈缩导致，各层原料黏度的差异引起的封装现象也会导致层间不均[57]，必须把它们同其他薄膜分开讨论。虽然现代扁平模头技术大大减少了薄膜切边宽度，但目前依然存在一些问题，特别是在采用共挤出工艺制备多层薄膜的时候，切下来的废边不能在薄膜生产过程中循环利用。

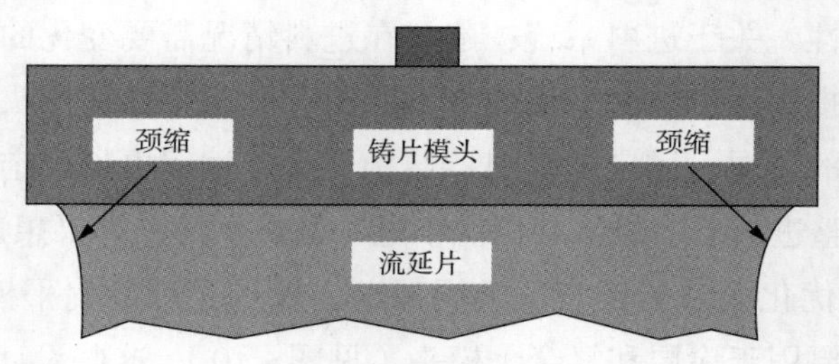

图4.11　颈缩现象[43]

流延薄膜通常具有较高的光泽度、优异的光学性能、良好的热封性能和尺寸稳定性。尽管如此，流延过程和吹膜过程有着很大的区别——流延薄膜通常无取向或只有单向的轻微取向；比起吹膜，流延薄膜的厚度均匀性更好，但由于取向程度较低，力学性能较低。因此，如果想获得既具有较高拉伸强度和刚性又具有更好的光学和阻隔性能的薄膜（如用于替代玻璃纸），就需要对薄膜进行改性或定制带有拉幅炉子的生产线。在拉幅过程中，挤出冷却后的膜片被重新加热后先沿MD方向拉伸［一般拉伸倍率为（4∶1）~（6∶1）］，之后再用一组拉伸热辊对膜片进行TD方向的拉伸［拉伸倍率为（8∶1）~（10∶1）］，或者在空气加热的拉幅单元中，采用有导轨的夹子对膜片进行一步法双向拉伸[58]。虽然使用拉幅法的双向拉伸线通常占地面积较大且工艺复杂，但在聚丙烯薄膜制备方面也比双膜泡法有优势。

聚烯烃薄膜的一类特殊应用是制备扁丝，制备方法是当熔体冷却成膜后，用等间距的刀片将薄膜裁成扁丝。然后将扁丝通过一组带有细砂纸的辊子［辊子的线速度高于扁丝的速度，砂纸的刮擦不但能降低扁丝的光泽度（也有不希望降低的情况，如地毯背衬）还能增加扁丝间的摩擦系数］，接下来扁丝还要经历热拉伸［拉伸倍率从5：1（地毯背衬用）到18：1（绳索），主要根据最终产品所需的拉伸性能而定，而且通常扁丝在轴向还要进行多重割裂，这个过程主要是将拉伸后的扁丝通过一个带有一排排针尖的辊筒，裂口的长度由辊筒和扁丝的速度比决定，最后扁丝形成“渔网”状结构］，拉伸（或纤维化）后，扁丝还要进行升温退火，根据最终产品所需性能松弛拉伸应力[59]。

流延膜的另一个应用是制备多层薄膜。挤出复合工艺是将聚合物熔体挤出覆盖在基材（通常为纸、铝箔或塑料薄膜）上形成一个薄层，而与此不同，层压法是用熔融挤出的聚合物层将基材和经过预热的已制备好的流延薄膜黏接在一起。挤出层压和复合的工艺条件非常类似，只是流延薄膜挤出过程有一些不同。层压法一般生产速度很快（达到900m/min），扁平模头和冷辊间的距离很大（通常为120～300mm，而标准流延过程的距离为25～65mm）。如前所述，聚合物熔体的温度很高（约300℃）。虽然在加工过程中保持聚合物熔体的稳定性非常重要，但适当程度的氧化有利于材料在基材上的粘接[60]。较大的气隙有利于提高聚合物的熔体强度，然而更加激烈的拉伸（颈缩行为）会导致聚合物熔体黏度的降低。这种熔体强度的提高也称为拉伸硬化，与吹膜工艺类似，是希望出现的熔体行为。添加长支链较多的材料容易引发拉伸硬化，此类材料如高压法LDPE、高能量射线（通常为电子束）改性或使用交联剂改性的聚合物，交联剂可使用少量的过氧化物等。

4.7 片材、管材及其他型材挤出

本书将对聚烯烃基材料（均由聚合得到）制备塑料片材、绝缘薄膜、管材、板材、框架和其他型材的工艺过程进行大概的介绍。起始的过程同前面其他工艺一样，都是先将聚合物粒料转化成熔体并输送至口模处，这部分在前面的薄膜制备、挤出涂层和复合工艺过程中已经详细讨论过，对于片材、管材或其他型材的挤出也是同样。主要的区别在于挤出物的厚度和生产线的速度，整体生产能力受到挤出机的构造和冷却能力等因素的影响。而且在薄膜中大量添加填料不太常见，用LDPE制备的透气膜（水蒸气透过性好）和使用碳酸钙填充的情况除外。在型材生产过程中经常使用填充改性聚烯烃，可以提高最终制品的模量、冲击性能和强度，或仅仅是为了降低成本。

聚合物离开模唇后会被冷却到一定的温度，以使材料具有合适的形状。通常使用冷却辊、冷却浴、喷雾冷却罐或气流机架等手段达到需要的冷却速率，从聚合物熔体上移除多余的热量[61]。分子结构和口模设计导致了聚合物的内部松弛，从而在冷却的同时引发了聚合物熔体的出口膨胀现象，这个过程中会不断释放压力。然而，挤出网络的速度差和牵拉机制会使出口膨胀程度降低。为了保证制品的尺寸，挤出型材的形状主要由干法、湿法或复合的调节机构来控制，较好的设计是使用独立水源来控制温度[62]。如果是弹性材料，可以不对或较少对型材的尺寸进行控制[63, 64]。在想办法避免最终制品发生永久变形的同时，牵拉的型材被冷却到一个必要的温度，从而达到能进行后续工艺的机械性能，这些工艺有切割成易于运输的尺寸、缠绕收卷和包装等[65]。

片材、厚膜和其他平面制品的制备都采用与薄膜制备过程中同样的扁平模头和冷却辊。较薄的片材通常用于进一步的热成型过程，在包装方面有重要的应用，如饮料杯、食品容器、生产托盘、婴儿湿巾盒或黄油桶；厚片通常用在工业或者娱乐方面，如卡车车厢衬垫、大托盘、汽车用品、娱乐设施和船。另外，挤出聚烯烃片材有一些重要的应用，如建筑（道路、隧道和大坝建设）、采矿业以及市政垃圾处理（绝缘膜或大容量系统中的土工膜）。

通过管材挤出过程，可以生产聚烯烃单层或多层管，直径从几毫米一直到2m以上。比起金属或者陶瓷管，塑料管有着耐化学性好、绝缘性好、耐久性好和成本低等优点。本章介绍的内容中，最常用的就是HDPE，有着坚固、耐磨和韧性好的优点，即使在冰点下也是如此，主要应用在给水管道、燃气管道、雨水管、污水管、室内排水、电缆、输电和通信管、冷水管和套管等方面[66]。由于化工用管道经常要受到内部压力和化学侵害的共同作用，耐环境应力开裂是非常重要的指标。同样，热水管也需要材料的力学性能具有长效稳定性。分子链中高分子量部分足够多的聚合物材料有较好的耐机械和环境应力的能力，为了保证良好的加工性能，分子量具有双峰分布的材料更有优势[67]。向材料中加入聚1-丁烯还能带来更多的可能性，由于聚1-丁烯会自发进行晶型转变，能够使材料的刚性进一步提高。还可以加入具有大分子网络结构的交联聚乙烯（PEX），PEX可以由辐照交联、在线交联（过氧化物）或后处理交联（硅烷类）等方法制得[67~70]。

一般来说，标准木塑复合材料（WPC）型材生产线（如热塑成型的汽车部件，包括装饰、窗户、门框、围栏和片材）也是WPC共混物制备不可分割的一部分。WPC材料的制造最早在北美地区较多，近来渐渐转移到了全世界[81]。众所周知，WPC生产中应用了一些现有的共混技术，也是聚烯烃很重要的一个应用。WPC生产用到的通用塑料中，聚乙烯、聚丙烯和聚氯乙烯树脂分别占70%、13%和17%[72]。建筑和结构用WPC产品主要是向聚烯烃中添加木粉、锯末或稻壳，还要加入颜料、偶联剂、UV稳定剂、润滑剂等助剂，有时还要添加发泡剂、增强助剂和矿物填料[73, 74]。

4.8 挤出发泡

挤出发泡是近年来得到发展的聚合物制备手段之一。这个领域技术革新的驱动力除了日渐提高的隔音、力学和隔热性能的要求对聚烯烃挤出发泡材料的需求外，还有为寻求降低成本对材料轻量化的需要。挤出发泡过程与前面提到的制备工艺有很大区别。主要的区别在于：要将气体相引入成型后的聚合物材料中；在发泡过程中，出口处发生的挤出胀大现象会使保证挤出型材的尺寸和形状复杂化；必须在泡沫材料发生塌陷前，给予足够的时间使材料的形状和尺寸固定。

从加工的观点来看，泡沫材料的制备主要有两种方法：第一种是使用化学发泡剂（CBA），CBA在受热分解的同时会产生气体；第二种方法是将物理发泡剂（PFA或PBA）溶解在聚合物熔体中[75]。CBA仅限于几种受热分解后能产生足够气体的化学物质。很长一段时间，偶氮二甲酰胺在世界范围内受到了广泛应用，它在适宜的分解温度下能够产生大量氮气和一氧化碳气体。而且，分解温度可以根据要加工的材料用一些添加剂来进行调节（如氧化锌或硬脂酸锌），温度范围为130～210℃[76]。使用CBA法发泡需要聚合物熔体在进入最后的成型阶段之前先进行泡孔成型。添加过氧化物或采用高能辐照可以在聚合物中产生一定程度的交联，从而使泡孔完全均匀地出现在聚合物基体中，而且能够提高熔体强度。用交联来提高聚合物熔体稳定性非常必要的另一个原因是：CBA的分解反应通常是放热过程，会导致熔体黏度的下降；而且，当气体溶解进入聚合物时，熔体黏度也会降低。同时由于泡沫材料的热传导性下降，定型和固化过程需要更长的冷却时间[77]。

总之，使用任何一种发泡剂都能得到高密度泡沫材料——通常为闭孔结构，这种泡沫材料在降低重量的同时，力学性能损失不多。另外，任何一种发泡剂都能使低密度泡沫材料的力学性能发生较大变化（闭孔、开孔或开闭孔结构），从而达到吸音效果或隔热效果（开孔结构）。然而，在工业生产设备上（见图4.12），PBA比CBA的优点更多，具体生产商有预混合解决方案公司（Promix Solutions AG）[78]或卓细公司（Trexel Inc.）[79]。还可用其他发泡剂［如成本较低的CO_2或其他气体（如低分子量的碳氢化合物如丙烷、丁烷或戊烷）］来代替化学发泡剂[80]。化学发泡剂的使用可能会被法律限制，如EU已禁止使用偶氮二甲酰胺。在挤出发泡过程中，聚合物颗粒像在其他挤出过程中一样被熔

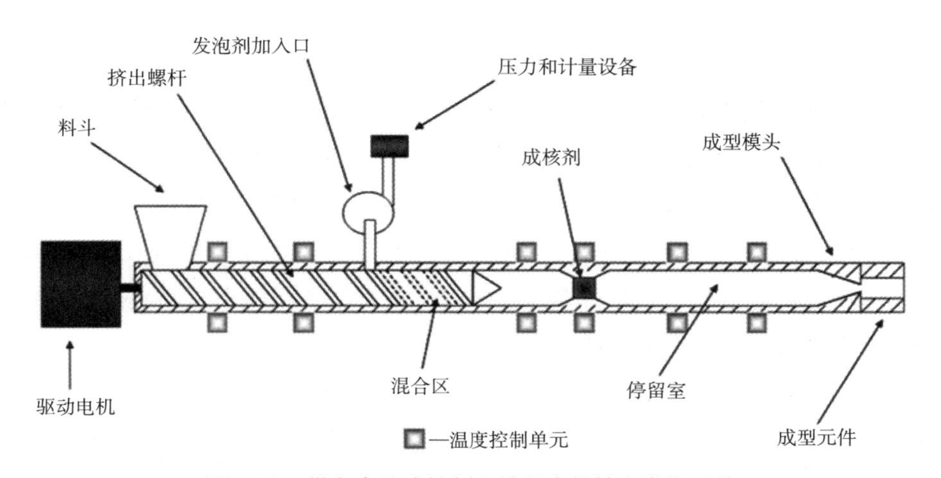

图4.12　带有多孔成核剂和停留室的挤出发泡系统

融，将PBA注入并溶解在聚合物熔体中是必要的步骤。由于PBA的聚集会导致熔体黏度剧烈降低，为了减小熔体的黏度波动，需要将熔体或气体溶液混合均匀到满意的程度。均匀的气体溶液不但与气体的溶解性有直接的关系[81]，也要配合其他手段得到，如使用双螺杆、较高的长径比、静态混合器或停留料仓。气体的加入和溶解使得与聚合物熔体塑性关系较大的黏度大大降低（与不含发泡剂的相同熔体相比降低30%～70%[82]）。当气体良好均匀地分布在熔体中后，为了提高泡孔稳定性，应当在发泡之前就降低熔体温度。将几台挤出机或是挤出机与静态混合器串联排列，能够达到最低限度的温度降，从而保证在最后的发泡过程中熔体稳定性有着最大限度的提高。

熔体抵达口模时压力开始降低，气体从熔体中逸出，成核并形成泡孔。泡孔增长迅速，通过对泡孔壁的双向拉伸，最后的泡孔结构被保存下来，双向拉伸过程的稳定性主要取决于熔体强度[83]。带有支链的聚合物如低密度聚乙烯、茂金属聚乙烯或高熔体强度聚丙烯非常适合挤出发泡过程，主要因为它们都有应力硬化行为。由此来看，将聚合物与含有支链的聚合物共混，或通过在线接枝反应向聚合物中引入支链结构，都有利于进行挤出发泡。成核助剂有利于泡孔的成核过程，将气体排除在泡孔之外能够提高熔体的黏度和强度，也有利于提高后续发泡过程的稳定性。在聚合物冷却结晶之前，维持泡孔结构也很重要，这样能够防止由于泡孔合并导致的发泡材料失效[84]。最后，由于作为PBA的碳氢化合物比空气在聚烯烃中的渗透速度快，聚烯烃泡沫材料还需要进行退火，以防止后处理过程中发生收缩。克罗明（Cromin）[85]和帕克（Park）[86]使用脂肪酸酯、脂肪酸酰胺和脂肪酸衍生物来改变聚合物的渗透性，通过改性使聚合物的渗透性与不同的发泡气体和空气匹配，从而稳定发泡材料。将聚烯烃和其他聚合物（如丙烯酸树脂或离聚物）等共混，同样有助于泡沫材料的制备[87]。

4.9 纤维

纤维也是聚合物应用的一大领域。聚合物纤维不止具有耐久性、耐化学性和质轻等优点，生产成本低也是其一大显著特点。纤维和丝束可以由合成聚合物材料经常用生产工艺制备，除了聚烯烃外，其他聚合物材料应用最多的是聚酯，还有聚酰胺或聚丙烯腈。在纺丝工艺中，熔融纺丝法占据了统治地位，如熔喷和纺黏无纺布的制备工艺，干法和湿法纺丝工艺仅应用在少数领域。如低缠结度的聚合物凝胶纺丝UHMWPE初始纤维（适当温度下使用一步或多步拉伸时发生凝结）在名为溶液–凝胶法的湿法纺丝过程中重结晶为高取向度的高性能纤维。

对比前面流延膜章节里描述的扁丝制备过程，在熔融纺丝过程中，聚烯烃材料在熔融后以非常快的速度挤出通过一个纺丝喷头（多孔挤出模头每个纺丝位都有几千个微小的开口，用于生产极细的纤维），纺丝头可以生产均一材质的纤维也可以生产双组分纤维。纤维可以有多种横截面形状（圆形、三角形、空心、C或Y形），也可能有多种结构（壳芯结构、并列型、偏心型、海岛结构、桔瓣型等，见图4.13），通过牵伸可以进一步增强纤维[89]。

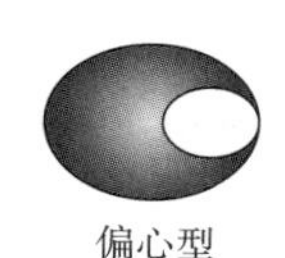

图4.13 双组分纤维的截面形状

在纺黏过程中，进行气流牵伸后，纤维连续且呈无规排布，采用自身热黏合的方式或使用乙烯醇或丙烯酸复合物等外部黏合剂对纤维进行黏合得到连续的纤维网，使用轧机、超声、短炉子、抽气转鼓生产纺黏和水刺织物。在熔喷生产过程中，高熔融指数的聚丙烯熔融后从喷丝头或高速热空气流喷枪喷出，自身黏接成网后，用传送带或收集辊进行收集，生成的超细纤维直径在2～4μm间波动。近年来，熔喷纤维生产技术有很大的进步，可以生产直径小至0.1μm大至10～15μm的微纤。由于熔喷纤维的强度要低于纺黏法，通常会把不同类型的无纺布结合使用，如纺黏/熔喷/纺黏（SMS）无纺布，其中纺黏层提供力学强度，中间熔喷层提供阻隔性能，阻隔性能会影响过滤性能和防水性能[91]。熔喷过程生产的聚烯烃纤维既没有取向也没经过牵伸，因此在应用于纺织工业之前，熔喷纤维还需要经过一些后续的处理。后续处理可以采用两步法，即采用另外的纤维生产线对纤维进行最后的牵伸；也可以采用一步法，对纺织后的材料直接进行牵伸、卷绕或压褶等后续工艺[92]。

制备好的丝束和纤维不只可用在聚丙烯最重要的用途——地毯上，在医用、卫生用、装饰、车用或农业方面也应用得越来越广泛。具体应用有一次性尿布、运动内衣和装备、人造草坪、土工布、绳索、汽车座椅、擦油布、干湿滤芯或过滤膜。根据不同的应用，聚烯烃纤维被赋予各种相应物理和化学性能，如良好的触感、更高的拉伸强度等。聚烯烃纤维经常在制备过程中与其他材料混合使用，如极性的丙烯酸树脂、羊毛、黏结剂、亲水填料或稳定剂等。

参考文献

1. G.W. Ehrenstein, *Polymeric Materials: Structure-Properties-Applications* (Carl Hanser Verlag, Munich, 2001)
2. http://www.psgdover.com/en/maag/automatik-pelletizing-systems/sphero-underwater-pelletizing-system/sphero-220350560

3. http://www.coperion.com/en/compounding-extrusion/machines-systems/pelletizers/ug-underwater-pelletizer
4. http://www.lyondellbasell.com/Products/ByCategory/polymers/type/Polyethylene/Polyolefin-Powders
5. US 20120172534 A1, Powdered thermoplastic polyolefin elastomer composition for slush molding processes
6. WO 2005123822 A1, Process for the production of stabilised filled polyolefins
7. T.A. Osswald, G. Menges, *Materials Science of Polymers for Engineers* (Carl Hanser Verlag, Munich, 2003)
8. http://www.ptonline.com/articles/no-5—twin-screw-extrusion
9. http://www.kraussmaffeiberstorff.com/media/files/kmdownloadlocal/en/EXT_BR_Conical_Profile_en.pdf
10. http://www.milacron.com/plastics/sites/default/files/product-files/Extrusion Brochure_FINAL.pdf
11. http://entex.de/fileadmin/user_upload/pwe._engl..pdf
12. http://www.takimsan.com/en/planetary-extruder.html
13. http://www.busscorp.com/en/quantec2.htm
14. US 3749375 A, Process for mixing, kneading and granulating thermosetting plastic material in continuous operation
15. WO 2012113086 A1,Mixing and kneading machine for continuous conditioning processes and method for conditioning metals
16. http://www.coperion.com/en/compounding-extrusion/machines-systems/pelletizers/strand-pelletizer
17. http://www.imeco.org/industry-solutions/chemicals/plastic-granules
18. R.F. Dray, How to compare barrier screws. Plast. Technol. (2002)
19. J. A. Colbert, *Scale up of Extruders, Practicalities and Pitfalls*. Screws For Polymer Processing II, A One-Day Seminar (Rapra Technology Limited, Shawbury, 1998)
20. S.T. Lee, C.B. Park, *Foam Extrusion: Principles and Practise*, 2nd edn. (CRC Press, Taylor and Francis Group, 2014)
21. R. Knittel, Get rid of wrinkles in blown film. Plast. Technol. (2007)
22. P. Waller, *A Practical guide to Blown Film Troubleshooting* (Plastics Touchpoint Group Inc., Ontario, 2012)
23. M.K. Atesmen, Everyday heat transfer problems: sensitivities to governing variables (2009)
24. J. Frankland, How fillers impact extrusion processing. Plast. Technol. (2011)
25. J. Aho, Rheological characterization of polymer melts in shear and extension: measurement reliability and data for practical processing. Ph.D. thesis, Tampere University of Technology, Finland, 2011
26. http://www.compuplast.com/
27. http://www.ansys.com/Products/Simulation+Technology/Fluid+Dynamics/Specialized+Products/ANSYS+Polyflow
28. http://www.autodesk.com/products/simulation-moldflow/overview
29. http://www.scconsultants.com/en/ludovic-twin-screw-simulation-software.html
30. R. Gendron, L.L. Daigneault, M. Dumoulin, J. Dufour, On-line rheology control for the peroxide degradation of polypropylene. Int. Plast. Eng. Technol. **2**, 55–75 (1996)
31. http://www.dynisco.com/online-rheometer-viscosensor
32. http://www.gneuss.de/index.php?lang=en&m=2&processing=online-viskosimeter
33. http://www.hydramotion.com

第5章 聚烯烃共混物

阿德里安·卢伊特（Adrian S. Luyt）

5.1 前言

聚合物共混在材料领域是一个非常重要的应用手段，针对共混物的研究非常广泛。聚合物共混为新材料的制备提供了途径，使新材料发挥出各聚合物组分的最优性能。材料的性能可以提高的程度，主要取决于共混物的形态和共混物中不同组分之间的作用力。当共混物中聚合物完全相容时，综合性能最好，但是仅有非常少的聚合物组合能够形成完全相容的共混物。

不相容聚合物通常为海岛结构，即一种聚合物以粒子（通常为球形）的形式分散到另一种聚合物中，此时，另一种聚合物为主体；或者形成双连续相结构，即两种聚合物均匀地分散在共混物中，不存在连续相的聚合物。为了让共混物获得出色的性能，不同组分之间的相互作用也非常重要。为了达到这个目的，研究者做了大量努力来改善不同聚合物组分之间的相容性。最常用的方法就是加入第三组分，这种组分与其他两种聚合物都有很好的相互作用力。反应共混是另一个比较好的方法。最近，一些研究者开始关注纳米粒子（特别是黏土）的作用。研究发现，黏土附着在聚合物之间的界面上能够改善聚合物之间的相互作用。

本章将介绍不同共混物的形态、性能和形态与性能之间的关系，这些共混物包含至少一种聚烯烃（聚丙烯或聚乙烯中的一种）。同时强调了聚烯烃与聚烯烃共混物以及聚烯烃与其他商用聚合物共混的潜在的应用价值。

5.2 聚烯烃与聚烯烃共混物

5.2.1 含超高分子量聚乙烯（UHMWPE）的共混物

超高分子量聚乙烯具有优异的耐磨性能，良好的缺口冲击强度、高载荷下的能量吸收能力，以及非常低的脆化温度[1]。UHMWPE通常应用于防弹复合材料、轴承部件和全关节置换用的医学材料。UHMWPE黏度很高（10^8Pa·s），同时由于其超高的分子量，因此即使在熔点之上，UHMWPE也很难流动。UHMWPE粉末在液态低密度聚乙烯或线型低密度聚乙烯中呈悬浮态，其共混物在亚稳态时呈双相形态。因为这种共混物是可以用传统的挤出或注塑的方法进行加工的。由于UHMWPE与常规分子量聚乙烯（NMWP）之间的界面层较厚，因此共混物依然保持了优秀的拉伸性能和冲击性能，这些性能没有显著下降。

在这些共混体系中，不同晶体结构的发展也引起了研究者的兴趣。这些研究对共混物在注塑过程中形态变化是非常重要的。羊肉串似的串晶（shish-kebabs）和β-柱状晶都属于流动诱导结晶，并产生自拉伸链段[2, 3]。如果能对拉伸链段最终形成的结构形态有更好的理解，将有助于对流动诱导结晶的机理有更深刻的理解，同样对工业产品的最终形态有重要的指导作用。

等规聚丙烯（iPP）具有较高的刚度、优良的耐水和耐化学性、密度低、容易加工、极高的性价比等优点，是应用最广泛的聚合物之一。然而，聚丙烯耐热性不佳、冲击性较差，均限制了它的应用范围。利用微型注塑机制备的等规聚丙烯与高分子量聚乙烯共混物注塑样品，具有较高的力学性能，可以诱导拉伸链段的形成，用来研究串晶和β-柱状晶的共生结构[2, 3]。将UHMWPE加入等规聚丙烯基体中，目的是增强聚丙烯的诱导结晶。研究发现，排核（row nuclei）的密度对于在微注塑成型的iPP/UHMWPE样品中形成类似串晶的结构、β-柱状晶和β-球晶具有关键作用。当排核密度足够大时，样品就会形成类似串晶的结构；当密度降低时，则会出现β-柱状晶和β-球晶。当密度较低或没有排核存在的条件下，β-球晶消失，α-球晶是球晶的主要成分。在等温和非等温结晶过程中，iPP的总结晶速率随着UHMWPE的加入而增加。等温结晶和非等温结晶的结晶机理不同。在非等温结晶过程中，首先形成的UHMWPE作为成核剂，能够大幅度增加iPP结晶异相成核的数量。在等温结晶过程中，共混物中的UHMWPE以无定形的熔融态存在。有人提出iPP和UHMWPE相区之前的界面优先诱导形成iPP晶核，这有效地提高了等温结晶速率[4]。

综上所述，UHMWPE有着特殊的复合材料微观结构，能够形成长的、规整的、在无定形相区连接不同晶片的非极性分子，表现出卓越的力学性能，包括较低的摩擦和磨损速率、优异的耐疲劳性、公认的生物相容性等[5, 6]。因此UHMWPE可以用于全关节成型术中金属与关节对的承重关节表面。然而，在高压力应用场合，如全膝关节移植，特别是在年轻人和经常运动的人员身上，移植用UHMWPE就受到了限制。体内UHMWPE会遭受磨损、氧化或力学性能下降等破坏作用，这些都会对重建关节的长期性能产生不利影响。因此，在不牺牲耐磨性和降解稳定性的前提下，如何提高UHMWPE移植物的力学性能是非常重要的。Xu等[5, 6]在注塑过程中采用剪切流动的方法制备了一种互锁的串晶（shish-kebab）自增强超分子结构，这一结构改善了UHMWPE与低分子量聚乙烯（LMWPE）共混物的一系列性能。这种聚乙烯共混物的超分子结构具有较强的刚性，从而改善了沿剪切方向的耐磨性。当低分子量低密度聚乙烯（LMWPE）与UHMWPE在溶液状态下共混，并在可控温度场下成膜，由于溶液中存在复杂的相互作用，如溶剂挥发、结晶、相分离等，在β-LMWPE富集的相区没有清晰的晶片生成。当温度升高时，β-LMWPE富集的相区晶片变得更加无序化。晶片的择优取向严重依赖于退火温度，它们有规律地堆叠，并在温度较低时沿着膜表面的平行方向取向[7]。然而，在较高的温度下，晶片更倾向于在膜表面的垂直方向上取向，并在这一方向形成随机分布。薄膜的拉伸性能也受到这些晶片结构的影响，如图5.1所示。

在研究UHMWPE、低密度聚乙烯（LDPE）和线型低密度聚乙烯（LLDPE）的共混物时，如果应用log-additive规律、Cole-Cole曲线、Han曲线和Van Gurp曲线，可以计算出LDPE和UHMWPE在熔体中是相容的[8]。而共混物的热力学性质和形态与流变学性能并不一致。由于LDPE和UHMWPE具有不同的结晶速率，流变性能表现出液-固相分离的现象。而LDPE和UHMWPE共混物的形态和电子显微照片显示出部分微相分离，相分离的程度视LLDPE的含量而定。

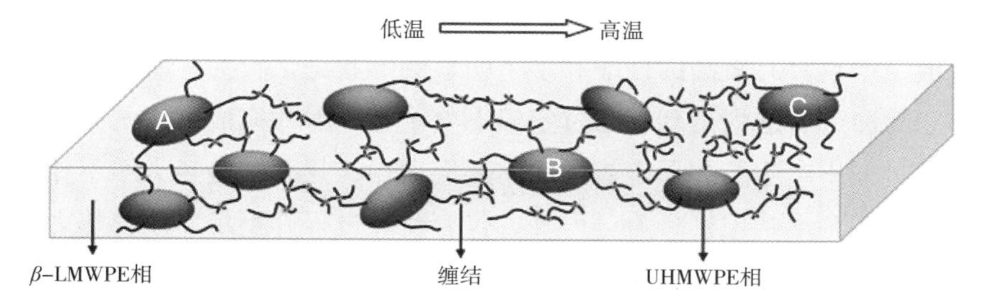

富含UHMWPE的相区之间的缠结（椭圆体代表富含UHMWPE的相区，缠结链之间的网状是UHMWPE缠结的分子链）

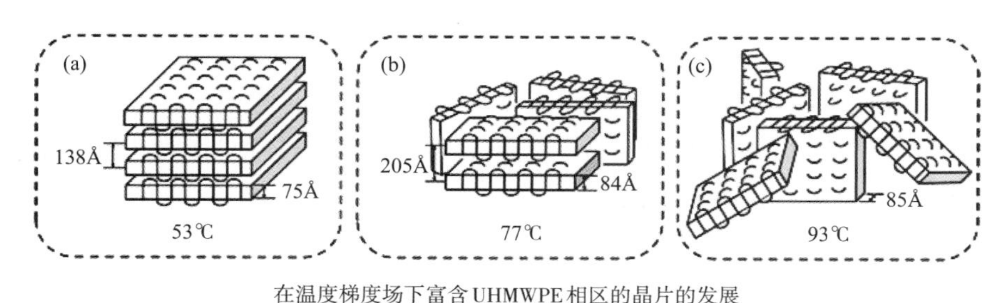

在温度梯度场下富含UHMWPE相区的晶片的发展

图5.1　薄膜的拉伸性能与晶片结构

UHMWPE也可以与乙烯无规共聚物混合，但是由于结晶度突然下降，引入的单体含量增加，所以共混难度大[9]。这导致了共聚物力学性能和形变都发生重大变化。茂金属催化剂在通常情况下可用于制备聚烯烃和烯烃共聚物的高产率聚合产品，这种产品具有较高的α-烯烃含量。这些催化体系可以控制共混物组分的结构和性能，从而控制结晶过程、形态和反应共混物的全部性能。预催化剂的性能决定了产物的分子量。尤沙科娃（Ushakova）等[10]引入乙烯与1-己烯无规共聚物（CEHs）来改性初期反应-共混的晶体和无定形态。这种方法在很大程度上改变茂金属催化剂聚合反应中共聚成分的形态和组成，共聚成分可以从部分结晶变化到完全无定形态，这样可以调节材料的结晶度和密度。这些共混物的拉伸性能和熔体流动指数取决于UHMWPE部分的性能、CEHs部分的含量和共聚物的组成。由于在UHMWPE部分存在着很多晶片间系带分子结构，这些共混物有相当高的力学强度。

5.2.2 形状记忆上的应用

形状记忆（shape memory）功能是指一种材料在准静止形变后固定一种或两种“暂时”的形状，在受到外部热量刺激后，储存的弹性和黏弹性应力驱使材料恢复形状记忆，恢复到之前原始（“永久”）的形状。这种功能通常与热转变过程有关，例如，具有共价键或物理网络结构的聚合物发生的熔融、结晶过程或者玻璃化转变过程。拉都什（Radusch）等通过将聚烯烃共混物共价键交联的方法制备了形状记忆聚合物[11]。聚环辛烯与聚乙烯在热力学上不相容，在熔体状态时，黏度很低，通过将聚乙烯和聚环辛烯共混，产物具有较高的性能和多个明显的形状记忆行为。所研究材料在交联之前从熔体态骤冷或者缓慢冷却，通过室温下电子束辐射才完成之后的交联过程，在混合和热处理过程中产生的相形态被固定。人们发现，只有通过热力学不相容的材料的共混才能产生多个形状记忆行为。另外，仅有受热过程并不足以改善热力学相容共混物的相分离现象，而这种相分离现象是多重显著形状记忆行为的必要因素。这种共聚物特别适合用在要求在60~135℃发生形状变化的场合中。

两种熔点相差很多的聚合物共混，如低密度聚乙烯（122℃）和聚丙烯（165℃）共混时，也有可能引起形状记忆现象。研究者曾提出过适用于LLDPE/PP/LLDPE-PP三元体系的新的形状记忆机理，这种机理认为具有不同熔点的两种组分都对形状记忆行为有影响[12]。PP是固定相，LLDPE是可逆或转换相，LLDPE-PP作为相容剂来改善混合物的相容性，在固定态和可逆相态之间强烈的相互作用和适当的共混比例，均对形成好的形状记忆效应有重要作用。在发生形变时，固定相的微滴没有发生变化，在可逆相中发生了分子链取向（见图5.2）。因此，加热材料和释放这种压力时就会使形状恢复到原始的状态。

传统的双形状记忆聚合物（SMPs）只有一个恒久形状和一个暂时形状，而三重SMPs存在一个恒久的形状和两个暂时形状。因此三重SMPs比双重SMPs提供了更复杂的刺激驱动力。当双重SMPs仅需要一个反转相时，三重SMPs通常需要两个反转相。ZHAO等首先在不互容的PE/PP共混物中建立了一个双连续结构，随后通过共混物的化学交联得到三重SMPs[13]。在典型的不相容PE/PP共混物的双连续相中，PE的体积

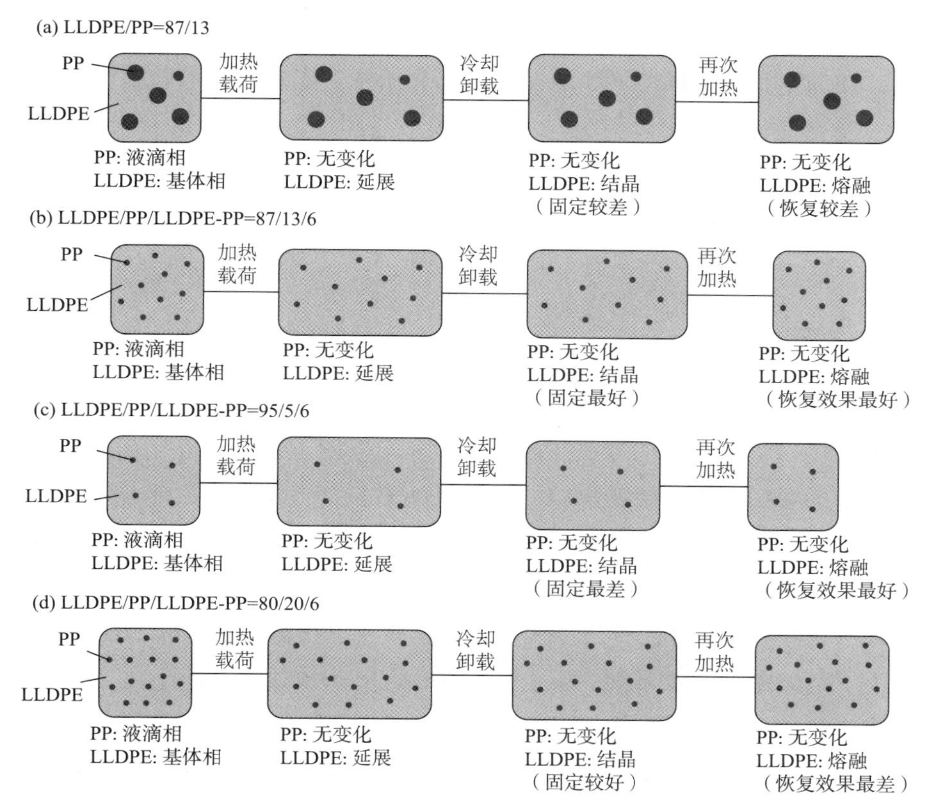

图5.2 LLDPE/PP/LLDPE-PP共混物的形状记忆机理的示意图

分数为30%～70%。这种结构可以通过化学交联得到固定。不同引发剂，如2，5-二甲基-2，5-二叔丁基过氧化己烷（DHBP）、过氧化二异丙苯（DCP）偶联二乙烯基苯（DVB）（DCP-DVB），以及它们的混合物DHBP/DCP-DVB，均可以用于交联反应。研究结果发现，DHBP的交联效果最好，DCP-DVB的交联效果最差。化学交联会导致较低的熔融温度和较小的熔融焓。另有材料相似的研究考察了聚乙烯共混物的多重形状记忆能力[14]，这些共混物在热塑性材料和弹性体之间的界面产生交联。最佳的组合为80%的乙烯辛烯共聚物（EOC），15%的LDPE和5%的HDPE，以DCP作为引发剂，发生轻微程度的交联。共混物中存在细小均匀分布的结晶相，这种相结构可以在特定温度下进行选择性熔融。交联聚合物可以成功地被设计成具有双重、三重或四重的形状记忆效应。三重或四重形状记忆行为可以在相当宽的温度范围内（高达30K）、较大的储存应变（高达1700%）中都表现出明确的中间临时形状（回缩<0.5% K^{-1}），同时几乎能恢复到原来的形状（>98.9%）。

人们研究了HDPE、聚己内酯（PCL，聚己内酯并不是一种聚烯烃，讨论它是因为它具有形状记忆行为）和含有引发剂DHBP、以不同组分混合的HDPE/PCL共混物，并研究了它们的两种形状记忆行为[15]。两种记忆行为显示出：一方面，在存在载荷（通常为恒定力）的作用下，冷却时由非等温结晶引发样品的不规则断裂；另一方面，可以预见到，在加热和同样载荷下，取向的结晶相熔融，引起了样品收缩。只要样品的载荷和温度发生变化，就足以引起样品的连续结晶和熔融，可逆的双向SMEs形状记忆效应（SMES）就可以反复重现，这点与不可逆的单向SMEs正好相反。因此，交联的部分结晶聚合物的SME行为严重依赖于材料的结晶结构和共价键聚合物网络结构的性质。

5.2.3 相容作用

聚合物共混物的相容作用并不是一个新的概念。但是近年来针对聚烯烃与聚烯烃共混物，人们提出了一些新的方法。陶氏化学公司发明了链穿梭催化剂技术采用连续法工艺合成新的烯烃嵌段共聚物（OBC）[16]。OBC包含可结晶的乙烯/辛烯嵌段部分，辛烯含量较低、熔点较高，与无定形的乙烯/辛烯嵌段部分交替，后者的辛烯含量较高，玻璃化转变温度较低。与统计学上分散的乙烯/辛烯共聚物相比，OBC在促进PP和高密度聚乙烯共混物的相容性方面具有更好的效果。用微层PP/OBC/HDPE胶带研究四种OBC与PP和HDPE的黏附性[16]，所有OBC的PP/OBC界面均出现了黏附性剥离的现象，根据系带层的厚度有了不同的两个机理。在稍厚的系带层（tie-layer）状态下，对于所有的OBC而言，剥离韧性随着系带层厚度的增加而呈现线型增加，这说明能量的消散伴随着整个系带层的形变过程；而在系带层厚度比较薄的状态下，由于高度原纤化损坏了区域形态，韧性随着系带层厚度减小而迅速降低。

5.2.4 附生结晶

异相附生结晶是一种特殊的界面结晶方式，通常发生在不同的聚合物组分中，其原理是晶格间的匹配。界面间的异相附生结晶可有效地改善聚合物共混物的力学性能，特别是对于不相容的共混物体系更为有效。HDPE和LLDPE在取向的等规聚丙烯上附生生长，在工业加工中能得到附生结晶，同时可以得到超级聚烯烃共混物。研究也说明，剪切引起的链取向容易引起附生结晶[17]。流动场可有力地诱导共混物中乙丙共聚物（PPR）结晶，并在HDPE结晶之前形成。这个顺序决定了HDPE在PPR晶体上的附生结晶。然而，在以HDPE为基体的混合物中，流动诱导下的HDPE附生结晶与剪切诱导的shish-kebab结构的形成是相互竞争的关系。如果剪切诱导结晶占主导作用的，那么HDPE的附生结晶就会被抑制，但结晶顺序受到的影响很小。

聚合物的异相附生结晶可以有效地改善聚合物共混物的机械性能，特别是对于不相容体系来说更是如此。人们已经清楚地了解iPP/HDPE的附生结晶机理[18, 19]。因此附生生长的HDPE分子链与iPP（010）α 晶面的甲基排列能够相互作用，由于乙烯分子链正好可以准确地嵌入到甲基基团形成的“峡谷”中。然而，若希望形成严格意义上的附生结晶，需满足以下条件之一：iPP（或HDPE）在HDPE（或iPP）单晶或取向膜上的真空沉积或流延膜结晶；iPP/HDPE拉伸混合物的退火或三明治薄膜。传统的加工方法（如注塑和挤出过程）通常会在共混物中形成非严格意义的附生结晶。微型注塑机可以用来制备高度取向的样品，Deng等[18, 19]做了相关实验来研究iPP和HDPE之间产生附生结晶的可能性。结果证明，在高速剪切和合适的温度下，共混物中可以产生附生结晶。另一课题组做了类似研究[20]，通过动态包装注塑实验成功实现了对共混物超分子结构的控制，借助二维广角X光衍射的方法确定了LLDPE/iPP共混物注塑样条中结晶和取向的结构。在共混物中作为主要组分的iPP是高度取向的。LLDPE在取向的iPP上附生结晶，LLDPE的（100）晶面和iPP的（010）晶面接触，导致了LLDPE分子链的倾斜，与iPP分子链形成50°的夹角。由于iPP是主要晶相，其取向程度较小，LLDPE和iPP之间没有附生结晶，LLDPE保持了取向状态。能够观察到的LLDPE在取向的iPP分子链上附生结晶是由以下因素造成的：结晶顺序的影响；取向iPP的所占组成比例；“互成核”现象，即两种组分充当了彼此的成核剂。

高分子量iPP（HMW–iPP）/低分子量LLDPE（LMW–LLDPE）共混物的附生生长和shish–kebab结构也被研究过[21]。研究人员利用同步广角/小角衍射技术研究了在130℃和140℃下初始结晶前驱体的形成。在这些共混物的浊点温度之上施加了剪切作用力，只有当HMW–iPP浓度为6%和9%的条件下，共混物中的HMW–iPP形成了流动诱导的结晶结构。LMW–LLDPE仅充当了无定形基体（见图5.3）。当HMW–iPP的浓度较低时，在两个温度下均没有观察到流动诱导结晶现象。当HMW–iPP浓度超过3%时，流动诱导成核、结晶动力学、结晶度、晶片取向都有大幅度变化。

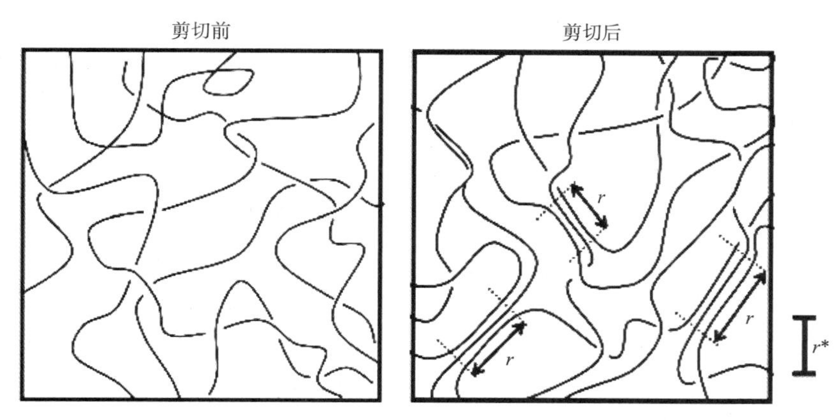

图5.3　流动停止后形成的初始结晶前驱体结构（稳定临界晶核）示意图

注：在流动前，HMP–iPP分子链（实线）形成了网络结构，提供了LMW–LLDPE基体（空白区域）的缠结密度。在剪切中，伸长分子链段经由本体平行堆积开始形成初始结晶前驱体结构。r和r^*分别代表初始前驱体尺寸和结晶的临界晶核的尺寸。当$r \geqslant r^*$时，前驱体进一步发展成晶体[21]。

在线型聚乙烯（LPE）和iPP的共混物中，两种混合物的附生结晶产生了两种类型的附生结构：（1）两种成分的自身附生结晶，即iPP中长支链和LPE中短支链，在垂直于挤出方向开始取向；（2）LPE在最初结晶的iPP晶纤上发生了异相附生结晶[22]。iPP为LPE的结晶提供了稳定的异相成核表面，使其晶片相对于延伸方向倾斜±50°，因此iPP和LPE发生了积极的相互作用。两种共混物组分之间有限的相容性影响了结晶和熔融行为。共混物的挤出导致iPP相沿挤出方向略微取向。与在其他iPP、LPE高度取向和退火的样品相比，相对较短的结晶时间导致了较高的无定形组分的含量，较低的结晶度、晶体尺寸和熔融温度。

5.2.5 其他结晶现象

前面已经描述过，共混物中不同组分的结晶是非常重要的因素，决定了不同组分之间的相互作用和共混物的性能。在通常情况下，较高的分子量会产生较好的力学性能，然而也会带来黏度高、加工性能差等问题，因此限制了PE的推广应用[23]。双分子量分布的聚乙烯（定义为双峰PE）恰好可以解决力学性能和加工性能之间的矛盾。对于双峰PE而言，低分子量部分对结晶态的刚度和耐蠕变性能起作用，降低了加工中的熔体黏度。高分子量部分形成系带分子，把主要由低分子量部分形成的晶片连接在一起，改善了冲击性能和耐环境应力开裂性能。工业中制备双峰PE可以采用两种方法：串联反应器和双活性催化剂的单反应器。

关于双峰聚烯烃共混物的低分子量部分和高分子量部分的结晶行为有大量研究。其中一个研究采用差示扫描量热仪[24]，分析了含有LMWPE和HMWPE的共混物的非等温结晶行为。当加入LMWPE时，共混物的分子量（M_w）降低，分子量分布（MWD）变宽。同时，低分子量部分所占比例增加，共混物逐渐呈现明显的双峰MWD（见图5.4）。用耶罗内（Jeziorny）理论和分子轨道法（Mo方法）修正过的阿夫拉米（Avrami）方程可以成功地描述这些双峰PE共混物的非等温结晶过程，但依然无法得到重均分子量和不同分析参数之间的复杂关系。

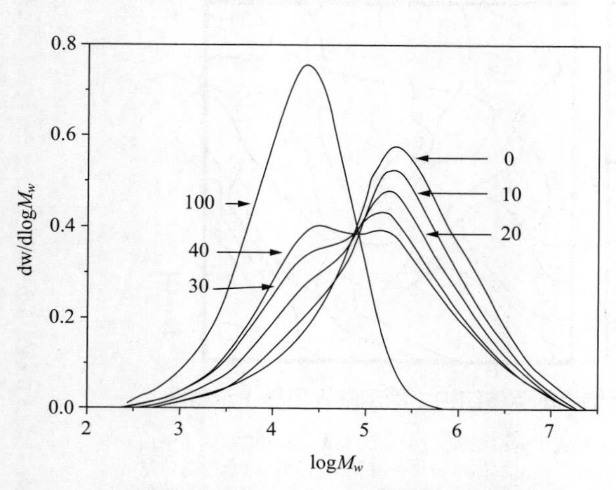

图5.4 HMWPE/LMWPE共混物和其组分的MWD曲线（所提到的LMWPE的质量分数）[24]

在双峰PE共混物体系中，高分子量部分支化度较高，为双酚A聚氧乙烯醚（BPE）提供更高的韧性和耐环境开裂应力。而低分子量部分带有较多的线型链结构，保证了材料可加工性良好[25]。HDPE样品和LLDPE

样品具有几乎相同的分子量分布，但是短链支化部分的含量差别较大，将这两种样品共混，得到了带有双相链支化分布和正常单峰分子量分布的共混物。在所有共混物中，甚至在热分级之后，可以观察到一定程度的共结晶现象。共结晶改善了结晶的完善程度，这是因为在共混物中结晶链段形成了更完善的晶片结构。因此不同共混物的断裂功（w_e）比LLDPE和纯HDPE的断裂功要高出许多。这种共混物体系的共结晶行为可以有效地改善断裂韧性。

众所周知，提高分子量的好处是使PE具有更好的耐应力开裂性能及更好的韧性，但带来的缺点则是加工变得困难。另外，低分子量产品通常能够改善刚性和提高加工性能，降低韧性。为了在加工性能和机械性能两者之间获得平衡，加工性和链支化参数应该同时被考虑。考虑到这一点，不同PE的熔融共混在工业得到了成功的应用。然而，由于结晶相只能包含线型分子链链段，参与结晶的PE链段的化学结构稍有变化，这些链段就可能被结晶相排斥，导致单独晶相或相分离。当链段之间不存在任何外力时，不同PE的相容性依赖于晶相中不同分子链链段的包容性。当HDPE/LLDPE经过连续自成核和退火（SSA）处理后，其熔融曲线表明每个结晶部分的相对含量发生了变化，出现了共晶现象[26]。足够多的HDPE加入共混物中可以增加熔融峰的数量，由于HDPE和LLDPE分子之间相互作用形成了新的组分，这一新的组分具有中等的晶片厚度，这时就出现了共晶。共混物组分变化形成了新的更薄晶片厚度的组分，说明一些长的线型甲基链段受HDPE的影响，从原始组分转移到新形成的组分中。

液–液相分离和结晶是聚合物共混物中基本的相转变现象。两种过程相互作用在很大程度上决定了聚合物的形态。在等温结晶过程中，除了分子量非常低的材料，不同的材料之间经常会出现共晶。关于线型和支化聚乙烯及其共混物结晶和熔融行为的研究表明，借助差示扫描量热法（DSC）和同步小角X射线小角散射（SAXS）方法，证实线型聚乙烯和支化聚乙烯（己烯含量4.8%）的共混物中会出现共晶。而线型聚乙烯和支化聚乙烯（含有15.4%的己烯）的共混物出现了宏观液–液相分离[27]。SAXS的结果说明，在冷却过程中，在结晶初期，长周期大幅度下降，在结晶后期，逐渐趋于平缓。这种现象可以用晶片插入模型来解释，薄的晶片插入到较厚的初始堆积结构中，使平均晶片堆积的长周期（d_{ac}）和平均晶片厚度（d_c）大幅度减小。

宽带耦合拉曼光谱（CARS）用来研究聚合物共混物的实际晶片结构这种方法采用了高效的3D化学成像技术，能够对多组分生物和材料体系获得同步的组成和取影像。对于聚烯烃部分结晶共混物中高分子量和中等分子量的分子链，CARS光谱能够同时给出化学组成和分子取向的图像。结果显示，中等分子量的分子链逐渐被球晶中心和其无定型区排斥出去；在环带区，中等分子量分子链结晶度更高，并且中等分子量分子链填充了中间的非晶区（见图5.5）。

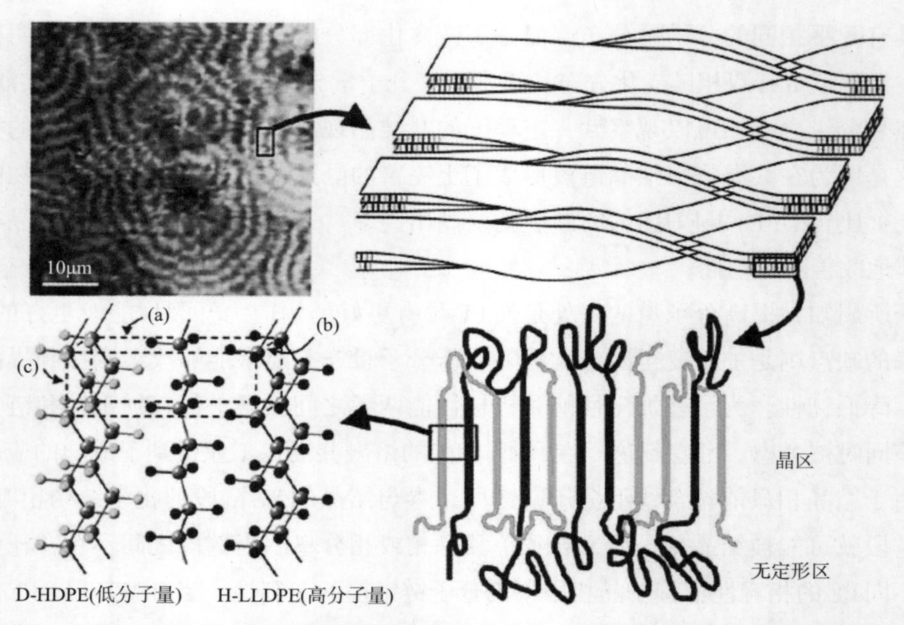

图5.5 包含部分结晶晶片晶带的PE共混物球晶的微观结构的层次示意图

注：复合材料图片中浅色分子链代表D–HDPE，深色分子链代表H–LLDPE。分子结构中点状矩形方框代表结晶PE的单晶，晶胞参数为a、b、c，如图所示[28]。

5.2.6 废料和回收

聚烯烃共混技术越来越多地被用于聚合物废料回收，以改善材料的加工性能，并使其保持良好的热力学和机械性能。由新料或回收组分制备的共混物是公认的处理后消费和后工业聚合物废料的手段。HDPE和PP是后消费废料的重要组成部分[29]。PP广泛应用于地毯、包装和其他场合，HDPE大多数用于消费品和工业产品的包装。二者的废料经常混在一起出现，因两者的密度相近，其他机械性能也相似，所以完全将这两种聚合物分开需要非常高昂的费用，几乎是不可能的。PP的模量、拉伸强度和耐蠕变性相对较低，限制了其应用，然而通过与PE共混，这些力学性能可以得到改善。

Fang等[30]将PP废料共混，研究了两相共混物的热力学性质，通过加入相容剂［三元乙丙橡胶（EPDM）和马来酸酐接枝PE］和蒙脱土填料来改善两相的相容性，并比较相容效果。他们用不同的相容剂在双螺杆挤出机中制备了PP废料和PE废料的共混物。不相容共混物的拉伸和冲击性能改善有限，而相容剂只对冲击强度有改善效果。PP废料降低了共混物的稳定性。当PP废料的质量分数为60%时，热稳定性几乎与纯PE废料相同。蒙脱土的加入可以改善热稳定性。EPDM比马来酸酐接枝PE有更好的相容效果，但是采用后者改善的共混物力学性能更好。共混物中聚合物废料的相容性也可以通过电子束辐照形成交联的方法来改善[31]。研究者发现，通过电子束辐照的PE废料和纯HDPE和LDPE的共混物具有更高的结晶度，并产生了交联。

5.2.7 流变性能

LDPE是在高温高压下利用自由基聚合方法制备的，通常分子量分布较宽，有长支链结构，具有良好的发泡、吹塑、吹膜、挤出涂层等加工性能。虽然LLDPE和HDPE通常来说具有较窄的分子量分布，并且没有长支链结构，但是LDPE的熔体黏度通常是通过与LLDPE和HDPE共混得到提高。米达（Mieda）等[32]借助毛细管挤出流变仪研究了LDPE、一种长支链聚乙烯和其他三种线型聚乙烯（不同分子量）共混物的流动不稳定性，详细分析了线型聚乙烯的剪切黏度对毛细管挤出流变仪中流体不稳定性的影响，其中，线型聚乙烯对不稳定行为有显著影响。含有高剪切黏度线型聚乙烯的共混物显示出协同效应，即增强的零剪切黏度和显著的应变硬化。共混物显示出不规定的流变响应，在低剪切速率下呈现鲨鱼皮破坏现象，在共混物中通常用德博拉数（Deborah number）来解释这种现象。与支化PE相比，共混物表现出严重的熔体破坏。这种现象可以用拉伸黏度增加的应变硬化和口模入口的大入口角度来解释。

对于两种茂金属聚烯烃共混物，聚（乙烯－己烯）共聚物（PEH）、聚（乙烯－丁烯）共聚物（PEB）和其质量比1：1的共混物，通过改变注塑条件，用流变测试来检测其微小的黏弹性变化[33]。

由于分子链具有活跃的叔碳原子，在PEB组分［具有较高的长支链（SCB）程度］中检测到低程度的长链支化（LCB）。由于LCB极大地抑制了聚合物分子链的松弛和扩散，预计这种结构将对共混物的相分离动力学产生深远影响。当注塑温度高于100℃时，PEB没有PEH稳定，在PEB和共混物中检测到热氧化导致的LCB。与其他检测手段［如FTIR（傅氏转换红外光谱分析）、凝胶抽提法、GPC（凝胶渗透色谱）等方法］相比，流变测试对于检测低程度的LCB更为敏感。凝胶抽提和GPC结果显示，所有PEB和共混物样品中没有交联现象，说明轻微的LCB抑制了相分离的发展。一旦LCB超过某一程度，形成的稳定的LCB缠结会阻止PEB的链扩散，相分离几乎很难出现。

另一项研究关注了不同LLDPE分散相对LLDPE/LDPE共混物熔体的线型黏弹性行为和伸长率的影响[34]。在齐格勒－纳塔催化剂制备的LLDPE和LDPE共混物中，线型黏弹性范围显示存在其他作用，用简单的LDPE液滴在LLDPE基体中的分散假设还无法解释这种作用。在用单活性催化剂制备的均相的LLDPE基体中，这种作用则不存在。这可能是由于一部分LLDPE基体中最长的线型分子链和LDPE分散相中较少支链（乙烯多的序列）形成的较厚的中间相的存在。这种中间相引起较长松弛时间的“拖尾”，其带有明显的弹性特点。可以用黏弹性模型来解释这种现象——包含了各向异性的界面效应。

5.2.8 阻隔性能

降低透气性的常见方法是通过层压、涂布或共挤出将材料复合在一起，这样能够提供比单独组分更高的阻隔性。然而，食品包装的主要目标不再是总的阻隔性能，而是如何保持食品的新鲜度。例如，奶酪和肉类必须在一定天数内被消耗掉，与之不同的是，烘焙类食品可以存放几个月之久。因此，研究如何控制薄膜的阻隔性来满足不同食物的需要是非常重要的。塔利亚莱特拉·斯卡法蒂（Taglialatela Scafati）等人[35]将一种商用聚丙烯材料熔融共混，改性通过控制其阻隔性，使之可以用于高阻隔包装材料。与层压或涂布制备工艺相比，熔融共混工艺更简单，成本更低。基于共混物的单层膜制备与多层共挤出膜相比，熔融共混是个更好的选择，如一种LDPE/LLDPE共混物和一种乙烯/降冰片烯共聚物（COC）熔融共混。COC的特点是优异的透明性、高刚度、良好的热稳定性、耐酸和耐碱能力优异。当COC的浓度为5%～20%时，O_2和CO_2的透过率大幅度下降，通过添加适量的COC，可以获得所要求的扩散性能。

5.2.9 作为高抗冲共聚物（HIPC）模型的聚烯烃共混物

HIPC是通过双反应器工艺制备的PE接枝PP共聚物。双反应器工艺可以改进材料的韧性，并保持合适的刚度，拓宽材料的使用温度范围。最近的研究大多是关于这些共混物形态和结构的研究，把PP/PE共混物当作HIPC模型系统来加以研究。其中一项研究着力于研究一系列双相聚烯烃共混物组成和力学性能之间的关系[36, 37]。用升温淋洗分级（TREF）的方法对这些共混物进行分级，从而研究其工业化分级相关多相聚烯烃系统的可能性。结果表明，基于分子结构或化学组成的分离质量，对大多数系统是良好的，然而，乙烯-丙烯无规共聚物和高密度聚乙烯的分离是很困难的。包括脆韧转变曲线在内的机械特性显示了改性助剂类型和用量的显著影响。增韧效果主要是与改性助剂和基体之间的模量差异有关。相容性和粒径是形成HIPC的重要影响因素，可以详细阐述其对研究体系力学性能的影响。

5.3 聚烯烃/醋酸乙烯酯（EVA）共混物

HDPE是独特的热塑性材料，其特点包括优秀的力学性能：耐臭氧能力、良好的电性能、耐化学性能等。EVA显示出较高的抗冲击性、耐压力断裂能力、良好的抗氧化能力、低温柔韧性、改善的透明性、较强的透氧能力和透水能力、较高的湿度吸收性能、良好的电绝缘性[38~40]。将这两种材料混合产生的新产品具有两种材料的优点，而且被处理时，降解速度更快。这些共混物广泛地应用于收缩膜、多层包装、电线和电缆涂布中。虽然PE和EVA并不互容，但是EVA中的乙烯基提供了与PE相同的晶体结构，因此在PE/EVA共混物的界面有部分互容。将EVA加入PE中能够改善PE的透光率、耐环境应力开裂性能、填料填充能力、抗冲击性等，但通常会降低拉伸性能。

虽然PE结晶度能够达到65%，但含有50%VA的EVA是完全无定形的[38]。由于乙酸基侧链的极性作用，VA含量增加时，EVA极性也随之增加。根据这个特点，人们可以对其性能进行调控，使其适合用于例如柔性收缩包装、农业用膜、涂布、涂料、鞋底材料、热熔和热封黏合剂、半透膜、柔性玩具和管道、交联发泡轮胎等场合。将EVA加入PE中可以改善PE的透光率、柔性、热稳定性、耐环境应力开裂性、填料填充能力。这些共混物具有良好的热收缩性能，当受到氧化、气候和其他外力影响时，材料的性能依然稳定。因此，这些共混物可以用于很多场合，例如高压电缆系统、多层包装膜和板材、汽车零件、农业用膜和医用导管等。

PE为EVA/PEL带来更好的刚性，同时可改善材料加工时熔体的流动性。由于EVA价格高于PE，这种共混物也是降低成本的有效方法[39]。大多数共混物具有一定的互容性，产生了多相形态，对流变行为和力学性能有很大影响，而流变行为和力学性能又取决于共混物形态类型和相界面相互作用。随着EVA含量的增加，当其为分散相时，共混物形态从两相结构转变为双连续相结构；当EVA浓度较高时，共混物形态又变成两相形态，此时LDPE是作为分散相分散在EVA基体中。这会影响熔体流变行为和固态力学性能。结晶行为依赖于共混物的组成部分，同样受其相形态的影响。

DSC结果显示，由于非晶态EVA的稀释作用和EVA分子链与HDPE分子链可能存在共结晶现象，HDPE的熔融温度降低。EVA结晶和熔融温度的变化主要取决于HDPE晶体的成核作用和这些聚合物之间部分互溶效应。结晶动力学结果表明，在EVA基体中加入更多HDPE，会诱导异相成核，在冷却初始阶段，EVA加入会抑制HDPE成核。熔体的分子间相互作用有利于EVA和HDPE的结晶。

HDPE/EVA共混物的SEM（扫描电子显微镜）照片显示，样品有两个完全不同的裂纹增长区域：慢裂纹增长区和快裂纹增长区。这些区域的长度受EVA含量影响。慢裂纹增长区域长度随着EVA含量的增加而增加。当EVA含量较低时，基体纤维是厚的和短的。当EVA含量增加时，形成了较薄和较长的纤维。

相关的流变研究显示，在所有的剪切速率下，PE黏度都比EVA低得多[39]，可以证明两者共混能够降低黏度。共混物黏度可以用对数混合公式$\log(\eta_{blend}) = \sum w_i \log\eta_i$来描述（$w_i$为质量分数，$\eta_i$为纯组分的黏度）。当EVA浓度低于75%时，共混物符合负向偏离混合规律。应力-应变曲线逐渐从纯PE的典型曲线向纯PVA典型曲线变化。增加EVA的浓度，模量数据遵循系统的行为。当EVA浓度大于75%时，用平行模型可以很好地解释系统行为。由于结晶分数线型依赖于EVA分数，所以正向和负向偏离混合规律不能用结晶度的变化来解释。当EVA浓度较低时，PE相比例较多使共混物性能更接近PE性能。固态共混物的弹性模量增加可能是由于PE相与其他相之间强烈的相互作用，从而导致了共结晶的生成。

进一步研究发现，共混物的复合黏度随着EVA含量的增加而增加[38]。所有共混物行为都是剪切稀材料，分为两个区域：较低频率时高剪切变稀，较高频率时低剪切变稀。由于富含EVA的共混物的黏度比纯聚合物的黏度高，分子链运动的受到限制、EVA加入引起自由体积的减少。当EVA含量增加时，储能模量、杨氏模量、硬度均有下降。这些性能都与材料结晶度有关，随着EVA含量增加，材料结晶度下降。

LDPE和EVA经常用于聚合物发泡的生产。LDPE和EVA发泡制品具有较高的柔性和耐冲击性能[41]。交联聚乙烯发泡产品与未交联产品相比具有更好的耐热性。交联EVA通常显示了更好的成核控制，在EVA发泡过程中形成了孔径均匀的泡孔结构。当聚乙烯分子链经过 γ 射线辐照时，分子链的断裂和交联同时发生，在辐照剂量小时分子链断裂，在辐照剂量大时分子链交联。交联使LDPE/EVA共混物中形成了3D网络结构，使共混物的熔体黏度和强度都增加。当辐照剂量为50kGy时，LDPE/EVA发泡样品具有最均匀的泡孔结构，泡孔均匀性最好（见图5.6）。交联改善了熔体黏度和强度，使破孔率下降、相邻泡孔的聚集现象得到抑制、泡孔尺寸减小、泡孔密度增加。EVA浓度增加，共混物的熔体黏弹性下降。由于耐泡孔膨胀性下降，泡孔膨胀更加容易。

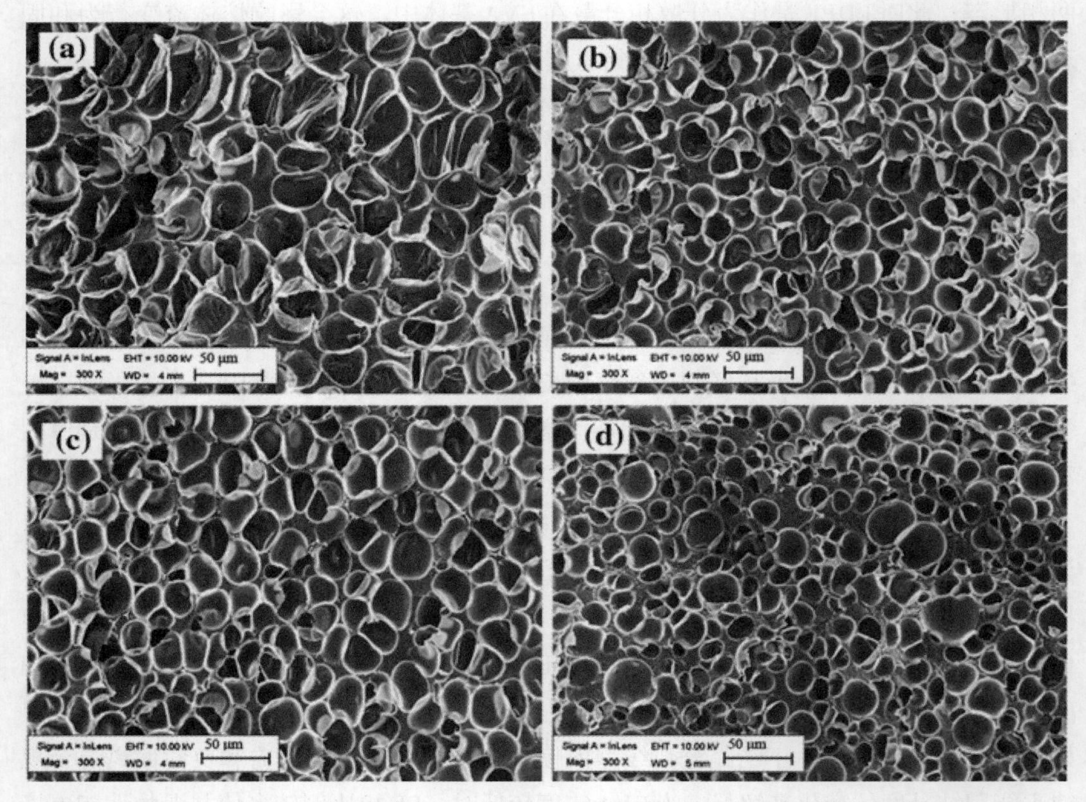

图5.6 105℃、23MPa下制备的LDPE/EVA共混物（70/30）的SEM图像：（a）25kGy；（b）50kGy；（c）75kGy；（d）100kGy[41]

由于泡孔熔体强度较低，它们会融合并破裂。在共混物经过辐照后，由于形成网络结构，其熔体强度和机械强度得到改善。当EVA浓度较高时，交联对泡孔结构有比较明显的改善作用。

交联能够改善两相之间的界面黏附力，由于分子流动性减少，拉伸强度增加，断裂伸长率降低[42]。交联共聚物耐热性提高，力学性能改善，但是重复加工性变差。交联聚合物的机械性能由结晶结构和交联度决定。交联后结晶度控制的性能，如拉伸模量、屈服应力通常会降低。研究发现：当w_{EVA}（EVA的质量分数）增加时，由于EVA软相的存在[42]，未交联的HDPE/EVA共混物拉伸模量、屈服应力、断裂应力显著降低，断裂伸长率稍有降低。拉伸模量和屈服应力没有显著变化，这是因为HDPE的结晶度几乎不受交联的影响。随着w_{EVA}（EVA的质量分数）和DCP（硫化剂）浓度的增加，冲击强度提高。交联的EVA凝胶不仅可以改善韧性，同时由于共交联的存在，界面强度也得到了增强。

5.4 聚烯烃/石蜡共混物

聚烯烃/石蜡共混物通常用作相转变（PCM）材料，应用在热能储存的领域。因为石蜡分子链的特殊性质，这两种材料能很好地结合在一起。它们相容却并不互溶，这使得它们可以与单独结晶的石蜡稳定共混。在石蜡熔融和重结晶的过程中，能量会被存储和释放。聚烯烃基体包含石蜡，这样在熔融过程中石蜡不会析出。在过去的20年里，人们对这些体系做了大量详细的研究，最近的研究主要针对热传导填料对这类共混物性能和行为的影响。

Chen和沃尔科特（Wolcott）[43]研究了低分子量石蜡与HDPE、LDPE、LLDPE的共混物及其在房屋能量储存领域的应用。当建筑物室内温度接近PCM熔融温度时，PCM从固态转变为液态，以此方式吸收能量。随后，当室内温度降低时，PCM开始结晶，给房子释放存储的能量，使室内温度稳定。在每个相变过程中，PCM温度会保持在设定的温度上下，直到相变完成。在这种模式下，PCM可降低室内温度波动，为人体提供持久的舒适度，同时，通过可逆的相转变储存能量。人们发现，HDPE、LDPE和LLDPE与石蜡均能部分相容。在三个共混体系中，HDPE/石蜡共混物的相容性最差。由于相容性对石蜡的热行为有影响，研究人员建议在PE/石蜡形式的PCM中加入HDPE，以维持石蜡在建筑应用中的节能作用，即降低室内温度的波动。

在最近的另一项研究中[44]，注塑用于较为经济的相转变材料加工工艺，这是因为注塑工艺得到的产品性能较好，产品的加工过程比较简单。含有5%～50%（体积分数）石蜡的共混物被挤出，尽管两种组分的熔融温度不同，但在加工后没有检测到石蜡有损失。制备的所有共混物都是假塑性流体，因为它们都能适应注塑工艺。通过动态机械分析的方法检测共混物中两种组分的玻璃化转变温度，可以证实它们是不相容的。

人们还研究了含有聚乙烯和石蜡的三元共混物[45]。作为第三组分的二亚苄基乙缩醛是一种亲水性分子，是糖醇D-山梨醇的衍生物。山梨醇具有蝴蝶一样的结构形状，在端羟基基团和乙缩醛氧原子之间倾向于形成分子间氢键，在存在有机溶剂的条件下，形成物理凝胶结构并通过自组装形成纤维网络结构，纤维直径为纳米级别。UHMWPE和液态石蜡（LP）有较高亲和性，由于它们相似的化学结构和溶解参数，人们研究了多相转变，即DBS的自组装行为，由DBS自组装作用的UHMWPE和LP之间的液-液相分离（见图5.7），以及UHMWPE结晶行为。研究发现，在多相转变之间存在复杂的相互作用。

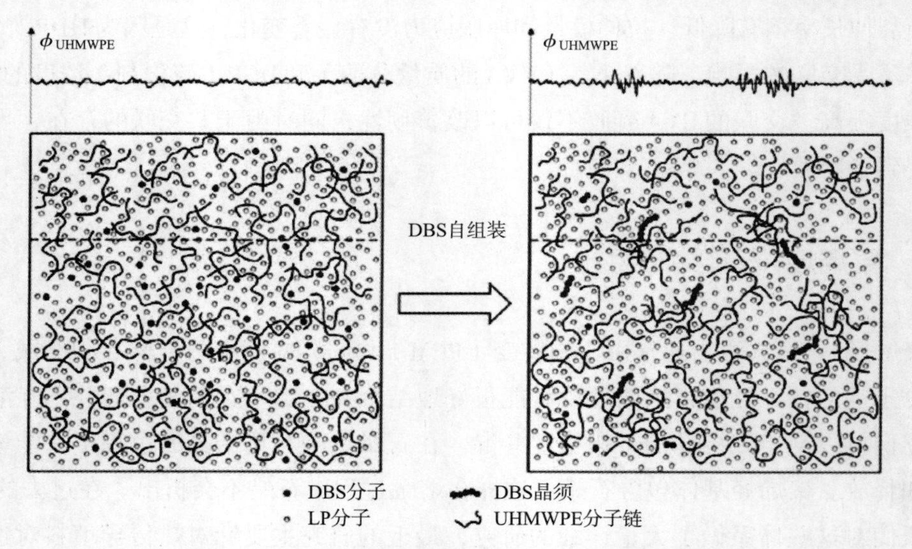

图5.7　DBS自组装助剂初期液-液相分离示意图

5.5　聚烯烃/聚酰胺共混物

聚烯烃/聚酰胺共混物可以用于很多场合，其中一种聚合物能够改善另一种聚合物的性能。迄今为止，关于这些共混物的研究都是基础研究的，人们试着使用不同方法来增强两者的相容性，并对不相容体系进行改性处理。

尼龙6（PA6）的力学性能和热性能优异，LLDPE的低温柔性更佳、耐水汽渗透性更好。有一项研究利用电子束辐照不互容的PA6/LLDPE共混物和甲基丙烯酸缩水甘油酯（GMA），通过交联-共聚反应来增强共混物的相容性[46]。GMA有两个活性反应位置，即环氧基团和双键官能团。环氧基在熔融共混的状态下可以和聚合物其他官能团反应，双键很容易被自由基打开，在界面发生交联-共聚反应（见图5.8）。GMA同样是一种低分子量材料，在熔融共混过程中更加容易在界面扩散。一个关于PA6/LLDPE的研究是共混物在形状记忆聚合物方面的应用[47]。形状记忆转变温度的范围为120～130℃。这种共混物发生形状记忆现象的机理，共混物中LLDPE有助于固定形状记忆，并且在马来酸酐接枝PE的辅助作用下共混物中的PA6有助于恢复形状记忆。PA6提供了拉伸和恢复作用，LLDPE提供了固定和解除固定作用。

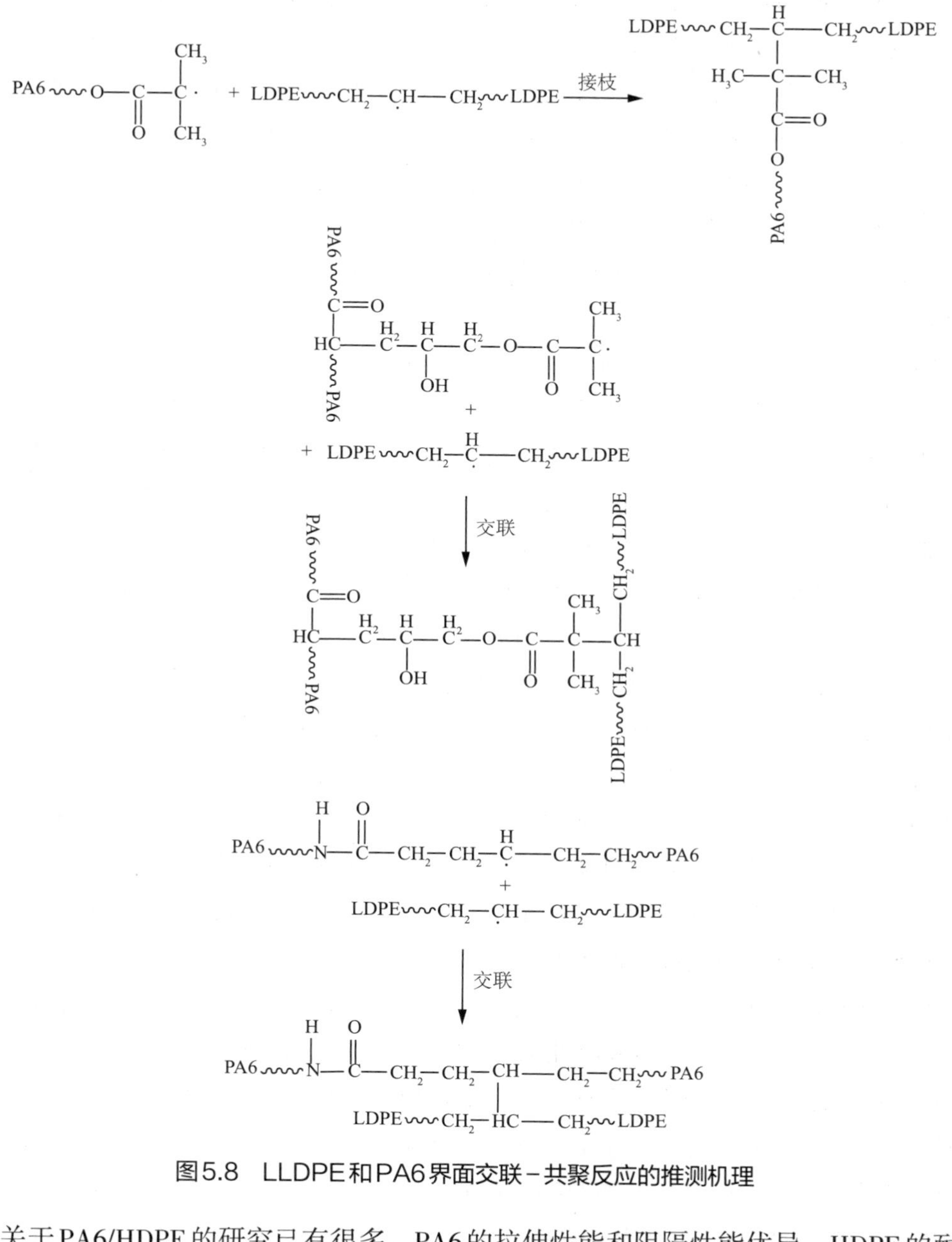

图5.8 LLDPE和PA6界面交联-共聚反应的推测机理

关于PA6/HDPE的研究已有很多。PA6的拉伸性能和阻隔性能优异，HDPE的耐冲击性好、低温柔性较好。PA6/HDPE在热力学上不相容，通常情况下共混后的力学性能会下降。在压力条件下，压力集中在共混物界面区域，成为破坏起始点。在一项研究中，PA6/HDPE的质量比为50:50，含有不同含量的官能化多壁碳纳米管（FMWCNT），挤出设备为双螺杆挤出机，当FMWCNT浓度较低时（0.5%和1.0%），FMWCNT对共混物相形态没有影响[48]，PA6仍然是连续相，HDPE仍然是分散相。当FMWCNT浓度适当时（2.0%和5.0%），纳米复合材料显示出典型的双连续相结构，当FMWCNT进一步增加到10%，PA6为分散相，HDPE为连续相，说明共混体系中发生了相转变。更多研究结果说明，由于PA6和FMWCNT之间界面张力较弱，FMWCNT选择性地分散在PA6中导致PA6组分的结晶行为发生变化。流变行为分析表明FMWCNT形成了网络结构，这是形成双连续相结构的主要原因。研究还发现，FMWCNT的加入极大地改善了不相容体系的延展性。FMWCNT导致PA6的结晶行为发生变化，出现了两步结晶过程，然而作为基体相的HDPE和作为分散相的PA6的结晶结构都没有发生太大改变。界面黏结力大大提升归因于界面的FMWCNT纳米桥效应，阻止裂纹在应力作用下沿着界面产生和增长。

阿尔古德（Argoud）等[49]研究了这些共混物的形态，采用了马来酸酐接枝HDPE作为反应相容剂。他们观察了两种特征尺寸。在较大尺寸上，特征区域尺寸从10μm到小于1μm之间变化，特别是在双连续相结构时，取决于相容剂/HDPE的比例。组成比例（PE/PA6体积比）是共混体系的主要参数，对形态的类型有决定性影响。同时，相容剂含量对形态的类型几乎没有影响（因为相容剂结构不会在界面处引起较大的曲率）。正如预期那样，随着相容剂含量的增加，特征尺寸减小。相容剂也抑制了相聚集，并使微米尺度的形态得到稳定。在应力作用下，裂纹通常在界面上产生并增长，从而导致材料的破坏[50]。共混物中少数相成为分散粒子，具有较大直径，这对共混物力学性能的改善是不利的。界面强度的改善与分散粒径的降低，都是获得良好力学性能的关键因素。黏土的存在并没有改善界面黏结力，力学性能得到改善的主要原因是形态的变化。对于含有黏土和马来酸酐接枝HDPE增容剂的不相容HDPE/PA6共混物，通过黏土和增容剂之间的竞争和协同效应来确定共混物形态。最容易接受的模型是黏土首先发挥作用，降低了分散粒子的平均直径，稳定了共混物的形态，随后相容剂开始发挥作用，增强了分散粒子和基体的界面黏结力。

硅烷接枝物也可以与纳米黏土一起使用，用以改善HDPE/PA6共混物的形态，而不使用反应相容剂[51]。这两种改性都对HDPE/PA6形态起到了重要作用，纳米黏土起到成核剂的作用，以及阻碍PA6团聚。接枝硅烷物和黏土在界面处存在，中和两相的极性，改善了界面黏结力。有机黏土和PA6降低样品的透气性。HDPE的硅烷接枝物由于相容性作用增强了共混物的阻隔效果，导致纳米复合材料中产生了更精细的共混物形态或更多的剥离态黏土。这些共混物对环己烷和氧气都表现出良好的气体阻隔性。

丙烯酸、甲基丙烯酸和马来酸酐（MAH）官能团与金属盐或烷基碱中和，形成了聚乙烯离子聚合物。离子交联聚合物是使PA6和PE相容的有效方法，因为在熔融混合中，PA6中的酰胺键官能团通过氢键、离子偶极相互作用，或与金属离子配位，与离子聚合物相互作用。查伦庞普尔（Charoenpongpool）等[52]研究了在马来酸酐接枝HDPE中水解酸酐酸基团的锌中和反应对增容效率的影响。当使用乙酸锌二水合物［$Zn(CH_3COO)_2 \cdot 2H_2O$］作为中和剂时，分散相尺寸随着相容剂种类的增加和相容剂含量的增加而降低。相容性作用改善了共混物的机械性能，并显著改善高含量PA6共混物的熔体黏度。

人们对PE/PA界面黏土粒子的相容性机理进行了深入研究[53]。黏土填充的PE / PA共混物中存在一个中间相，这个中间相由PA链嵌入的黏土颗粒组成。当黏土粒子的剥离程度过高时，没有乳化效果，表现为：当使用高黏度聚酰胺时，有利于在PA聚集区域中形成黏土粒子；在低黏度聚乙烯中，PA聚集区的变形和破裂更加困难。这些结果强调了聚酰胺和聚乙烯链的分子特征在插层PA/黏土界面的结构和性能中所起到的作用。PE/ PA共混物的黏弹性受黏土加入及其含量的显著影响，其影响因素包括：分散相界面区域、共混物形态、黏土的存在区域和中间相结构。

研究还发现吹膜时的取向可以显著改变PE/PA6共混物的延展性[54]。与各向异性值相比，纵向断裂伸长率显著增加，但随着取向度的增加有降低的趋势。然而，样品在保持脆性行为。根据基体大分子和分散相粒子的取向来解释共混物的延展性，共混物在取向方向上缺陷形态减少。减少在对PE/PA6共混物形态的研究[55]中发现，分子取向和形态等微观结构对水辅注射成型部件的物理性能有重要影响。微观结构是由聚合物在成型过程中经历的复杂的热历史和形变历史形成的，并且根据成型部件中的位置和成型条件而变化。人们在气体和水辅助注塑管中观察到不同厚度的表层、芯层和通道层。分散相的形状和大小取决于在零件厚度和流动方向上的位置。小的和大的颗粒共存于表层和通道层中，表明分散相在这些层中发生了团聚和分散。水辅成型部件中聚酰胺粒子分布比气辅成型部件中的更小，并且高水压下模塑部件中聚酰胺区域更小。

接枝和结晶效应对PE和PA的相容性以及产品的机械性能发挥着非常重要的作用。通过适当选择两种功能化聚合物的分子参数，可以控制界面处的接枝反应，从而控制接枝共聚物的含量[56]。同时，出现了各种形态变化，例如，从低含量接枝共聚物的亚微米分散状态到高含量接枝共聚物的双连续相纳米结构形态之间的变化。功能化PE（主要组分）和PA（少数组分）组成的双连续相共混物在低温和高温下均显示出优异的机械性能，通过反应共混控制形态，有可能得到具有稳定的双连续相结构和亚微米液滴分散的PE / PA共混物（见图5.9）。由于两种共混组分都可以结晶，哪种组分优先结晶，可能会影响共混物的成核和总结晶动力学。PA链的成核和结晶主要取决于周围环境。当其处于本体状态时，产生异相成核，并在低过冷度下结晶。当其与功能化PE受限于亚微米双连续结构（用接枝共聚物为两相增容）时，结晶速率得到抑制，并且结晶需要更高的过冷度。阿夫拉米（Avrami）指数与PA链受限之间存在相关性。当受限增加时（从本体状态到双连续相再到分散的亚微米颗粒变化），Avrami指数呈下降趋势。

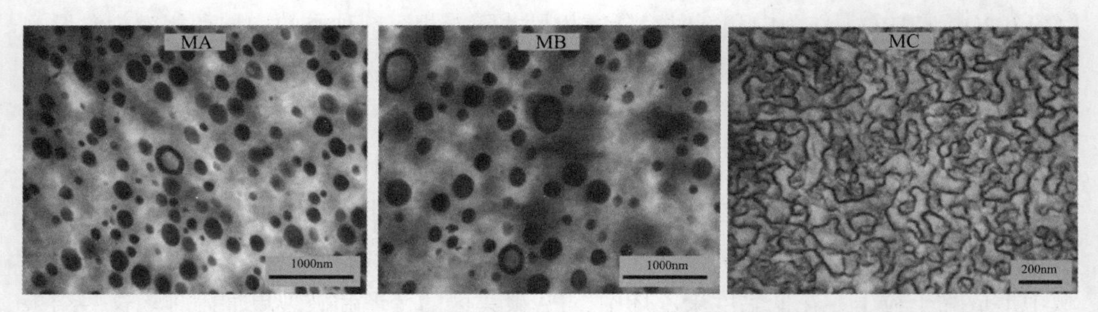

图5.9　反应挤出制备的三种PE/PA共混物的TEM显微照片

5.6　聚烯烃/橡胶共混物

基于乙烯、丙烯与少量的非共轭二烯烃的共聚物（EPDM）和聚烯烃混合物的热塑性弹性体材料将热塑性弹性体的加工优势与弹性体优异的物理性能相结合，制备出优良性能的材料。这些材料可用于汽车工业、窗户挤压型材、电缆和电线、包装材料和鞋具[57~60]。汽车部件仍然是热塑性弹性体组合物的最大市场。三元乙丙橡胶（EPDM）具有优异的耐候性、耐臭氧性、耐酸性和耐碱性，同时可以添加大量的填料和液体增塑剂，并保持理想的物理和机械性能。研究发现，EPDM与HDPE共混改善了EPDM的物理和机械性能。

斯泰列斯库（Stelescu）等[57]发现，与不相容的样品相比，EPDM/HDPE共混物的断裂伸长率和撕裂强度都得到了改善。加入马来酸酐接枝PE或动态硫化会导致接触角增加，这表明复合材料表面疏水性有所提高。加入马来酸酐接枝PE或增加PE含量导致EPDM/HDPE共混物中的结晶百分比增加。溶剂蒸气渗透是从污染的空气流中除去挥发性有机组分（VOC）的节能过程，与经典的VOC控制方法（如焚化、氧化和活性炭吸收等）相比，这种方法更加有效。通过分析HDPE / EPDM共混物的蒸气平衡吸附，可以得到相关聚合物-聚合物相互作用的信息[58~60]。蒸气吸附量与蒸气和共混物之间的相互作用有关。研究发现，渗透率和吸附系数随EPDM浓度的增加而增加，渗透率随着渗透剂摩尔质量的增加而降低，并且随着交联度的增加，渗透率降低（见图5.10）。热塑性弹性体由于其独特的力学性能和加工性能而被广泛应用[61]。当材料的温度在橡胶的玻璃化转变附近的低温到塑料软化点附近的较高温度之间变化时，弹性体模量与增强硫化橡胶的模量相当。在加工过程中，热塑性弹性体处于熔融状态，可用塑料加工设备进行加工。含有不同含量SEBS和马来酸酐接枝SEBS嵌段共聚物的非辐照LDPE共混物显示出比纯LDPE更好的机械强度、热性能和体积电阻性能。未辐照的、使用马来酸酐接枝SEBS的共混物的性能比使用SEBS的性能更好。在电子束照射后，其机械性能、热性能和电学性能得到进一步改善。聚乙烯也可以和其他橡胶混合使用。研究发现，当臭氧分解的天然橡胶与聚乙烯共混并固化后，硫黄动态硫化比过氧化物固化的效果更好、交联密度更高，从而导致LDPE结晶行为发生改变[62]。当臭氧分解的天然橡胶含量在过氧化物固化体系中达到50%、在硫黄硫化体系中达到40%时，LDPE的α- 温度发生偏移。过氧化物固化共混物的拉伸强度和断裂伸长率比硫黄固化后的要好得多。随着共混物中臭氧分解的天然橡胶含量的增加，过氧化物固化后共混物的拉伸强度和断裂伸长率明显增加。

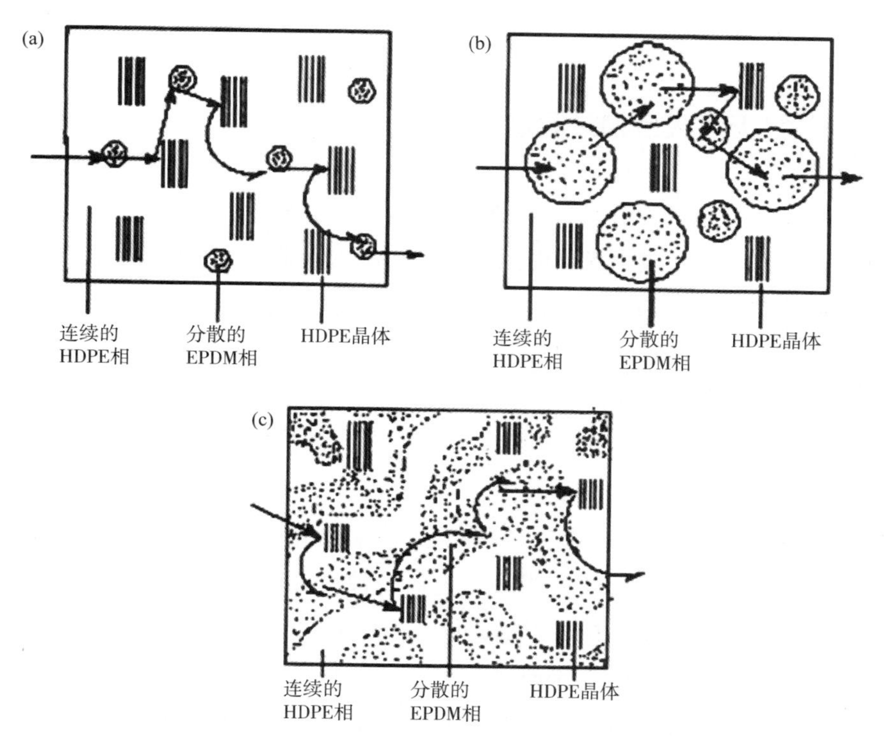

图5.10　结晶的HDPE相运动到溶剂的曲折路线的示意图

当辐射交联的半结晶聚合物被拉伸时，分子链沿拉伸方向取向，并以分子链延伸状态被冻结。如果对拉伸样品进行加热处理（没有任何外力作用），材料就会收缩。这种热收缩聚合物可用于包装工业和电缆工业以及热收缩管产品。当丁腈橡胶（NBR）与HDPE共混时，拉伸模量随着HDPE含量的增加和辐射剂量的增加而增加[63]。当HDPE含量较高时，辐射剂量对断裂伸长率几乎没有影响，但当NBR含量较高时，若辐射剂量增加到150kGy时，断裂伸长率则会下降。随着HDPE含量的增加，共混物的硬度显著增加，但辐射剂量增加时，硬度增加幅度很小。随着HDPE含量和辐射剂量的增加，永久形变下降。

另外有研究还发现，加入高达30%的丁苯橡胶会延缓成核，但会加快提高HDPE的结晶速率[64]。当共混物中SBR的含量超过30%时，基体聚合物的结晶会被抑制。由于形成了更多的晶核，动态交联的小橡胶粒子的存在加速了基体结晶。成核效应导致总结晶速率的增加。然而，由于交联的无定形组分的刚性增加，不能扩散到球晶生长位置，从而阻碍了球晶生长。另一种用于热收缩材料的橡胶为溴化丁基橡胶（BIIR）。一项关于 γ 射线辐照熟化的LDPE/BIIR共混物的研究表明，所有被辐照的样品中都能够引发交联，并且交联程度随着辐射剂量和共混物中LDPE含量的增加而增加；具有少量BIIR的LDPE比单独的BIIR具有更好的机械性能，而性能的改善取决于辐照剂量；当用 γ 照射对共混物进行交联后，热收缩性大幅增加；共混物中的弹性体含量的增加改善了材料的热收缩性能[65]。

5.7 聚烯烃/天然聚合物共混物

聚烯烃的降解包括两个阶段：氧化降解（含氧的降解）和生物降解[66]。氧化降解将氧引入到碳链中，形成含氧官能团。这个过程可以通过紫外线（UV）或加热来加速。当聚合物的摩尔质量通过氧化降解降低到一定水平时，氧化产物就可以被微生物降解掉，微生物可以消耗氧化产物的碳骨架链段，从而形成CO_2、H_2O和生物能。这是研究聚烯烃与天然聚合物共混物的主要原因之一。

5.7.1 淀粉

淀粉是由绿色植物以颗粒形式积累的天然碳水化合物储存材料，由直链淀粉（线型分子）和支链淀粉（支链分子）组成。这是一种可再生、廉价的天然聚合物，可以与合成聚合物共混，以降低其相对用量，从而降低最终产品的成本[67]。淀粉的相容性可以通过添加合适的界面改性剂来改善。它被认为是化学合成聚合物在包装、农膜和其他低成本应用领域的替代物。淀粉的晶体结构可以通过糊化来破坏，在这个过程中，淀粉首先与水混合，随后经过搅拌和加热，这个过程导致水分子与淀粉的游离羟基形成了氢键。这样，能够流动的糊化淀粉便可以通过添加合适的增塑剂（如甘油）而被塑化。热塑性淀粉（TPS）可以在高温下流动并显示出良好的延展性，因此也适合熔融加工。由于非极性聚烯烃与高极性TPS之间的高度不相容性，TPS和聚烯烃的共混物具有相对高的界面张力。

由于淀粉是可部分被微生物消耗的碳源[68, 69]，因此LDPE-淀粉共混物是生物可降解的。例如，淀粉被认为是具有特定淀粉消化酶的昆虫的摄食兴奋剂。随后，剩余的合成聚合物基体更容易受到热氧化和紫外光降解等自然因素的影响，而老化借助注塑成型工艺PE-淀粉材料可以生产家庭、轻工业用所有类型的塑料容器，如瓶子、盘子、玻璃杯和杯子等。但是，由于每种应用在机械性能、热性能和耐水性能等方面有特殊的要求，所以每种材料都会有一个特定的淀粉浓度。在暴露外界的条件下，质量损失通常会随着淀粉含量和时间的增加而增加。含有40%淀粉的样品估计需要12年的时间才能完全降解。对于生物可降解材料来说，这是一个很长的时间，但对于需要更长使用寿命的终端产品来说，这是具有现实意义的。

各种促降解剂已经被开发出来，用以加速聚烯烃在紫外光下的氧化过程[66]。降解剂分为两种（1）过渡金属体系，例如过渡金属盐、二茂铁和金属氧化物；（2）不含金属的系统，如酮类共聚合物、含氧氧基化合物、过氧化物、不饱和醇或酯类等。Yu等[66]研究了在不同的PE/淀粉混合物中，铁基和钴基降解剂的分布对紫外光（UV）氧化降解的影响。可以通过在反应挤出机上加装侧向加料的两步法来控制降解剂在不同相中的分布。研究发现，当降解剂分布在聚乙烯相中时，力学性能改变得更多，羰基的浓度与紫外光辐照量成函数关系，羰基的浓度更高。

另一种被研究的混合体系是TPS（热塑性淀粉）/HDPE/NR（天然橡胶），相容剂为马来酸酐接枝PE[70, 76]。热塑性天然橡胶（TPNR）和高密度聚乙烯（HDPE）的共混物为一种新的材料，具有良好的拉伸性能和增强的抗冲击性。将淀粉加入TPNR中也可提高共混物的可生物降解性。卡哈尔（Kahar）等[70, 71]观察到马来酸酐接枝PE的官能团与淀粉羟基的共价键的产生，证实了这两种聚合物之间发生了反应。相容的共混体系具有较好的拉伸性能和表面形貌，而含有5%～10%TPS的相容共混体系的抗拉强度明显得到了提高。这是由于TPS和HDPE/NR的界面之间形成了更好的相互作用，应力可以在两相之间传递。本体系采用的另一种增容方法是动态硫化[72, 73]。形态学研究表明，TPS颗粒均匀分散并嵌入到硫化HDPE/NR基体中，由于NR相发生了交联反应，体系抗拉强度显著提高。热塑性木薯淀粉（TPSCA）的柠檬酸改性[74]也可以提高这些体系的相容性。通过观察淀粉与柠檬酸之间的淀粉水解和乙酰化反应可知，与HDPE/NR/TPS相比，改性的TPS共混物具有较好的拉伸性能和表面形貌，当共混物含有具有5%和10%的TPSCA时，其抗拉强度几乎与HDPE/NR共混物相同。由于TPS的黏度较低，它在HDPE/NR基体中更容易分散。含有TPSCA的共混物显示淀粉在HDPE/NR基体中分散性更好。

淀粉也可被丙基化，并与聚烯烃共混。研究者制备了丙基化的淀粉-LDPE共混物薄膜，并研究取代度（DS）和淀粉浓度对薄膜力学性能、形态、吸水能力和生物降解性能的影响[75]。丙基化淀粉共混物薄膜的抗拉强度、伸长率和熔体流动速率均高于对应的天然淀粉共混物薄膜，随着DS从1.56增加到2.51，这些性能有所改善。丙基化淀粉共混物薄膜比天然淀粉共混物薄膜更稳定，DS高的含丙基化淀粉薄膜吸水率降低。随着淀粉浓度的增加，薄膜的生物可降解性增加，而随着DS的增加，生物可降解性降低（见图5.11）。采用马来酸酐接枝LDPE作为玉米淀粉（TPCS）－LDPE共混物的增容剂[76]，试样的拉伸性能和冲击强度随着TPSC浓度的增加而降低，但当TPSC浓度增加到25%时，机械性能与纯LDPE相似。研究发现，熔体流动速率的降低与共混物中的淀粉含量之间存在线型关系。共混物的表观黏度随着淀粉浓度的增加和剪切速率的减小呈现增加的趋势。

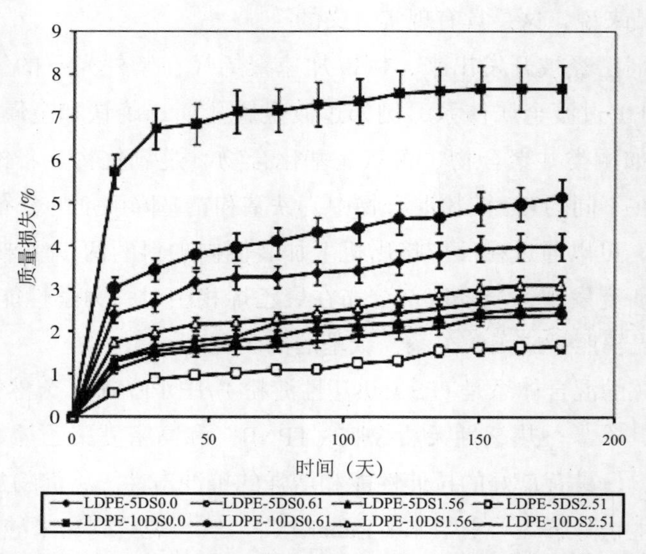

图5.11 土壤焚烧试验中淀粉-LDPE薄膜的质量损失

就像先前描述的共混物一样，纳米填料被加入聚乙烯-淀粉共混物中，以提高共混物中不同组分的相容性和共混物的机械性能。最近，沸石5A[77]和海泡石[78]都用来做这样的纳米填料，结果显示它们改性后的共混物性能得到了改善。

甘油主要用作TPS中的增塑剂，但甘油亲水性强、热稳定性不好，并且随着时间的推移，它会迁移到表面，特别是在薄膜中。TPS配方是采用双甘油和聚甘油增塑剂，与HDPE混合的质量比为20/80，另加入一定浓度范围的界面相容剂，通过一步法挤出工艺进行制备[79]。用来追踪分散的TPS的体积和数均直径作为界面改性剂百分比函数的参数的乳化曲线，显示出不同的特征。混合物中添加少量的界面改性剂产生的TPS液滴（尺寸为200 ~ 300nm），和5 ~ 7μm的液滴同时存在。这种宽且多的分散性表示侵蚀型液滴形成机理，其中有一小部分TPS液滴脱离了液滴的表面。与甘油-TPS和山梨醇-TPS混合的混合物没有表现出这种行为。动态力学分析显示，二甘油-TPS和聚甘油-TPS的互容行为，以及甘油-TPS的部分互容行为，是由于二甘油和聚甘油的化学结构中存在醚键。二甘油和聚甘油的链柔性和较低的内聚能造成了更均匀的TPS相，以及界面上的侵蚀型增容作用。用聚甘油和甘油二酸酯制备的共混物的机械性能与甘油的整体性能相似。

5.7.2 壳聚糖

聚烯烃/壳聚糖共混物没有像聚烯烃/淀粉共混物那样得到充分研究。壳聚糖是一种常见的天然的多糖物质，由于其抗菌活性、无毒、生物可降解性[80, 81]，其薄膜制品是可作为包装材料使用。壳聚糖是一种可生物降解的多糖，与LDPE共混后降低了熔融聚合物的流动性[80]。将聚乙烯接枝马来酸酐加入共混物可以容易地将聚乙烯/壳聚糖混合物用标准的挤出设备制成薄膜。这样制备的薄膜中壳聚糖含量可高达20%。常用于相容聚合物共混物的酸酐基偶联剂对改善壳聚糖复合材料的机械性能特别是断裂应变是有效的，这使这些组合物适用于制备生物可降解膜和其他用于短期应用的生物可降解的物品。含有15%壳聚糖的聚乙烯薄膜在自然风化的暴露环境下不到6个月内就严重降解[81]。氧化降解导致羰基含量显著增加，也导致了微裂纹和聚合物脆化的形成，并伴随机械性能的变化。在测试期间所记录到的高温和高辐射度，以及使用聚乙烯接枝马来酸酐作为相容剂，都加速了薄膜的降解速度。

5.7.3 聚乳酸（PLA）

尽管聚乳酸不是严格的天然聚合物，但它是一种可以从自然资源中衍生出来的生物可降解聚合物。PLA是一种由植物淀粉发酵而成的线型脂肪族聚酯，可被生物降解为环境可控的化合物[82~84]。PLA有一些独特之处，比如良好强度和刚度，以及对脂肪和油的耐受性。与聚烯烃、聚对苯二甲酸乙二醇酯、聚碳酸酯、尼龙等非生物降解聚合物相比，PLA比较脆、耐热性差、黏度低、湿度敏感性高、气体阻隔性一般、成本高、耐溶剂性能较差，因此PLA在商品工业中的应用受到限制❶。到目前为止，由于PLA无毒性、具有生物可降解性和生物相容性，已经被用于生物医学和制药应用等方面，如植入物、药物输送载体和组织工程支架。研究聚烯烃/PLA共混物的目的是生产性能合格的材料。这是必要条件要求这种材料至少有一个可降解的成分，目前世界面临庞大的塑料垃圾的问题。

在单螺杆挤出的LDPE/PLA共混物的研究中，断裂由于应力和杨氏模量值低于混合规则线，这条线是不相容聚合物共混物的典型值[82]。流变结果表明，这些共混物在本质上是假塑性的，与大多数聚合物相似，它们的黏度随着的剪切速率的增加而减小。随着温度的升高，PLA的真实黏度急剧下降，而LDPE的真实黏度随温度的变化略有变化。由于PLA的低黏度，共混物的真实黏度随着PLA含量的增加而减小。在这些共混物中加入丙烯腈–丁二烯–苯乙烯作为增容剂，得到了类似的观察结果[83]。Jiang等[84]采用单螺杆挤出机，并用不同的螺杆元件进行了类似研究。结果说明不同的螺纹结构产生了不同的形态、不同的流变特性和不同的晶体。

---

❶ 截至2020年年底，PLA产品在商业化已取得一定应用推广，其脆性、耐热性、湿度敏感性已得到相当程度改善。

Jiang等提出PLA可以改善PP/HDPE/EVA共混物性能[85]。力学性能表明，当PLA的添加量为4%时，PP/HDPE/EVA共混物具有最佳的拉伸强度和断裂强度。在机器MD方向和TD方向上，随着PLA含量的增加，撕裂强度降低。PLA的添加量为4%时，摩擦系数最低，可能是由于在这种浓度下PLA分散性更好。PP/HDPE/EVA与PLA共混改性后，雾度增加。当将乙烯–缩水甘油基甲基丙烯酸酯–乙酸乙烯酯共聚物作为相容剂加入茂金属聚乙烯弹性体共聚物（mPE）/PLA共混物中，SEM、FTIR和流变研究的结果表明，通过加入相容剂[86]，mPE基体和分散的PLA之间的相互作用得到增强。增容剂的加入完全阻碍了PLA的冷结晶和重排结晶，尽管mPE/PLA共混物在注塑机中的退火效应往往会增加PLA的结晶。相容和退火的协同效应显著提高了共混物的拉伸强度和杨氏模量。

通过对三元LDPE/PLA/聚（乙烯–甲基丙烯酸缩水甘油酯，EGMA）共混物的研究发现[87]，GMA的环氧基团和PLA的官能团（羟基和羰基）发生了反应，这使共混物的相容性变得更好。SEM结果与红外光谱结果是一致的——在质量比为60/40的LDPE/PLA共混物中加入EGMA，当其浓度高于7phr（每百份橡胶含量）时，共混物相区进一步连接，产生的组成区域几乎难以区分。此为不相容共混物的典型行为，拉伸和冲击性能急剧下降。然而，含有15phr EGMA、质量比为60/40的LDPE/PLA共混物具有非常好的机械强度（见图5.12）。不同共混物的微观硬度特性与屈服应力、杨氏模量、冲击强度等宏观力学性能一致。在马来酸酐接枝聚乙烯增容HDPE/PLA共混物的体系中也有类似的研究[88]。

当PLA受到电子束辐照时，机械和物理性能严重降低[89]，这是由于来自辐照的耗散能量容易导致PLA主链断裂，形成自由基。因此，在PLA中有必要添加额外的添加剂（如交联剂），以促进辐照诱导交联。LDPE由于其优异的电气绝缘性能、良好的机械性能和加工性能，以及耐化学品和耐辐散性，广泛应用于各种应用场合。当暴露在高能电子束辐照下时，PLA容易交联，并且能够承受辐射剂量高达300 kGy的电子束而不发生降解。当加入PLA中的LDPE的百分比逐渐增加时，与纯PLA相比，辐照PLA/LDPE混合的凝胶含量显著增加。越来越多的LDPE为PLA引入了新的晶体结构，PLA/LDPE混合后结晶度稍有增加。因为交联网络的形成使无规结构聚集成一个高度有序的序列结构。辐照大大提高了这些共混物的结晶度。

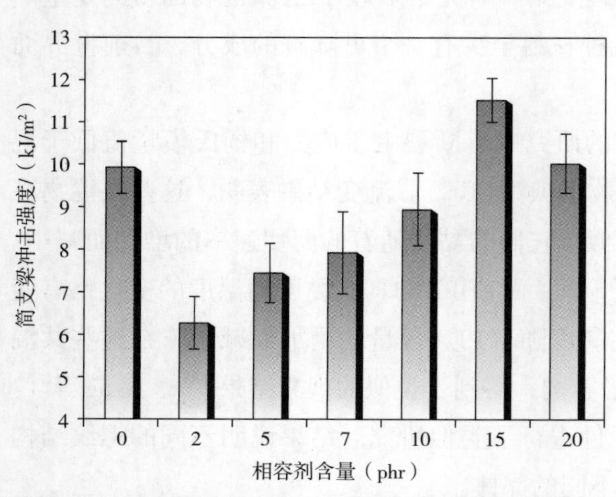

图5.12　相容剂含量对LDPE/PLA共混物（质量比60/40）简支梁冲击强度的影响

聚（L-乳酸）（PLLA）是在环境中生物可降解的，是通过两步法制备的，即在适当的温度和湿度环境中将高分子量聚酯链水解成较低分子量低聚体，之后微生物将这些低聚体转化成二氧化碳、水和腐殖质。在含有和不含马来酸酐接枝LDPE的情况下，LLDPE和PLLA在挤出混合器中熔融共混，挤出混合器带有后挤出吹膜的组件[90]。通过混合这些聚合物可以获得性能不同程度的变化。最重要的研究结果为，这些共混物的可生物降解性显著提高，尤其是在pH值较高的情况下。辛格（Singh）等人[91]观察到类似的现象。

5.7.4 其他生物可降解聚合物

聚乙烯醇（PVA）和聚羟基丁酸酯（PHBV）也并非天然聚合物，但它们是可降解的，适用于食品、制药、化工、洗涤剂、化妆品、堆肥袋、食品包装袋、运输袋、餐具、玩具等各种包装应用[92, 93]。聚乙烯（PE）、聚氯乙烯（PVC）、聚丙烯（PP）、聚对苯二甲酸乙二醇酯（PET）、聚苯乙烯（PS）、聚乙烯醇（PVA）具有极好的热性能和机械性能，经常用于包装领域，但是经过多年处理后，它们仍然存在于环境中，引起了废物处理难以管理的问题。PE家族的LLDPE广泛应用于包装领域，但其非生物降解性导致了严重的问题。聚乙烯醇（PVA）是一种水溶性聚合物，由于其强度和生物降解性，在包装应用中也得到广泛应用。因为PVA耐湿度性能较差、加工能力差，在包装应用领域前景十分有限[92]。这些问题可以通过将这两种聚合物与原位硅烷交联来解决。可生物降解塑料，如3-羟基丁酸酯和3-羟基戊酸酯的共聚物（PHBV），可以在不牺牲其他性能的前提下改善聚乙烯的阻隔性能（见图5.13）[93]。

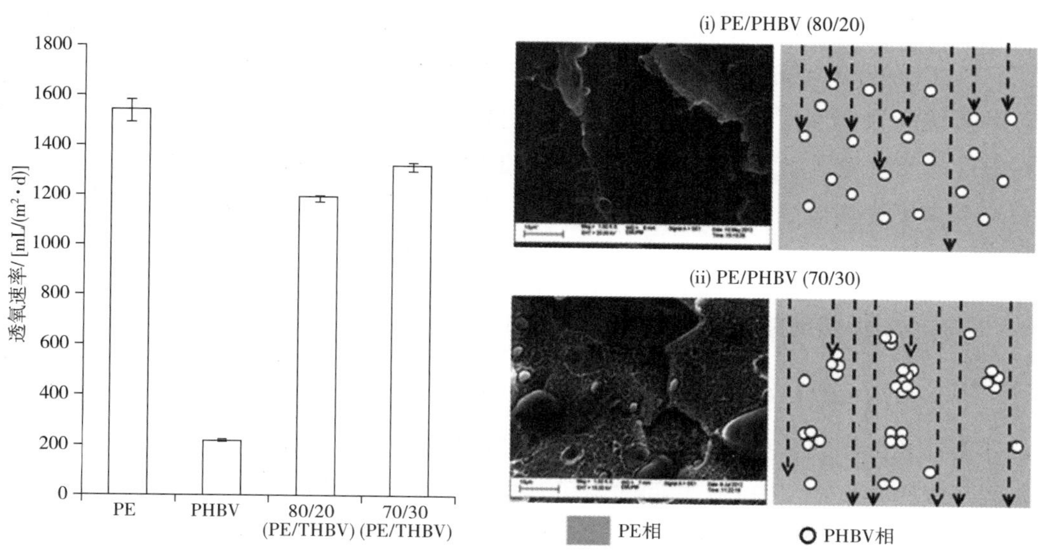

（a）PE、PHBV和PE/PHBV共混物（含有20%和30%的PHBV）的透氧速率

（b）不同PHBV含量时PHBV在基体中的分散状态以及其对透氧速率的影响

图5.13　不同聚合物的透氧速率

聚丁二酸丁酯（PBS）是另一种可降解聚合物，通常并不与聚烯烃共混。然而，Yang等[94]采用熔融纺丝技术研究了PBS含量、挤出速率、拉伸应变速率对LDPE/PBS共混物熔体强度和拉伸黏度的影响，并给出了拉伸通用曲线。基于拉伸通用曲线和神经网络的方法，他们对LDPE/PBS共混物拉伸黏度的实验数据和预测数据进行了对比。

5.8 聚烯烃和其他聚合物的共混

很多其他聚合物已经与聚烯烃混合并在很多领域有应用。鉴于篇幅的限制，本书无法提供太多有关这些体系的研究详情。因此，本节将会概述这些体系推荐应用的领域，并将包括一些非常有趣的现象和结果。

5.8.1 聚苯胺（PANI）

活性食品包装体系包括抗氧化剂或抗微生物剂等药剂，它们会放在小袋里，官能化接枝到包装材料表面，或直接加入到包装材料中[95, 96]。这些系统不是简单地惰性阻隔外部元素，而是可以与产品或其周围环境发生动态的相互作用，从而延长产品的保质期。聚苯胺是一种自身可以导电的聚合物，同时具有抗菌和清除自由基的特点，相对便宜又容易制备[97]。它以连续的氧化态存在，容易地在还原态和氧化态之间转换。它具有良好的化学、电气和光学性质，这些特性与它的绝缘和导电形式有关。食物的氧化是由含氧自由基引起的，因此，将PANI引入到LDPE（食品行业中最广泛使用的包装材料之一）中，可以产生抗氧化和抗菌活性包装系统。然而，PANI在普通溶剂中很难溶解，而且它的力学性能不佳，这使它的加工困难。将几种传统的热塑性塑料（如PE、PP、尼龙12和聚苯乙烯）与PANI混合，以使材料在电性能和机械性能之间取得适当平衡。LDPE和PANI的混合物在抗静电材料、气体分离和离子交换膜、传感器中的变能器、柔性电化学系统等应用方面表现出优异的特性。

5.8.2 热塑性聚氨酯（TPU）

一些使用聚烯烃的领域（如汽车和消费品）要求零件是可喷涂的。然而，聚烯烃的非极性表面导致其与涂料的亲和力很差。可以将TPU与OBC共混来提高聚氨酯涂料与烯烃嵌段共聚物（OBC）之间的亲和力[98]。TPU是一种重要材料，具有强度高、耐磨、耐撕裂、耐油、耐溶剂、耐低温等优点。TPU与常规PU（聚氨酯）相比，优点在于，前者可以在传统的熔融加工设备如挤出机和混合器中进行熔融加工。TPU已广泛用于汽车、电子、医药、玻璃、纺织、鞋类、电缆包皮和油管。然而，型材TPU并不具备在传输或起重带等方面应用的理想性能。UHMWPE是一种强度高、蠕变低、摩擦系数低、耐磨损、耐磨蚀的材料。在TPU中加入UHMWPE可以改善摩擦学性能，同时保留了基体的大部分力学性能[99]。

5.8.3 聚对苯二甲酸乙二醇酯（PET）

最近回收塑料的应用之一是木塑材料的生产，可用于以前使用木材的应用领域[100]。这些应用之一是铁路横梁。相关的专利显示，适合该应用的材料是不同废聚合物的适当组合（如“废旧聚烯烃”），主要是HDPE、聚苯乙烯（PS）和热塑性聚酯（PET或PBT）。由于HDPE是塑料垃圾的主要来源，具有合适的力学性能，价格合理，是大批量回收塑料的理想选择。然而，随着包装工业的发展，PET的生产迅速增加[101]。饮料瓶短暂的生命周期也会导致饮用后PET瓶的积累，不可避免地会造成严重的环境问题，因此，废旧PET的回收也变得很重要。同时，由于PET成本相对较低且性能优良，因此回收PET与PE的混合物非常具有吸引力[102]。消费后产生的PET和PP废弃物数量庞大，特别是在饮料和包装业中，促使人们更深入地研究用回收PET和回收PP制备新产品。热塑性塑料的热降解稳定性和吸湿特性不仅与其化学组成相关，还受聚合物共混物中分散相尺寸的影响。热塑性原材料的不同形式和大小，如颗粒、薄片或粉末，同样会对其热降解稳定性产生影响。较小颗粒的表面积大，表面也比较粗糙，比较容易吸收水分。因此，当其暴露在高温环境下，特别是在氧气存在的情况下，更容易水解。然而，在相似的干燥条件下，这些小颗粒可以比大颗粒更快速、更彻底地干燥。这些原因引起了关于PET/PP共混物的热降解稳定性和吸湿特性的研究[103]。PP/PET共混物作为形状记忆聚合物的研究在本章前面已经讨论过。随着马来酸酐接枝POE（聚烯烃弹性体）含量的增加，PP/PET共混物的形状恢复值迅速增加到98.5%，恢复速率随着恢复温度的增加而增加[104]。

5.8.4 聚乙烯丙烯酸（PEA）

众所周知，聚乙烯丙烯酸在传统的挤压涂层、共挤涂层和挤压片材材料中都有所应用[105]。聚乙烯丙烯酸有很多优点，如与各种基底如箔、纸和薄膜的附着力极好，可以为在特殊场合需要这些特性的其他聚合物增加价值。由于PEA/LDPE共混物具有良好的机械强度、加工能力和抗冲击强度，它们在工业上用处很多。

5.8.5 液晶聚合物（LCP）

有几个因素促进了热敏LCP-改性热塑性塑料的发展[106]。LCP与几种聚合物可形成多组分混合物，这些聚合物包括PE、PP、PS、聚碳酸酯（PC）、PET、聚对苯二甲酸丁二醇酯（PBT）、PA、聚醚（醚酰亚胺PEI）、聚醚醚酮（PEEK）和弹性体。它们在流变学、力学性能和阻隔性能方面，以及尺寸和热稳定性方面都有改善。为有效地降低黏度从而便于加工，LCP包含物应在流动方向上处于临界浓度的向列状态。刚性LCP链的致密堆积、LCP相的连续性和片晶形态导致阻隔性能的增强，由于在基体聚合物中形成了延展的LCP晶须，材料力学性能得到改善。含有大量LCP的组合物在挤出和随后的拉伸过程中，产生了明显的自增强效应。

5.8.6 氟代热塑性塑料

两种或两种以上聚合物共混时形态和相尺寸决定了共混性能。了解共混物的流变学可以在很大程度上控制聚合物共混的工艺参数。氟热塑性塑料（THV）共混物被认为是工程材料的低成本替代物，特别是在汽车油箱的制造中[107]。在PE基体中，THV具有很好的阻隔性，可以提高PE容器的耐渗透性。这些混合物的力学性能取决于所使用的THV的类型，它决定了PE基体中THV球体的大小和分散状况（见图5.14）。

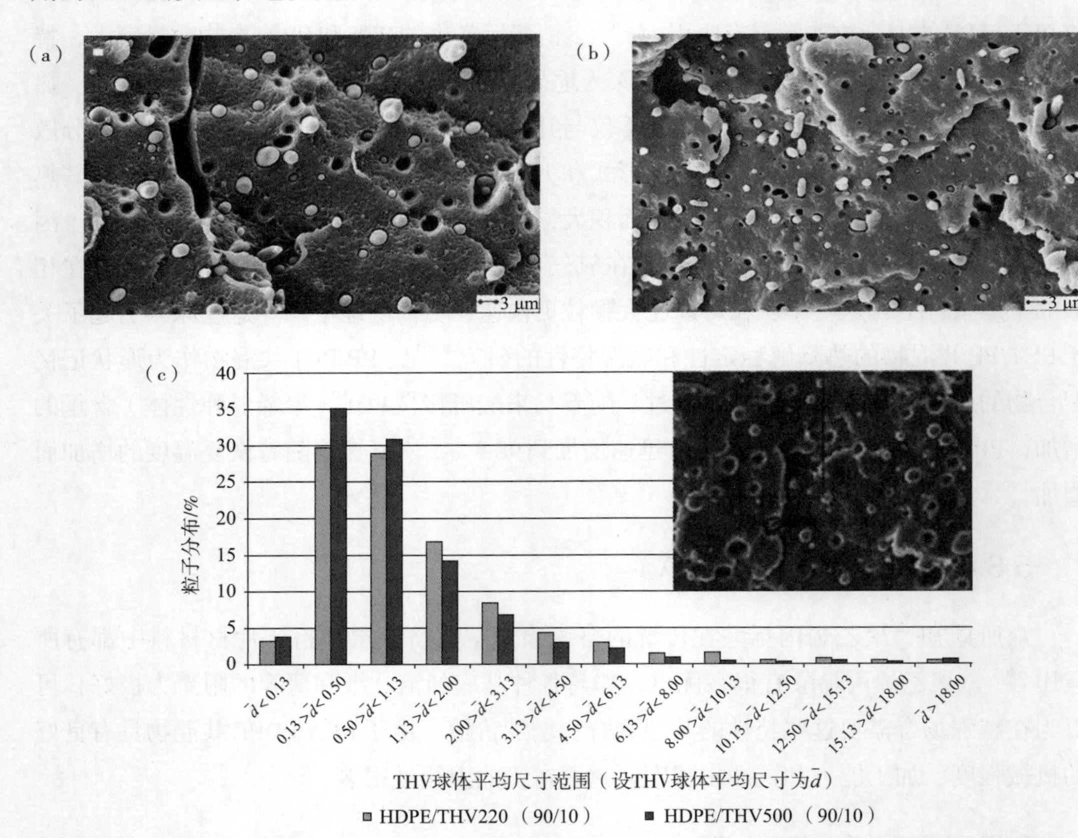

图5.14 （a）共混物HDPE/THV500（90/10）；（b）共混物HDPE/THV220（90/10）；（c）共混物粒子分布的SEM图片

5.8.7 聚3-烷基噻吩（P3AT）

共轭聚合物，特别是局部规整的P3AT显示出有趣的电子和光学特性，使其在高性能有机薄膜晶体管、聚合物太阳能电池和化学传感器领域有许多潜在的应用价值[108]。含P3AT的共混物的电性能和光电性能都受到其形态和相行为的显著影响。如果P3AT和非导电聚合物之间的相容性很差，共混物的电导率会很低。由于分子水平的完美混合是不可能的，所以P3AT的导电网络是不容易形成的。聚3-丁基噻吩（P3BT）与聚乙烯相容程度有限，而非常小的纯PE球晶通过与P3BT（见图5.15）的混合，在薄膜中转变成大的、环带状的二维球晶。这种有限相容性为改善PE环状球晶生长创造了必要的条件，并在结晶过程中使晶片发生扭转。随着P3BT含量的增加，晶片周期性减小。

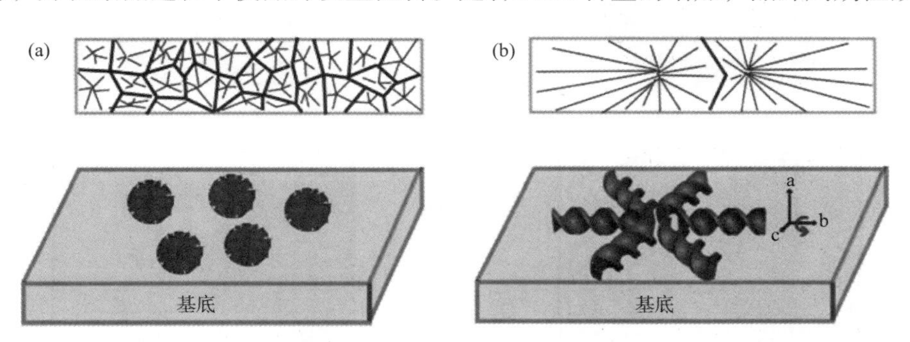

图5.15　4μm厚度的PE/P3BT共混薄膜中的PE小球晶（a）和大球晶（b）的结构示意图（上面为表面横截面，下面是透视图）

5.8.8 膜和发泡材料：特殊的共混物

含有可蚀嵌段的嵌段聚合物已经被用作纳米多孔聚合物的前驱体[109]。由于纳米孔聚合物具有较大的内表面积、大孔体积和均匀的孔尺寸，所以这些材料常常用于分离/纯化介质、电池隔膜、纳米材料模板、低介电材料和低折射率材料并加以研究。孔壁的功能化和基体的坚固性对纳米孔聚合物的实际应用具有重要意义。如图5.16所示，PLA在与反应性嵌段共聚物的共混物中被选择性刻蚀掉，从而形成纳米孔材料，孔隙壁上亲水的PMe（OE）$_x$MA可以提高吸水率。

PE的疏水性是限制PE膜应用的关键因素，尤其是在水处理应用中[110]。膜的疏水性会引起较高的能量消耗，因此，膜的疏水性还会引起膜污染，导致通量急剧减少。因此，亲水性改性是制备高性能PE膜重要的研究方向。对于两亲性共聚物（如PE-b-PEG）已经有不少深入的研究，由于疏水链段通常与基体有良好的相容性，可以作为膜基体中的锚，在膜制备和操作过程中抑制共聚物的损失。与此同时，亲水的部分通常可以改性膜的表面，使膜的亲水性得到改善。

发泡塑料的气孔相互连接叫作开孔泡沫，否则，这种塑料被称为闭孔泡

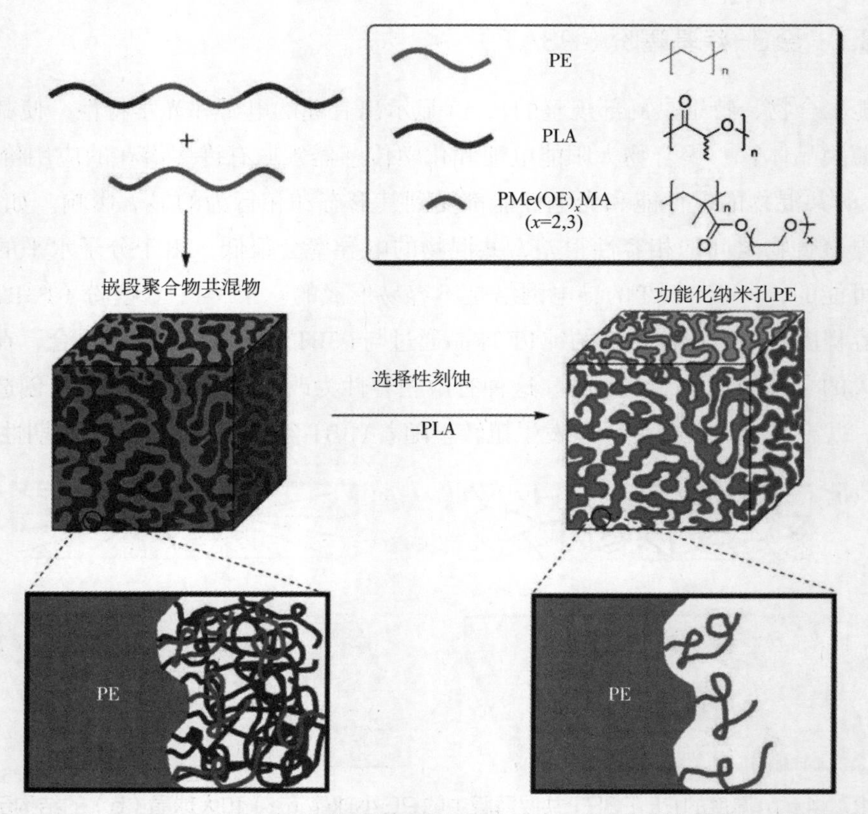

图5.16 通过在反应嵌段聚合物共混物中选择性刻蚀掉PLA来制备纳米孔PE的方法

注：孔壁与聚［2-（2-甲氧基乙氧基）甲基丙烯酸乙酯］和聚{2-［2-（2-甲氧基乙氧基）乙氧基］-甲基丙烯酸乙酯}PMe（OE）$_x$MA（x=2，3）一致。

沫[111]。开孔泡沫塑料应用在隔音设备领域。两种不同的泡孔成核机理分别是均相成核和异相成核。使用几种成核剂来增强异相泡孔成核。人们对聚苯乙烯/聚乙烯共混物与分散的聚乙烯领域进行了研究，观察到分散域聚合物对异质泡孔的成核以及泡孔开放的影响。PS和PE是不相容的，与PMMA/PP或PP/PE等共混物相比，PS和PE两种聚合物之间的界面张力比较高。分散区域与基体之间的黏度差可以通过改变加工温度和PE牌号来调节。

5.8.9 氯化聚乙烯（CPE）

氯化聚乙烯（CPE）是一种特殊种类的弹性体，由聚乙烯在水相中发生随机氯化反应制备而成，通常以粉末的形式存在[112]。它有许多其他不饱和弹性体和饱和弹性体所不具备的优点。CPE的饱和碳骨架具有优良的耐候、耐臭氧、抗氧化、耐化学和耐烃油的特点，同时具有非常好的永久压缩形变性能、低温韧性、耐热老化性能和良好的加工性能。CPE骨架中的氯原子使其自身具有阻燃性。乙烯甲基丙烯酸酯共聚物（EMA）也有一个饱和的碳骨架，因此，它具有很好的抗老化、耐油性和耐热降解性，它还具有优异的低温韧性，即使不添加任何增塑剂，也比CPE好得多。所有含卤素的聚合物一旦燃烧就会产生有毒和腐蚀性气体，因此，在许多应用中，CPE并不总是一个好的选择。将EMA与CPE混合，可以减少卤素在电线、电缆盖和护套上的不良反应，同时也能结合两种聚合物的优良性能。

PVC是一种广泛使用的聚合物商品，它具有高硬度、高透明度、低可燃性、价格低廉[113]等优良性能。PVC是可回收的，但不相容性的污染物会降低它的机械性能。PE的玻璃化温度较低，可以作为PVC良好的冲击性能改性剂，但这两种聚合物之间的不相容性却使得它们共混物的制备和应用不容易实现。PVC的热稳定性有限，在加工过程中需要特别注意防止脱氢氯化反应所引起的热降解。由于CPE在同一分子链上含有多种不同的结构单元，因此它是PVC/PE共混物很好的相容剂。

5.9 结束语

这一章描述了最近对于聚烯烃、其他聚烯烃以及其他各种聚合物共混的研究，包括天然和生物可降解聚合物。大多数的研究集中在研究形态-性质的关系，并了解不同的形态结构及其对获得特殊应用所需性能的影响。在21世纪最初的十年，有关聚烯烃共混物的研究主要集中在以下方面：改善用于某些方面的已知聚烯烃共混物的应用性能；更好地理解用于聚烯烃回收的共混技术；通过与天然或生物可降解的聚合物共混的方法，在不牺牲聚烯烃良好性能的基础上，提高聚烯烃的生物可降解性。

参考文献

1. J.-G. Gai, Y. Zuo, Metastable region of phase diagram: optimum parameter range for processing ultrahigh molecular weight polyethylene blends. J. Mol. Model. **18**, 2501–2512 (2012)
2. Y. An, R.-Y. Bao, Z.-Y. Liu, X.-J. Wu, W. Yang, B.-H. Xie, M.-B. Yang, Unusual hierarchical structures of mini-injection molded isotactic polypropylene/ultrahigh molecular weight polyethylene blends. Eur. Polym. J. **49**, 538–548 (2013)
3. Y. An, L. Gu, Y. Wang, Y.-M. Li, W. Yang, B.-H. Xie, M.-B. Yang, Morphologies of injection molded isotactic polypropylene/ultra high molecular weight polyethylene blends. Mater. Des. **35**, 633–639 (2012)
4. W. Shao, Y. Zhang, Z. Wang, Y. Niu, R. Yue, W. Hu, Critical content of ultrahigh-molecular-weight polyethylene to induce the highest nucleation rate for isotactic polypropylene in blends. Ind. Eng. Chem. Res. **51**, 15953–15961 (2012)
5. Y.-F. Huang, J.-Z. Xu, J.-Y. Xu, Z.-C. Zhang, B.S. Hsiao, L. Xu, Z.-M. Li, Self-reinforced polyethylene blend for artificial joint application. J. Mater. Chem. B **2**, 971–980 (2014)

6. D. Xu, Y. Song, X. Shi, P. Tang, M. Matsuo, Y. Bin, Temperature dependence of lamellae orientation of a branched low molecular weight polyethylene/ultrahigh molecular weight polyethylene blend film under a controlled temperature gradient. Polymer **54**, 4037–4044 (2013)
7. D. Xu, Y. Song, X. Shi, P. Tang, M. Matsuo, Y. Bin, Temperature dependence of lamellae orientation of a branched low molecular weight polyethylene/ultrahigh molecular weight polyethylene blend film under a controlled temperature gradient. Polymer **54**, 4037–4044 (2013)
8. Y. Chen, H. Zou, M. Liang, P. Liu, Rheological, thermal, and morphological properties of low-density polyethylene/ultra-high-molecular-weight polyethylene and linear low-density polyethylene/ultra-high-molecular-weight polyethylene blends. J. Appl. Polym. Sci. **129**, 945–953 (2013)
9. Yu.V. Zavgorodnev, K.A. Prokhorov, G.Yu. Nikolaeva, E.A. Sagitova, P.P. Pashinin, T.M. Ushakova, L.A. Novokshonova, E.E. Starchak, V.G. Krasheninnikov. Raman structural study of reactor blends of ultrahigh molecular weight polyethylene and random ethylene/1-hexene copolymers. Laser Phys. **23**, 025701 (8 pp) (2013)
10. T.M. Ushakova, E.E. Starchak, V.G. Krasheninnikov, V.G. Grinev, T.A. Ladygina, L.A. Novokshonova, Influence of copolymer fraction composition in ultrahigh molecular weight polyethylene blends with ethylene/1-hexene copolymers on material physical and tensile properties. J. Appl. Polym. Sci. **131**, 40151 (2014)
11. H.-J. Radusch, I. Kolesov, U. Gohs, G. Heinrich, Multiple shape-Memory behavior of polyethylene/polycyclooctene blends cross-linked by electron irradiation. Macromol. Mater. Eng. **297**, 1225–1234 (2012)
12. H. Liu, S.-C. Li, Y. Liu, M. Iqbal, Thermostimulative shape memory effect of linear low-density polyethylene/polypropylene (LLDPE/PP) blends compatibilized by crosslinked LLDPE/PP Blend (LLDPE–PP). J. Appl. Polym. Sci. **122**, 2512–2519 (2011)
13. J. Zhao, M. Chen, X. Wang, X. Zhao, Z. Wang, Z.-M. Dang, L. Ma, G.-H. Hu, F. Chen, Triple shape memory effects of cross-linked polyethylene/polypropylene blends with cocontinuous architecture. ACS Appl. Mater. Interfaces **5**, 5550–5556 (2013)
14. R. Hoeher, T. Raidt, C. Krumm, M. Meuris, F. Katzenberg, J.C. Tiller, Tunable multiple-shape memory polyethylene blends. Macromol. Chem. Phys. **214**, 2725–2732 (2013)
15. I. Kolesov, O. Dolynchuk, S. Borreck, H.-J. Radusch, Morphology-controlled multiple one- and two-way shape-memory behavior of cross-linked polyethylene/poly(ε-caprolactone) blends. Polym. Adv. Technol. doi:10.1002/pat.3338
16. Y. Lin, G.R. Marchand, A. Hiltner, E. Baer, Adhesion of olefin block copolymers to polypropylene and high density polyethylene and their effectiveness as compatibilizers in blends. Polymer **52**, 1635–1644 (2011)
17. R. Su, Z. Li, H. Bai, K. Wang, Q. Zhang, Q. Fu, Z. Zhang, Y. Men, Flow-induced epitaxial growth of high density polyethylene in its blends with low crystallizable polypropylene copolymer. Polymer **52**, 3655–3660 (2011)
18. P. Deng, B. Whiteside, F. Wang, K. Norris, J. Zhang, Epitaxial growth and morphological characteristics of isotactic polypropylene/polyethylene blends: Scale effect and mold temperature. Polym. Testing **34**, 192–201 (2014)
19. P. Deng, K. Liu, L. Zhang, H. Liu, T. Wang, J. Zhang, Micro and macro injection molded parts of isotactic polypropylene/polyethylene blends: Shear-induced crystallization behaviors and morphological characteristics. J. Macromol. Sci. Part B Phys. **53**, 24–39 (2014)
20. R. Su, K. Wang, Q. Zhang, F. Chen, Q. Fu, N. Hu, E. Chen, Epitaxial crystallization and oriented structure of linear low-density polyethylene/isotactic polypropylene blends obtained via dynamic packing injection molding. Polym. Adv. Technol. **22**, 225–231 (2011)
21. J.K. Keum, Y. Mao, F. Zuo, B.S. Hsiao, Flow-induced crystallization precursor structure in high molecular weight isotactic polypropylene (HMW-iPP)/low molecular weight linear low density polyethylene (LMW-LLDPE) binary blends. Polymer **54**, 1425–1431 (2013)
22. F. Rybnikar, M. Kaszonyiova, Epitaxial crystallization of linear polyethylene in blends with Isotactic polypropylene. J. Macromol. Sci. Part B Phys. **53**, 217–232 (2014)
23. H.-W. Shen, B.-H. Xie, W. Yang, M.-B. Yang, Thermal and rheological properties of polyethylene blends with bimodal molecular weight distribution. J. Appl. Polym. Sci. **129**, 2145–2151 (2013)

24. H. Shen, B. Xie, W. Yang, M. Yang, Non-isothermal crystallization of polyethylene blends with bimodal molecular weight distribution. Polym. Testing **32**, 1385–1391 (2013)
25. G. Shen, H. Shen, B. Xie, W. Yang, M. Yang, Crystallization and fracture behaviors of high-density polyethylene/linear low-density polyethylene blends: The influence of short-chain branching. J. Appl. Polym. Sci. **129**, 2103–2111 (2013)
26. X. Sun, G. Shen, H. Shen, B. Xie, W. Yang, M. Yang, Co-crystallization of blends of high-density polyethylene with linear low-density polyethylene: An investigation with successive self-nucleation and annealing (SSA) technique. J. Macromol. Sci. Part B Phys. **52**, 1372–1387 (2013)
27. Y. Sun, S. Fischer, Z. Jiang, T. Tang, S.S. Funari, R. Gehrke, Y. Men, Morphological changes of linear, branched polyethylenes and their blends during crystallization and subsequent melting by synchrotron SAXS and DSC. Macromol. Symp. **312**, 51–62 (2012)
28. Y.J. Lee, C.R. Snyder, A.M. Forster, M.T. Cicerone, W.-L. Wu, Imaging the molecular structure of polyethylene blends with broadband coherent Raman microscopy. ACS Macro Lett. **1**, 1347–1351 (2012)
29. N.K. Madi, Thermal and mechanical properties of injection molded recycled high density polyethylene blends with virgin isotactic polypropylene. Mater. Des. **46**, 435–441 (2013)
30. C. Fang, L. Nie, S. Liu, R. Yu, N. An, S. Li, Characterization of polypropylene–polyethylene blends made of waste materials with compatibilizer and nano-filler. Compos. B **55**, 498–505 (2013)
31. S. Satapathy, G.B. Nando, A. Nag, Dynamic mechanical analysis of electron beam irradiated waste polyethylene and its blends with virgin high density and low density polyethylene. J. Elastomers Plast. **43**, 33–48 (2011)
32. N. Mieda, M. Yamaguchi, Flow instability for binary blends of linear polyethylene and long-chain branched polyethylene. J. Nonnewton. Fluid Mech. **166**, 231–240 (2011)
33. Y.-H. Niu, Z.-G. Wang, X.-L. Duan, W. Shao, D.-J. Wang, J. Qiu, Thermal oxidation-induced long chain branching and its effect on phase separation kinetics of a polyethylene blend. J. Appl. Polym. Sci. **119**, 530–538 (2011)
34. N. Robledo, J.F. Vega, J. Nieto, J. Martínez-Salazar, Role of the interface in the melt-rheology properties of linear low-density polyethylene/low-density polyethylene blends: Effect of the molecular architecture of the dispersed phase. J. Appl. Polym. Sci. **119**, 3217–3226 (2011)
35. S. Taglialatela Scafati, L. Boragno, S. Losio, S. Limbo, M. Castellano, M.C. Sacchi, P. Stagnaro. Modulation of barrier properties of monolayer films from blends of polyethylene with ethylene-co-norbornene. J. Appl. Polym. Sci. **121**, 3020–3027 (2011)
36. C. Kock, N. Aust, C. Grein, M. Gahleitner, Polypropylene/polyethylene blends as models for high-impact propylene-ethylene copolymers, Part 2: Relation between composition and mechanical performance. J. Appl. Polym. Sci. **130**, 287–296 (2013)
37. C. Kock, M. Gahleitner, A. Schausberger, E. Ingolic, Polypropylene/polyethylene blends as models for high-impact propylene-ethylene copolymers, Part 1: Interaction between rheology and morphology. J. Appl. Polym. Sci. **128**, 1484–1496 (2013)
38. O.Y. Alothman, Processing and characterization of high density polyethylene/ethylene vinyl acetate blends with different VA contents. Adv. Mater. Sci. Eng., 635693, 10 pp (2012)
39. A. Iannaccone, S. Amitrano, R. Pantani, Rheological and mechanical behavior of ethyl vinyl acetate/low density polyethylene blends for injection molding. J. Appl. Polym. Sci. **127**, 1157–1163 (2013)
40. Y. Chen, H. Zou, M. Liang, Y. Cao, Melting and crystallization behaviour of partially miscible high density polyethylene/ethylene vinyl acetate copolymer (HDPE/EVA) blends. Thermochim. Acta **586**, 1–8 (2014)
41. B. Wang, M. Wang, Z. Xing, H. Zeng, G. Wu, Preparation of radiation crosslinked foams from low-density polyethylene/ethylene vinyl acetate (LDPE/EVA) copolymer blend with a supercritical carbon dioxide approach. J. Appl. Polym. Sci. **127**, 912–918 (2013)
42. X. Zhang, H. Yang, Y. Song, Q. Zheng, Influence of crosslinking on crystallization, rheological and mechanical behaviours of high density polyethylene/ethylene-vinyl acetate copolymer blends. Polym. Eng. Sci. (2014). doi:10.1002/pen.23843
43. F. Chen, M.P. Wolcott, Miscibility studies of paraffin/polyethylene blends as form-stable phase change materials. Eur. Polym. J. **52**, 44–52 (2014)
44. M.E. Sotomayor, I. Krupa, A. Várez, B. Levenfeld, Thermal and mechanical characterization

of injection moulded high density polyethylene/paraffin wax blends as phase change materials. Renewable Energy **68**, 140–145 (2014)
45. S. Liu, W. Yu, C. Zhou, Molecular self-assembly assisted liquid–liquid phase separation in ultrahigh molecular weight polyethylene/liquid paraffin/dibenzylidene sorbitol ternary blends. Macromolecules **46**, 6309–6318 (2013)
46. B.Y. Shin, D.H. Han, Morphological and mechanical properties of polyamide 6/linear low density polyethylene blend compatibilized by electron-beam initiated mediation process. Radiat. Phys. Chem. **97**, 198–207 (2014)
47. G.-M. Lin, G.-X. Sui, R. Yang, Mechanical and shape-memory properties of polyamide/maleated polyethylene/linear low-density polyethylene blend. J. Appl. Polym. Sci. **126**, 350–357 (2012)
48. F. Xiang, Y. Shi, X. Li, T. Huang, C. Chen, Y. Peng, Y. Wang, Cocontinuous morphology of immiscible high density polyethylene/polyamide 6 blend induced by multiwalled carbon nanotubes network. Eur. Polymer J. **48**, 350–361 (2012)
49. A. Argoud, L. Trouillet-Fonti, S. Ceccia, P. Sotta, Morphologies in polyamide 6/high density polyethylene blends with high amounts of reactive compatibilizer. Eur. Polymer J. **50**, 177–189 (2014)
50. S. Mallick, B.B. Khatua, Morphology and properties of nylon6 and high density polyethylene blends in absence and presence of nanoclay. J. Appl. Polym. Sci. **121**, 359–368 (2011)
51. A. Sharif-Pakdaman, J. Morshedian, Y. Jahani, Effect of organoclay and silane grafting of polyethylene on morphology, barrierity, and rheological properties of HDPE/PA6 blends. J. Appl. Polym. Sci. **127**, 1211–1220 (2013)
52. S. Charoenpongpool, M. Nithitanakul, B.P. Grady, Melt-neutralization of maleic anhydride grafted on high-density polyethylene compatibilizer for polyamide-6/high-density polyethylene blend: effect of neutralization level on compatibility of the blend. Polym. Bull. **70**, 293–309 (2013)
53. I. Labaume, J. Huitric, P. Médéric, T. Aubry, Structural and rheological properties of different polyamide/polyethylene blends filled with clay nanoparticles: a comparative study. Polymer **54**, 3671–3679 (2013)
54. F.P. La Mantia, P. Fontana, M. Morreale, M.C. Mistretta, Orientation induced brittle-ductile transition in a polyethylene/polyamide 6 blend. Polym. Testing **36**, 20–23 (2014)
55. S.-J. Liu, W.-R. Lin, K.-Y. Lin, Morphological development in water assisted injection molded polyethylene/polyamide-6 blends. Polym. Adv. Technol. **22**, 2062–2068 (2011)
56. M.E. Córdova, A.T. Lorenzo, A.J. Müller,* L. Gani, S. Tencé-Girault, L. Leibler, The influence of blend morphology (co-continuous or sub-micrometer droplets dispersions) on the nucleation and crystallization kinetics of double crystalline polyethylene/polyamide blends prepared by reactive extrusion. Macromol. Chem. Phys. **212**, 1335–1350 (2011)
57. D.M. Stelescu, A. Airinei, M. Homocianu, N. Fifere, D. Timpu, M. Aflori, Structural characteristics of some high density polyethylene/EPDM blends. Polym. Testing **32**, 187–196 (2013)
58. P.V. Anil Kumar, S. Anil Kumar, K.T. Varughese, S. Thomas, Permeation of chlorinated hydrocarbon vapors through high density polyethylene/ethylene propylene diene terpolymer rubber blends. Sep. Sci. Technol. **47**, 811–818 (2012)
59. P.V. Anil Kumar, S. Anil Kumar, K.T. Varughese, S. Thomas, Transport properties of high-density polyethylene/ethylene propylene diene terpolymer blends. J. Mater. Sci. **47**, 3293–3304 (2012)
60. P.V. Anil Kumar, S. Anilkumar, K.T. Varughese, S. Thomas. Transport behavior of aromatic hydrocarbons through high density polyethylene/ ethylene propylene diene terpolymer blends. Journal of Polymer Research 2012; 19:9794
61. M.M H. Senna, Y.K. Abdel-Moneam, Y.A. Hussein, A. Alarifi. Effects of electron beam irradiation on the structure–property behavior of blends based on low density polyethylene and styrene-ethylene-butylene-styrene-block copolymers. Journal of Applied Polymer Science 2012; 125:2384–2393
62. S. Utara, P. Boochathum, Novel dynamic vulcanization of polyethylene and ozonolysed natural rubber blends: Effect of curing system and blending ratio. J. Appl. Polym. Sci. **120**, 2606–2614 (2011)

63. E. Elshereafy, M.A. Mohamed, M.M. EL-Zayat, A.A. El Miligy. Gamma radiation curing of nitrile rubber/high density polyethylene blends. J. Radioanal. Nucl. Chem. **293**, 941–947 (2012)
64. T.K. Jayasree, P. Predeep, Non-isothermal crystallization behavior of styrene butadiene rubber/high density polyethylene binary blends. J. Therm. Anal. Calorim. **108**, 1151–1160 (2012)
65. A.M. Maysa, Radiation vulcanization of thermoplastic low-density polyethylene/bromobutyl rubber blends. J. Thermoplast. Compos. Mater. **27**, 364–378 (2014)
66. L. Yu, X. Liu, E. Petinakis, S. Bateman, P. Sangwan, A. Ammala, Ka. Dean, S. Wong-Holmes, Q. Yuan, C.K. Siew, F. Samsudin, Z. Ahamid. Enhancement of pro-degradant performance in polyethylene/starch blends as a function of distribution. J. Appl. Polym. Sci. **128**, 591–596 (2013)
67. C. Cercléa, P. Sarazinb, B.D. Favis, High performance polyethylene/thermoplastic starch blends through controlled emulsification phenomena. Carbohydr. Polym. **92**, 138–148 (2013)
68. H. Vieyra, M.A. Aguilar-Méndez, E. San, Martín-Martínez. Study of biodegradation evolution during composting of polyethylene–starch blends using scanning electron microscopy. J. Appl. Polym. Sci. **127**, 845–853 (2013)
69. G. Li, P. Sarazin, W.J. Orts, S.H. Imam, B.D. Favis, Biodegradation of thermoplastic starch and its blends with poly(lactic acid) and polyethylene: Influence of morphology. Macromol. Chem. Phys. **212**, 1147–1154 (2011)
70. A.W.M. Kahar, H. Ismail, N. Othman. Effects of polyethylene-grafted maleic anhydride as a compatibilizer on the morphology and tensile properties of (thermoplastic tapioca starch)/(high-density polyethylene)/(natural rubber) blends
71. M. Kahar, A. Wahab, H. Ismail, N. Othman, Compatibilization effects of PE-g-MA on mechanical, thermal and swelling properties of high density polyethylene/natural rubber/thermoplastic tapioca starch blends. Polymer-Plastics Technology and Engineering **51**, 298–303 (2012)
72. M. Kahar A. Wahab, H. Ismail, N. Othman. Effects of dynamic vulcanization on the physical, mechanical, and morphological properties of high-density polyethylene/(natural rubber)/(thermoplastic tapioca starch) dlends. Journal of Vinyl Additive Technology 2012; 18:192–197
73. A.W.M. Kahar, H. Ismail, N. Othman, Properties of HVA-2 vulcanized high density polyethylene/natural rubber/thermoplastic tapioca starch blends. J. Appl. Polym. Sci. **128**, 2479–2488 (2013)
74. A.W.M. Kahar, H. Ismail, N. Othman, Morphology and tensile properties of high-density polyethylene/natural rubber/thermoplastic tapioca starch blends: The effect of citric acid-modified tapioca starch. J. Appl. Polym. Sci. **125**, 768–775 (2012)
75. S. Garg, A. Kumar, Jana. Effect of propylation of starch with different degrees of substitution on the properties and characteristics of starch-low density polyethylene blend films. J. Appl. Polym. Sci. **122**, 2197–2208 (2011)
76. M. Sabetzadeh, R. Bagheri, M. Masoomi, Effect of corn starch content in thermoplastic starch/low-density polyethylene blends on their mechanical and flow properties. J. Appl. Polym. Sci. **126**, E63–E69 (2012)
77. R. Thipmanee, A. Sane, Effect of zeolite 5A on compatibility and properties of linear low-density polyethylene/thermoplastic starch blend. J. Appl. Polym. Sci. **126**, E251–E258 (2012)
78. S. Mir, T. Yasin, P.J. Halley, H.M. Siddiqi, O. Ozdemir, A. Nguyen, Thermal and rheological effects of sepiolite in linear low-density polyethylene/starch blend. J. Appl. Polym. Sci. **127**, 1330–1337 (2013)
79. A. Taghizadeh, P. Sarazin, B.D. Favis, High molecular weight plasticizers in thermoplastic starch/polyethylene blends. Journal of Materials Science **48**, 1799–1811 (2013)
80. J.M. Quiroz-Castillo, D.E. Rodríguez-Félix, H. Grijalva-Monteverde, T. del Castillo-Castro, M. Plascencia-Jatomea, F. Rodríguez-Félix, P.J. Herrera-Franco, Preparation of extruded polyethylene/chitosan blends compatibilized with polyethylene-graft-maleic anhydride. Carbohydr. Polym. **101**, 1094–1100 (2014)
81. D.E. Rodríguez-Félix, J.M. Quiroz-Castillo, H. Grijalva-Monteverde, T. del Castillo-Castro, S.E. Burruel-Ibarra, F. Rodríguez-Félix, T. Madera-Santana, R.E. Cabanillas, P.

J. Herrera-Franco, Degradability of extruded polyethylene/chitosan blends compatibilized with polyethylene-graft-maleic anhydride under natural weathering. J. Appl. Polym. Sci. **131**, 41045 (2014)
82. K. Hamad, M. Kaseem, F. Deri, Poly(lactic acid)/low density polyethylene polymer blends: Preparation and characterization. Asia-Pac. J. Chem. Eng. **7**, S310–S316 (2012)
83. K. Hamad, Y. Gun, Ko, M. Kaseem, F. Deri. Effect of acrylonitrile–butadiene–styrene on flow behaviour and mechanical properties of polylactic acid/low density polyethylene blend. Asia-Pac. J. Chem. Eng. **9**, 349–353 (2014)
84. G. Jiang, H.-X. Huang, Z.-K. Chen, Rheological responses and morphology of polylactide/linear low density polyethylene blends produced by different mixing type. Polym. Plast. Technol. Eng. **50**, 1035–1039 (2011)
85. Monika, P. Upadhyaya, N. Chand, Vi Kumar, Effect of poly lactic acid on morphological, mechanical, and optical properties of compatibilized polypropylene and high density polyethylene blend. Compos. Interfaces **21**, 133–141 (2014)
86. S.-M. Lai, K.-C. Hung, H.C. Kao, L.-C. Liu, X.F. Wang, Synergistic effects by compatibilization and annealing treatment of metallocene polyethylene/PLA blends. J. Appl. Polym. Sci. **130**, 2399–2409 (2013)
87. S. Djellali, N. Haddaoui, T. Sadoun, A. Bergeret, Y. Grohens, Structural, morphological and mechanical characteristics of polyethylene, poly(lactic acid) and poly(ethylene-co-glycidyl methacrylate) blends. Iran. Polym. J. **22**, 245–257 (2013)
88. G. Madhu, H. Bhunia, P.K. Bajpai, Blends of high density polyethylene and poly(L-lactic acid): mechanical and thermal properties. Polym. Eng. Sci. (2013). doi:10.1002/pen.23764
89. S.-T. Bee, C.T. Ratnam, L.T. Sin, T.-T. Tee, W.-K. Wonga, J.-X. Lee, A.R. Rahmat, Effects of electron beam irradiation on the structural properties of polylactic acid/polyethylene blends. Nucl. Instrum. Methods Phys. Res., B **334**, 18–27 (2014)
90. G. Singh, H. Bhunia, A. Rajor, V. Choudhary, Thermal properties and degradation characteristics of polylactide, linear low density polyethylene, and their blends. Polym. Bull. **66**, 939–953 (2011)
91. G. Singh, N. Kaur, H. Bhunia, P.K. Bajpai, U.K. Mandal, Degradation behaviors of linear low-density polyethylene and poly(L-lactic acid) blends. J. Appl. Polym. Sci. **124**, 1993–1998 (2012)
92. R. Nordin, H. Ismail, Z. Ahmad, A. Rashid, Performance improvement of (linear low-density polyethylene)/poly(vinyl alcohol) blends by in situ silane crosslinking. J. Vinyl Add. Tech. **18**, 120–128 (2012)
93. M.N.F. Norrahim, H. Ariffin, M.A. Hassan, N.A. Ibrahimc, H. Nishida, Performance evaluation and chemical recyclability of a polyethylene/poly(3-hydroxybutyrate-co-3-hydroxyvalerate) blend for sustainable packaging. RSC Adv. **3**, 24378–24388 (2013)
94. J. Yang, J.-Z. Liang, F.-J. Li, Melt strength and extensional viscosity of low-density polyethylene and poly(butylene succinate) blends using a melt-spinning technique. J. Macromol. Sci. Part B Phys. **51**, 1715–1730 (2012)
95. A.V. Nand, S. Swift, B. Uy, P.A. Kilmartin, Evaluation of antioxidant and antimicrobial properties of biocompatible low density polyethylene/polyaniline blends. J. Food Eng. **116**, 422–429 (2013)
96. A.V. Nand, S. Ray, J. Travas-Sejdic, P.A. Kilmartin, Characterization of antioxidant low density polyethylene/polyaniline blends prepared via extrusion. Mater. Chem. Phys. **135**, 903–911 (2012)
97. T. Del Castillo-Castro, M.M. Castillo-Ortega, P.J. Herrera-Franco, D.E. Rodríguez-Félix, Compatibilization of polyethylene/polyaniline blends with polyethylene-graft-maleic anhydride. J. Appl. Polym. Sci. **119**, 2895–2901 (2011)
98. J. Songa, A. Batrab, J.M. Regoc, C.W. Macosko, Polyethylene/polyurethane blends for improved paint adhesion. Prog. Org. Coat. **72**, 492–497 (2011)
99. X. Wang, B. Mu, Hg Wang, Preparation and properties of thermoplastic polyurethane/ultra high molecular weight polyethylene blends. Polym. Compos. (2014). doi:10.1002/pc.23009
100. S. Razavia, A. Shojaeia, R. Bagheri, Binary and ternary blends of high-density polyethylene with poly(ethylene terephthalate) and polystyrene based on recycled materials. Polym. Adv. Technol. **22**, 690–702 (2011)
101. Y. Zhang, H. Zhang, W. Guo, C. Wu, Effects of different types of polyethylene on the morphology and properties of recycled poly(ethylene terephthalate)/polyethylene

compatibilized blends. Polym. Adv. Technol. **22**, 1851–1858 (2011)
102. K.A. Tawab, S.M. Ibrahim, M.M. Magida, The effect of gamma irradiation on mechanical, and thermal properties of recycling polyethylene terephthalate and low density polyethylene (R-PET/LDPE) blend compatibilized by ethylene vinyl acetate (EVA). J. Radioanal. Nucl. Chem. **295**, 1313–1319 (2013)
103. Y. Zhang, H. Zhang, W. Guo, C. Wu, Effects of different types of polyethylene on the morphology and properties of recycled poly(ethylene terephthalate)/polyethylene compatibilized blends. Polym. Adv. Technol. **22**, 1851–1858 (2011)
104. Y.-Y. Cui, B.-J. Dong, B.-L. Li, S.-C. Li, Properties of polypropylene/poly(ethylene terephthalate) thermostimulative shape memory blends reactively compatibilized by maleic anhydride grafted polyethylene-octene elastomer. Int. J. Polym. Mater. Polym. Biomater. **62**, 671–677 (2013)
105. Siddaramaiah, M.N. Satheesh Kumar, G.B. Nando, Rheological and mechanical properties of poly(ethylene acrylic acid) and low density polyethylene blends. J. Appl. Polym. Sci. **121**, 3070–3077 (2011)
106. T. Ivanova, J. Zicans, I. Elksnite, M. Kalnins, R. Maksimov, Mechanical properties of injection-molded binary blends of polyethylene with small additions of a liquid-crystalline polymer. J. Appl. Polym. Sci. **122**, 3564–3568 (2011)
107. S. Siengchin, T.N. Abraham, Morphology and rheological properties of high density polyethylene/fluorothermoplastics blends. J. Appl. Polym. Sci. **127**, 919–925 (2013)
108. Y. Wang, Z. Chen, J. Chen, Y. Qu, X. Yang, Miscibility, crystallization, and morphology of the double-crystalline blends of insulating polyethylene and semiconducting poly (3-butylthiophene). J. Macromol. Sci. Part B Phys. **52**, 1388–1404 (2013)
109. T. Kato, M.A. Hillmyer, Functionalized nanoporous polyethylene derived from miscible block polymer blends. ACS Appl. Mater. Interfaces **5**, 291–300 (2013)
110. J.-L. Shi, L.-F. Fang, H. Zhang, Z.-Y. Liang, B.-K. Zhu, L.-P. Zhu, Effects of the extractant on the hydrophilicity and performance of high-density polyethylene/polyethylene-b-poly (ethylene glycol) blend membranes prepared via a thermally induced phase separation process. J. Appl. Polym. Sci. **130**, 3816–3824 (2013)
111. D. Kohlhoff, M. Ohshima, Influence of polyethylene disperse domain on cell morphology of polystyrene-based blend foams. J. Cell. Plast. **50**, 241–261 (2014)
112. P. Bhagabati, T.K. Chaki, Compatibility study of chlorinated polyethylene/ethylene methacrylate copolymer blends using thermal, mechanical, and chemical analysis. J. Appl. Polym. Sci. **131**, 40316 (2014)
113. M. Kollár, G. Zsoldos, Investigating poly-(vinyl-chloride)-polyethylene blends by thermal methods. J. Therm. Anal. Calorim. **107**, 645–650 (2012)

第6章 聚烯烃复合材料和纳米复合材料

努拉·阿尔·塞恩（Noora J. Al-Than）、乔利·巴德拉（Jolly. Bhadra）、卡德贾·扎德（Khadija M.Zadeh）

6.1 前言

聚烯烃复合材料（简称POCs）通常定义为含有两相或更多相（化学和物理），且相与相之间存在一个明显界面的材料。将不同而独特的体系复合起来，较之于单个组分，可以实现结构的优化及功能的提高。聚烯烃材料具有多种特性，应用范围广、价格低[1, 2]。聚烯烃的主要优势之一是其可回收性。聚烯烃可通过复合材料的工程化来提高材料的性能[3]。根据烯烃单体及其结构，可将聚烯烃分为热塑性塑料和弹性体两大类[4]。其中聚乙烯（含乙烯单体）和聚丙烯（含丙烯单体）是应用最为广泛的两种聚烯烃材料[5]。

复合材料是由两种或两种以上不同性质、不同形态的组分材料通过复合工艺组合而成的一种多相材料，它既保持了原组分材料的特点，又显示出原组分材料所没有的新性能。聚烯烃复合材料就属于高分子复合材料的其中一种。为满足工业应用的需求，人们逐渐研制出不同添加剂改性的聚烯烃复合材料。根据复合材料的应用范围，可将助剂材料分为微米填料和纳米填料。填料根据性质可进一步分为天然填料（植物纤维）和合成填料（如玻纤、碳纳米管等）两类，根据形态可分为片状填料、纤维状填料、球形填料和圆盘形填料[6]。填料在复合材料中可起到降低成本的作用，同时可提高材料的力学性能、流动性、电性能、热性能、抗腐蚀性以及阻燃性[7]。

作为在汽车、建筑、纺织、消费品、包装、医疗以及农业等领域均有广泛应用的新材料，含有天然绿色填料的聚烯烃复合材料在很多行业领域均引起了极大关注[8]。聚丙烯复合材料具有生物可降解性、环境友好、可回收、低密度等优良特性[9]。高纤维填充量可以提高复合材料的性能，但同时也会导致材料体积增大及透明度下降，这些特点大大限制了聚烯烃复合材料在食品包装等方面的应用。另一个新兴领域是聚合物层状黏土纳米复合材料。与聚烯烃相比，聚烯烃复合材料成本低廉、工艺简单且轻质化，这些特点都使得聚烯烃复合材料在食品包装和工业领域应用更加广泛。现有关于聚合物/黏土纳米复合材料的研究中采用了多种聚合物[10, 11]，表6.1所列为文献中报道的典型聚烯烃复合材料，其中涉及多种类型的聚烯烃基体。

聚烯烃及其复合材料应用广泛，涉及交通运输（航空、汽车、航海等）、医药、包装、建筑工业（水泥、建材）、消费品（玩具、家电等）、电子工业、电缆电线涂料、隔热隔音材料、纺织品及农业等多个领域。制备聚烯烃长纤维、涂料和挤吹管材的加工技术包括挤出注塑、滚塑、热压等多种工艺。聚烯烃材料的另一大优势在于其可以利用物理或化学的发泡剂加工成各种形状和尺寸，或是通过发泡工艺包覆在其他材料表层。本章重点讲述聚烯烃及其纳米复合材料的制备、加工、特性表征（机械性能、形貌、电性能和热性能）和主要应用。

表6.1 聚烯烃复合材料、填料类型及其应用领域

聚烯烃种类	填料	应用领域
聚乙烯	木质纤维	管状混凝土柱[12]
聚乙烯	黏土/纤维素纤维	食品包装[13]
聚乙烯	玻纤	消费品[14]
聚乙烯（线型低密度PE）	棕榈纤维	建筑业和消费品[15]
聚丙烯	枣椰树纤维	汽车业[16]
聚4-甲基-1-戊烯	矿物质	微波烹饪容器[17]
聚异丁烯	玻纤	电子工业[18]
乙丙橡胶	铁氧体/炭黑	电子工业[19]
聚乙烯	氢氧化镁	纺织品工业[20]
聚氯乙烯	玻纤	建筑业[21]
聚1-丁烯	木粉	建筑业[22]
聚丙烯	木质纤维	汽车工业[23]
聚丙烯	石蜡	建筑业（隔热材料）[24]
乙烯丙烯嵌段共聚物	磁矿石	电子工业[25]
聚丙烯	洋麻纤维	农业[26]
聚乙烯	羟磷灰石	医疗材料（骨替代材料）[27]

6.2 定义和分类

聚烯烃复合材料包含两相或更多相，聚烯烃作为连续相在基体中包围着其他相。填料作为增强材料作用于整个复合材料体系。聚烯烃复合材料的性质取决于填料的种类（有机或无机）、几何结构（纤维、片层、颗粒或球状）、填料尺寸（微米级或纳米级）和基体类型这几个因素。图6.1所示为聚烯烃复合材料的简要分类情况[28]。

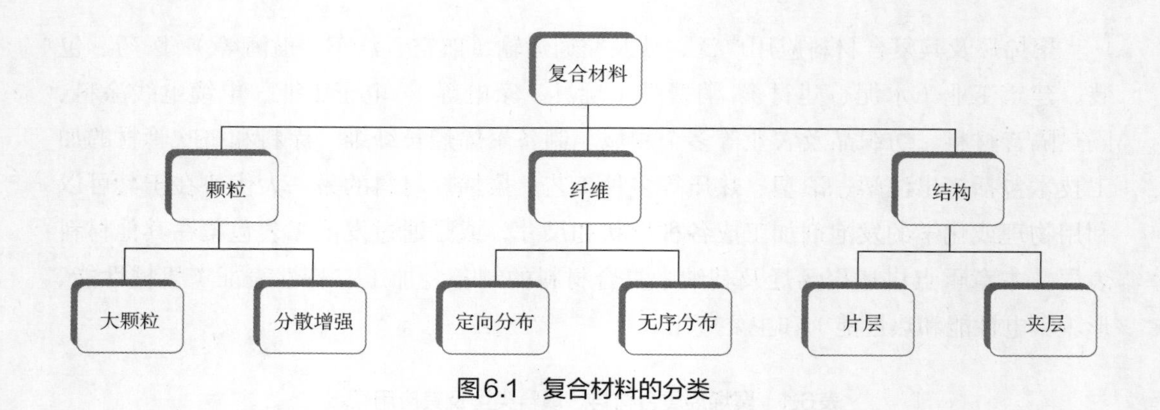

图6.1　复合材料的分类

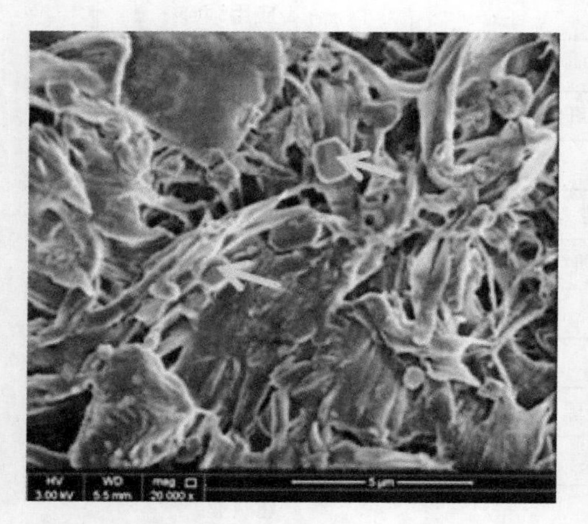

图6.2　聚烯烃基体中MgOH粒子的SEM显微照片

6.2.1　颗粒复合材料

向聚烯烃材料中加入适量的刚性粒子可以提高材料的刚性、阻燃性和电性能。

聚合物材料中的颗粒增强机制最早在橡胶化合物中得到验证。在对炭黑填充天然橡胶体系的结构与性能的相互关系后，人们逐渐研制出可用于聚合物材料的颗粒增强技术。黏弹性材料的黏性组分证明模量上的增强类似于材料黏性的增加[29]。

颗粒填料存在多种几何形状，如图6.2所示。为了提供有效的增强效果，填料粒子应在各个方向上保持大致相同的尺寸。颗粒填料包括滑石粉、碳酸钙、云母以及天然二氧化硅[30]。颗粒填料增强体系的材料强度取决于填料粒子与基体之间的应力转移。当填料粒子与基体充分结合时，施加的应力能够在基体与填料粒子间有效转移（见表6.2）。

表6.2　填料种类及对聚烯烃基体的作用效果

填料	通用材料	对聚烯烃的作用效果
增强体	碳纤维、玻纤、矿物质填料、芳纶	提高拉伸强度、弯曲模量及热变形温度
导电/导热填料	金属粉末、碳纤维、石墨、石墨烯	提高导电和导热性能
阻燃剂	溴化物、$Mg(OH)_2$、Al_2O_3、磷化物	阻燃

6.2.2　纤维复合材料

纤维材料可分为天然纤维和复合纤维两种。纤维填料是用于提高高分子复合材料力学性能的增强材料[31]。合成纤维作为增强材料已成功应用于复合材料体系，如碳纤维、玻璃纤维和芳纶纤维。玻璃纤维是一种非常出色的聚烯烃增强材料。玻纤增强聚丙烯复合材料在汽车工业及其他领域的应用引起越来越多的关注[32]。图6.3所示为玻纤增强的聚丙烯树脂基体。

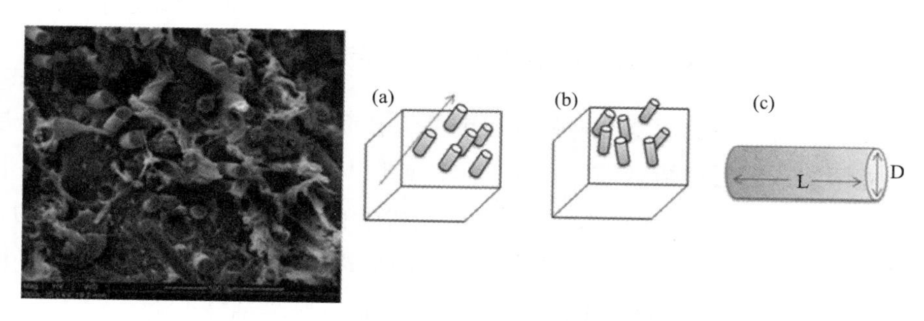

图6.3 E-玻璃纤维增强聚丙烯复合材料[33]

影响纤维增强热塑性复合材料性能的因素有：

（1）纤维的长径比；

（2）纤维分布和纤维的载荷；

（3）纤维与基体的界面。

纤维的长径比定义为纤维的长度与其直径的比例。较高的长径比可得到力学性能更高的复合材料。纤维的分布、取向以及填充量均对复合材料的力学性能有显著影响。纤维的排列方式包括横向分布、平行分布和无序分布。图6.3显示应力方向和纤维排列与复合材料的性能相关。聚烯烃复合材料的力学性能在纤维取向上达到最大强度，而最小强度则发生在纤维取向的正交方向上。

纤维与聚合物基体间的界面层也是影响复合材料强度的一个重要因素。例如，偶联剂的使用或是对纤维表面进行化学处理都可以有效提高天然纤维与非极性聚烯烃基体之间的界面结合[34]（见图6.4）。

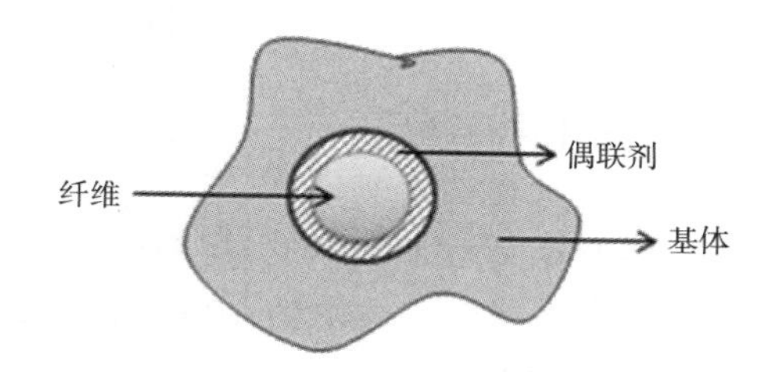

图6.4 偶联剂改性的天然纤维增强聚烯烃复合材料的横截面

6.2.3 结构复合材料

结构复合材料由多层均质或复合材料层面板组成，其性能取决于复合材料的特性及不同结构层状复合材料的几何设计。图6.5所示为夹层复合材料、长纤维复合材料、层状纤维复合材料。

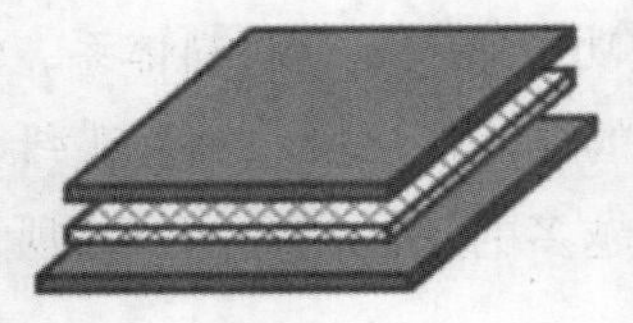

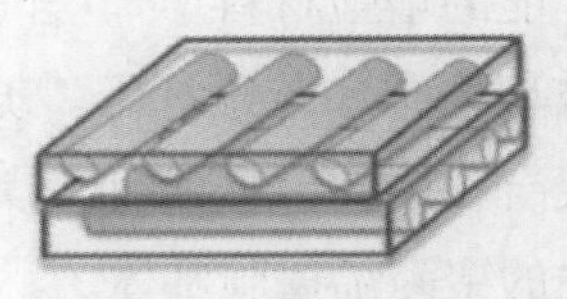

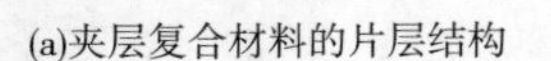

(a)夹层复合材料的片层结构　　(b)长纤维复合材料　　(c)层状纤维复合材料

图6.5　不同结构复合材料示意图

层状复合材料是由数层复合材料片层铺叠组合而成。聚烯烃夹层结构就是层状复合材料，由两层或多层聚烯烃铺层且在层板内或层与层之间存在不同增强体（长纤维或短纤维）。夹层板和层状复合材料均为热固性树脂和热塑性聚合物复合材料的常用方法。这种简单工艺通过热压法可制备天然纤维增强热塑性复合材料。在聚烯烃层间加入增强体材料无须通过挤出或注塑成型工序，从而使纤维降解最小化。

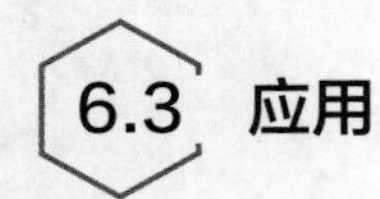

6.3 应用

近年来，关于聚烯烃的研究主要集中在聚烯烃材料的合成。通过结构设计，可得到不同的聚烯烃材料，如均聚物、共聚物和三元共聚物。通过对链段的调节可得到通用聚合物。作为聚合物复合材料之一，聚烯烃复合材料正逐渐发展并满足现有的应用需求。聚烯烃复合材料具有低密度、低成本、加工工艺简单等优点，且具有优异的综合性能，在农业、医药、建筑和交通运输等领域均有非常广泛的研究和应用。本节内容将简要叙述聚烯烃纳米复合材料在不同领域的主要应用。

6.3.1　消费品

聚烯烃及其纳米复合材料在日用消费品的各个方面均有应用，如公园桌椅、家居用品、音乐器材、运动场器材、烹饪器具、卫浴用品、垃圾箱、景观木材、轨道枕木、玩具及家用电器。天然纤维（如木质纤维增强聚烯烃复合材料）和合成纤维（如玻纤增强聚烯烃复合材料）是目前塑料工业最常用的两种复合材料[14, 15]。填料增强聚烯烃复合材料有以下优点：

（1）在高湿度环境中，利用填料增强聚烯烃复合材料制备的木质产品或家具能够防腐防变形；

（2）防白蚁；

（3）易于加工成各种形状和尺寸；

（4）更环保、无污染、可回收；

（5）阻燃性高，具有耐燃性、自熄性且不会产生有毒气体；

（6）具有优异的加工性能，可进行整合、切割、钻孔、表面涂装等加工工序；

（7）加工工艺简单，加工周期短、成本低廉。

聚烯烃木塑复合材料（WPCs）可利用木粉和聚合物经挤出或热压成型工艺进行加工制备，一般采用回收的废旧木屑和塑料，具有低成本的优势大力发展木塑复合物可以降低木材的使用量，保护有限的森林资源。木质纤维和植物纤维资源丰富、价格低廉且质轻无毒，具有良好的尺寸稳定性和电绝缘性，可以重复加工处理，且具有生物可降解性。上述各种优势使得聚烯烃木塑复合材料的使用渐渐形成流行趋势。聚烯烃木塑复合材料可采用细木粉（纤维素纤维）、硬木、软木、胶合板、稻壳粉、竹粉或棕榈纤维与各类聚合物（PP、PE、PVC）共混加工制备[37]。所得共混物经过挤出或注塑得到团状黏稠混合物，再通过挤出或模塑成型获得所需的形状和尺寸。为了使复合材料满足特殊需求，可在加工过程中向聚合物中加入添加剂，包括染色剂、偶联剂、稳定剂、发泡剂、起泡剂、增强体材料以及阻燃剂等。图6.6所示为典型的木塑聚乙烯复合材料。

另一个聚烯烃复合材料的典型例子是生物填料增强聚丙烯复合材料。这类复合材料的性能与矿物填料和玻纤增强聚丙烯复合材料的性能相当。木质纤维素是由黄麻纤维、亚麻纤维或丝纤维制成的用于增强聚合物的生物纤维。可通过反应性挤出工艺制备聚烯烃复合材料，通过加入活性偶联剂来提高聚合物和生物纤维之间的界面相互作用。如马来酸酐接枝聚丙烯（MA-g-PP），这类偶联剂可改性聚丙烯基体并提高基体对硅烷改性木质纤维素组分表面的附着力。力学性能测试也证明偶联剂的加入提高了复合材料的冲击和拉伸强度。这类生物纤维增强聚合物复合材料在家具、旅行箱和音乐器材等多方面有广泛的应用[38]（见图6.7）。

图6.6　木塑聚乙烯复合材料制备的桌子

（a）办公椅　（b）橱柜　（c）办公隔间

图6.7　利用聚烯烃复合材料制备的室内家具制品

玻纤增强的聚烯烃复合材料通过热压成型制备片材，是复合材料另一种通用的应用方式。所采用的玻璃纤维包括长玻璃纤维（LGFs）和短玻璃纤维（SGFs）两类。长玻璃纤维是进行热成型部件加工的理想材料，在长玻璃纤维增强位置所受的应力可通过聚合物基体向增强纤维有效传递。长玻璃纤维是较其他可成型材料更为轻质和坚硬的材料。因其优异的综合性能，长玻璃纤维增强聚丙烯复合材料多用于制造风扇叶片（体积小、硬度高）[39, 40]。大麻纤维作为一种增强材料，被用于多种高分子复合材料中。这类复合材料（如大麻纤维增强聚丙烯）可通过热压成型加工成无纺布垫，应用于汽车内饰件、家具、门板、窗口中柱及其他消费品制件[41]。

6.3.2 医疗行业

近年来，玻璃和金属材料在医疗材料加工领域的使用正逐渐下降，反之聚合物材料的使用则迅速地增加。这主要是由于聚合物材料的多功能化和性能多样化。根据使用需求选择合适的填料，定制聚合物材料具有很大的发展潜力和前景。医疗设备领域对聚合物材料日益增长的使用需求极大地促进了聚合物复合材料的发展。所需聚合物材料包括纯聚烯烃（PP、PE和PVC）和聚烯烃复合材料。便携式抗冲设备的需求也增加了聚合物复合材料的功能用途。该领域的研究表明，聚烯烃复合材料可满足所有医用材料的使用需求。聚合物材料的功能多样且可以加工成泡沫、薄膜、凝胶和块状等多种形式，是最适用于医疗领域的材料，与传统材料相比具有以下优势：

（1）聚烯烃复合材料具有优异的化学性和抗冲击性能，且力学性能和热性能更佳。

（2）聚烯烃复合材料可被赋予多种特殊性能，如超长的耐久性、较高的弹性和强度以及轻质化和便携性。

（3）聚烯烃复合材料具有生物相容性，可耐水解和生物组织液；具有出色的力学性能（高拉伸强度、高弹性）且降解度低。

应用于医疗领域的聚烯烃复合材料的研究发展始于骨科植入领域。金属合金常用于植入手术或是假肢手术中，如在骨折固定板、人工骨置换术、髋关节和膝关节置换术等（见图6.8）。金属合金制成的骨板硬度约为人类骨骼的15倍，置换手术中由金属合金骨板与人类骨骼的强度错配会引起应力屏蔽效应，这种应力屏蔽会影响骨骼的重塑和愈合过程，并导致骨孔隙率的增加[42~83]。而植入体材料的硬度与宿主组织相匹配即可解决这一问题[45]。然而，聚合物材料通常低硬度低和低强度低限制了其潜在的应用。同样地，低断裂韧性和负荷强度限制了陶瓷材料在骨科手术领域的应用。由于聚合物复合材料硬度较低，同时具有高强度的特性，因此被推荐应用于骨科领域。通过调整聚合物组分比例和基体内填料排列及取向等方式，聚合物复合材料还可以获得许多额外的优异特性。经

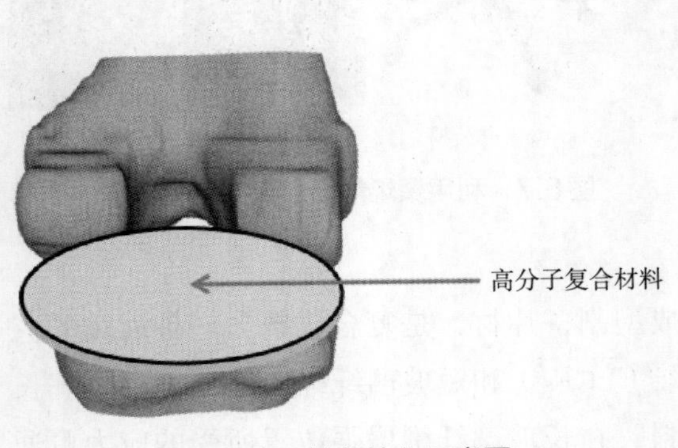

图6.8 骨关节植入示意图

过多种改性，聚合物复合材料的性能可与生物体组织的力学特性和解剖学特征相匹配。金属离子引起的机体组织不良反应最终会导致植入体变松，从而使病人产生不适症状。这种不良反应在使用聚合物复合材料作为植入体的病例中并未发现。金属合金材料和陶瓷材料均为不透射线物质，在X射线检测中会产生不良噪声。而聚合物复合材料可透过射线信号，且可以通过向聚合物中加入造影剂进行调整。因此，聚合物复合材料的使用不会对骨科治疗中所采用的诊断疗法［如计算机断层扫描（CT）和磁共振成像（MRI）等］造成影响。

邦菲尔德（Bonfield）[45]等研究了天然和人工合成的羟基磷灰石（HA）共混改性聚乙烯复合材料（HA/PE）的合成及应用（羟基磷灰石的体积分数为0.1～0.6）。杨氏模量的变化与体积分数呈线型增长关系。当体积分数为0.6时，HA/PE的杨氏模量为最高值[45，46]。生物玻璃（SiO_2、Na_2O、CaO和P_2O_5）增强的高密度聚乙烯复合材料作为一种新型材料应用于软组织黏结。这种复合材料中生物玻璃的体积分数为0.3，与软结缔组织相比，其可呈现最佳的弹性柔度、抗拉强度和断裂应变，能够在植入体与人体组织间快速形成很强的结合力[47]。磷灰石－硅灰石玻璃陶瓷（AWGC）填充的聚乙烯复合材料具有卓越的力学性能和很高的生物活性[46]，常用作组织黏合材料。这类复合材料的杨氏模量和显微硬度可随着AWGC组分体积分数的增加而增加，同时其拉伸强度和断裂应变下降，目前已在体外实验中得到应用[47]。

医学领域应用的另一种聚烯烃复合材料是玻璃纤维（GF）增强聚丙烯板材。复合材料的强度与聚合物基体和纤维之间表征黏结程度的剪切强度成函数关系。这种复合材料（GF/PP）应用于注塑成型制备的安全鞋头。这种轻量级、大体积、热成型复合材料的另一个应用是可调式矫正器（如足弓垫）和外用矫正器（图6.8所示的膝盖支架）[48]。阿麦德（Ahmad）等人采用聚乙二醇（PEG）作为辅助添加剂，以羟基磷灰石作为增强填料，对超高分子量/高密度聚乙烯（UHMWPE/ HDPE）共混复合进行了研究。这种复合材料非常适合采用传统的熔融加工方法进行处理，且由于摩擦系数小、耐磨性高，可作为关节垫片用于骨科手术。

6.3.3 农业

为了满足日益增长的食品安全需求，研究人员正在寻找可能的解决方案。塑料加工技术在农业领域有着广泛的应用，如温室大棚薄膜、步入式隧道覆盖膜、低隧道覆盖膜和地膜、防护网、收割网、遮光网、防风网、作物覆盖膜、植物防护网、防雹网、草地覆盖膜以及输水管道等[50]。在农业领域采用的聚烯烃复合材料，可在无损环境和自然条件下节约水资源，实现土地量产最大化。在农业领域应用聚烯烃复合材料具有以下优势：

（1）在提高量产的同时减少水和肥料的需求量；

（2）维护和管理简单易行，降低了人工成本；

（3）改善了地形、土壤和多变的气候条件引起的作物培育问题；

（4）减少由风、冰雹、鸟类及虫害等问题带来的农作物损伤；

（5）可通过改变结网密度对光强和光质进行调节，增加光合作用；

（6）通过调节极端气候条件（温度、日灼危害、霜冻损害），提高生产力；

（7）材料具有防紫外线的性能，可以防止由日光引起的腐蚀，减少水分吸收，保持颜色一致，防止卷曲。

玻璃纤维增强聚合物（GRP）管材常用于压力输水管道系统。这类复合材料由玻璃纤维与聚丙烯、聚乙烯或是聚氯乙烯树脂共混制备。GRP管材具有轻量化、耐腐蚀、易安装、有效使用期长及维护成本低等优点。因此玻璃纤维增强聚烯烃复合材料是一种非常适合用于酸性土壤环境的管道材料[51]。

纺织品材料在农业领域有很长的应用历史。如编织品、无纺布、挤出片材、模压品、绳、带等多种纺织品在农业领域均有广泛应用。农业纺织品指的是各种应用于作物和牲畜生长、收获、维护和储存的纺织品材料。农业纺织品有助于维持适宜的土壤湿度并增加土壤温度。聚烯烃材料在农业领域有广泛的应用，而聚乙烯和聚丙烯是其中两种最主要的聚烯烃材料。此外，麻织品和羊毛制品由于具有可降解性并可作为自然肥料，因此有一定应用。总体来说，人造纤维较之天然纤维具有许多优势，如良好的性价比、易于运输和安装、节约存储空间及使用期长。

美国专利公开了一种由金属羧酸盐、脂肪族聚羟基羧酸和聚乙烯组成的可部分降解的聚烯烃复合材料，这种可降解材料在弯曲或折叠时具有充分的弹性，且可进行冷却拉伸[52]。另一种温室大棚用聚烯烃薄膜可利用有机改性黏土cloisite15A和cloisite20A制备得到。填料的加入可增强薄膜的硬度和撕裂强度，减小有害辐射的影响，并且保持可见透明度。由于薄膜中含有黏土，增加了大棚的温室效应，限制了夜间温室内土壤向外部的热辐射。并且，黏土的存在不会对土壤的湿度造成影响[50]。

6.3.4 包装业

目前，聚烯烃及其复合材料在包装工业已得到广泛使用，应用领域包括包装袋、食品包装、易剥离包装、电子封装（电子器件预塑包装）、收缩膜、管材、透明塑料罩、销售包装、运输包装、消费包装和工业包装等。高性能的包装材料必须具备良好的刚度、不影响产品的味道和气味、可热封等特点[53~60]。与传统包装材料（纯聚合物、玻璃、金属和陶瓷）相比，聚合物复合材料有如下优点：

（1）高强度，质量轻，防水抗菌，经久耐用。

（2）可生物降解，可回收，易处理。

（3）具有良好的弹性，可保护包装内的产品。

（4）可密封性好，可长期保持内容物的新鲜度。

（5）与食品具有相容性，且防尘、防虫、防污染。

（6）易加工成各种形状和尺寸，方便进行产品的辨认和识别。

（7）可加工出各种形状以吸引消费者。

将材料与聚合物进行复合，可提高加工性、增强材料性能、改善外观，得到综合性能优良的包装材料[53]。模压容器和缓冲垫均为聚合物材料在包装领域的应用形式[54]。低成本填充材料可取代价格较高的材料组分从而降低成本。在包装工业应用的填充材料包括木纤维、二氧化硅、玻璃、黏土、玻璃纤维和天然纤维。这些填料可改善加工性能，调节材料密度，提高耐磨性、热稳定性和光学性能[55]。

马杰德（Majeed）等人综述了天然纤维/纳米复合材料及其在食品包装中的应用。天然纤维与纳米黏土颗粒共混制备的生物可降解共混聚合物材料展现出改善的阻隔性能。天然纤维与纳米黏土相结合，使得填料在聚合物基体中显示出良好的分散性和相容性，同时降低材料成本，适用于气敏材料（电子产品及药物包装）[56]。

碳酸钙（$CaCO_3$）粒子密度为2.7g/cm^3的通常作为填料应用于包装材料[57，58]。$CaCO_3$填料可提高材料的弯曲模量、冲击强度、硬度、剪切强度、气体和水分阻隔性能和可印刷性。PE/碳酸盐复合材料常用于食品包装工业。

6.3.5 运输业

随着科学技术的不断进步，具有质轻、高强、耐腐蚀、易成型等优点的高分子复合材料越来越多地应用于现代交通运输业（包括基础设施建设和海上陆地交通运输工具）。聚烯烃复合材料在汽车工业，主要应用于保险杠、挡泥板、门板、车头灯和车轮盖。车身中采用复合材料可将质量减少约120kg。车身减重的同时也减少了燃料的消耗，降低了二氧化碳的排放。与交通运输工业使用的传统材料相比，聚烯烃复合材料具有以下优势：

（1）使用期长、耐腐蚀、硬度高、易着色、有弹性、轻质化；

（2）减轻车身重量，节约燃料，降低二氧化碳排放量；

（3）低成本的同时具有设计灵活性和优异的性能。

许多研究人员致力于设计高性能、高效、低成本的轻量化汽车，以达到减少燃料使用、降低二氧化碳排放量的目的。大部分汽车组件由高分子复合材料构成。雪佛兰Impalas采用热塑性聚烯烃纳米复合材料作为车门板料。2001年，通用汽车和巴塞尔公司宣布采用黏土/聚烯烃纳米复合材料用于通用汽车 Safari和雪佛兰Astro货车辅助组件的制造[61～63]。

在不同应用领域中，聚烯烃纳米复合材料均有着大量的创新，有着快速发展的巨大市场。聚丙烯材料是汽车组件中最常用的热塑性材料。短玻纤增强聚丙烯复合材料[32]其热阻值可提高到聚丙烯的熔点。这类聚丙烯材料可用于高温工作环境的汽车部件（发动机隔间）[64]。

表6.3列出不同的汽车部件对应使用的聚烯烃复合材料。其中，保险杆后梁是车身吸收碰撞能量的结构组件[65, 66]。

表6.3　汽车部件及采用的聚烯烃复合材料

汽车部件	组分
汽车保险杠	滑石粉/橡胶/聚丙烯
内部发动机	玻璃纤维/聚丙烯
门板	纳米黏土/聚丙烯 长玻璃纤维/聚丙烯

波音777机身材料中聚合物复合材料（主要为热固性复合材料）的使用量达到50%，由此在减轻机身重量的同时提高了强度。飞机内部件主要由聚烯烃复合材料组成。碳纤维和玻璃纤维填料用于提高复合材料的硬度和冲击强度。最常用于增强体的玻璃纤维是E-玻璃纤维和S-玻璃纤维。E-玻璃纤维是所有商用玻璃纤维中成本最低的一类。S-玻璃纤维最初开发用于飞机部件和导弹外壳，在所有可用纤维中具有最高的拉伸强度。然而，组分的差异性和较高的制造成本都使其价格明显高于E-玻璃纤维[67, 68]。

6.3.6　电气工业

大多数聚合物材料是电的不良导体。近年来，人们以金属粒子作导电填料制备出聚合物复合材料。聚烯烃复合材料在电子电气工业的应用日益增多。聚烯烃复合材料为电绝缘体，因此填料的特性（如碳纤维、石墨或是金属填料的类型、尺寸、形状和在基体内的排列取向等因素）决定了复合材料的导电能力。利用导电填料合成的复合材料可应用于以金属材料为主的领域，如电极材料、电磁干扰（EMI）屏蔽材料、静电保护和微电子电阻器等。由于在商业、军事、通信和环保等多个领域均有广泛应用，电磁材料的特性至关重要[69~72]。传统的金属基电磁屏蔽材料目前已可用聚烯烃复合材料加以取代。使用导电聚烯烃复合材料的优势如下：

（1）质量轻、耐腐蚀，可适应特殊领域的使用需求；

（2）良好的弹性；

（3）易于加工成各种形状和尺寸；

（4）可回收。

图6.9所示为不同类型的电子电气设备。导电聚烯烃复合材料的一个重要应用是复合电极。电极材料必须具备导电能力，具有机械完整性、低渗透性和电化学活性，可在电解环境中保持性能稳定。材料的选择在制造过程中起着重要的作用。炭黑填充的高密度聚乙烯/乙丙共聚单体（HDPE/EPDM，共混比为70/30）共混复合材料是一种标准材料[73]。与炭黑填充HDPE和炭黑填充EPDM共混体系相比，这种共混复合体系因双逾渗效应而具有更低的渗透阈值和体积电阻率。炭黑的加入对材料的导电能力和力学性能均有提高[73]。电磁屏蔽材料是聚烯烃复合材料的另一个重要的应用。洛斯（Los）等人通过反向脉冲电解法证明，以微米和纳米铜片为导电填料的改性聚烯烃复合材料是一种性能优异的新颖超导材料[74]。石墨烯也是电子工业领域常用的导电填料。与硅芯片相比，石墨烯是一种更为出色的导体材料[75, 76]，石墨烯改性聚烯烃复合材料（通常是电绝缘基体材料）主要用于电磁屏蔽。

图6.9　不同类型的电气设备

6.3.7　建筑业

建筑行业普遍采用聚烯烃复合材料和纳米复合材料作为增强材料，提高材料的物理性能（拉伸强度、模量和阻尼）。聚烯烃复合材料在建筑业有非常广泛的应用，包括墙体、屋面、室外家具和横梁等。复合材料可加工成片材、框架、球状、结构型材和其他形式[77]。与传统材料相比，聚烯烃复合材料用于建筑业具有如下优势：

（1）坚固耐用、重量轻、耐腐蚀、强度高、维护简单；

（2）耐火阻燃，防紫外线；

（3）具有防潮性能；

（4）可加工成各种颜色和形状。

天然纤维增强聚烯烃复合材料通常应用于汽车和建筑行业。其中所用最多的添加剂为阻燃剂。易燃是限制复合材料应用的一个重要因素。在建筑业最常用的阻燃剂材料是氢氧化镁。氢氧化镁填料可与表面改性剂发生反应，在接近聚合物降解温度时通过发生吸热反应受热分解释放结合水（式6.1）。罗森（Rothon）等人[78]研究了氢氧化镁作为阻燃剂应用于聚丙烯。研究发现，加入阻燃剂的材料在起火6min后热量排放仅为100kW/m^2，而未加阻燃剂的材料热量排放为500kW/m^2。

$$Mg(OH)_2 \rightarrow MgO + H_2O(\sim 380℃) \qquad （式6.1）$$

图6.10所示为以Mg（OH）$_2$为阻燃剂的椰木纤维增强聚烯烃复合材料的形貌［纯

$Mg(OH)_2$阻燃剂填料和聚烯烃中$Mg(OH)_2$的分布情况]。图6.11所示为含有阻燃剂填料的聚烯烃复合材料。

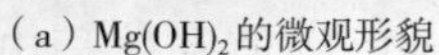

（a）$Mg(OH)_2$的微观形貌

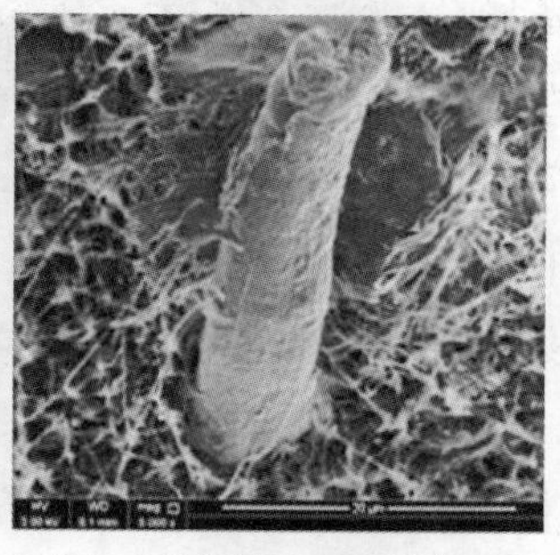

（b）加入组燃剂$Mg(OH)_2$的椰木纤维增强聚烯烃复合材料的微观形貌

图6.10 椰木纤维增强聚烯烃复合材料的微观形貌

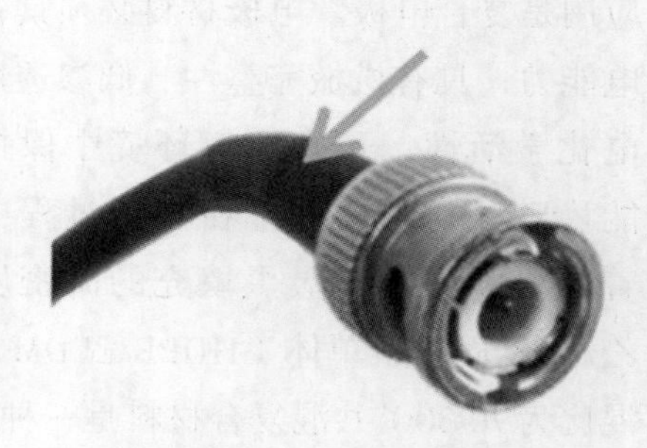

图6.11 $Al_2(OH)_3$填充LDPE复合材料制备的电缆

聚烯烃复合材料作为保温材料用于建筑行业。

保温材料用于建筑物在低环境温度下维持室内温度。建筑物隔热保温是节约能源、改善居住环境和使用功能的一个重要方面。例如，天然纤维增强聚烯烃复合材料（WPC）或可吸收释放热能的相变材料（PCM）。相变材料可通过相变潜热发挥作用。一些研究人员将石蜡作为相变填料对聚烯烃进行改性，得到了具有出色性能的保温材料[79~81]。

6.3.8 纺织行业

聚烯烃复合材料具有多种特性，适合应用于纺织纤维领域。聚烯烃复合材料的功能改性（聚合物与功能性填料的共混改性）可满足终端用户的使用需求。聚烯烃复合材料制备的纺织品具有良好的柔韧性。纺织品的使用期长、不褪色、对不同化学品具有耐受性、价格便宜且对环境无害，可用于运动服装。聚烯烃复合材料在纺织业的应用具有以下优势：

（1）具有疏水性，在湿度环境下不会发生降解；

（2）通过促进蒸发过程来达到排湿目的；

（3）材料具有耐化学性、抗污性；

（4）从健康和安全的角度来看，聚烯烃复合材料是一种安全无害的材料。

聚丙烯是聚烯烃材料中最常用的纺织材料。聚丙烯制成的纤维织物可保持地毯的干燥和洁净，可维持无菌环境。聚烯烃复合材料纺织品可用于运输行业的挠性中型散货集装箱（FIBCs）和散装建筑材料[82]。聚丙烯/聚醚酯酰胺复合材料可压制成精细纤维并编织成袋，用于运输散装材料。模压成型的聚丙烯/麻纤维复合包装袋一般用于化学品、肥料和燃料的包装运输[83]。聚烯烃复合材料制成的纺织面料还可用于地毯和地毯底布。加工过程中的机织物、簇绒复丝纱线或精纺纱均是采用针刺法从人造短纤维中提取的，并采用热定形技术进一步提高了材料特性[84]。制成的纺织品抗污染、弹性好、价格便宜，易染色，成本低。加入聚烯烃复合材料的地毯底布更稳定和更具舒适性，同时也起到缓冲的效果[85]。聚烯烃复合材料也可以用在绳子、麻线和网状织物中，由复合材料的多丝、单丝或带状形式组成（见图 6.11）。由于聚丙烯和聚乙烯都具有很强的耐化学性和疏水性，在上述领域有很多应用。例如由聚丙烯制成的农产品包装、渔网及包装袋等可浮于水面[85]。人工草场也是用了聚烯烃复合材料[86]。由聚乙烯和聚丙烯与染色剂、光稳定剂和其他填料（玻纤、碳纤维）共混制备的复合材料可加工成复丝纱线和原纤维扁丝纱线。这些聚合物纱线可用于加工表面柔软且富弹性的材料[87]。聚烯烃复合材料在土工织物和农工织物中也有应用。土工布包括在建筑和土木工程项目中使用的纺织品，主要用于稳定土壤、隔离不同的材料层并协助排水。农业领域中农用纺织品的需求量越来越大，主要用于温室大棚薄膜、步入式隧道覆盖膜、低隧道覆盖膜和地膜、防护网、收割网、遮光网、防风网、作物覆盖膜、植物防护网、防雹网、草地覆盖膜以及输水管道等[51]。

聚丙烯基和聚乙烯基复合材料纺织品在医疗卫生领域也有应用。例如一次性尿布、湿巾和一次性服装。聚烯烃复合材料制成的纺织物可防止不必要的染色，也可以避免液体污染。向聚合物材料中加入生物活性添加剂，如铵类抗菌剂、*N*-卤代胺烷基羧酸盐、烷基硫酸盐、烷基磺酸盐、烷基磷酸盐或烷基磷酸盐等，可以进一步提高卫生性能[88, 89]。

6.4 结束语

本章内容包括聚烯烃复合材料的定义、分类和在各领域的主要应用情况。聚烯烃复合材料是应用最广泛的聚合物材料之一。聚合物基体与填料（颗粒、纤维和结构填料）之间的协同作用可显著提高材料性能。本章简要介绍了聚烯烃复合材料的含义和分类，并对聚烯烃复合材料在各种领域（消费品、医疗、农业、包装业、运输业、电气工业、建筑业和纺织行业）的应用进行阐述。天然木质纤维改性的聚烯烃复合材料广泛应用于消费品行业，能够以塑料制品的成本价格获得木质产品的外观和性能。聚烯烃复合材料具有良好的生物相容性、优异的力学性能（高拉伸强度和高弹性）和较低的降解度，是非常理想的医用材料。在农业领域应用的聚合物复合材料可在无损环境和自然资源的条件下节约水资源，实现土地量产最大化。聚烯烃复合材料具有高比强度、低重量、耐久性、防水防尘等优点，在包装材料领域的应用日益增加。聚烯烃复合材料可用于多种汽车部件的加工，如保险杆、挡泥板、车门板、车前灯和车轮盖等。在汽车车身使用的聚烯烃复合材料可以减轻车身重量、减少燃料的使用量，从而降低二氧化碳排放量。用于电子屏蔽材料的聚烯烃复合材料轻质、抗腐蚀、柔韧性高且可回收。用于建筑行业的聚烯烃复合材料具备使用期长、质量轻、抗腐蚀、强度高和维护成本低等特点。聚烯烃复合材料具有疏水性，在纺织行业一般用于鞋类和地毯的加工。在制备聚烯烃复合材料时，可通过填料的种类和添加量对材料的成本、生物降解性、硬度、阻燃和抗紫外线等性能进行调节。未来研究方向将探索聚烯烃复合材料在社会生产和生活各个方面的新用途。

参考文献

1. M. Robert, R. Roy, B. Benmokrane, Environmental effects on glass fiber reinforced polypropylene thermoplastic composite laminate for structural applications. Polym. Compos. **31**, 604–611 (2010)
2. E.P. Gellert, D.M. Turley, Seawater immersion ageing of glass—fiber reinforced polymer laminates for marine applications. Compos. Part A—Appl. Sci. **30**, 1259–1265 (1999)
3. A.M. Hugo, L. Scelsi, A. Hodzic, F. Jones, R.R. Dwyer-Joyce, Development of recycled polymer composites for structural applications. Plast. Rubber Compos. **40**, 317–323 (2011)
4. J.B.P. Soares, T.F.L. McKenna, *Polyolefin Reaction Engineering*, 1st edn. (Wiley-VCH Verlag GmbH & Co., KGaA, Weinheim, 2012)
5. G. Saman, N.S. Kazemi, M. Behbood, T. Mehdi, Impact strength improvement of wood flour–recycled polypropylene composites. J. Appl. Polym. Sci. **124**, 1074–1080 (2012)
6. R. Karnani, M. Krishnan, R. Narayan, Biofiber-reinforced polypropylene composites. Polym. Eng. Sci. **37**, 476–483 (1997)
7. M. Noroozi, S.M. Zebarjad, Effects of multiwall carbon nanotubes on the thermal and mechanical properties of medium density polyethylene matrix nano composites produced by a mechanical milling method. J. Vinyl Add. Tech. **16**, 147–152 (2010)
8. W. Hufenbach, R. Bohm, M. Thieme, A. Winkler, E. Mäder, J. Rausch, Polypropylene/glass fiber 3D-textile reinforced composites for automotive applications. Mater. Des. **32**, 1468–1476 (2011)
9. M. Garcia, J. Hidalgo, I. Garmendia, J. Garcia-Jaca, Wood–plastics composites with better fire retardancy and durability performance. Compos. Part A—Appl. Sci. **40**, 1772–1776 (2009)
10. P. Panupakorn, E. Chaichana, P. Praserthdam, B. Jongsomjit, *Polyethylene/Clay Nanocomposites Produced* by In Situ Polymerization with Zirconocene/MAO Catalyst. Journal of Nanomaterial (2013) 9
11. G. Galgal, C. Ramesh, A. Lele, *A Rheological Study On The Kinetics Of Hybrid Formation In Polypropylene Nanocomposites*. Macromolecules, (ACS Publications, US, 2001)
12. N. Taranu, G. Oprisan, M. Budescu, A. Secu, I. Gosav, The use of glass fiber reinforced polymer composites as reinforcement for tubular concrete poles, in *Proceedings of the 11th WSEAS International Conference on Sustainability in Science Engineering*, ISBN: 978-960-474-080-2, ISSN: 1790-2769
13. K. Majeed, M. Jawaid, A. Hassan, A. Abu Bakar, H.P.S. Abdul Khalil, A.A. Salema, I. Inuwa, Potential materials for food packaging from nanoclay/natural fibers filled hybrid composites. *Mater. Des.* **46,** 391–410 (2013)
14. E.R. Degginger, M.P. Dellavecchia, A.H. Steinberg, *US 4098943 A Glass Fibers, Mineral Filler*. (Allied Chemical Corporation, Morristown)
15. J.R. Guedes, L.M. Rodrigues, D.R. Mulinari, *Mechanical Properties of Natural Fibers Reinforced Polymer Composites: Palm/Low Density Polyethylene XIV SLAP/XII CIP 2014*. (Porto de Galinhas, Brazil—1, 2014)

16. M. Asadzadeh, M.R. Khalili, R. EslamiFarsani, S. Rafizadeh, Bending properties of date palm fiber and jute fiber reinforced polymeric composite. Int. J. Adv. Des. Manuf. Technol. **5**, 59–63 (2012)
17. M. Biron, *Thermoplastics and thermoplastic composites: technical information for plastic user* (Butterworth-Heinemann publisher, Elsevier, Amsterdam, 2007)
18. Y. Xu, W. Gong, Polyisobutylene-based modifiers for glass fiber reinforced unsaturated polyesters composites. Iran. Polym. J. **21**, 91–97 (2012)
19. P. Annadurai, A.K. Mallick, D.K. Tripathy, Studies on microwave shielding materials based on ferrite- and carbon black-filled EPDM rubber in the X-band frequency. J. Appl. Polym. Sci. **83**, 145–150 (2002)
20. C.H. Hong, Y.B. Lee, J.W. Bae, J.Y. Jho, B.U. Nam, D.-H. Chang, S.-H. Yoon, K.-J. Lee, Tensile properties and stress whitening of polypropylene/polyolefin elastomer/magnesium hydroxide flame retardant composites for cable insulating application. J. Appl. Polym. Sci. **97**, 2311–2318 (2005)
21. A.B. Afzal, M.J. Akhtar, M. Nadeem, M.M. Hassan, Dielectric and impedance studies of DBSA doped polyaniline/PVC composites. Curr. Appl. Phys. **10**, 601–606 (2010)
22. K.A. Afrifah, R.A. Hickok, L.M. Matuana, Polybutene as a matrix for wood plastic composite. Compos. Sci. Technol. **70**, 167–172 (2010)
23. A. Ashori, Wood–plastic composites as promising green-composites for automotive industries. Bioresour. Technol. **99**, 4661–4667 (2008)
24. J. Li, P. Xue, W. Ding, J. Han, G. Sun, Micro-encapsulated paraffin/high-density polyethylene/wood flour composite as form-stable phase change material for thermal energy storage. Sol. Energy Mater. Sol. Cells **93**, 1761–1767 (2009)
25. M. Zampaloni, F. Pourboghrat, S.A. Yankovich, B.N. Rodgers, J. Moore, L.T. Drzal, A.K. Mohanty, M. Misra, Kenaf natural fiber reinforced polypropylene composites: a discussion on manufacturing problems and solutions. Compos. A Appl. Sci. Manuf. **38**, 1569–1580 (2007)
26. M. Wang, R. Joseph, W. Bonfield, Hydroxyapatite-polyethylene composites for bone substitution: effects of ceramic particle size and morphology. Biomaterials **19**, 2357–2366 (1998)
27. A. Bledzki, J. Gassan, Composites reinforced with cellulose based fibers. Prog. Polym. Sci. **24**, 221–274 (1999)
28. D. William, Callister (ed.), Material science and engineering: an introduction chapter 17, 522
29. S. Ahmed, F.R. Jones, A review of particulate reinforcement theories for polymer composites. J. Mater. Sci. **25**, 4933–4942 (1990)
30. H. Nitz, P. Reichert, H. Römling, R. Mülhaupt, Influence of compatibilizers on the surface hardness, water uptake and the mechanical properties of poly (propylene) wood flour composites prepared by reactive extrusion. Macromol. Mater. Eng. **276**, 51–58 (2000)
31. C.H. Hsueh, Effects of aspect ratios of ellipsoidal inclusions on elastic stress transfer of ceramic composites. J. Am. Ceram. Soc. **72**, 344–347 (1989)
32. B. Nam, S. Ko, S. Kim, D. Lee, *Weight Reduction Of Automobile Using Advanced Polypropylene Composites*. (Honam Petrochemical Corp. Daedeok Research. Inst., Daejeon, Korea)
33. D. Eiras, L.A. Pessan, Mechanical properties of polypropylene/calcium carbonate nanocomposites. Mater. Res. **12**, 517–522 (2009)
34. J. Holbery, D. Houston, *Natural-Fiber-Reinforced Polymer Composites In Automotive Applications*, vol. 58. (Springer, Berlin, 2006), pp. 80–86
35. K. Jayaraman, Manufacturing sisal-polypropylene composites with minimum fibre degradation. Compos. Sci. Technol. **63**, 367–374 (2003)
36. D. William, *Material Science and Engineering an Introduction*, 5th edn. Chapter 17, p. 523
37. R. Kumar, J.S. Dhaliwal, G.S. Kapur, Mechanical properties of modified biofiller polypropylene composites. Polym. Compos. **35**, 708–714 (2013)
38. http://info.smithersrapra.com/downloads/chapters/Engineering%20Plastics.pdf
39. C.S. Own, D. Seader, N.A. D'Souza, W. Brostow, Cowoven polypropylene/glass composites with polypropylene + polymer liquid crystal interlayers: dynamic mechanical and thermal analysis. Polym. Compos. **19**(2), 107–115 (1998)
40. M. Dewidar, M. Bakrey, A.M. Hashim, A. Abdel-Haleem, Kh Diab, Mechanical properties of polypropylene reinforced hemp fiber composite. Mater. Phys. Mech. **15**, 119–125 (2012)
41. M. Wang, L.L. Hench, W. Bonfield, Bioglass/high density polyethylene composite for soft

tissue applications: preparation and evaluation. J. Biomed. Mater. Res. **42**, 577–586 (1998)
42. W. Bonfield, Composites for bone replacement. J. Biomed. Eng. **10**, 522–526 (1988)
43. W. Bonfield, M.D. Grynpas, A.E. Tully, Hydroxyapatite reinforced polyethylene—a mechanically compatible implant material for bone replacement. Biomaterials **2**, 185–186 (1981)
44. J. Huang, M. Wang, I. Rehman, J.C. Knowles, W. Bonfield, Analysis of surface structure on bioglass/polyethylene composites in-vitro. Bioceramics **8**, 389–395 (1995)
45. T. Kokubo, Bioactivity of glasses and glass–ceramics, ed. by P. Ducheyne, T. Kokubo, C.A. Van Blitterswijk, in *Bone-Bonding Biomaterials*, (Reed Healthcare Communications, Leiderdorp, 1992)
46. J.A. Juhasz, M. Kawashita, N. Miyata, T. Kokubo, T. Nakamura, S.M. Best, W. Bonfield, *Apatite-forming ability and mechanical properties of glass–ceramic A-W-polyethylene composites*, Bioceramics **14**, 437–440 (2001)
47. D.M. Bigg, *Manufacturing methods for long fiber reinforced polypropylene sheets and laminates*, ed. by J. Karger-Kocsis, in *Polypropylene: Structure, Blends and Composites*. vol. 3 (Chapman & Hall, London, 1995), pp. 263–292
48. R. Scaffaro, L. Botta, F.P.L. Mantia, Preparation and characterization of polyolefin—based nanocomposite blown films for agricultural applications. Macromol. Mater. Eng. **294**, 445–454 (2009)
49. M. Ahmad, M.U. Wahit, M.R.A. Kadir, K.Z.M. Dahlan, Mechanical, rheological, and bioactivity properties of ultra high-molecular-weight polyethylene bioactive composites containing polyethylene glycol and hydroxyapatite. *Sci. World J.* **13**, 474851 (2012)
50. M. Etcheverry, S.E. Barbosa, Glass fiber reinforced polypropylene mechanical properties enhancement by Adhesion improvement. Materials **5**, 1084–1113 (2012)
51. J.G. Gho, R.A. Garcia. US5854304-A, Epi Environmental Prod Inc (EPIE-Non-Standard)
52. J. Murphy, *Additives for Plastics*, 2nd end. (Elsevier Science Inc, New York, 2001)
53. W. Soroka, *Fundamentals of Packaging Technology*, 3rd. end, (Institute of Packaging Professionals, Naperville, IL, 2002)
54. W. Callister, *Materials Science and Engineering*, 7th edn. (Wiley, New York, 2007)
55. K. Majeed, M. Jawaid, A. Hassan, A. Abu Bakar, H.P.S. Abdul Khalil, A.A. Salema, I. Inuwa, Potential materials for food packaging from nanoclay/natural fibers filled hybrid composites. Mater. Des. **46**, 391–410 (2013)
56. Hyun Kim, Jagannath Biswas, Soonja Choe, Effects of stearic acid coating on zeolite in LDPE. LLDPE, HDPE Compos. Polym. **47**, 3981–3992 (2006)
57. P. Jakubowska, T. Sterzynski, Thermal diffusivity of polyolefin composites highly filled with calcium carbonate. Polymer **57**, 271–275 (2012)
58. H. Qin, C. Zhao, S. Zhang, G. Chen, M. Yanga, Photo-oxidative degradation of polyethylene/montmorillonite nanocomposite. Polym. Degrad. Stab. **81**, 497–500 (2003)
59. H. Cox, et al. *Nanocomposite Systems for Automotive Applications*, in Presented at 4th World Congress in Nanocomposites, EMC, San Francisco, 1–3 September 2004
60. F. Patterson, *Nanocomposites—Our Revolutionary Breakthrough*. in Presented at 4th World Congress in Nanocomposites, EMC, San Francisco, 1–3 September 2004. Through the Courtesy of M. Verbrugge, General Motors
61. S. Moritomi, W. Tsuyoshi, K. Susumu, *Polypropylene Compounds for Automotive Applications* (Sumitomo Chemical Co. Ltd, Tokyo, 2010)
62. M.M. Davoodi, S.M. Sapuan, A. Aidy, N.A. Abu Osman, A.A. Oshkour, W.A.B. Wan Abas, Development process of new bumper beam for passenger car: a review. Mater. Des. **40**, 304–313 (2012)
63. H. Yui, Polymer based composite materials. *Plastics Age* 24 (2005)
64. E. Manias, A. Touny, L. Wu, K. Strawhecker, B. Lu, T.C. Chung, Polypropylene/montmorillonite nanocomposites. Rev. Synth. Routes Mater. Prop. Chem. Mater. **13**, 3516–3523 (2001)
65. http://www.nature.com/news/2008/080514/pdf/453264a.pdf
66. A. Farshidfar, V.H. Asl, H. Nazokdast, Electrical and mechanical properties of conductive carbon black/polyolefin composites mixed with carbon fiber. J. ASTM Int. 3 (2006)
67. M.Y. Koledintseva, J. Drewniak, R. DuBro, Modeling of shielding composite materials and structures for microwave frequencies. Prog. Electromagn. Res. B **15**, 197–215 (2009)
68. Z. Liu, G. Bai, Y. Huang, Y. Ma, F. Du, F. Li, T. Guo, Y. Chen, Reflection and absorption

contributions to the electromagnetic interference shielding of single-walled carbon nanotube/polyurethane composites. Carbon **45**, 821–827 (2007)
69. K.H. Wong, S.J. Pickering, C.D. Rudd, Recycled carbon fibre reinforced polymer composite for electromagnetic interference shielding. Compos. A **41**, 693–702 (2010)
70. J. Feng, H. Heinz, V. Mittal, *Advances in Polyolefin Nanocomposites*. Chapter 7. Modification of inorganic filler, (Taylor group, 2010)
71. A.J. Hoffman, L. Alekseyev, S.S. Howard, K.J. Franz, D. Wasserman, V.A. Podolskiy, E.E. Narimanov, D.L. Sivco, C. Gmachl, Negative refraction in semiconductor metamaterials. Nat. Mater. **6**, 946–950 (2007)
72. P. Los, A. Lukomska, S. Kowalska, R. Jeziorska, J. Krupka, Obtaining and properties of polyolefin composites metamaterials with copper micro-and nanoflakes. Polym. Rapid Commun. **56**, 324–327 (2011)
73. H.M. Seo, J.H. Park, T.D. Dao, H.M. Jeong, Compatibility of functionalized graphene with polyethylene and its copolymers. J. Nanomater. 8 (2013)
74. S. Kalia, B.S. Kaith, I. Kaur, *Cellulose Fibers: Bio- and Nano-Polymer Composites: Green Chemistry and Technology, Polyolefin Based Natural Fiber Composite* (Springer, Heidelberg, Dordrecht, London, New York, 2011)
75. A.A.A. Aziz, S.M. Alauddin, R.M. Salleh, M. Sabet, Influence of magnesium hydroxide/aluminum tri-hydroxide particle size on polymer flame retardancy. Overview Int. J. Chem. Eng. Appl. **3**, 437–440 (2012)
76. B. Weidenfeller, M. Höfer, F.R. Schilling, Thermal conductivity, thermal diffusivity, and specific heat capacity of particle filled polypropylene. *Compos. Part A: Appl. Sci. Manuf.* 35, 423–29 (2004)
77. G. Guo, G.M. Rizvi, C.B. Park, W.S. Lin, J. Appl. Polym. Sci. **91**, 621 (2004)
78. P.S. Liu, G.F. Chen. Chapter 7—Producing polymer foams. Porous Mater. Process. Appl. 345–382 (2014)
79. J.-F. Rondeau, A. Duval, H. Perrin, Inhomogeneous polypropylene/glass fibers undertray: a new broadband absorber, Faurecia Acoustic TechCenter BP 13 - ZI de Villemontry – 08, 210 Mouzan
80. K.R. Harikumar, K. Joseph, S. Thomas, Jute sack cloth reinforced polypropylene composites: mechanical and sorption studies. J. Reinf. Plast. Compos. **18**, 346–372 (1999)
81. A.K. Gupta, M. Biswal, S. Mohanty, S.K. Nayak, Mechanical, thermal degradation, and flammability studies on surface modified sisal fiber reinforced recycled polypropylene composites. Adv. Mech. Eng. **2012**, 13 (2012)
82. H. Karia, *Handbook of Polypropylene and Polypropylene Composites, Revised and Expanded*, (CRC Press, 2003) (Technology & Engineering)
83. K. Joseph, R. Dias, T. Filho, B. James, S. Thomas, L.H. de Carvalho, A review on sisal fiber reinforced polymer composites. J. Agr. Environ. Eng. **3**, 367–379 (1999)
84. http://www.google.co.in/patents/US4882208
85. A.K. Haghi, *Experimental Analysis of Geotextiles and Geofibers Composites*, (Wseas Press)
86. I.V. Arishina, T.E. Rodionova, N.G. Annenkova, A.N. Sosin, T.I. Andreeva, Investigation of the possibility of developing nanosilver-containing synthetic fibres and strands with prolonged bioactivity. Int. Polym. Sci. Technol. **39**, 55 (2012)
87. P. Brown, K. Stevens, *Nanofibers and Nanotechnology in Textiles, Chapter 13. Polyolefin Caly Nano-Composite*, (Woodhead Publishing in Textile, 2007)
88. L.J. Bastarrachea, L.A. McLandsborough, M. Peleg, J.M. Goddard, Antimicrobial N-halamine modified polyethylene: characterization, biocidal efficacy, regeneration, and stability. J. Food Sci. **79**, 887–897 (2014)
89. X. Jiang, A.M. Tafesh, J.B. Williams, H.A. Cash, K.S. Geick, *US 7582694 B2High Density Polyethylene, Quaternary Ammonium Alkyl Salt; Extrusion*. Lonza, Inc

第7章 包装及食品工业聚烯烃

伊戈尔·诺瓦克（Igor Novák）、安东·波佩尔克（Anton Popelka）、兹德罗·斯皮塔尔斯基（Zdeno špitalský）、伊戈尔·克鲁帕（Igor Krupa）、西布内姆·塔夫曼（Sebnem Tavman）

7.1 前言

通用的食品包装聚烯烃类聚合物包括低密度聚乙烯（LDPE）、线型低密度聚乙烯（LLDPE）、高密度聚乙烯（HDPE）、聚丙烯，还有一些聚乙烯基共聚物。但是聚烯烃非常低的表面能和黏合性能，并不适用于包装行业，米哈尔斯基（Michalski）[1]及诺瓦克（Novak）[2~6]等人已经进行了深入研究。包装在运输和储存过程中保护食品免受蒸汽、微生物、气味和粉尘等不利条件的影响。包装也能防止食物的营养素、功能特性、颜色、香味和味道的损失，并保持其整体外观以满足消费者的期望。因此，特别是在考虑到水蒸气、氧气和微生物的影响[7]，在食物和外部环境之间应该形成一个可接受的屏障。

保质期，也就是产品可以使用时间的长短，取决于包装的阻隔性能。包装也方便了食品的运输。良好的包装应该向消费者提供有关食品的信息，并吸引消费者购买。食品包装旨在保护食品免受污染，并保证其从制造到零售和消费全过程的质量。为了用于包装应用，聚合物必须具备某些性能，即良好的机械强度，以允许包装的食物经受严格的处理、运输、储存和冷藏（见图7.1）。

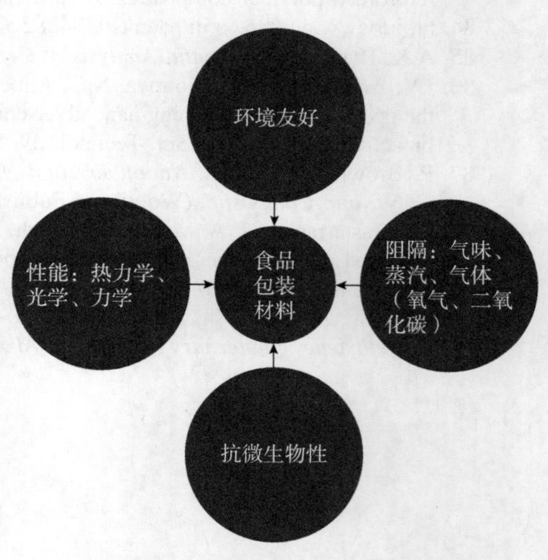

图7.1　食品包装材料的总体要求

由于需要热处理过程，在蒸煮和消毒过程中，食品包装也必须具有热稳定性。近年来，由于消费者的复杂而忙碌的生活方式，很多包装公司致力于开发增强功能性包装系统[8]。除了包装满足上述功能之外，包装公司还向公众提供了大量的产品信息来宣传和推广产品[9]。这些经典功能总结在图7.2中。

在高级包装中，上述属性通过基于化学、物理或生物过程的交互式元素得以增强。智能包装增强了沟通和营销功能，为消费者提供了实际产品质量的动态反馈。相反，调整活性物质是为了通过由内在或外在因素诱导的过程来保护和保存包装内容物[10]。

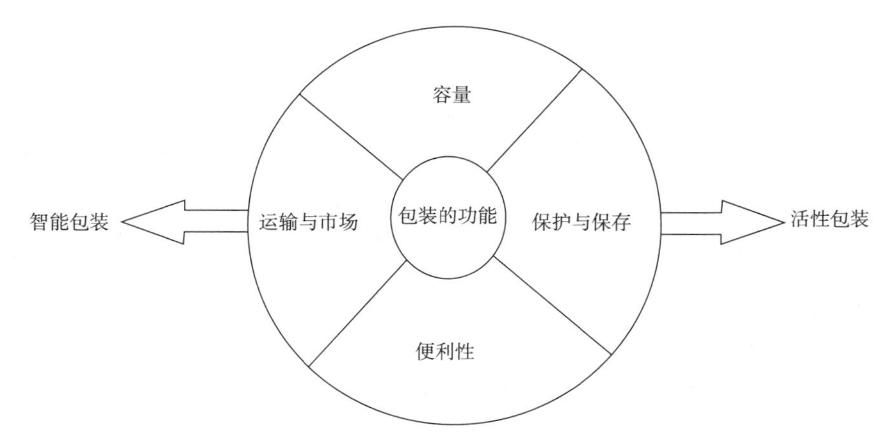

图7.2 先进的包装系统的功能

包装旨在保护食物免受环境污染。许多外部变量可能对食物产生不利影响，如氧气、污垢、人为干扰、灰尘、动物、昆虫、微生物以及过量或缺乏水分。包装与食品加工越来越融合，例如，罐装将包装（罐及其内容物）整合在一起，并且在连续过程中进行填充，去除空气、密封、加热、冷却和配送产品过程的保温操作，以充分保存食物。在包括食品工业在内的各种加工工业中，聚合物材料取代了包括玻璃、金属和纸张在内的传统材料[11]。食品包装用聚合物的表面性质，例如润湿性、密封性、可印刷性、吸收性、耐上釉性和对食品表面的黏附性等对于食品包装设计者和工程师在产品保质期、外观和质量控制方面至关重要。聚合物的物理和化学特性与常规材料相似，但是聚合物包装材料具有更大的柔韧性、化学惰性、透明度以及较低的比重。聚合物表面大部分是疏水的，具有低表面能[12]，并且不具有在许多应用中所必需的表面性质。除此之外，用于食品包装的多层聚合物的生产成本很高。为了制备具有所需性能的聚合物箔，经常使用表面改性的方法。包装的表面处理包括以下几个方面：功能化、清洁、刻蚀和聚合物表面沉积。

在包装材料表面官能化过程中，聚合物表面引入特定官能团。这些表面通常要进行改性处理，以改善其润湿性、密封性、可印刷性、耐上釉性，或与其他聚合物或材料的黏附性，而不会损害聚合物的整体性能[13]。表面改性也可用于增强食品包装聚合物的阻隔性能并赋予抗菌性能。聚合物表面通过表面改性进行清洁或刻蚀，以去除表面的污染物。表面处理可用于在聚合物表面上沉积薄涂层或对其进行消毒。聚合物表面可以通过化学或物理方法进行改性。物理方法比化学方法更受欢迎，因为前者具有更高的精度，便于过程控制，更加环保。用于聚合物表面预处理的经典物理化学方法包括火焰、等离子体改性、紫外线、伽马射线和离子束方法，以及电晕放电和激光表面预处理[14]。然而，在改性和老化的过程中，这些材料重新具有疏水性，对聚合物包装表面改性仅限于进行火焰和电晕处理。

7.2 加工

微生物法规已被用于食品工业中的聚合物包装材料的生产控制，是重要的危害分析和关键控制点[15]。食品包装箔用于延长食品保质期，保护食品免受外部污染和变质。如果食品包装没有进行适当消毒，食品可能会被包装表面进一步污染，从而导致健康风险和经济损失[16]。

可用于食品包装箔的灭菌方法包括干热、蒸汽、紫外线和化学品（如过氧化氢和环氧乙烷），还有一些新方法也已经过测试[17]。这些传统灭菌方法的主要缺点是会产生液体流出物。相比之下，低温等离子体灭菌是适用于众多包装材料安全且快速的方法。由于处理时间通常长达数分钟，因此食品包装在大量生产时消毒过程受到限制。必须考虑到较长的消毒时间是以食品包装可接受的价格计算的。等离子体消毒系统的规模化使用已经被用于工业生产[18]。研究机构已经比较了实验室规模下聚合物材料改性的效率。

两种系统的孢子还原动力学表明，等离子体阵列系统是可扩展的。穆兰伊（Muranyi）及其同事报道了使用冷等离子体处理来消毒聚合物箔，例如多层低密度聚乙烯和聚苯乙烯[19]。该小组发现，相对气体湿度的增加，实现1s处理期间黑曲霉和枯草芽孢杆菌的最小灭活是很有必要的。此外，阻挡放电等离子体和紫外线照射的组合已被证实能够破坏萎缩芽孢杆菌内生孢子和营养细胞的DNA。这种改性方法保证短时间的杀菌处理不会明显改变包装材料或其功能。

另一项研究[20]报道了放电、余辉和远离反应器区域中聚乙烯板的位置对使用13.56 MHz频率氧气等离子体用于灭菌处理的影响。在这三个区域，在较短的暴露时间内，铜绿假单胞菌的杀菌效果弱于氧气等离子体方法。为了制备有效的抗菌包装材料，研究人员已经通过冷等离子体修饰的方法将一些生物活性化合物（如溶菌酶、烟酸、葡萄糖氧化酶、香草醛和抗菌肽等）固定在包装箔上[21]。乔格尔（Joerger）等[22]使用电晕放电处理的简单改性方法制备含有银的壳聚糖基薄膜。这些膜表现出抗大肠杆菌和单核细胞增生李斯特氏菌的抗微生物特性。人们已经使用冷等离子体预处理将各种抗微生物化合物（如壳聚糖和三氯生）固定在聚合物表面上[23]。例如，在屏蔽放电等离子体中，三氯生和氯己定通过箔预处理后接枝的丙烯酸被成功地固定在低密度聚乙烯的表面上。通过接枝聚合物，抗菌化合物固定在包装膜表面，可达到规格要求。三氯生固定化样品对革兰氏阴性菌大肠杆菌和革兰氏阳性菌金黄色葡萄球菌的活性更高。

屏蔽放电等离子体的功能化能够生产出适合于包装膜生产的超薄层。在包装行业中，在玻璃容器或封装液体包装上印刷的情况下，材料必须可靠、价格低廉，且易于加工[24]。包装印记在食品和制药行业中是常见的，同时不会受到磨损。等离子改性可以帮助实现罐子和瓶子上的标签精确的颜色匹配。此外，改性处理可以阻止包装膜出现气泡，并提高了涂层的黏附性和耐划伤性，而不会损坏包装。研究机构已经采用了许多方法来量化等离子改性对印刷适性的影响。接触角通常用于测量表面能以及与印刷油墨附着力有关的聚合物的润湿性[25]。值得注意的是，表面润湿性也是由固体基质（聚合物）和液体（印刷油墨）之间的界面能决定的[26]。这个属性必须考虑所有的实际应用。显然，经过等离子体预处理后，聚乙烯与油墨的润湿性显著增加。

冷等离子体改性处理可以增强或改善食品包装材料的阻隔性能。冷等离子体处理经常被用来改性和灭菌包装，它可以影响其力学和传质（阻隔和迁移）的行为。关于冷等离子体处理的负面影响还没有得到广泛的研究，未来的工作应该考虑气体（如水蒸气、氧气）通过包装基质从外部环境渗透到食品中，以及一些小分子量物质（如单体、溶剂、增塑剂）从包装进入食品。人们必须对其毒理学性质进行评估，并可能通过立法进行控制[27]。冷等离子体处理聚合物研究最多的应用之一是其作为食品接触材料的应用，因为它们改变了阻隔性能[28]，这对于控制新鲜产品的保质期至关重要。一般来说，涂层箔的使用可将水蒸气通量减少一半以上。薄膜的优点是无色，可以让顾客清楚地看到的包装的食品。尽管气体渗透会影响食品和饮料的质量和保质期，低温等离子体预处理增强了聚乳酸（PLA）与四甲氧基硅烷交联后的气体渗透性[29]，有利于疏水表面涂层沉积。

冷等离子体处理[30]的食品包装材料也已经被学术界广泛研究。等离子体改性过程中小分子量化合物迁移尚未被深入研究，但这对于表面消毒和改进的黏附或印刷性是至关重要的。对于基于聚烯烃的包装金属箔，各种加工添加剂（增塑剂、稳定剂）可能在储存过程中从包装聚合物中大量迁移出来。小分子量的化合物迁移导致食物的化学污染以及聚合物基质的化学和物理性质的劣化。一些研究人员[31]研究了冷等离子体改性聚乙烯薄膜对其迁移性能的影响。在使用氩气等离子体处理后，聚乙烯膜的迁移明显减少。尽管科学家们努力研究食品安全，从控制包装材料到热塑性塑料的迁移方面做出了努力，但小分子迁移这个问题仍然没有得到解决。以往的研究结果表明，小分子迁移的问题可以得到解决，这种预处理方法应该进行优化，以获得预期的效果。最近，在大气压环境下工作并适于工业生产的电介质屏蔽放电生成等离子体技术已被用于在含有细菌样品、新鲜农产品、鱼和肉的密封包装中[32]。研究人员已经使用各种包装用聚合物（如低密度聚乙烯和高密度聚乙烯）研究了等离子体对食品的聚合物内包装去污[33]，同时发现了食品中微生物菌株的显著减少。该方法可以容易地放大应用到连续的工业过程中，防止包装后的食品污染[34]。为了推广应用这种方法，了解所有与冷等离子体改性聚合物包装材料有关的变化是很重要的。为了食品安全，应该在包装及等离子体处理之后，对聚合物包装材料、食品中的小分子量组分的扩散以及氧气的渗透性做进一步评估。

7.3 力学、物理及技术需求

对食品技术的大多数要求来源于加工更高质量、更安全和更便宜食品的愿望。用于消毒、保质、保质期延长和安全性提高的传统热工艺促进了现代食品工业的巨大发展[35]。通过蒸煮或无菌处理生产的保质期长的包装不需要冷藏，就可以在任何杂货店中分销售卖。这些类型的包装随时随地都可以使用，而且易于处理，因此从食品生产者到消费者均可从中获益。除了前面提到的阻隔性能之外，耐储存食品的包装的主要特性是提供微生物阻隔层。现阶段，研究和开发工作的重点是为食品包装体系创造新的产品，包括活性包装、改性气氛包装（MAP）、食用薄膜和涂层，以及环保包装。食品包装方面的许多新技术发展显著，建立了管理、卫生、健康和安全标准以及新材料的商业化可行性。

加工和包装设备设计必须致力于提高安全性、质量和生产效率。因此，包装新性能的研究必须与新工艺、材料和设备的发展相一致。包装技术的新发展需要新的材料和包装设计，并且当使用新的功能性包装材料时，包装可以发挥新的作用。活性包装技术的研究、开发和商业应用背后的驱动力是保质期的延长、产品质量以及安全保证（甚至在某些情况下提高产品的质量）[10]。活性包装系统通过保护食品包装免受生物恐怖主义（bioterrorism）引起的病原体污染，并使食品加工、分销、零售和消费更加便利，从而延长了食品的保质期。几种活性包装技术如除氧、二氧化碳吸收、除湿（干燥）或抗微生物系统已经商业化并且已被食品工业所使用。

氧气清除系统以小袋包装的形式除去氧气。无氧环境可以保护食物免受氧化、酸败、需氧菌和霉菌的侵害[36]。吸收二氧化碳的包装系统可以保护包装，防止包装后由于食品自身在包装内产生二氧化碳。例如，由于非酶褐变反应，包装的咖啡豆在储存期间可能产生二氧化碳。基于干燥的除湿系统可以通过吸收或释放水分来维持包装内的特定相对湿度。抗菌包装必须抑制腐败和致病微生物生长，以满足食品安全、生物恐怖主义袭击和保质期延长的要求。抗菌包装系统中的包装材料和包装环境可以杀死或抑制导致食源性疾病的微生物[35]。活性包装技术发展的主要目标如图7.3所示[8]。具体而言，该领域致力于设计功能性包装材料，以特定的、受控的方式释放化学或物理活性物质[36]。

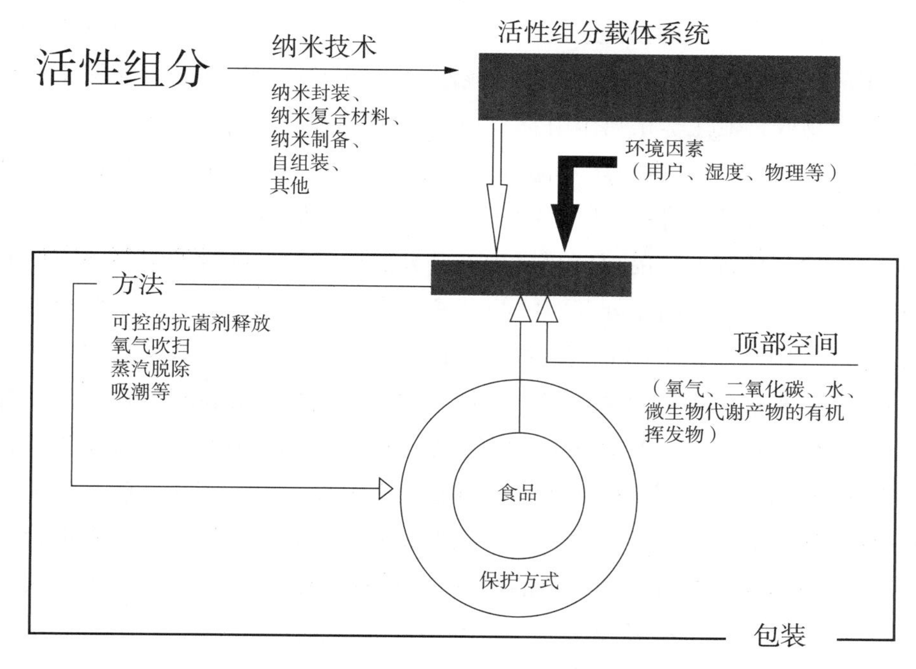

图7.3 活性包装的概念和涉及的纳米技术

智能包装属于主动包装和多种类包装。这种包装融合了智能化的功能，使食品制造和分销更加方便，其功能越来越多地包括提高食品安全性和验证其安全性[37]。与活性包装相比，智能包装的目的是指示或监控包装食品的新鲜度[38]。智能食品包装不同于活性食品包装，它能够监控包装食品和包装内环境的状况，并将这些信息转达给外部用户和设备[10]。

改性气氛包装[39]通过控制生化代谢并使材料保持“呼吸”，从而保持材料的新鲜度。商业化使用氮气吹扫、真空和二氧化碳注入等保鲜技术已经很多年了。然而，近来工业界引入了诸如水果和蔬菜的惰性气体（如氩气）漂洗，红肉的一氧化碳注射以及红肉的高氧漂的新的改性气氛包装技术。为了保证改性气氛包装系统的有效性，必须采用具有适当透气性的最佳包装材料。改性气体系统的使用对食品工业具有很大吸引力，这是由于初级加工水果和蔬菜、非冷冻肉类、即食食品和半加工散装食品的需求正在快速增长。改性气氛包装显著延长了包装食品的保质期，在某些情况下，改性气氛包装产品在运输过程中不需要任何处理或其他特殊保护。然而，在大多数情况下，保质期的延长和质量的维护需要多层次技术体系。例如，将温度控制与改性气氛包装结合在一起对于维持包装食品的质量通常是必要的。

因为传统的包装系统不包括可食用的和可生物降解的材料[40]。所以，可食用薄膜和涂层的预处理是活性食品包装的应用之一。可食用薄膜和涂层主要由可食用生物聚合物和添加剂制成的多用途材料，这些薄膜通过防止化学、物理和生物降解来改善食品的质量。如何提高食品的物理强度、减少颗粒聚集、改善食品表面的视觉和触觉特性，可食用薄膜和涂层提供了最简单的可能性[40]。它们还可以防止食品氧化、水分吸附脱附、微生物或其他化学相互作用[41]。可食用薄膜和涂层的标准功能是防止油、气和水蒸气迁移，并具有活性物质，如抗氧化剂、抗菌剂、着色剂和防腐剂[42]。可食用薄膜和涂层通过延长保质期和提高食品安全性来改善食品质量。

近年来，除了传统的食品保鲜热处理外，人们还开发了许多新的热处理技术和非热处理技术，包括辐照、高压处理、脉冲电场、紫外线（UV）处理和抗菌包装。商业化的食品包装应用已经由不同的机构进行了评估。所有的新技术通常都需要新的包装材料和设计参数来优化生产效率。例如，用于辐照灭菌的包装材料要求必须具有化学耐受性以防止材料降解，用于紫外线处理的包装要求材料必须可以透射UV光束，而可蒸煮小袋所用材料需要可以经受压力变化并在蒸煮温度下保持密封强度。新的包装材料和体系应在实验室进行必要的研究，以确保其安全性和无毒性，并可以由管理机构进行检验。新技术对公共健康和质量的影响必须进行测试，而且测试结果必须及时披露给公众、政府机构、生产者和用户。然而，某些标准，例如阈值水平、允许限度和普遍可接受的水平，是由政策及法规决定的，从而限制了科学家的干预。所有新的包装技术必须被包括消费者、零售商和生产者在内的最终用户所接受，并得到食品和卫生管理机构的批准。一些研究人员[43]确定了新的活性包装技术的要求，以确保经济上对企业有吸引力。

7.4 力学、物理及技术性能

用于食品包装目的的聚烯烃的力学、物理和技术性能主要受其化学组成的影响。由于聚烯烃包含各种原子类型的单体，它们的特性由以下关键因素决定：分子的排列、构型、构象和数量[44]。聚烯烃通常根据其线型程度表征为线型、支化、交联或网络状聚合物。由于许多聚合物性质因环境因素及其物理特性（如线型、分子量及其分布、密度、结晶度、湿度和温度）而异，因此塑料具有用于食品包装系统的实用性和多功能性[45]。例如，随着聚乙烯分子量的增加，一些性能（如拉伸强度、冲击强度、透明度和极限伸长率）也随之增加。随着密度的增加，除拉伸强度外，所有这些性能均下降。塑料包装聚合物的形态特性（如结晶度的变化）实质上影响了其他性质。设计塑料包装体系时考虑以下特性：

（1）密度；

（2）聚合度；

（3）热性能，诸如玻璃化转变温度、熔融温度、结晶温度、热焓值、热膨胀以及热变形温度（HDT）；

（4）耐化学性能；

（5）渗透性（溶解性和扩散性）；

（6）物理性质，如摩擦系数、拉伸强度、伸长率、黏度、弹性、塑性和模量；

（7）形态特征。

通常，塑料在食品包装中使用时具有以下优点：

（1）轻量化、廉价，与其他包装相比更结实；

（2）良好的耐油及耐化学品特性；

（3）优异的气体及水蒸气阻隔性；

（4）密封性能；

（5）热稳定性及良好的电绝缘性能；

（6）良好的加工性能（热成型、注射及挤出性能）；

（7）通过添加其他组分（如着色剂、填充剂和活性剂）可轻松增强其某种性能；

（8）与其他包装材料良好的结合性能；

（9）良好的重复使用及可持续循环利用能力。

7.4.1 聚乙烯

聚烯烃包括聚乙烯、聚丙烯和各种塑料，具有不同的分子线型、密度、聚合过程和取代基类型，其中聚乙烯是其中重要的一员。聚乙烯密度相对较低，高密度聚乙烯密度为0.940～0.970g/cm^3，线型低密度聚乙烯密度为0.916～0.940g/cm^3。通常来说，这些聚乙烯不仅具有良好的可加工性（如可以被制作成袋子、薄膜和瓶子），还表现出优良的水蒸气阻隔性能，这对于许多对水敏感的食品（如干燥食品和液体食品）是必需的。但是，这种塑料由于氧气阻隔性低而不适合作易氧化食品的包装。聚烯烃的性能受环境条件和物理因素（如密度、结晶度、自由体积、极性、湿度和温度的存在）的显著影响[44]。

因为低密度聚乙烯柔软、韧性好、可拉伸，它比高密度聚乙烯更适用于生产柔性薄膜。2011年，低密度聚乙烯在薄膜和片材领域的应用占全球低密度聚乙烯使用总量的67%。在上述应用中，低密度聚乙烯主要用来生产薄膜，而不是片材。低密度聚乙烯薄膜用于烘焙产品、冷冻食品、新鲜农产品、肉类和家禽以及糖果产品。线型低密度聚乙烯是以1%（摩尔）～10%（摩尔）的共聚单体α－烯烃（如丁烯、己烯或辛烯）作为均聚物或共聚物生产的。与相同密度的低密度聚乙烯相比，该塑料具有更好的性能（如机械性能），并且具有良好的透明度、热封强度和韧性，经常用于拉伸/黏贴薄膜、杂货袋和重型运输袋。

相比之下，高密度聚乙烯膜是一种比低密度聚乙烯具有更高结晶度的半透明聚合物薄膜，具有良好的气体阻隔性和水汽阻隔能力。高密度聚乙烯的密度在0.93g/cm^{3}和0.97g/cm^{3}之间。高密度聚乙烯具有较高的刚性和硬度。乙烯基共聚物（如乙烯丙烯酸和乙烯甲基丙烯酸及其离聚物）是通过乙烯和其他单体的聚合生产的[44]，通常是聚乙烯的支化形式。这些聚合物的结晶性和分子间作用力受到取代基团结构不规则性和极性增加的显著影响，具有增强的柔韧性、黏合性、热封强度和气体阻隔性能。这些聚合物经常用于食品（如肉类、奶酪、休闲食品）包装以及医疗产品包装。由于食品安全问题，共聚单体含量限制在20%～25%。由于离聚物［如由杜邦公司生产的沙林树脂（Surlyn）］含有交联的离子键，因此具有优异的伸长黏度和耐针孔性，且具有相对较高的加工温度（175～290℃）。

与其他食品包装材料（如高密度聚乙烯或箔层）结合使用时，离聚物可提供优异的阻隔性能。在20世纪90年代出现新一代线型聚乙烯聚合物，即茂金属聚合物。在制备这些聚合物的过程中使用金属阴离子和带负电的有机环阴离子组成的单一催化剂或者组合催化剂[44]。这个过程使得线型聚乙烯和其他聚合物的聚合度、线型度和结构等性质重新改变。另外，聚合物的强度、弹性和结晶度也随之变化。这种新型聚合物包括通常用于食品包装的塑料，如低密度聚乙烯（0.910～0.940g/cm^3）和高密度聚乙烯。

根据ASTM D 1248，聚乙烯的基本类型或分类如下[45]：

（1）超低密度聚乙烯（ULDPE）：密度范围为0.890～0.905 g/cm^{3}的含有共聚单体聚合物。

（2）极低密度聚乙烯（VLDPE）：密度范围为0.905～0.915 g/cm^{3}的含有共聚单体的聚合物。

（3）线型低密度聚乙烯（LLDPE）：密度范围为0.915～0.935 g/cm^{3}的含有共聚单体的聚合物。

（4）低密度聚乙烯（LDPE）：密度约为0.915～0.935 g/cm^{3}的聚合物。

（5）中密度聚乙烯（MDPE）：密度范围为0.926～0.940 g/cm^3，可能含有或可能不含共聚单体的聚合物。

（6）高密度聚乙烯（HDPE）：密度范围为0.940～0.970 g/cm^{3}的聚合物，可能含有或可能不含共聚单体。

聚乙烯是最简单的食品包装聚合物之一。在市场上可买到具有不同密度、水蒸气透过率、透气率和力学性能（如拉伸强度）的聚乙烯。这些品种使食品制造商能够根据自己的需求选择最佳的包装材料[45]。由于聚乙烯的表面极性和表面能均较低，所以在空气中低温放电等离子体进行改性处理是必要的[3～6]。由CO_2、H_2O和CO_2/H_2O等离子体改性的聚乙烯表面也已经进行了表征[46]。

7.4.2 聚丙烯

聚丙烯是一种适用于食品包装的通用聚烯烃。聚丙烯的密度低、成本低、熔点高、热封性好以及化学惰性好，适合用作不同食品的包装材料[45]。聚丙烯均聚物和无规共聚物都可用作食品包装材料。一般来说，聚丙烯的特点是密度低、玻璃化转变温度（T_g）相对较低、熔融温度适中（T_m），并且具有良好的耐油和耐化学性，如表7.1所示。这种聚合物由于具有优异的低温冲击强度、高的热变形温度（HDT）以及适宜的柔韧性和刚性等优异特性，使用范围非常广，从冷链食品至需要加热的产品都可使用，其中包括可耐受微波的柔性或硬质塑料包装。由于氧气阻隔性能差，聚丙烯通常与具有良好氧气阻隔性能的材料（如乙烯乙烯醇共聚物、尼龙或箔）结合，用于对氧气敏感的食品的软性和刚性塑料包装中，所包装的食品包括苹果、即食肉制品、汤、婴儿食品、番茄酱和米饭等。

聚丙烯作为包装材料的主要问题表现在黏合、印刷、涂覆和层压方面，这与其较低的表面能有关。有效的表面改性对于提高聚丙烯的表面能是必要的，主要是提高其极性组分[2]。作为烃类聚合物的聚丙烯，在其碳主链上包含交替的氢侧基和甲基（CH_3）侧基。聚丙烯的氢侧基在表面反应中的反应性取决于它们所连接的C原子的性质。一般而言，反应性以下列顺序增加：$H_{pri} < H_{sec} < H_{tert}$，其中$H_{pri}$、$H_{sec}$和$H_{tert}$指与H原子键合的C原子，分别与一个、两个和三个C原子相连接。研究机构已经详尽地模拟在大气压下使用电晕和阻挡放电等离子体对聚丙烯表面进行改性的结果[2, 6, 47]。文献[2, 48]报道了用空气等离子体处理聚丙烯的反应机理。在等离子体处理过程中，聚丙烯的降解是由于支链断裂形成低分子量的氧化材料，并且降解效果为（由弱到强）：氮气<氦气<空气<氧气。

表7.1　用于食品包装的聚烯烃及其他聚合物的通用性能

聚合物	热性能				强度		密度/（g/cm^3）
	T_m①/℃	T_m②/℃	HDT③/℃	CTE④/（10^{-6}/℃）	拉伸/MPa	压缩/MPa	
LDPE	98～115	～25	40～44	100～220	8～32	—	0.91～0.94
LLDPE	122～124	—	—	—	13～28	—	0.92～0.94
HDPE	130		79	59	22	19	0.94～0.97
PMMA	—	85	79	50	48	72	1.17
PP	168～175	−20	107～121	81～100	31～41	38～55	0.89～0.92
PS	—	74～105	68～96	50～83	36～52	83～90	1.04～1.05
PVC	—	75～105	57～82	50～100	41～52	55～90	1.3～1.58
PVDC⑤	172	−15	54～66	190	24～34	14～19	1.65～1.72
PA	—	310～365	277～360	45～56	72～118	207～276	1.36～1.43
PET⑥	245	73	21	65	48	76	1.29

注：①熔融温度；②玻璃化转变温度；③热变形温度（0.455载荷下）；④线型热膨胀系数；⑤聚偏二氯乙烯；⑥聚对苯二甲酸乙二醇酯。

复合材料由两个或更多相组成，即连续相和分散相。通常，连续相由聚合物组成，分散相为填料或增强材料。通常，纳米复合材料是指由单一聚合物或聚合物共混物与颗粒尺寸小于0.1μm的复合材料组成。例如，相关文献已经报道了纳米粒子如SiO_2的共混体系[49]。据文献报道，可以通过将纳米材料混合到基体中来显著增强聚合物的热稳定性、光学、机械性能（刚性、抗拉强度、韧性、抗剪强度、抗分层性、抗疲劳性）和阻隔性能。图7.4[8]显示了制备纳米复合材料的整个过程，与纯聚合物材料相比，这些材料的阻隔性能显著增强。复合材料的性能受到聚合物基体中纳米粒子分散的影响。例如，对于蒙脱土（MMT），分散相可以根据所用的层状硅酸盐的分散状态和类型（原生态与改性）采用三种不同的模式。这些模式包括：

（1）类晶团聚体——蒙脱土层不分层，最终性能几乎与微复合材料相同；

（2）插层蒙脱土——大分子链穿插硅酸盐层之间，降低了其流动性；

（3）剥离的蒙脱土——蒙脱土层完全分成单独片层并均匀地分散在连续的聚合物相中，这导致整体性能的改善。

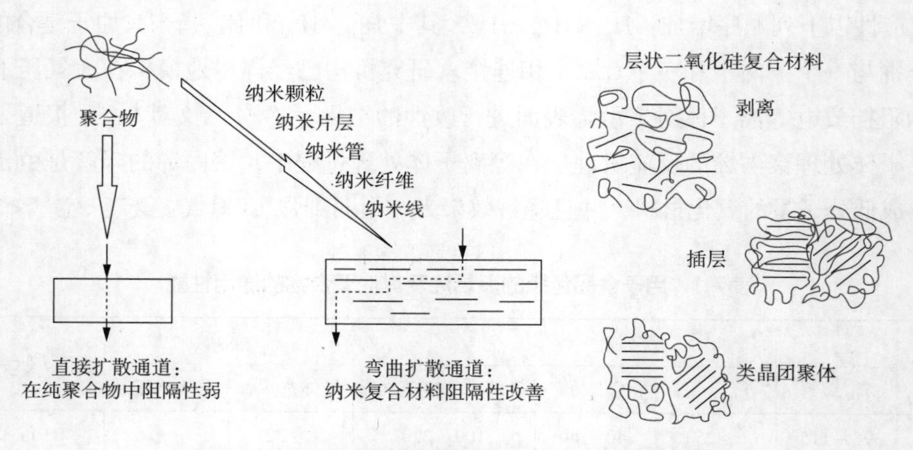

图7.4　纳米复合材料制备及阻隔性改善的机理图

将填料（如具有高表面/厚度比的纳米片）用于聚合物可改善复合材料对渗透分子的阻隔性能。由于这些颗粒对聚合物基质的渗透性不同，因此渗透分子在复合材料中的扩散路径比在原始聚合物基体中要长[8]（见图7.4）。因此，纳米复合材料对气体和蒸汽的整体阻隔性能得到改善。就食品应用而言，黏土/聚合物复合材料是复合材料中最主要的研究目标[51]。例如，Xie等[52]提出将有机蒙脱土与基体混合后，低密度聚乙烯的阻氧性能显著增强。

智能包装系统的优势在于提高包装的“信息传达能力”。例如，这些系统可以实时地告知当前的食品质量，而不是依靠静态的“最佳食用期”和“使用依据”等限定保质期[53]。这种先进的封装形式可以通过智能标签（如射频识别标签、时间-温度指示器、氧气和二氧化碳传感器以及新鲜度指示器）等创新的信息传递方法，有效地在整个产品分销链中传递信息[8]。图7.5描述了基于纳米技术的智能包装系统最重要的一点。

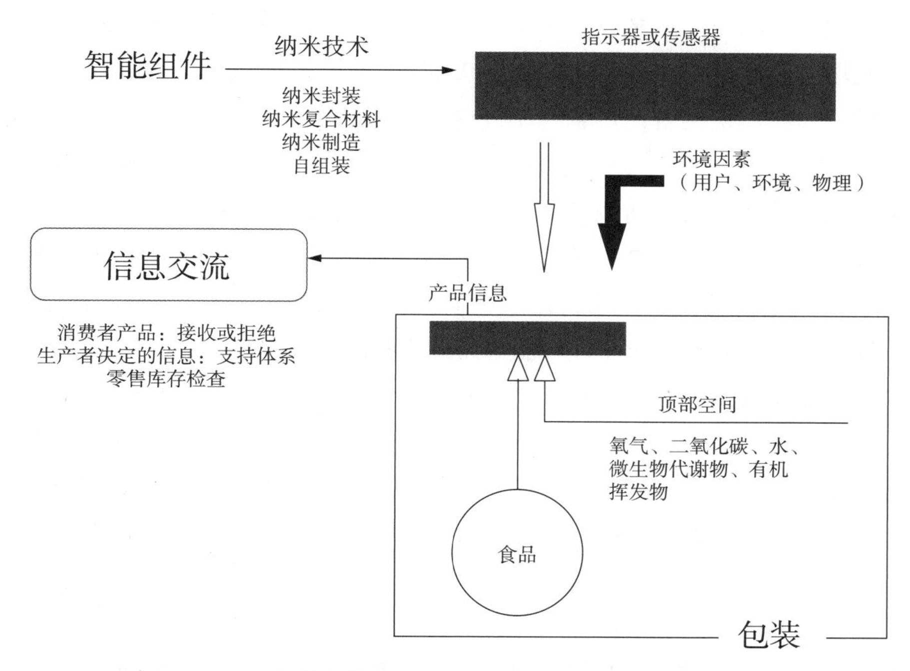

图7.5 智能包装的概念和涉及的纳米技术的示意图

由合适的纳米技术制造的指示器或传感器可以与包装内的组分（食品组分和上层组分）和外部环境相互作用。由于这些相互作用，传感器或指示器显示与食品的状态相关的信号（如视觉提示、电信号）。显示的信号不仅可以用来告知消费者有关产品的安全性和质量，还可以帮助生产者确定在整个产品分销渠道和生产过程中采取什么行动，以及何时实施这些行动[54]。

7.5 设计要求

创新的包装设计的关键目标是使用包装作为强大的营销工具，以更有效地吸引消费者对商店的关注，与他们沟通，并提供与市场上其他有竞争优势的产品[55]。标签上的任何文字的包装颜色、形状、字形和印刷属性，对产品包装的视觉以及消费者与其进行交互时的声音等感觉特征都可以帮助传达关于内容物的可能属性[56]。在一项研究中，学者们研究了感觉和听觉的包装特征，以及传播与产品的味道/风味可能的相关方式[57]。产品包装的不同感官特征可以传达关于产品味道/风味的线索，并可以对应地采用交叉模式来解释。根据一些研究人员的研究成果[58]，跨模式对应是指在不同的感官模式中匹配各种属性和感官维度的趋势。研究人员已经发现了口味与其他视觉和非视觉感觉线索（如颜色、声音、形状，甚至文字）之间的交叉模态对应关系[59]。产品包装上的字体也可能超出了用这些字体书写的特定单词的实际语义内容。需要注意的是，产品的包装不仅仅是视觉特征。例如，经常有人提出某些语音可以传达意义。因此，通过使用声音符号，公司可以选择品牌名称来传达关于产品实际口味的信息[60]。

人们倾向于将特定的言语声音与不同的基本口味相匹配的想法也被用非言语声音来加以研究[59, 60]。迄今为止，这方面的研究主要集中在一次改变一种包装特征（如其形状）的影响。因此，必须研究产品包装的各种视觉和听觉特征之间的相互作用。基于产品的味道可以通过其包装的感官属性来传达这一事实，一项研究评估了形状、字体、名称和声音之间的相互作用，以及它们对传达假设的可能的味道（或与之相关）的贡献，即品尝一种假想的食品，可能是甜的或酸的。根据以前的研究，圆形的图形、字体和名字与甜味相关，而酸味则与带有棱角的图形、字体和名字相关。

考尔德（Calder）等人[61]认为，包装设计已成为品牌设计的一部分。从这个意义来说，包装已经成为将品牌本质传达给消费者的策略的一部分。因此设计师和产品经理应该通过了解各种感官线索这一事实参与品牌感觉的建立。沃克（Walker）等[62]认为，跨模态的对应关系延伸到经验的许多方面：例如，棱角与硬质表面或材料有关，高音和明亮刺激有关。这些知识可以通过包装设计来传达品牌价值、含义和产品特征。因此，研究跨模式的对应关系可以帮助设计师理解特定的感官属性如何传达特定的品牌和产品特征。此外，这些结果还突出了早期进行包装设计的重要性，即了解如何在后期的发展阶段通过包装宣传产品特征和品牌，从而提高产品发布的成功率并降低成本。将来，在互联网上使用预测性包装设计将会非常有趣，因为这样能评估不同市场消费者的关联。

7.6 结束语及未来趋势

在食品科学的各个领域，人们越来越关注利用纳米结构来改善食品和工艺的性能。食物中的许多组织结构在100nm范围内，并且由于其独特的物理性质，在营养物质的输送或承担重要任务时，表现出增强的生物活性。通过使用特定的加工或环境条件来制造食物，可以获得纳米结构。与具有类似组成的结构相比，小尺寸比大尺寸更能影响食物的功能特性。在食物中，这些结构通常分散在溶液中，它们不是永久性的生物，会被消化和水解，并且不会在器官或环境中累积。由于它们的物理性质，特别是它们的表面积增大，这些结构在封装生物活性、改善质地和结构方面更加有效，或者呈现出改善的加工和营养功能。聚合物的低温放电等离子体处理用于食品包装箔的表面灭菌。应该对放电等离子体处理的薄膜的体积和质量传输性质进行探索和量化研究。这些特性对包装非常重要，用于判断包装适合需要呼吸的食品还是不需要呼吸的食品，也适用于评估产品安全。利用放电等离子体辅助生物活性物质和抗菌素的沉积，可以扩展新兴的食用薄膜和活性食品包装领域。未来应该重点研究低温等离子体接枝聚烯烃表面固定化后的抗菌效率方面。天然抗菌剂是非常有前途的替代品，它们作为天然产品对消费者有较大的吸引力，并且不与食品安全规定冲突。抗菌包装的商业化涉及各种营销因素，如物流、成本和消费者接受度。在现有的与包装有关的物流系统中，抗菌包装系统应该是可控的。新的包装系统的商业化应该满足合理的回收成本。消费者对新的抗菌包装系统的接受度至关重要的。接受度的高低可能与新包装的便利性和易用性、新包装与文化和生活方式的冲突以及其他原因有关。粮食安全问题是世界的重大问题，抗菌包装可以在粮食安全保障中发挥作用，需要与工业部门、农民、生产者、批发商、零售商、政府和消费者的需求全面达成一致。食品包装技术的发展趋势包括研究和开发新型材料，显著改善气体和蒸汽的阻隔性。由于低渗透材料由具有高阻隔性的薄或轻质材料制成。可以减少所需包装材料的总量。当今，食品包装技术的一个重要趋势是便利性，特别是在制造、分销、运输、销售、营销、消费和废物处理方面。另一个重要趋势是安全性，因为它涉及公共卫生和安全，需要防止生物恐怖主义。食源性疾病和食物的恶化必须从食物链中消除。食品安全将成为食品包装应用的重要考虑因素。食品包装技术也与消费者研究有关。消费者倾向于寻找具有新功能的新材料，新的食品包装系统反映了当前的食品加工技术、生活方式的变化以及科学研究的发展趋势。

致谢：作者感谢斯洛伐克共和国和斯洛伐克科学院的教育，青年和体育部的资金支持项目VEGA 2/0199/14，以及由欧洲区域发展基金的科学和研究运作方案支持的新材料和技术转让应用研究中心的项目ITMS 26240220088。

参 考 文 献

1. M.C. Michalski, S. Desobry, M.N. Pons, J. Hardy, J. Am. Oil Chem. Soc. **75**, 447–454 (1998)
2. I. Novák, V. Pollák, I. Chodák, Plasma Proc. Polym. **3**, 355–364 (2006)
3. I. Novák, A. Popelka, I. Krupa, I. Chodák, I. Janigová, T. Nedelčev, M. Špírková, A. Kleinová, Vacuum **86**, 2089–2094 (2012)
4. I. Novák, G.K. Elyashevich, I. Chodak, A.S. Olifirenko, M. Števiar, M. Špírková, N. Saprykina, E. Vlasova, A. Kleinova, Eur. Polym. J. **44**, 2702–2707 (2008)
5. I. Novák, A. Popelka, I. Chodák, J. Sedliačik, Study of adhesion and surface properties of modified polypropylene, in *Polypropylene*, ed. by F. Dogan (InTech, Rijeka, Croatia, 2012), pp. 125–160
6. I. Novák, Š. Florián, Macromol. Mater Eng. **289**, 269–274 (2004)
7. J.W. Rhim, H.W. Park, C.S. Ha, Prog. Polym. Sci. 1629–1652 (2013)

8. S. Mihindukulasuriya, L.T. Lim, Film Packag. Technol. Sci. **40**, 149–167 (2014)
9. K.L. Yam, P.T. Takhistov, J. Miltz, J Food Sci. **70**, R1–R10 (2005)
10. L.T. Lim, in *Active and Intelligent Packaging Materials*, 2nd edn. eds. by C.L. Cooney, A.E. Humprey. Comprehensive Biotechnology, vol 4, (Pergamon Press, Oxford, 2011), pp. 629–644
11. S.K. Pankaj, C. Bueno-Ferrer, N.N. Misra, V. Milosavljevic, C.P. O'Donnell, P. Bourke, K.M. Keener, P.J. Cullen, Trends Food Sci. Technol. **35**, 5–17 (2014)
12. A. Vesel, M. Mozetic, Vacuum **86**, 634–637 (2012)
13. M. Ozdemir, C.U. Yurteri, H. Sadikoglu, Food Technol. **53**, 54–58 (1999)
14. H.J. Adler, P. Fischer, A. Heller, I. Jansen, D. Kuckling, H. Komber et al., Acta Polym. **50**, 232–239 (1999)
15. J. Mittendorfer, H. Bierbaumer, F. Gratzl, E. Kellauer, Radiat. Phys. Chem. **63**, 833–836 (2002)
16. N.N. Misra, B.K. Tiwari, K.S.M.S. Raghavarao, P.J. Cullen, Food Eng. Rev. **3**, 159–170 (2011)
17. S. Lerouge, M.R. Wertheimer, L.H. Yahia, Plasmas Polym. **6**, 175–188 (2001)
18. J. Schneider, K.M. Baumgartner, J. Feichtinger, J. Kruger, P. Muranyi, A. Schulz et al., Surf. Coat. Technol. **200**, 962–968 (2005)
19. P. Muranyi, J. Wunderlich, H.C. Langowski, J. Appl. Microbiol. **109**, 1875–1885 (2010)
20. L. Yang, J. Chen, J. Gao, Y. Guo, Appl. Surf. Sci. **255**, 8960–8964 (2009)
21. M. Mastromatteo, L. Lecce, N. De Vietro, P. Favia, M.A. Del Nobile, Meat Sci. **74**, 113–130 (2011)
22. R.D. Joerger, S. Sabesan, D. Visioli, D. Urian, M.C. Joerger, Packag. Technol. Sci. **22**, 125–138 (2009)
23. A. Popelka, I. Novák, M. Lehocký, I. Chodák, J. Sedliačik, M. Gajtanská et al., Molecules **17**, 528–535 (2012)
24. M.S. Banu, Cold Int. J. Emerg. Trends Eng. Dev. **4**, 15 (2012)
25. D. Dixon, B.J. Meenan, J. Adhes. Sci. Technol. **26**, 2325–2337 (2012)
26. V. Guillard, M. Mauricio-Iglesias, N. Gontard, Crit. Rev. Food Sci. Nutr. **50**, 969–988 (2010)
27. L. Bardos, H. Barankova, Thin Solid Films **518**, 6705–6713 (2010)
28. K.T. Lee, Meat Sci. **86**, 138–150 (2010)
29. Y. Uemura, Y. Maetsuru, T. Fujita, M. Yoshida, Y. Hatate, K. Yamada, Korean J. Chem. Eng. **23**, 144–147 (2006)
30. O.B.G. Assis, J.H. Hotchkiss, Packag. Technol. Sci. **20**, 3293–3297 (2007)
31. J.L. Audic, F. Poncin-Epaillard, D. Reyx, J.C. Brosse, J. Appl. Polym. Sci. **79**, 1384–1393 (2001)
32. J. Connolly, V.P. Valdramidis, E. Byrne, K.A.G. Karatzas, P.J. Cullen et al., J. Phys. D Appl. Phys. **46**, 035401–035412 (2013)
33. N.N. Misra, D. Ziuzina, P.J. Cullen, K.M. Keener, *In American Society of Agricultural and Biological Engineers*. (Dallas, Texas, July 29–August 1, 2012), p. 121337629
34. K.M. Keener, J. Jensen, V. Valdramidis, E. Byrne, J. Connolly, J. Mosnier, et al., NATO Advanced Research Workshop: plasma for bio- decontamination, medicine and food security, Jasná, Slovakia, eds. by K. Hensel, Z. Machala, pp. 445–455 (2012)
35. J.H. Han, D.S. Lee, S.C. Min, M.S. Chung, J. Phys. Chem. C **116**, 12599–12612 (2012)
36. J.H. Han, Antimicrobial packaging materials and films, in *Novel Food packaging techniques*, ed. R. Ahvenainen (Woodhead Publ. Ltd. and CRC Press LLC, 2003) pp. 50–70
37. E.T. Rodrigues, J.H. Han, Intelligent packaging, in *Encyclopedia of Agricultural and Food Engineering*, ed. by D.R. Heldman (Marcel Dekker, New York, 2003), pp. 528–535
38. D. Restuccia, U.G. Spizzirri, O.I. Parisi, G. Cirillo, M. Curcio, F. Iemma, Food Control **21**, 1425–1435 (2010)
39. J.H. Han, Protein-based edible films and coatings carrying antimicrobial agents, in *Protein-Based Films and Coatings*, ed. by A. Gennadios (CRC Press, Boca Raton, 2002), pp. 485–499
40. B. Cuq, N. Gontard, S. Guilbert, Edible films and coatings as active layers, in *Active Food Packaging*, ed. by M. Rooney (Blackie Academic & Professional, Glasgow, 1995), pp. 111–142
41. J.J. Kester, O.R. Fennema, Food Technol. **48**, 47–59 (1986)
42. J.M. Krochta, C. De Mulder-Johnston, Food Technol. **51**, 61–74 (1997)

43. J.P. Kerry, M.N. O'Grady, S.A. Hogan, Past current and potential utilisation of active and intelligent packaging systems for meat and muscle-based products: a review. Meat Sci. **74**, 113–130 (2006)
44. Y.T. Kim, B. Min, K.W. Kim, *Innovations in Food Packaging*, Chapter 2, (Elsevier, Amsterdam, 2014), pp. 13–35
45. S.K. Pankaj, S.U. Kadam, N.N. Misra, *Trends in food packaging* (VDM Publishing House, Germany, 2011)
46. N. Medard, J.-C. Soutif, F. Poncin-Epaillard, Langmuir **18**, 2246–2253 (2002)
47. R. Dorai, M.J. Kushner, J. Phys. D Appl. Phys. **36**, 666 (2003)
48. Y. Akishev, M. Grushin, N. Dyatko, I. Kochetov, A. Napartovich, N. Trushkin et al., J. Phys. D Appl. Phys. **41**, 235203 (2008)
49. J.L. Tsai, H. Hsiao, Y.L. Cheng, J Compos. Mater. **44**, 505–524 (2010)
50. Y. Zhong, T. Poloso, M. Hetzer, D. De Kee, Polym. Eng. Sci. **47**, 797–803 (2007)
51. J.M. Lagaron, I. Cabedo, D. Cava, J.I. Feijoo, R. Gavara, E. Gimenez, Food Addit. Contam. **22**, 994–998 (2005)
52. L. Xie, X.Y. Lv, Z.J. Han, J.H. Ci, C.Q. Fang, P.G. Ren, Polym.-Plast. Technol. Eng. **51**, 1251–1257 (2012)
53. C. von Bultzingslowen, A.K. McEvoy, C. McDonagh, B.D. MacCraith, I. Klimant, C. Krause et al., Analyst **127**, 1478–1483 (2002)
54. K.L. Yam, P.T. Takhistov, J. Miltz, J. Food Sci. **70**, R1–R10 (2005)
55. A. Azzi, D. Battini, A. Persona, F. Sgarbossa, Packag. Technol. Sci. **25**, 435–456 (2012)
56. C. Spence, O. Deroy, Flavour **1**, 12 (2012)
57. C. Velasco, A. Salgado-Montejo, F. Marmolejo-Ramos, C. Spen, Food Qual. Prefer. **34**, 88–95 (2014)
58. C. Spence, A. Gallace, Food Qual. Prefer. **22**, 290–295 (2011)
59. O. Deroy, C. Spence, Cerveau Psycho **55**, 74–79 (2013)
60. R.R. Klink, Mark. Lett. **14**, 143–157 (2003)
61. B.J. Calder, S. DuPuis, Packaging and brand design. Wiley Int. Encycl. Mark. (2010). doi:10.1002/9781444316568.wiem04024
62. P. Walker, Attention, Percept. Psychophys. **74**, 1792–1809 (2012)

第8章 聚烯烃黏合改性

安东·波佩尔克（Anton Popelka）、伊戈尔·诺瓦克（Igor Novak）、伊戈尔·克鲁帕（Igor Krupa）

8.1 前言

聚烯烃表现出的优异的性能及人们对其黏附性的认识，对于包装、建筑、汽车、航空、航空航天、电子和体育等许多行业来说都非常重要。当其他层压材料、薄膜或金属层被添加至聚烯烃表面时，较差的表面黏接性是一个严重的问题。黏附是指两种固体之间的接触，例如涂层、聚合物混合物、油漆、多层三明治、黏合接头或复合材料。黏附是一个多学科的课题，包括表面化学、物理学、聚合物化学、流变学、力学分析和断裂分析。通常几种因素会对聚烯烃的黏合性能有负面影响：一是污染物，它会造成黏附力的降低。因此，通过化学或物理方法去除污染物是很有必要的；二是湿润性，它会影响表面自由能，而表面自由能与黏附力成正比；三是接触面积，它也与黏附力成正比关系。因此，可以使用不同的技术来改进黏合性聚烯烃，例如化学改性、UV、火焰或等离子体处理。聚烯烃表面改性对于改善黏附性要求、提供表面保护以减少降解或磨损过程是必要的。

8.2 定义/分类

聚烯烃在许多领域，如包装、建筑及运输行业中都得以广泛应用。聚烯烃与其他材料的组合可以改善各种性能。许多聚烯烃属于非极性聚合物，具有低极性和低表面能的特点；这些聚合物与其他材料[1]相比黏接性较差，所以聚烯烃需要改善其表面性能及黏合性能以满足许多应用。在实际应用中，不同聚烯烃黏合性能的改善方式的选择主要取决于黏合接头的要求[2]。

黏附力可分为内在黏附力和测量黏附力。第一类是指黏合剂和基材之间相互吸引的直接分子力，第二类是通过测量黏合剂接头的强度获得的。黏合界面上的内在黏附力对于黏结是非常有必要的[3]。

黏附主要有的四种理论：吸附理论、静电理论、扩散理论及机械联锁理论。分述如下：

（1）吸附理论。强调一旦基底和黏合剂直接接触，它们之间就会产生吸引力。初级键或次级键（如共价键或范德华力）的存在以及湿润度良好，形成了足够高的连接强度。初级键对于恶劣环境下键的持久性是必要的。在该理论中，流动相的大分子（如黏合剂、印刷和油墨）通过力（从分散到化学键）吸附在衬底上。

（2）静电理论。指出了电气现象，例如，考虑到基材和黏合剂之间的静电荷转移，在黏合剂破坏期间观察到的火花。该理论认为，该系统由黏合剂基材组成，类似于平行排列的板式冷凝器。与黏附断裂的能量相比，与该过程相关的能量通常较小[4, 5]。关于这一理论，在界面处与不同带结构连接的两种材料之间存在电荷转移，因此材料通过静电力结合。该模型仅适用于不相容的材料，如聚合物与金属表面之间的黏附[6]。

（3）扩散理论。解决了当界面被消除时，流动相的大分子扩散到基体中的问题。在最后的理论（机械联锁）中，流动相流入衬底表面的不规则状态，并且存在互锁作用（见图8.1）[7]。

（4）机械联锁理论。在这种最古老的黏附理论中，由于润湿性足以通过黏合剂如图8.1（a）所示，基底的粗糙度和孔隙率是合适的因素。然而，非润湿部分失败的原因如图8.1（b）所示[8]。

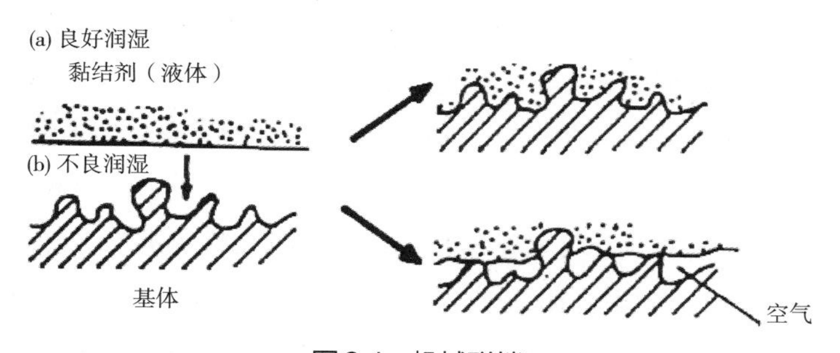

图8.1　机械联锁

8.3　聚烯烃的预处理

塑料与弹性体通常采用不同的预处理方式，在这一节中，我们将着重关注塑料聚烯烃的预处理方法。在过去的半个世纪里，为了提高聚烯烃的黏合性，人们相继开发多种不同的预处理方法。在20世纪50年代，已开发出多种预处理方法，其中包括火焰处理法、电晕放电处理法、铬酸处理法以及氯气处理法（紫外光激活）等，前三种方法被严格用于聚乙烯（PE）和聚丙烯（PP）的处理。电晕放电处理是将塑料暴露在电场中，通过高电压放电将空气分解成包括氧原子、臭氧和其他离子的活性组分，这种方法同样适用于圆柱形材料的处理，如瓶状物体。铬酸对三维物体的处理非常有效，但由于污染环境而被淘汰。氯化聚丙烯作为底漆已有很多商业化应用，例如，在聚丙烯保险杠涂漆之前使用氯化聚丙烯底漆。工业上还曾尝试过许多未得到广泛应用的预处理方法，这些方法包括过硫酸铵法、有机过氧化物法、次氯酸钠法、电化学方法[9]。

黏合剂在使用期发生失效会产生昂贵的修理费用。例如，对聚丙烯保险杠的油漆附着力差可能涉及成千上万辆汽车的召回。即使在生产阶段就确认黏合性的问题，也会造成大量的生产费用损失。在生产过程中，停产数天时间去解决黏合性失效问题的情况并不少见。连接两块同类型聚烯烃材料时可采用热封处理，该处理技术有以下几种焊接方法，包括电熔、超声波、热气、加热板和红外技术。如需将聚烯烃连接到另一种基底材料上，可以选择共挤出、胶黏剂黏合和机械固定等方法。在使用黏合剂黏合、印刷、涂漆或金属喷镀时，为了获得令人满意的黏合附着力，通常要对聚烯烃进行预处理。因此，聚烯烃的预处理已经成为许多研究和开发的主题[10~12]。

8.3.1 化学处理

一般来说，化学刻蚀是一种可用于聚烯烃涂层材料的有效表面处理方法，可改变涂层表面的化学和物理特性，提高浸透性或薄膜的附着力。化学处理可以通过一个或多个清洗步骤去除表面污染，这些操作过程可以减少溶液污染并确保基底与溶液之间达到最佳的相互作用。通常，人们采用含有酸、碱、氧化剂、氯化剂或其他活性很高的化学成分的溶液对表面进行清洗或浸泡。每种处理过程均需要对活性组分的重量、溶液温度和浸泡时间进行控制。有些处理过程具有较宽的组分比例范围，也有些处理过程需要非常具体的条件。溶液温度与浸泡时间成反比，即温度较高时所需处理时间较短[13]。氧化性溶液可用于处理聚烯烃材料，如强氧化酸可向聚烯烃材料表面引入羰基或羧酸基团以提高材料的表面附着力。虽然通过调节接触温度和处理时间可将表面改性反应限于材料最表层，但在某些情况下仍会影响到材料更深层次的区域[14]。

铬酸是最常用的一种试剂，常用于向聚乙烯和聚丙烯表面引入羰基[15]和羧酸[16]基团，但由于对环境会造成污染，因此尽量避免铬酸的使用。由X射线光电子能谱（XPS）可知（见表8.1[17]），即使是非常温和的处理条件也会引起聚烯烃的大量氧化和附着力的增加。

表8.1 铬酸处理后聚烯烃的XPS数据

聚烯烃	处理	表面组分 /%		
		C	O	S
低密度聚乙烯	无	99.8	0.2	—
	1min/20℃	94.4	5.2	0.4
	6h/70℃	85.8	13.1	1.1

续表

聚烯烃	处理	表面组分 /%		
		C	O	S
聚丙烯	无	99.8	0.2	—
	1min/20℃	93.4	6.3	0.3
	6h/70℃	94.0	5.7	0.3

使用高锰酸钾/硫酸溶液也可以实现对聚乙烯材料表面的氧化处理并提高黏合附着力[18]，因为硫酸本身可以向聚乙烯基底上引入磺酸盐基团[19]。以化学方法为基础的黏合法包括使用强矿物酸、矿物氧化剂或强矿物酸的盐溶液[20]。还开发了含有硫酸和二氧化碳，碘酸钾或过硫酸铵的无铬酸盐溶液，作为黏合剂用于黏结处理不同类型的聚烯烃[21]。尽管后期开发的方法限制了铬酸盐的使用，但是使用了高毒性氧化剂的方法同样属于对环境不友好的技术，因此这类处理方法并没有达到工业使用的规模。1997年，人们开发出一种处理非反应性聚合物材料（如聚乙烯）的新方法，首先进行短时间的处理，然后使用温和的黏合剂进行黏结。该技术采用稀释的氧化剂水溶液对聚合物材料进行喷涂或浸泡处理，通过向氧化剂溶液添加合适的酸使材料达到可动态降解的状态。许多关于油漆附着力的研究都认为，该处理过程可大大改善材料的涂覆性能[22]。高密度聚乙烯（HDPE）的表面处理采用次氯酸钠氯化法（见图8.2）。将聚合物基材浸入预热的氧化剂溶液（3%～15%次氯酸钠水溶液）中并加入酸以释放氯化物质。处理过程中利用氧化剂使材料在动力学降解状态下进行表面氯化[23]。对处理后得到的材料改性表面进行研究，结果表明，黏合作用主要是由于向聚合物材料表面引入氯原子[24]。

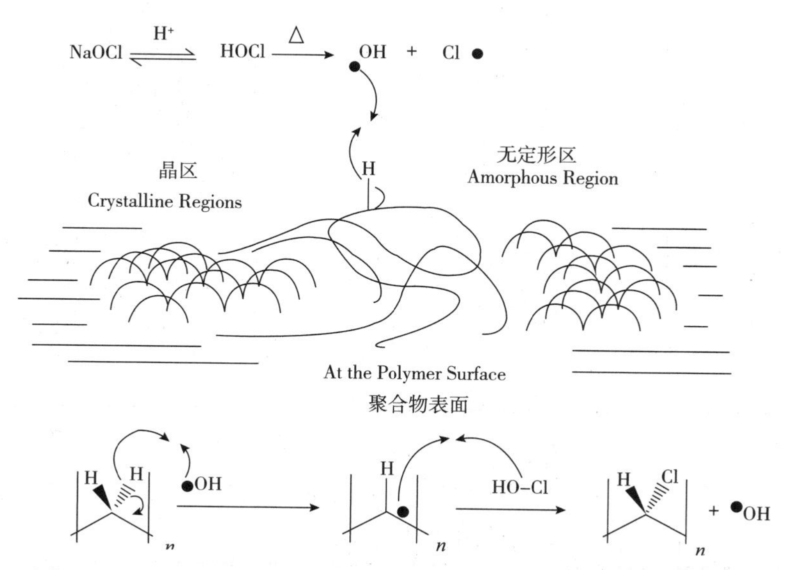

图8.2 次氯酸钠降解动力学及释放的氯离子与聚合物表面发生后续反应过程示意图[23]

不同类型聚烯烃的改性可以通过在熔融态聚烯烃中使用合适的有机过氧化物引发接枝反应或选择性单体改性来进行。由此开发出以熔融态为基础的聚烯烃接枝共聚物的合成工艺。连有功能性基团的低聚物与马来酸酐接枝聚（乙烯-3-马来酸酐-3-甲基丙烯酸）[P（E-ter-MAHter-MeA）] 和马来酸酐接枝聚丙烯（PP-g-MAH）进行反应，分别得到P（E-ter-MAHter-MeA）-g-PMMA（聚甲基丙烯酸甲酯，又称亚克力）-接枝共聚物和PP-g-PMMA-接枝共聚物。人们对不同温度条件下单功能团低聚物（脂肪族胺、芳香族胺和羟基功能基团）的接枝反应进行研究，结果表明，与羟基封端的PMMA相比，氨基封端的PMMA可实现更高的反应效率，但接枝率比较低[25]。

通过接枝反应可在聚乙烯表面形成聚合物层，以此来提高聚乙烯的黏附性。由此得到的超薄聚合物层通过共价键使聚合物层与基底结合，实现了对材料表面的永久性改性。制备聚合物层的过程示意图如图8.3所示。在基底上聚合形成的第一层聚合物层对聚合物表面重建过程的影响最小。聚乙烯基底上的第一层附加层可在达到熔融温度时出现，且低于聚乙烯基底上覆盖的PVA（聚乙烯醇）层的熔融温度。在熔融状态下，功能化改性后的聚乙烯基体与亲水性PVA的两相界面可发生亲水基团的取向和迁移。并且，该处理方法中基底与功能化基团之间的酯化反应具有很高的转化率，可反应形成高密度聚合物层[26]。连有反应性基团的聚合物可与第一层聚合物层中的活性基团发生反应，实现第二层聚合物层的固定化。例如含有羧酸基团的PAA（聚丙烯酸）就可以用于该改性过程。此外，PAA可与第一层中的PVA形成相容共混物[27]。

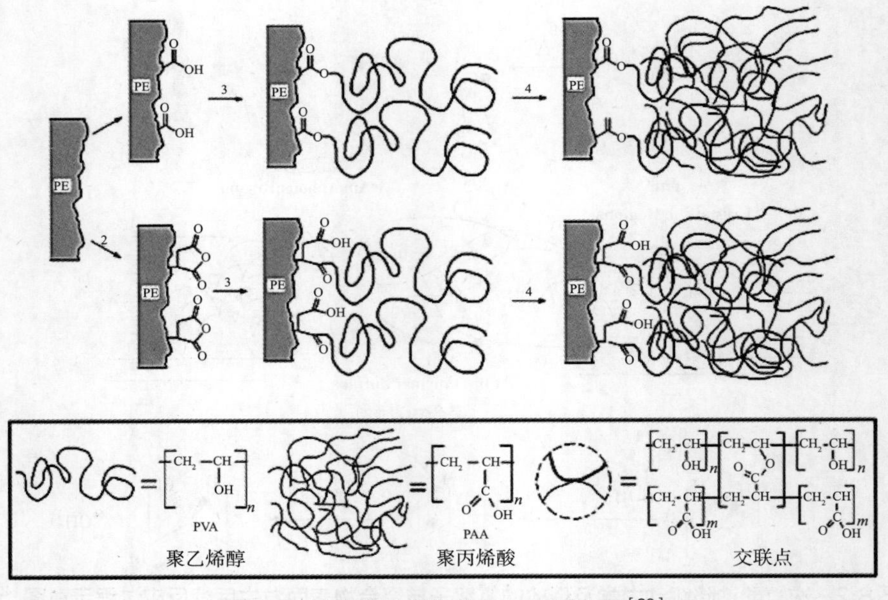

图8.3 聚乙烯化学改性的反应示意图[26]

8.3.2　紫外线处理

光子与聚合物发生相互作用引起反应，从而导致聚合物表面的修饰改性[28]。在紫外光和聚合材料的相互作用下，紫外线光子的吸收会导致在有机材料中的电子和发色基团的振动激发，具体情况取决于紫外光强度和聚合物材料特性。由于聚烯烃材料的紫外吸收系数较小，在不使用紫外线吸收剂（如苯甲酮）的情况下，聚烯烃不能直接利用紫外光进行改性[29]。使用紫外线可能会导致活性单体或聚合物链的产生。因此，紫外光可促进聚合物的机械连锁或单体接枝。上述技术已成功应用于改善增强体和聚合物基体的相互作用和相容性[30]。在该反应过程中，需要使用光引发剂促进单体和表面的活化。极性单体的使用可向聚合物表面引入极性基团，以提高材料表面的润湿性[31]。光接枝包括一步法和两步法。一步法工艺是将光引发剂和单体在溶剂中混合得到共混溶液，再将共混溶液沉积于聚合物表面，通过紫外线辐照在聚合物表面形成自由基来激活光引发剂，并将单体固定于聚合物表面[32]。

两步法改性工艺首先将光引发剂溶于溶剂并涂覆于聚合物表面并利用紫外光对表面进行活化。然后，利用同一溶剂制备的单体溶液在紫外辐射下对材料表面进行接枝改性。在聚合物表面接枝的光引发剂分子最终与单体分子交换取代，其产生的效果与一步法的过程相同。从工业角度来看，一步法反应过程可更快速地得到改性产物，因而更具应用价值[33]。

极性单体，如马来酸、丙烯酸或醋酸乙烯酯，可用于非极性聚合物的改性以提高材料的亲水性，从而改善材料的黏合性。自由基在单体和表面活化以及后

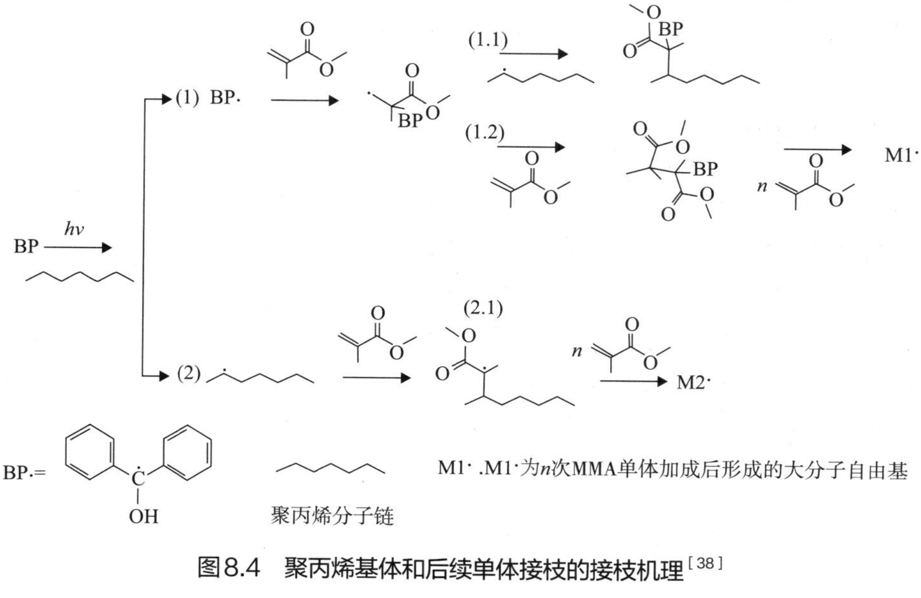

图8.4　聚丙烯基体和后续单体接枝的接枝机理[38]

续的单体接枝中起着重要的作用。因此，经常使用光引发剂，如樟脑醌，羟基环己基苯乙酮、丁酮等。苯丙酮Benzophenone是最常用的光引发剂之一，目前已有很多关于苯丙酮引发光聚合过程的研究[34，35]。苯丙酮已成功应用于工业化中的甲基丙烯酸甲酯（MMA）的一步法光接枝反应，可显著提高聚丙烯表面的黏附性能。在紫外光辐照下，苯甲酮活化聚合物链及MMA单体的键合过程如图8.4所示[36]。

马惠敏等人发展了由两个光诱导步骤组成的活体接枝聚合[37]。首先，利用二苯甲酮从聚合物基体中提取氢，生成表面和半哌醇自由基。这些组成了在单体溶液不存在的表面光引发剂的形成。在接下来的步骤中，将单体溶液添加到活性基底上，由表面引发剂引发紫外光照射下的接枝聚合。由于接枝聚合和引发剂的形成在连续的步骤中独立地发生，因此所制备聚合物的接枝密度和链长可以独立地控制（见图8.5）。此外，该方法能显著消除均聚物以及支链或交联聚合物的形成。

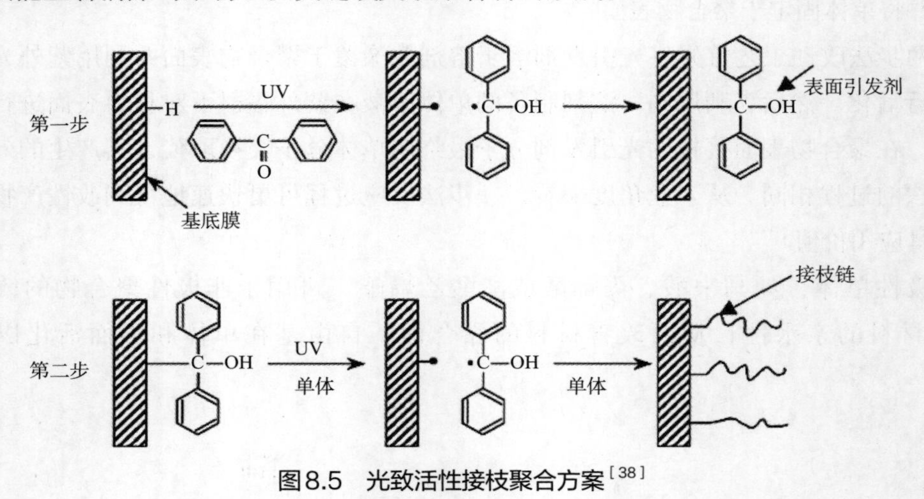

图8.5　光致活性接枝聚合方案[38]

8.3.3　火焰处理

火焰和电晕处理是广泛应用于聚烯烃表面活化[39]。火焰处理法主要用于提高聚烯烃材料的表面附着力，在处理过程中，持续性燃烧是一个涉及许多化学反应的复杂过程，通常涉及燃料（通常为碳氢化合物）和氧化剂（如空气中的氧气），并伴随热与光（虽然并非总是如此）的产生。在燃烧过程中，化学物质在火焰内部的迁移会导致次声波的产生（以空气/油气系统为例，40~45cm/s）[40，41]。许多活性自由基均是由燃烧过程中的化学反应所产生。一般来说，整个过程可以概括为几个主要步骤，如图8.6所示[42]。

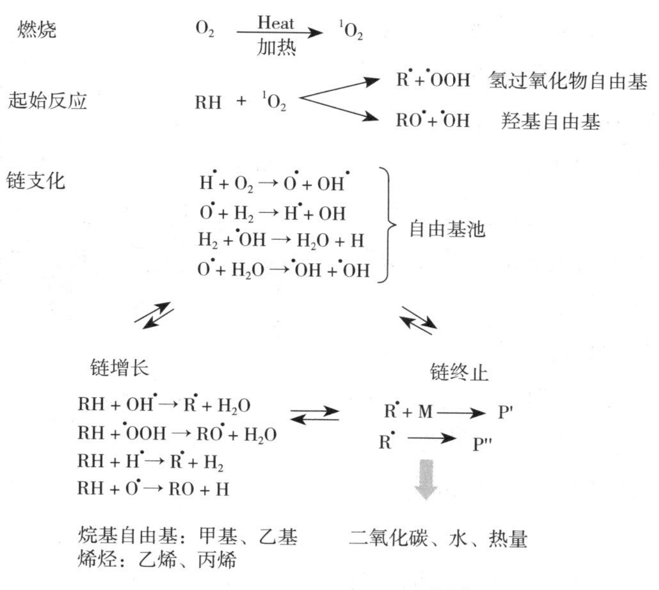

图8.6 燃烧过程示意图[42]

火焰处理可用于多种聚烯烃以提高材料表面能，但与电晕处理相比，该处理工艺仅适合小范围使用。虽然火焰处理在安全和技术层面已取得一定改进，但目前在工业应用中采用的工艺技术仍然比较落后。自由基降解的机制是通过火焰处理使得聚烯烃表面活化，一般发生在聚丙烯分子链的叔碳原子上，而在聚乙烯分子链上则是发生在随机位置[43]。聚丙烯的氧化过程存在两个主要步骤：首先，燃烧过程产生的高温（1700～1900℃）导致在聚合物表面的C—H键发生断裂；其次，在断裂的化学键位置插入含氧基团，从而产生适于基体与涂层之间发生相互作用的新的亲水位点。尤其是经火焰处理后由—CH_3生成—CH_2OH的氧化过程，被认为是在表面化学中与聚烯烃表面润湿性和附着力特性最相关的变化[44]。

在火焰处理中，氧化过程一般由OH· 自由基引发。为了深入了解聚烯烃表面在经过火焰处理后所产生的化学变化，人们利用多种分析技术进行研究。根据X射线光电子能谱（也成为化学分析电子能谱）和静态次级离子质谱（SSIMS）的分析，可以观察到聚烯烃表面新官能团（羰基、羧基或羟基）的形成，从而证实氧化程度的增加。研究还发现，在相同的处理工艺条件下，聚乙烯表面会生成比聚丙烯表面更多的含氧基团。这种现象是由于聚丙烯与聚乙烯半结晶区的差异。此外，火焰处理主要影响聚烯烃的非晶区，而不是结晶区[45]。

火焰处理工艺通常用以改善具有较大厚度的聚烯烃材料的表面附着力，例如提高聚乙烯瓶与印刷油墨的附着力。近年来，火焰处理工艺也常用于提高聚丙烯汽车保险杠的附着力，以保证喷涂效果。在处理过程中，通常使用一个至多个燃烧器，每一个燃烧器均由多个喷射口组成，燃烧器中通入按比例混合的空气－烃气混合物。使用甲烷的火焰处理法对聚烯烃的最佳处理时间为0.02s[46]。对经过火焰处理后的聚乙烯表面进行分析，证实材料表面的氧化程度很高，而氧化层的厚度仅为4～9nm[47]。使用燃料气（乙炔或丙烷/丁烷）-氧气混合气的火焰处理法可引起材料表面的氧化改性。由于工艺成本较低，火焰处理法非常适用于手工艺品的处理。火焰处理时间应控制在数秒内，火焰到材料表面的距离应控制在5～10cm。对于聚烯烃，如聚乙烯和聚丙烯，处理时应注意防止表面熔化[48]。

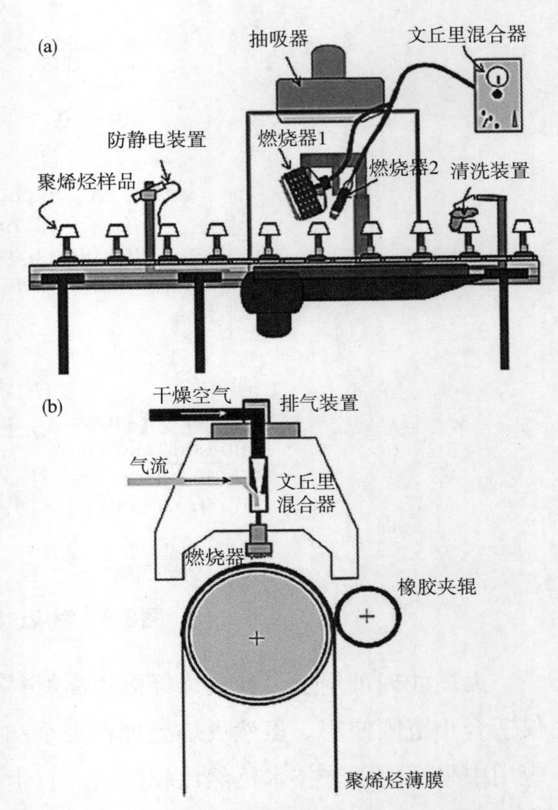

图8.7　聚烯烃火焰处理系统示意图［（a）三维物体；（b）柔性薄膜[42]］

包装用聚烯烃在对表面进行火焰处理时，火焰处理器的选择取决于样品是否具有二维或三维的几何形状。无论是哪种情况，都可将火焰处理装置分为三个主要部件。三维形状的样品其火焰处理装置如图8.7（a）所示。输送带用于材料的连续处理，如用于特殊耐热容器的聚烯烃；清洁设备，如刷子系统或压缩空气系统，通常放置于燃烧器前几厘米处，可以除去不利于火焰处理的如灰尘类的细小颗粒；燃烧器是产生氧化火焰的主要部件。另外，用于处理柔性薄膜的典型火焰处理装置如图8.7（b）所示。燃烧器用于处理网状表面的火焰。薄膜收卷辊通常采用水冷方式以防止因过热而引起不良损害。夹辊可在薄膜上施加一定压力，以保证冷却辊和薄膜网格之间有充分接触，夹辊部分通常使用橡胶涂层。此外，夹辊也能够防止气泡的形成，从而保证收卷辊和薄膜之间合适的热传递[42]。

8.3.4　等离子体处理

等离子体可以通过将足够的能量施加到气体中而产生，这将导致原子或分子的电子结构发生重组，从而产生激发态物质和离子。这一过程所需的能量可以通过热、电、电磁源来产生，能量通过电场传递到气体电子中（电子是最易发生运动和碰撞的荷电物质）随后发生的碰撞可将能量传递给中性物质。碰撞可按照概率分为弹性碰撞或非弹性碰撞。弹性碰撞在不改变中性物质内部能量的情况下略微提高其动能；非弹性碰撞通过足够高的能量改变中性物质的电子结构，从而产生激发态物质或离子[49]。

等离子态代表一种由带相反电荷粒子组成的气体混合物。等离子体表示由高能辐射或电场获得的高度电离气体。在电离过程中，电子被释放而产生了大量带电粒子。代表近平衡等离子态的热等离子体以及代表非平衡等离子态的冷等离子体是等离子态的两种基本形式。热等离子体的特点是电子和重粒子的温度非常高（超过1MK），电离度接近100%。冷等离子体包含低温粒子，如带电的或中性的分子或原子，而电子的温度相对较高，电离度很低（约10%）。火箭发动机、电弧和热核反应的等离子喷流是热等离子体的典型代表。另外，射频（RF）放电、低压直流电和荧光管中的放电是冷等离子体的代表，电晕放电也属于冷等离子体[50]。

在许多工业应用中，以黏结应用为基础的聚烯烃材料，冷等离子体表面处理成为工业过程中的首选。等离子体处理是一种可以保留材料的整体性能进行表面改性的方法[51]。等离子体表面处理是一种非常有效的实现聚合物基片表面亲水性的方法。等离子体处理通过聚合物链的断裂（轰击作用）或在第一步骤中除去氢，在聚合物表面产生自由基。所产生的自由基随后可以与所用气氛中存在的其他元素发生相互作用并导致官能化过程，如羟基、羰基、羧基和醚基等官能团的结合[52]。此外，等离子体处理可导致刻蚀、烧蚀或交联过程（见图8.8）[53, 54]。高能粒子攻击聚合物中的弱键是发生烧蚀过程的原因。暴露于等离子体外的最外层分子层在此过程中会导致少量不稳定部分的消失。聚合物分子链之间的多重连接的特征是交联过程。在等离子体过程中，使用惰性气体可导致交联聚合物或硬质基体微结构的产生[55]。

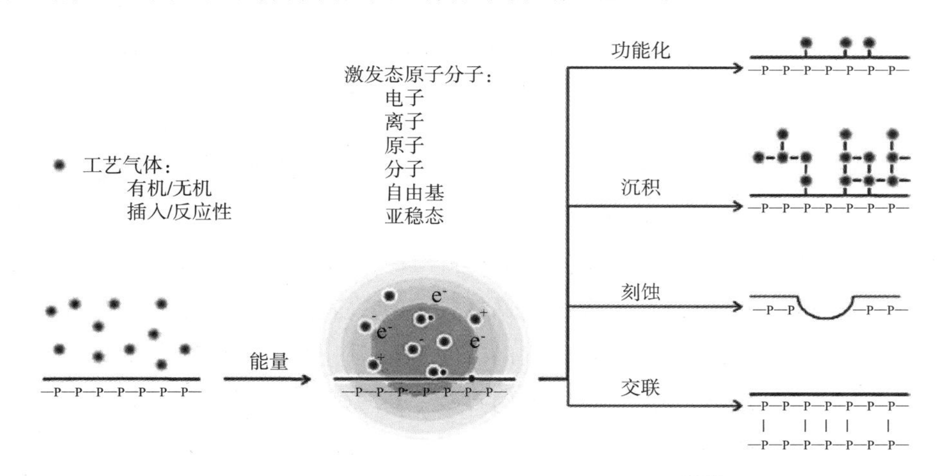

图8.8　使用等离子体放电的表面改性处理[53]

表面能（润湿性）的增加可能是由于新的极性官能团的引入而引起的，这些基团的引入可提高材料的表面润湿性，促进黏合剂或基质树脂的自发扩散。此外，这些官能团的形成增强了黏合剂/树脂与基材之间的共价结合。这一过程可通过对参数的精确控制进行表征，确保工业应用的可重复性。等离子体处理对基材与胶黏剂之间的附着力存在影响。由于润湿性和表面粗糙度的增加，胶黏剂能够更好地与基体结合在一起[56, 57]。

许多物理性质决定了等离子体源的性能，以及等离子体是如何激活聚合物表面的。不同类型的常压等离子体的物理性质如表8.2所示。在火炬中，等离子体密度非常高（从10^{16}到$10^{19}cm^{-3}$），平均电子温度为1 ~ 2eV（1eV=11605K），中性物质的密度约为$10^{19}cm^{-3}$。由于聚合物材料的热敏性，气体温度过高会破坏或熔化基材，因此，等离子体的中性气体温度是影响聚合物和复合材料等离子体性能的一个重要参数。在等离子体火炬中，电子与中性粒子的高频碰撞导致气体温度迅速加热到5000 ~ 14000K，这样的温度并不适合于聚合物的处理。尽管如此，通过电弧吹出足够的气体是存在可能的，这样一来，总气体温度就足够低至可以用来处理热敏感材料。这种可能性通过使用旋转电极的系统来实现。该电极在气氛环境下快速旋转电弧，维持一个整体约600K的中性温度。等离子流将处理位于下游的聚合物基板。虽然该系统已被应用于工业化的表面活化工艺，但鲜有关于等离子体的性质的公开报道[58 ~ 62]。

表8.2　等离子体放电的物理性质

等离子体	工作气体	V_B/kV	N_e/cm^{-3}	T_n/K	T_e/eV
电晕放电	空气	2 ~ 20	10^9 ~ 10^{13}	<600	3 ~ 5
介质阻挡放电	空气	2 ~ 20	10^{12} ~ 10^{15}	<700	1 ~ 10
射频低温放电	稀有气体	0.1 ~ 0.6	10^{11} ~ 10^{12}	<600	1 ~ 2

注：V_B是击穿电压，N_e是电子密度，T_n是中性气体温度，T_e是电子温度。

在空气气氛中操作的电晕和介质阻挡放电（DBD）的各自电子密度范围分别为10^9 ~ 10^{13}及10^{12} ~ $10^{15}cm^{-3}$，电子平均温度为1 ~ 10eV[63]。聚合物表面的电晕放电处理引入了极性官能团，从而提高了材料的表面能和基体的润湿性，影响材料表面黏结性。氧化是电晕处理的主要机制。然而，电晕处理可导致表面区域的交联，引起膜结合强度的增加。上述机理可以提高被处理表面的表面性质。在电晕处理过程中，还有多种气体可使用以提高黏附和润湿特性，同时产生一些极性官能团和活性粒子。XPS分析证实，在使用不同气体的情况下，氧原子均被引入基体的表面。因此，在不同工作气氛的电晕处理过程中，氧化过程均起主要作用以确保足够的附着力[64]。

电晕处理的速度快、效率高、运行成本低，是最广泛使用的聚合物膜处理技术。聚烯烃中的聚丙烯和聚乙烯由于表面疏水性，降低了油墨、清漆或黏合剂的润湿性，从而降低了表面能[65]。聚丙烯的表面张力约为30mJ/m^2，而印刷和层压过程所需的最小值一般分别为37mJ/m^{2}和42mJ/m^2[66, 67]。当在非对称形状的两个电极之间（如细线和圆柱体）使用足够的高压为电晕处理供电时，其供电是非破坏性、连续性和可持续性的。空气可被细线或尖端附近形成的超高电场进行电离，并且形成的离子被驱动到具有低电场的圆筒[68]。负极、正极、直流电或交流电属于可在电晕处理中应用的某些操作装置，这取决于器件中的电流和活性电极极性[69, 70]。电晕处理后产生的表面可以根据处理过程中使用的设置来改变[71]。电晕处理后的聚丙烯表面的降解效果主要是由于氧化过程[72~74]导致形成含氧物种，如羰基、过氧化物、酯或羧酸。

潘迪亚拉（Pandiyaraj）等人[75]利用辉光放电等离子体进行聚丙烯膜表面的处理，提高薄膜表面黏附性。卡尔森（Carlsson）和怀尔斯（Wiles）对不同种类工作气体（主要是氧气和氮气）在电晕处理过程中的效果进行研究。在处理过的表面并没有生成氮衍生物，但在氮气的使用过程中会有不饱和物质的形成。然而，在氧气氛围中进行电晕处理时，氧原子被引入聚合物表面形成羰基和羟基[76]。通过对不同结构的聚烯烃材料的氧等离子体处理过程的研究，发现材料的黏结性可以得到提高。等离子体的处理过程及处理材料的化学结构对于其与聚氨酯漆的黏结性有很大的影响。一般来说，等离子体处理过程中高乙烯含量以及低压燃气比会导致基体中单元或双键的形成，有利于黏结性的提高[11]。

聚烯烃（聚乙烯、聚丙烯）使用溴仿、溴等离子进行表面功能化是非常有选择性的，会产生大量的C—Br官能团[77]。这种低压处理方法发现于20年前，是唯一已知的能将单序官能团引入聚烯烃表面的方法[78]，并对溴化技术详细过程进行了研究[79]。后来，基于脉冲等离子体的技术被应用在了聚烯烃表面的溴化过程，其中溴仿和溴作为工作气体（蒸气）。此外，也有将含溴单体在聚烯烃表面沉积为等离子体聚合物层[80]。溴代过程（等离子体卤化）是在一个具有钢底板的玻璃钟罩反应器中进行（二极管式反应

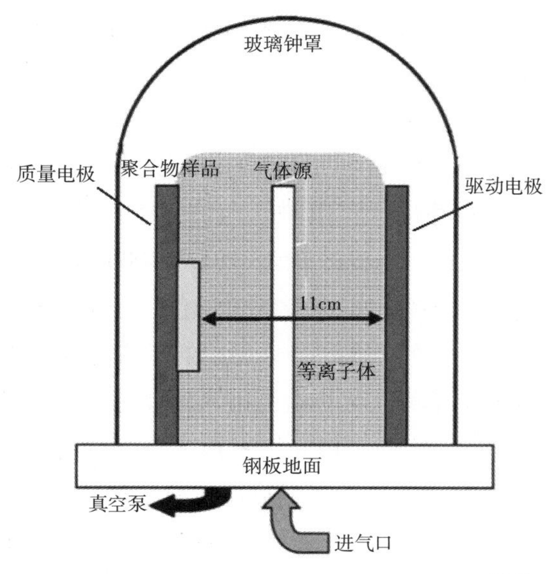

图8.9 聚丙烯溴化等离子体反应器设计图[77]

器）。样品置于质量电极上，如果样品是较大尺寸的薄膜，为了更好地摆放，则选择放在旋转接地的样品架上。等离子设备示意图如图8.9所示。接枝溴化聚丙烯薄膜的制备，是将溴化薄膜浸入在含有二元醇、乙二醇或二元胺和金属钠（0.5mol）的四氢呋喃溶液中[81]。

8.4 特性

相关的化学和物理特性信息对于脱层和黏附表面由机械试验引起的黏结失效是必需的。通过多种表面分析技术和方法，人们研究了与黏结强度和黏附机理有关的各种性质。方法包括原子力显微镜（AFM）、二次电子显微镜（SEM）、X射线光电子能谱仪、飞行时间二次离子质谱（ToF-SIMS），衰减全反射红外光谱（ATR-IR），和其他技术（如光学接触角技术）。许多研究已经涉及表面的性质，包括极性、表面能量、化学成分和粗糙度，并利用上述分析技术对界面或表面的黏附现象进行描述和解释。通过剥离试验、拉拔试验、剪切试验、搭接试验和划痕试验，采用直接测量方法进行破坏性实验，测量破坏、分层及表面撕裂所需力值。使用不同的方法，如接触角测量、XPS、ToF-SIMS、表面分析和附着力测量，是研究黏附特性的最佳方法[82]。

8.4.1 表面表征

纳米结构材料表面的实际化学组成信息可以通过XPS获得。电子在XPS分析中的短距离（纳米级）的运动，可为近表面区域的纳米尺度结构材料提供有价值的信息[83]。这种技术可以提供所有元素的定量和定性信息。结合状态和元素信息可以理解黏合界面的化学性质。此外，可以通过XPS获得表面中存在的官能团和元素组之间的定量关系、黏结强度或表面能[84]。

红外光谱可用于聚烯烃化学成分的分析表征[85]。材料表面的研究可以用傅立叶变换红外光谱（FTIR）来实现，它是一种主要的分析技术。FTIR作为一种快速、无创的低成本技术，可以进行质量筛选。FTIR被认为是一种分子“指纹”方法。该方法包括红外光谱特征在中红外区域的分子键的振动（400~4000cm^{-1}），并对样品的化学成分的精确分析高度敏感。关于各种材料的化学成分的信息是由材料中各组分在中红外中吸收带的物理或化学敏感性提供的。多组分样品中的低浓度组分及不易检测的成分差异，有可能通过现代仪器高光谱信噪比分析检测出来。此外，FTIR设备还可以配备一些附件，如衰减全反射（ATR）。这种附件允许在很宽的范围内分析固体或液体成分（见图8.10）[86]。带有衰减全反射的红外光谱可用于检测聚乙烯与接枝丙烯酸之间的黏附特性（PE-g-AAC）。接枝丙烯酸的羧基与硬化剂氨基之间形成共价键，从而提高了黏合力[87]。

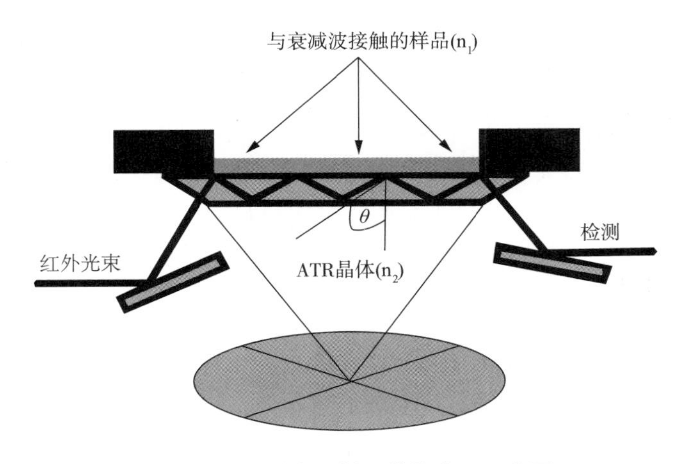

图8.10　衰减全反射系统的水平示意图

ToF-SIMS是分析各种工业材料表面单分子层化学组分的有力技术。从分析的角度来看，它在分子的二次离子检测以及高灵敏度的结构片段检测潜力巨大，普遍适用于各种材料表面低水平有机污染评价、分子识别、添加剂分离和表面功能性的研究[88]。

用表面敏感技术的接触角分析可以测量被测样品的润湿性和表面能。其主要原理是将极性和非极性液体分散到样品表面，并记录液体与材料表面的夹角。高浸润性表面的特点是具备小的接触角及高表面能，同时具备良好的黏结性。接触角的测量涉及润湿性分析，它表明了固体-液体界面的润湿程度。接触角小（$\theta<90°$）说明润湿性高，接触角大说明润湿性低（$\theta>90°$）（见图8.11）[89]。

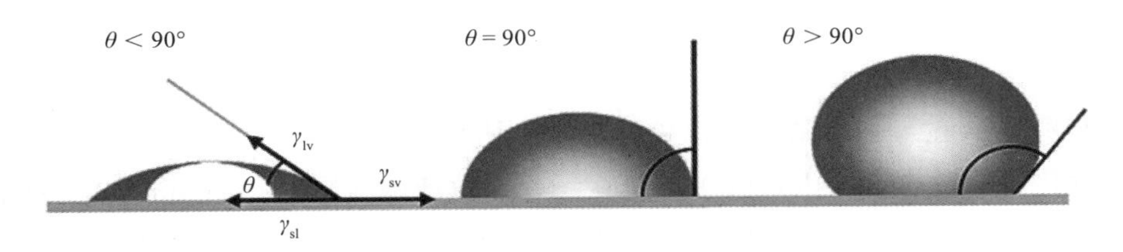

图8.11　由固着液滴形成在光滑固体表面上的接触角的例子[89]

扫描式电子显微镜（SEM）是一种快速获取不同聚烯烃形态信息的方法。该方法是聚烯烃分析的重要工具，广泛用于分析聚合物基体中的力学的失效和断裂、形状和颗粒尺寸、填料分散性和取向[90]。通过扫描电镜可以获得几个纳米级的空间分辨率和较大的景深，在某些情况下可以达到光学显微镜的100倍。从这些特征中，我们可以获得样品表面形貌的信息，以便更深入地了解基体与表面处理之间的相互作用[91]。

通过原子力显微镜（AFM）测量方法，三维分辨率及力值可以分别通过埃米级或皮牛顿级测量得到。因此，该技术适用于研究纳米材料的微观形貌和物理化学性质，对聚合物表面改性领域的研究具有重要意义。此外，由于一些传统技术在必要的纳米尺度上测量的技术缺失，这种技术得到了应用，它对聚合物纳米结构或图形分析横向分辨率特性、横向非均向单层膜及亚单层膜、大分子团进行测试，而这些测试可以为表面上附着的不同溶液状态的聚合物峰提供直接分析。许多基于溶液方法的技术（如喷涂、旋涂、浸涂、液滴蒸发）被使用，它们通过AFM在良溶剂中进行直接测量，因为这种方式适合对改性的单原子层或亚单原子层材料表面进行研究[92]。

8.4.2 表征黏附

剥离试验是一种突出的附着力试验。在测试中，作为测试对象的带黏合剂的胶带被放置在样品表面上进行测试，例如在基材上的油墨/油漆层。橡胶筒对其施加重复性的固定压力。图8.12所示为90°剥离试验，并对弯曲和非弯曲区域进行区分[93]。马尔伯格（Mahlberg）等人研究了[94]剥离试验中90°剥离时的附着力。结果表明，氧等离子体处理过的聚丙烯和木质纤维素之间的黏结力增加。这些研究人员还发现，如果基体和薄膜被氧等离子体处理，就会增强附着力。通过诺瓦克（Novák）等人的研究发现，使用射频等离子体放电的烷氧基硅烷接枝高密度聚乙烯与聚丙烯酸酯之间的剥离强度增加。

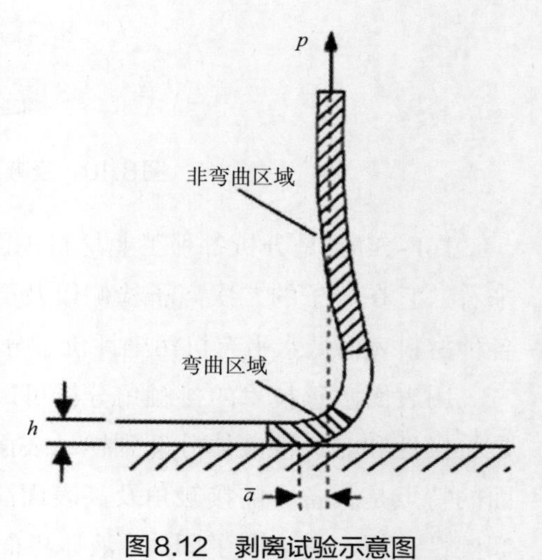

图8.12 剥离试验示意图

注：p、H、和$\bar{a}$分别表示施加的剪切力、梁的高度、梁的长度[93]。

搭接剪切试验与剥离试验相似，但这种方法在基础上更为定量。在测试配置中，两片基底用韧化黏合剂（丙烯酸）黏合在一起，拉伸试验机以1mm/min的速度施加载荷[96]。搭接剪切试样最常呈现的是通过几何学研究黏合的方式，因为单搭接或双搭接剪切试样（见图8.13）便于测量[97]。

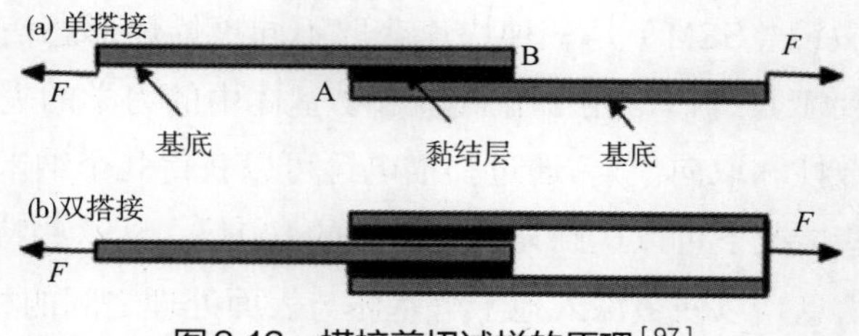

图8.13 搭接剪切试样的原理[97]

拉拔试验可用于测量油墨/油漆涂层与基材之间黏附特性试验。黏合剂被应用在涂料涂层，铝制金属螺柱通过应用于涂料涂层的黏合剂被黏在表面。然后，垂直于基体表面的拉力速度恒定。这种方法为系统提供了一个极好的黏结力测试方案，例如，聚合物–金属界面体系[98]。图8.14所示为拉拔试验[99]示意图。

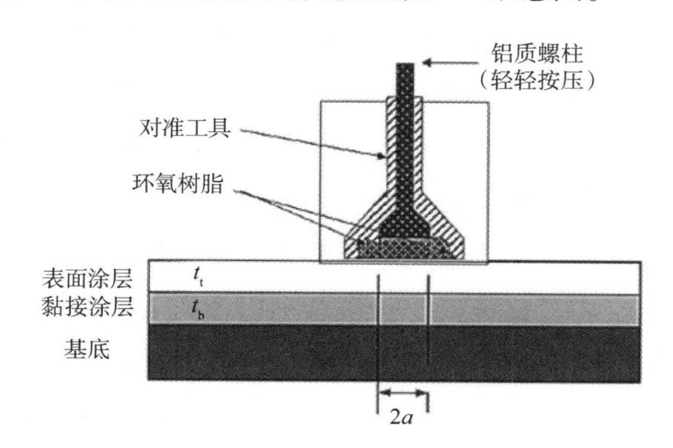

图8.14　利用环氧树脂黏接螺钉和双涂层面的示意图[99]

划痕试验与纳米压痕试验非常相似，可以合并分析。在这两种技术中，一个基础尖端被用于黏结性测量，通过在测量载荷下划过测量表面，从而导致压痕。划痕和压痕试验适用于涂层和薄膜的分析[100]。锋利的金刚石压头通常用于基体与涂层之间黏结性和耐划伤性测定。在分析软质基体上的硬质涂层时，这些技术可能会由于临界载荷过小而导致检测失败。因此，在工业应用中会采用许多临时和主观的方法，但由于材料相对较软和具有韧性（如塑料），在施加小载荷时已经发生了缺陷，所以使用常用方法的定量可比性很复杂。基于上述原因，可以使用摩擦力学试验方法（在宏观尺度上）。该方法采用淬火钢的球压头，可应用于不同的软、硬涂层材料。不同的磨损和应力水平可以通过改变球径、滑动速度和正接触力来分析基体和涂层的界面以及机械和摩擦学性能之间的关系[101]。

8.5 应用

聚烯烃是全球商业聚合物生产的重要组成部分[102]，聚烯烃材料在不同的应用领域具有良好的性能表现和成本效益，但在特殊应用领域的表现较少受到关注。聚烯烃的缺点和局限性源于缺乏结构多样性和功能性，以及聚烯烃改性过程中存在的诸多挑战。一些具有柔性极性基团的功能性聚烯烃，其极化（羟基化的聚乙烯或聚丙烯）具有很高的移动性，已被用于形成独特的多相形态，优于疏水亲水微相分离。这些材料显示了聚烯烃在高价值和特殊应用中的潜力，如高能量和功率密度电容器，普通电池和燃料电池的离子导电膜，或用于漏油回收的超高吸水性材料[103]。使用各种改性方法在表面以及在聚烯烃的质量上的黏合改性促进了新的一类具有成本效益和高性能的功能性聚烯烃的发展。

近些年来，聚烯烃在工业上的应用显著增加，主要原因在于其易加工性，化学屏障响应或表面处理[104]，这有利于在更多的应用领域，如医学、汽车、航空航天、电子和包装材料等领域使用聚烯烃材料。在大多数情况下，聚烯烃基材料与一些其他材料（聚合物或金属）结合，能够形成层压板的薄膜、发泡材料或其他聚合膜[105~107]。一般来说，聚烯烃具有很好的化学惰性，其黏附性差、表面能低。各种应用需要使用具有良好的机械性能和与其他聚合物结合的聚烯烃。

在汽车工业中的应用需要用于实现多功能要求（良好的化学性能、机械性能或良好的表面处理）的层压聚烯烃基材料。对于各种应用目的的发展方向集中于不同聚烯烃改性的应用，例如化学改性[108，109]，物理改性[110，111]或电改性[112，113]以改善聚合物的表面活性。最近，气体放电法（等离子体处理）被稳定地应用于表面处理，这对于改性剩余体积特性的聚烯烃最顶层很有用。这些方法导致促进层压材料中聚烯烃的黏合性能的显著增加[114~116]。一些层压材料已经使用具有反应性聚氨酯作为黏合剂的聚烯烃泡沫和暴露于射频等离子体的低密度聚乙烯（LDPE）膜来制备。在汽车工业中，用O_2产生的辉光放电等离子体或低压空气中的辉光放电等离子体，表现出与聚烯烃泡沫体形成层压体的LDPE膜的润湿性和黏合性改进。在等离子体处理过程中使用的不同气体的作用是相似的，因为通过基于氧的物质插入发生了官能化过程。另外，等离子体处理会导致表面蚀刻（磨蚀），将使表面粗糙度略微增加，也有助于黏合性能的改善。由等离子体处理的聚乙烯箔和聚烯烃泡沫制备的层压材料具有适用于工艺应用的合适机械性能，一旦制备层压板，黏合接头具有高耐久性。此外，在不同条件（温度和相对湿度）下的层压板耐久性已被证明用于汽车测试[117]。据观察，在这些提到的条件下，层压板具有良好的耐受性，因此它们可用于汽车工业。然而，与相对湿度相比，由于老化效应对温度更敏感，所以观察到T剥离强度的小幅下降。

在航空航天和汽车行业，黏合剂和相关的黏合机制已经被研究50多年。最近，聚烯烃由于其有利的整体性能，良好的机械性能和低成本被逐渐应用于黏合领域[118，119]。涂料基材层和聚合物之间的黏合特性由界面处的化学基团控制。聚合物保险杠上的油漆涂层附件是汽车工业中黏合剂系统的一个例子。这些保险杠通常由聚丙烯制成，其表现出差的黏合性。许多策略和改性方法可以使黏合性能得到改善，包括增黏剂（氯化聚烯烃）[120]，聚丙烯的火焰处理[121]，聚丙烯的等离子体处理，以促进表面极性功能基团的生成[122]，或与乙烯丙烯橡胶混合形成热塑性聚烯烃[123，124]。

土木工程和生物医药行业属于积极研究聚合物黏附的其他行业。聚合物最大的用户是建筑业，如聚合物基密封胶和热塑性屋面膜。密封胶的主要用途是在需要抵抗热膨胀和收缩能力的情况下，仍然有足够的黏合力与基材黏合[125]。聚合物黏附性，特别是对于聚合物复合材料，工业上仍在研究。

在过去的十年中，聚合物黏附性改进的改进是由于航空航天和汽车行业对组件和应用表面涂层之间更好的黏附力的需求不断增长[126]。通过利用表面偏析效应，制造商应该生产具有增强的表面和黏附性能的聚合物产品。研究人员还应该增强有关聚合物添加剂促进黏附性能和与分离现象相互作用的知识。这些发现可以帮助制造商消除对汽车，飞机和空间工程，开发和生产中使用的部件的环境危险和昂贵的处理[127，128]。聚合物材料黏附改性的研究是现代人类医学面临的重要挑战。仿生高分子材料在组织工程和再生医学中促进细胞和组织对支架和植入物制备的有利反应。对于大多数生物医学装置和植入物，如血液或组织接触装置和生物传感装置，需要抑制非特异性黏附的生物惰性聚合物，其诱导血栓形成和免疫应答。聚合物修饰的生物惰性表面的设计标准与表面能，静电相互作用，立体排斥，水合作用和形貌特征密切相关。抗黏连聚合物材料已被广泛应用，如细胞片工程，多细胞球体形成，细胞封装和血液接触装置[129，130]被相继开发。

聚烯烃（如PE和PP）可以通过表面处理实现生物相容性和抗菌性，因此被应用于生物医学的诸多领域[131，132]。目前，已有多种聚合物表面的改性方法，例如基于等离子体处理的技术[133]。由于壳聚糖具有抗微生物活性，将壳聚糖沉积在等离子体预处理的聚丙烯表面上，可为材料提供抗真菌和抗细菌的性能[134]。使用多步法等离子体放电过程对聚乙烯膜进行改性，可在材料表面上形成羧基和抗菌介质。将改性薄膜浸入壳聚糖溶液中，可在处理过的薄膜上附着单层的壳聚糖分子层。小浓度的壳聚糖溶液足以使改性材料获得抗菌性能[135]。

8.6 结论

聚烯烃的黏合性由于受到多种因素的影响，因此使用基于物理和化学黏附表现的单一理论或机制来描述其性质是困难的。有相当多的信息来讨论每个黏附机制。因此，仅仅选择最能描述聚烯烃表面自由能的热力学黏附理论是不可能的。所有的机理和黏附理论都是由聚合物体系的多样性所暗示的，这些体系与黏附性分析的研究相结合。第一原子层中的物理组成和化学组成决定了聚合物材料的黏附性和其他一些性质。上层的性质源自其下层的影响，亚表层部分影响着上层的性质。双键和交联结构限制了表面层中聚烯烃的流动性大分子，导致官能团在表面上稳定化。其他基础研究对于聚合物亚表层的检查以及其对表面性质的影响的解释是必要的。此外，为了改进黏附的定量测量，需要进一步地研究。

目前还没有一种用于聚烯烃黏附性表征的最佳方法，来为黏附性提供一个绝对数值。黏附性测试多数是定性的，从样品组中获得的结果报告可以解释这些发现。并且，对于生产商来说，产品的生产比表面特性更为重要，聚烯烃生产商也应该考虑与表面隔离有关的效应。做基础研究的科学家应加强对促进黏附的聚烯烃添加剂的知识和与分离效应相关的研究，以便支持制造过程，以避免造成聚烯烃产品表面处理过程中的经济浪费及环境污染。对于聚烯烃表面的XPS和ToF-SIMS等非破坏性分析，应提供更详细的结构信息。测试具有无损检测效果，可以更准确地检测聚烯烃表面。分析结构信息和表面能或黏附强度，可以进一步了解它们之间的相关性。近年来，这对表面化学成分和表面形貌（纳米压痕，AFM）的精确分析已取得了一定进展，这对聚烯烃的黏附性的理论研究和实际应用具有重要意义。黏合强度的研究可提供化学黏合机理以及黏合特性之间的信息和相关性。此外，可通过对材料表面化学结构的改性处理实现具有特定黏结强度的聚烯烃材料的生产。

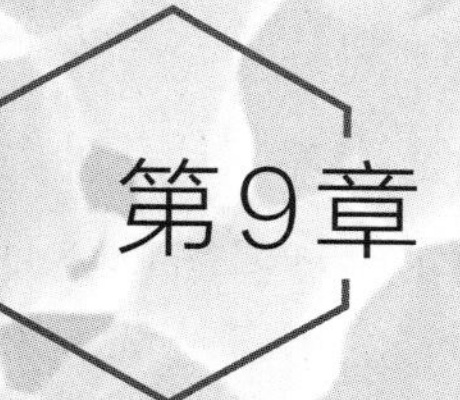

第9章 聚烯烃在纺织用品和无纺布中的应用

马布鲁克·欧德尼（Mabrouk Ouederni）

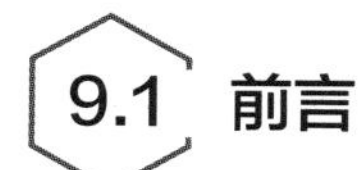

9.1 前言

聚乙烯（PE）和聚丙烯（PP）之类的聚烯烃材料有着轻质、易成型、耐化学性优异、防水、较高的强度和韧性等特点，因此在织物纤维和无纺布方面有着广泛的应用。

聚烯烃材料已经长期用于地毯、绳索、土工布、卫生用无纺布、建筑和工业用纺织品等方面。这样广泛的用途归功于聚合物和纤维产业开发出的多种多样的技术手段，通过这些技术可以将聚烯烃树脂制备为纤维和织物，再进一步制成各种用途的纺织品和无纺布。这些技术包括单丝和复丝纺丝、短纤维、纺黏法、熔喷法和切膜法。

本章会对聚烯烃材料主要的生产技术和应用做一个简明的综述。聚乙烯和聚丙烯会被分开阐述，因为它们适用于不同的纤维和无纺布用途。树脂的分子量和分子结构不但会对最终的产品性能带来很大影响，而且也限制了产品生产所需的技术手段。

本章中还会提到聚烯烃纺织品和无纺布产业中采用的主要性能测试和表征手段，也会用简单易懂的方法对行业术语进行解释。

本章最后将会对聚烯烃在纺织品和无纺布方面的新技术进展和新应用进行讨论。

聚烯烃渐渐成为纺织品和无纺布行业不可或缺的一部分。虽然聚烯烃很难在合成纤维方面达到聚酯和尼龙的地位，但聚烯烃有着很多独有的特性，本章后部会提到它们在纺织品和无纺布方面特别的应用。特别是聚丙烯，其在纤维方面的应用已经受到行业和客户的广泛认可，如可用于地毯和无纺布。比起其他的合成纤维，聚烯烃不但成本低，还有平衡的力学性能、加工便利和低吸湿等优点。

在展开讨论之前，读者需要建立起一些相关的基本概念。纺织品和无纺布最基本的组成部分就是纤维，因此，首先需要对聚烯烃纤维的定义进行介绍。

聚烯烃纤维：也称为烯烃纤维，指采用烯烃聚合得到的聚合物生产并含有85%以上的乙烯、丙烯或其他烯烃单元的纤维。这和美国联邦贸易委员会的定义相近，该定义是“一种人造纤维，该纤维的组成中含有长链合成聚合物，其中包括重量分数至少85%的乙烯、丙烯和其他烯烃单元”[1]。

本章重点讨论了两种主要的聚烯烃——聚乙烯和聚丙烯。特别是后者，是一种在纺织品和无纺布工业领域具有独特而广泛应用的纤维材料。另外，聚乙烯之所以没有像聚酯、聚丙烯和尼龙在合成纤维方面得到广泛应用，主要是因为它的熔点较低。本章中将讨论到超高分子量聚乙烯（UHMWPE）纤维，以及其在合成纤维工业中获得的成功和独特应用。

9.2 纺织品

纺织品最重要的组成部分就是纤维，可以是天然纤维如棉或羊毛，也可以是合成纤维如聚酯或聚丙烯纤维。本章内容主要和聚烯烃有关，也将提到纺织工业中各种形态的合成纤维。在被编织或梭织成最终织物前，纺织工业中使用的纤维可以是下列任何一种形态：

（1）长丝：有一定长度的连续单根纤维，有时也叫单丝，但定义中应该包括挤出并卷绕在绕丝筒上较大直径的单丝，主要用于鱼线、紧固件和纸机织物。

（2）长丝纱线：一组由扭捻或其他办法固定在一起的连续长丝。

（3）长丝丝束：未经扭捻的大股长丝。

（4）短纤维：将长丝丝束切断得到的一定长度的短纤维，在纺织前通常打包成捆。

（5）短纤纱：有时短纤维需要经梳理或其他纺织设备纺成纱线。

（6）变形纱：在进行编织前，有时长丝纱线需要经过扭捻和其他处理，使其蓬松并具有一定的结构。这个步骤也可以赋予纱线柔软的手感。

纺丝工艺：熔融纺丝是制备纺织用聚烯烃纤维最常用的工艺（后面将会介绍的UHMWPE是一个例外，因为它的分子量太高）。

制备连续长丝纱的工艺包括以下过程[2]：

（1）先用挤出机熔融聚乙烯或聚丙烯树脂，再使熔体通过一个表面均匀分布着小孔的喷丝头。图9.1[3]中描绘了正在喷出聚合物长丝的喷丝组件。

（2）用冷空气使离开喷丝头的长丝固化并将其在旋转辊上收集成束。

（3）使用两个速度不同的辊子对长丝进行拉伸，通过分子链取向来提高纤维的强度。

（4）对长丝热定型，并且用卷绕辊上的绕

图9.1　纺丝组件以及聚合物纤维通过喷丝孔（来源于Fibersource.com）[3]

线筒收集长丝，以备之后的纺织过程使用。

制备短纤维的过程到喷丝后收集丝束都与上述过程类似。从几个平行挤出机生成的纤维束被收集在一起，形成一个大的丝束。之后丝束会经过几个其他步骤，包括表面化学处理、拉伸生成原纤、卷曲变形以增加体积，最后被切成毫米级的短纤维（纤维长度取决于后处理过程和具体应用）并打包成捆。

9.3 无纺布

无纺布有许多种不同的定义，不过它们都包括一个中心意思，就是无纺布是一种不同于传统织物、纸张和塑料薄膜的纺织品。

与传统织物不同，无纺布不是用纱线经编织或梭织而成，而是直接由纤维或纤维网制成的具有一定工程纤维结构的织物。纺织研究院将无纺布定义为“一种直接用纤维而不是纱线制成的织物结构。所述织物通常由连续长纤维、纤维网或絮经不同黏合手段制成，黏合手段包括：黏合剂、针刺或水刺等机械黏合法、热黏合和缝制”[4]。

无纺布制品工业协会（INDA）将无纺布定义为“片状、絮状或网状的天然或人造纤维或长丝，包括纸张，均没有被制成纱线，并且采用数种方法彼此黏合”[5]。

在全世界范围内，无纺布已经成为一种独特而且有非常重要商业前景的材料。无纺布主要分两大类：根据用途分为一次性无纺布和长期使用型无纺布。一次性无纺布包括婴儿尿布、面膜、湿巾、部分卫生和医用无纺布。长期使用型无纺布包括过滤介质、车用纺织品、屋顶材料用纺织品、土工膜、衣服内衬和鞋内衬以及军用防护服。

无纺布有着质轻、结构开放、过滤性好以及液体管理性能，因其特殊性能，在日用品、工业和健康产品等方面都不失为一个很好的选择。根据不同的制备过程和黏合技术，无纺布有着多种多样的结构和外观。无纺布根据克重来区分（克重即每平方米无纺布的重量克数），不同应用的无纺布克重低至10克每平方米高至数千克每平方米。

无纺布有记载的历史可以追溯到几千年前的古希腊和中国，那时人们使用羊毛来制作羊毛毡。现代无纺布工业大概要从19世纪30年代说起，最早开始于强生（Jonson & Johnson）公司（美国）和科德宝（Freudenberg）公司（德国）。这两家公司都在寻找不用对纤维进行纺织和编织的方法，从而提高棉和人造纤维的纺织效率。强生公司将人造纤维无纺布引入餐巾、褥垫、尿布和医用外科无纺布等产品。强生一直在寻找皮革的替代品，但是该应用却被科德宝率先取得突破并且直到今天还处于领先地位，这就是其开发的无纺布内衬产品，后面将对其进行介绍。其他在无纺布领域处于领先地位的公司还包括金佰利（Kimberly Clark）、宝洁（Proctor & Gamble）、西点（West Point）、BBA无纺布公司和康度（Kendall）。在本章后面，我们会介绍聚烯烃在无纺布方面的应用。

9.3.1 无纺布的制备

我们将介绍各种无纺布制备方法，其中会特别提到聚合物的挤出过程，因为挤出对于聚烯烃无纺布来说非常重要。无纺布的制备方法有很多，可以分成如下几大类（或几种组合）。

纺织类工艺：可以采用梳理和空气变形工艺将干纤维制成无纺布网，再用其他工艺将其取向和黏合，这种工艺制备出的无纺布叫作干法无纺布。梳理成网无纺布和气流成网无纺布都是由干法过程制成的。开松也常用于无纺布的制备，由此工艺制备的产品叫作开松无纺布。此类工艺非常灵活，在大多数的短纤维上都有着独特的应用，且对常规的无纺布纺织机械都有很好的适应性。

造纸类工艺：将合成短纤维和木浆纤维悬浮在水中，然后铺展在有孔的平面上制成纸状的无纺布网，接下来通过力学或化学的方法把无纺布网黏合起来。这种方法制备的无纺布叫作湿法无纺布。这种方法具有高速均匀的特点，但是需要较多的投资。

聚合物挤出工艺："聚合物直接成网"工艺为无纺布工业带来了许多巨大的贡献。这种工艺过程主要包括纺黏法、熔喷法和多孔膜法。采用这几种方法制备的无纺布分别称为纺黏无纺布、熔喷无纺布和多孔纤维膜。

9.3.1.1 纺黏无纺布

纺黏无纺布生产工艺是在20世纪60年代由德国科德宝公司工业化，不久后美国杜邦公司（DuPont）也开始工业化生产。纺黏工艺是纺织和无纺布工业上一个巨大的进步。20世纪70年代，德国鲁奇（Lurgi）公司将其开发的工业化生产工艺授权给了世界各地的无纺布制造商[6]。

制造纺黏无纺布的工艺流程包括用挤出机熔融聚合物并使其通过一个喷丝头，这个过程与普通纺丝过程类似。许多喷丝头喷出的纤维束经过冷却和气流或机械拉伸，纤维发生取向并且得到了增强。拉伸过程降低了纤维的直径并通过取向改进了纤维的结构；然后通过高速气流将纤维加速，再无规铺展在移动的皮带上成网；通过后续的黏合过程，纤维网可以得到进一步加固（黏合过程可以采用化学黏合剂，对于低熔点纤维也可以采用热轧法）；之后再使纤维网从热辊间通过；最后无纺布经切割后卷绕在宽度可以高达几米的收卷辊上。

无纺布制备有几种不同的工业工艺，各工艺间差别不大，图9.2[7]中的卡森工艺就是其中一种。

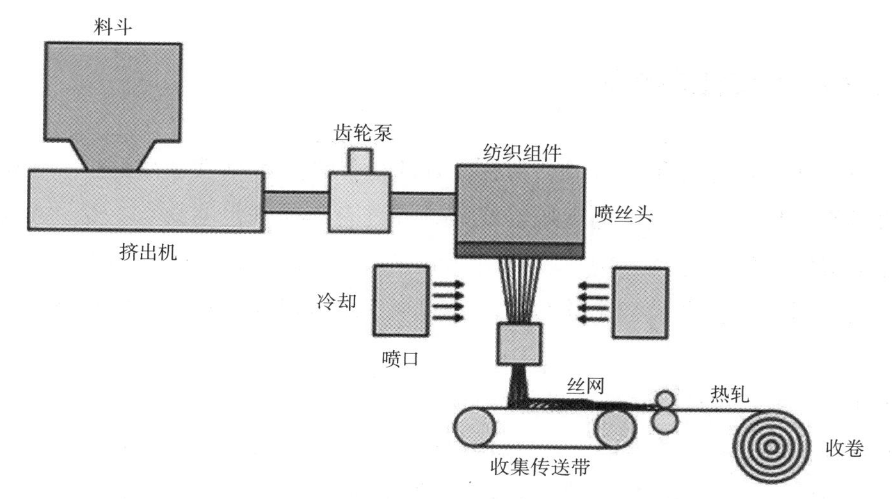

图9.2　纺黏无纺布制造过程（来源于日本卡森公司，经卡森公司允许对图片进行了加工）[7]

纺黏工艺能够赋予无纺布优异的比强度，这对许多日用和工业应用都非常重要。纺黏无纺布可以用在轻型商品如婴儿尿裤和卫生用品方面，也可以用于承重产品如土工布和屋顶用无纺布方面。

9.3.1.2　熔喷无纺布

熔喷无纺布也可直接由聚合物制备，最早由美国海军研究实验室开发成功，之后在20世纪60年代，由埃克森公司（Exxon）和3M公司将其商业化[5，6]。

熔喷工艺先使用挤出机将聚合物熔融，之后使熔融的树脂通过喷丝孔；当熔体离开小孔时，用高速热空气将聚合物喷出，温度为250～500℃（高速空气能够将聚合物打散并拉伸成非常细的纤维结构）；然后无规取向的纤维网从气流中脱离并通过热辊，进行挤压和黏合，然后切割和收卷。由于熔喷无纺布的结构有着超细纤维、无规缠结和高密度堆积的特点，因此熔喷无纺布有着非常大的比表面积，且单位面积中含有大量微孔[8]（见图9.3）。

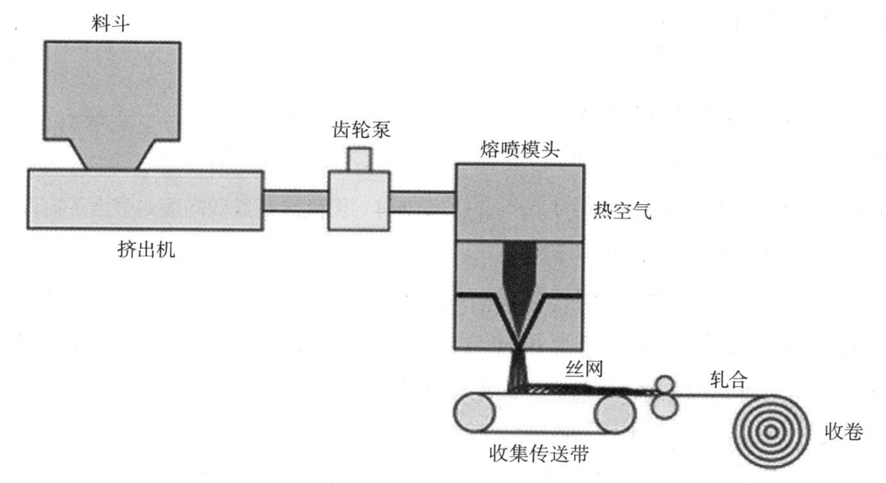

图9.3　熔喷无纺布制备工艺（来源于日本卡森公司，经卡森公司允许对图片进行了加工）[7]

9.4 聚烯烃纤维性能特点

聚烯烃纤维（聚乙烯和聚丙烯）具有良好的拉伸强度、韧性和耐磨性，同时还具有优异的耐化学品性能，但这也意味着聚烯烃纤维有不易染色的缺点。另一个缺点是聚乙烯纤维熔点较低，这也影响了其应用。但在一定程度上，低熔点也有利于在无纺布生产过程中用热黏合来代替化学黏合，这有利于降低成本。这类纤维横断面是光滑的圆形。

下面列出了聚烯烃纤维主要的性能和特点：

（1）质量轻：聚烯烃纤维是所有合成纤维和天然纤维中比重最轻的。

（2）好的蓬松性，意味着聚烯烃纤维有很好的遮盖性。

（3）良好的强度（湿态和干态下）和回弹性。

（4）耐磨性好。

（5）极低的吸湿性（接近于零）。

（6）由于纤维不吸湿，具有速干性。

（7）良好的耐化学品性能和抗染色性。

（8）优异的热黏合性能（对无纺布非常重要）。

（9）良好的吸汗性和触感。

另外，比起聚酯这样的常用纤维材料，聚烯烃纤维也有一些缺点，包括回弹性较差，较低的玻璃化转变温度（T_g）引起的蠕变，染色性较差（需要进行处理），阻燃性较差，对化学黏合剂（如胶水和胶乳）黏附性较差。

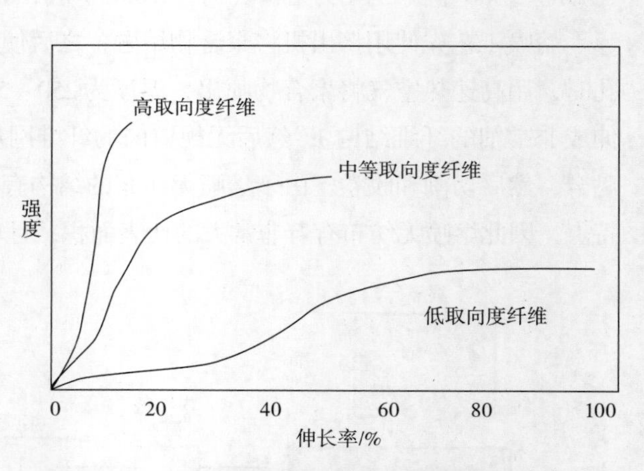

图9.4　聚丙烯纤维取向度对强度的影响[9]

聚烯烃纤维的性能与制备工艺和工艺条件也有很大关系。取向是制备合成纤维常用的步骤，通过使聚合物分子链在拉伸方向取向来提高聚烯烃纤维的强度。牵伸比决定了取向度，牵伸比由生产线第一个辊子和最后一个辊子之间的速度差决定。分子链沿拉伸方向被拉伸，出现纤维晶结构且结晶度增大，从而使拉伸强度（断裂强度）提高。聚乙烯和聚丙烯属于半结晶热塑性塑料，具有较高的结晶速率。在纺丝过程中，聚合物会在冷却步骤中发生结晶，但主要通过后续步骤（如拉伸和热定型）来提高结晶度。图9.4展示了纤维取向度对强度的影响[9]。

9.5 聚烯烃纤维的测试和表征

聚烯烃纤维可以采用通用的合成纤维测试和表征手段来进行评价。详细讨论所有的测试表征手段超出了本章范围，因此，本章主要会对研究聚烯烃纤维必须了解的定义和测试表征手段进行介绍。

旦（denier）：9000m长的纤维的质量（g）称为旦。也可以用旦数来衡量纤维的线密度。对于同种类型的纤维，直径越大，旦数越大。前面提到过，纤维通常以成束的纱线形式存在，纱线的旦数用总旦数来表示。单丝旦数（DPF）是纤维行业的常用术语，表示单根纤维的旦数（等于总旦数除以丝束中的纤维根数）。

北美通常使用旦来表示纤维线密度，但欧洲一般使用特（tex）来表示。1000m长的纤维的质量（g）称为特。欧洲更常使用的纤维线密度单位还有分特（dtex），表示10000m长的纤维的质量（g）。

断裂强度：纤维断裂时所受应力，单位是克/旦。断裂强度是聚烯烃纤维非常重要的性能指标，一般在3.5～8g/d（克/旦）或31～81g/tex[10]。纺织行业通用的聚丙烯纤维断裂强度为40.5～50cN/dtex，用于绳索和网的高强度纤维强度能够达到81cN/dtex。

断裂伸长率（E_b）：纤维断裂时长度比原来长度增长的百分数。断裂伸长率可由单丝或者束丝的应力-应变曲线得出，可以按照ASTM标准测试。聚烯烃纤维的断裂伸长率主要由拉伸过程和热定型过程决定。断裂伸长率可以用来衡量纤维的韧性，生产商一般会根据产品需要来平衡纤维的强度和伸长率。延展性好有利于纤维在纺织加工时不易断裂。

纤维的鉴别：纤维行业常用几种方法来鉴定和分辨不同的纤维。常用的方法包括显微观察、溶解实验、热和燃烧实验、密度测试和染色技术[10]。

显微观察：光学显微镜是纤维检测实验室常用的设备。相对于形貌近似的合成纤维，用显微镜更易鉴别天然纤维。显微镜通常可以观测到纤维的形状和断面情况。聚烯烃纤维通常具有光滑的圆形断面。显微镜并不能准确分辨聚乙烯和聚丙烯纤维，但在分辨纤维是单组分还是双组分方面非常有效，双组分核壳纤维可由两种聚合物共同挤出制备。

化学检测：溶解性实验在鉴定纤维方面非常有用。聚烯烃在大多数常见溶剂中都有着很好的稳定性，只需通过简单的溶解性实验就能将其与聚酯或尼龙纤维区别开来。傅里叶变换红外光谱（FTIR）技术可以用于鉴定官能团，也有助于确定纤维类型。

燃烧实验：接触明火时，不同的纤维会产生不同的火焰、灰烬和气味。实验中最重要的是观察纤维会融化还是燃烧，会不会在火焰中收缩，烟有什么味道，移开火焰后留下什么残留物。聚乙烯纤维燃烧速度很快，内焰为蓝色，外焰为黄色，燃烧的同时还会有滴落，燃烧时有类似蜡烛燃烧的石蜡气味。聚丙烯会边融化边燃烧，火焰稳定而且基本无烟，熔融的部分比较干净。聚丙烯燃烧时有轻微的芹菜味道或者完全无味。聚丙烯可由其坚硬的炭色残留物来鉴别[12]。

密度测试：通过纤维密度可以大概鉴定纤维的类型。聚烯烃纤维典型的特征是会漂浮在水面上。聚乙烯纤维的密度为0.95～0.96g/cm^3，聚丙烯纤维的密度为0.90～0.91g/cm^3[10]。

染色实验：这个实验建立在不同纤维与不同染料有不同的相容特性上。先准备一系列染料，每种染料与特定的纤维有相容性。将不明纤维浸入染料中观察其可染性。纤维的形貌和化学结构决定了其染色性和吸湿性。聚烯烃纤维具有疏水性导致其染色性差。

其他表征和检测技术：聚烯烃纤维可用多种现代技术手段进行表征，如热分析、光谱、电子显微镜和核磁共振技术（NMR）。差示扫描量热仪（DSC）是测定纤维熔点的重要手段，能够快速分辨聚乙烯和聚丙烯。聚乙烯在130℃左右软化，并在140℃左右熔融，聚丙烯在150℃左右软化，并在160℃左右熔融。

聚烯烃纤维的应用

聚丙烯是聚烯烃纤维中产量和消费量最大的。聚烯烃纤维的增长速度为6%，是所有合成纤维中最快的。这是因为发展中国家聚烯烃纤维产量增速较快，而且发达国家对地毯和无纺布的需求有所增加[13]。

如表9.1所示，在过去的几年中，聚丙烯纤维产量受到了聚丙烯价格上涨的影响。一是由于丙烷脱氢和其他工艺制得的丙烯正不断增多，二是无纺布的需求不断上涨，因此，预测聚丙烯纤维的产量会再次增长[14, 15]。

表9.1　全球范围不同种类聚丙烯纤维的产量［单位10^{4}t，数据来自美国纤维有机体（Fiber Organon）[14]和泰可荣（Tecnon OrbiChem）[15]］

年份	2000	2005	2009	2010①	2015②
长纤维	260	294	250	—	—
短切纤维	120	124	105	—	—
裂膜纤维	210	230	220	—	—
总计	590	648	575	600	700

注：①2010年的数据只在总计中列出；
②2015年的数据来源于泰可荣（Tecnon OrbiChem）的预测[15]。

如图9.5所示，中国、美国和欧洲依然是世界上聚烯烃纤维消费量最大的地区（根据2014年数据）。

日用品（如地毯和小毯子）成为聚烯烃纤维最大的市场。主要是因为聚丙烯可以在地毯领域代替尼龙和麻。

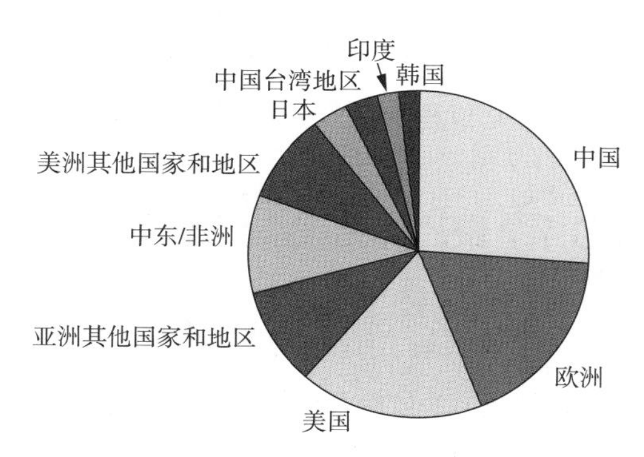

图9.5 2014年全球聚烯烃纤维消费量[13]

聚烯烃纤维，特别是聚丙烯纤维，被广泛应用在地毯背衬、地毯面纱、洗衣袋、运动服、绳索、袜子、内衣、缝纫线和针织衣服方面。聚丙烯撕裂膜和单丝常被用于绳索、农用网和弹性中型容器。聚烯烃纤维也可以用在家具和设备覆盖物，以及室外家具上，近期还被用来制造人造革。

聚丙烯膜裂纤维在地毯和编织袋等应用方面有着很好的应用前景。将挤出的薄膜沿机器方向撕裂成狭窄类似纤维的扁带。这些扁带可以用于编织高强度织物、网和袋子。低密度聚乙烯（LDPE）有时也可以与聚丙烯共混用于制备裂膜纤维，这样可以降低纤维振动和改善加工性能。

聚丙烯无纺布和聚乙烯凝胶纺丝有着非常重要的商业价值，接下来将会对这两个领域进行详细介绍。

9.6 聚丙烯无纺布

无纺布是继地毯后的聚丙烯纤维第二大应用。纺黏和熔喷是聚丙烯无纺布的两大制备工艺。无纺布用途的聚丙烯有着特殊的结构，用于满足纺丝工艺的要求。通常纤维级别的树脂需要有较高的熔体流动速率（MFR）和较窄的分子量分布（MWD）。纺黏无纺布中的聚丙烯纤维直径一般在10～40μm。聚丙烯的熔点约为165℃，因此作为一种可热黏合的纤维，聚丙烯有着较宽的热黏合工艺窗口，特别是可以与天然或更高熔点的合成纤维复合使用。

聚丙烯无纺布主要用于婴儿尿裤、卫生制品、湿巾、成人纸尿裤等需要柔软触感的制品上，也可以用于制造车用纺织品、土工布、一次性医疗用品和工业抹布等。

熔喷纤维直径在10μm左右或更低，熔喷无纺布的阻隔性更强但是强度相对较低。聚丙烯熔喷无纺布的主要用途是过滤材料、口罩和电池隔膜。近来有研究工作❶采用茂金属聚丙烯制备亚微米级熔喷纤维[16]。该研究中使用的聚烯烃和典型的熔喷无纺布用聚合物类似，有着极窄的分子量分布，熔体流动速率在1000g/10min以上。

茂金属聚合工艺使得纺黏纤维和熔喷纤维直径更小，能够制得更加柔软的织物[17, 18]。

目前全世界无纺布用聚丙烯的总消费量已经达到25Mt。化学品市场资源公司

❶ 2008年美国专利（专利号：8372292B2），2013年2月授权给P.希尔林克公司（P.Scheerlinck）和M.欧德尼公司（M. Ouederni），转让给美国佳斯迈威公司（Johns Manville）。

（Chemicals Market Resources）的报告中提道“预计在发展中国家，纸尿裤、成人尿不湿、土工布和地毯等终端应用需求会有快速的增长”[19]。

9.7 聚乙烯高强度纤维

与聚丙烯相比，聚乙烯很难熔喷成纤维网状结构。因为黏弹性的限制，聚乙烯也很难进行拉伸。而且聚乙烯熔点较低，限制了其在许多纺织和无纺布领域的应用。然而UHMWPE以其高强度和轻质的特点取得了成功的应用。UHMWPE的分子量为2000000～6000000g/mol，分子结构中含有完全取向的聚乙烯分子链，因此UHMWPE具有超高的强度，也是世界上最强并且最轻的纤维。在同样的重量下，UHMWPE比钢强10倍，比芳香族聚酰胺强40%。它能够漂浮在水面，因此在船舶应用方面有很大优势。它有着很好的耐化学品和防水性能，同时具有良好的耐纤维磨损性。

UHMWPE纤维可以用于船用绳索、升降套索、警用和军用防弹背心、武装车辆、防割手套、渔线和防护服。

UHMWPE有着极高的分子量和黏度，并不能通过普通的熔融纺丝手段加工。UHMWPE纤维需要通过凝胶纺丝制备，该方法最早在欧洲发明，帝斯曼集团（DSM）于20世纪90年代将其商业化。目前UHMWPE纤维的制造商主要有欧洲的帝斯曼有限责任公司、LLC以及美国的霍尼韦尔先进纤维及复合材料公司（Honeywell Advanced Fibers & Composites）。纤维的商品名分别有Dyneema和Spectra。

凝胶纺丝过程包括将加热的UHMWPE凝胶挤出通过喷丝头，在空气中进行拉伸，之后水浴冷却。凝胶纺丝的关键是使用溶剂使分子链间距离增大，减少分子链缠结，使分子链能够达到更高的取向，从而赋予纤维极高的拉伸强度[20]。

霍尼韦尔生产的Spectra纤维的物理性能见表9.2，可以看到这种纤维有着优异的力学性能[21]。

表9.2 部分霍尼韦尔Spectra产品的物理性能①

产品家族	Spectra®纤维	重量/单元长度/（d/dtex）	极限抗张强度/（g/den）/GPa	模量/（g/den）/GPa	拉伸应变/%	断裂强度/kg	密度/（g/cm^3）	丝束纤维数	单丝旦数/（dpf）
霍尼韦尔	240	267	41	1350～1650	3.1～3.5	10.0	0.97	60	4
	300	333	39.5	1200～1500	2.9～3.7	11.8	0.97	60	5
	375	417	45	1300～1700	2.9～3.6	17.2	0.97	120	3.1

资料来源：美国霍尼韦尔公司，截取了部分Spectra性能数据表。

①http://www.honeywell-advancedfibersandcomposites.com/products/fiber。

9.8 聚烯烃的热黏合

前面提到无纺布需要进行黏合以提高其强度并将松散的纤维整合在一起。黏合可以采用机械手段（如针刺）、水流喷射（如水刺）湿法无纺布。化学黏合也是常用的手段，包括将胶乳或其他黏合剂喷涂在织物上，然后再将织物通过炉子，使胶水固化。

聚烯烃纤维在以上方法之外还可以采用热黏合手段。当纤维结构是由低熔点纤维组成的时候，将织物通过加热的炉膛，热轧辊筒的温度要高于聚烯烃纤维的熔点，同时要对纤维网施加一定的压力，使纤维融化形成纺黏结构。聚乙烯和聚丙烯都可以作为无纺布的热黏合剂使用[22]。20世纪90年代，赫斯特·塞拉尼斯公司（Hoechst Celanese）开发了一项先进技术，将高熔点的聚酯和低熔点的聚乙烯（LLDPE）制成皮芯复合纤维，这种纤维的商品名是Celbond，既具有聚酯纤维的高强度，又像聚乙烯纤维一样可以进行热黏合，可以用于气流纺丝、梳理和其他卫生及工业无纺布上。

热黏合过程避免了化学物质和溶剂的使用，因此对于环境十分友好。比起化学黏合，热黏合制品的结构更为开放，手感更加柔软，更适用于卫生用品等用途。

第10章 聚烯烃在生物医药领域的应用

乔希（K.S. Joshy）、拉利·波索恩（Laly A. Pothen）、
萨布·汤姆斯（Sabu Thomas）

10.1 前言

在医学领域，聚合物材料应用非常广泛。用于人体体内的医用器材会与机体组织长期接触，出于使用安全性的考虑，使用材料需满足特定的条件和需求。其中最重要的要求是：材料具备生物相容性，对人体可保持中性，不会与人体体液、组织、细胞和酶发生反应。材料的生物相容性实际上是依赖于包括其化学结构在内的几个因素。聚合物被用作生物材料的首要因素是它的生物相容性。也就是说，选用的聚合物材料可与生物机体和组织液相容。更确切地说，聚合物材料必须具备长期接触血液和生物酶的能力，不发生材料自身的降解，不会破坏机体组织或引发血栓，不会对人体产生有毒害的过敏性、免疫性反应。对于应用于组织工程的聚合物，其降解产物是聚合物材料的另一重要特性。研究人员在大量实验研究和临床试验的基础上，合成出许多适用于生物医学领域的聚合物材料。最常用具有生物相容性和稳定性的聚合物材料包括聚乙烯（PE）、聚丙烯（PP）、聚氨酯（PU）、聚四氟乙烯（PTFE）、聚氯乙烯（PVC）、聚酰胺（PA）、聚甲基丙烯酸甲酯（PMMA）、聚甲醛（POH）、聚碳酸酯（PC）、聚对苯二甲酸乙二醇酯（PET）、聚醚醚酮（PEEK）和聚砜（PSU）。

在这些聚合物中，如聚丙烯、聚乙烯等聚烯烃材料在生物领域占据主要地位。聚乙烯的化学分子式为（CH_2CH_2）$_n$，可分为低密度聚乙烯（LDPE）、线型低密度聚乙烯（LLDPE）、高密度聚乙烯（HDPE）、交联聚乙烯（XLPE）和超高分子量聚乙烯（UHWPE），可通过不同工艺进行加工聚丙烯的结构和聚乙烯类似，相当于含有侧甲基的聚乙烯。聚丙烯的性能与侧甲基的空间排列方式高度相关（等规度）。根据侧甲基排列位置，可将聚丙烯分为等规聚丙烯（isotactic polypropylene）、无规聚丙烯（atactic polypropylene）和间规聚丙烯（syndiotactic polypropylene）三种。它们的性能与聚合物分子链的支化度和长度相关。在众多适用于生物医药领域的聚合物材料中，聚烯烃材料引起高度关注。聚烯烃是非常重要的一类商业化聚合物，年产量超过150Mt[1]。聚烯烃可制成多种多样的产品，如高性能纤维材料、软质包装和模塑制件等。聚烯烃产品

具有低成本、高性能、重量轻、使用期长、耐候性、抗菌和疏水等优异性能，近年来在多个领域得到大量应用。在生物医学领域，聚烯烃的高透明性、优异化学惰性和耐油/脂性等特点，使其成为最受欢迎的一类聚合物材料[2, 3]。

生物相容性聚合物作为生物材料广泛应用于医疗器械和药物缓释系统。在制药领域，生物相容性聚合物也是用于口服药物的重要候选材料。近年来，人们逐渐开发出更精细化的聚合物材料来满足疫苗和给药系统的使用需求，以及作为替代材料使用于人体的各个部位。在医药行业，聚合物的应用非常广泛。在生物医学领域，聚合物材料长期接触人体，出于使用安全性的考虑，使用材料需满足特定的条件和要求。应用于人体内部的聚合物材料首先应考虑生物相容性因素。聚合物材料的生物相容性不仅与聚合物的化学结构相关，还与其他几个因素有关。当聚合物基医用设备植入进人体内，机体对植入体的反应与植入体位置、材料运动以及人体活动环境相关。此外，材料与生物机体是否相容也取决于微生物效应和植入体外部形成的生物膜。生物膜的形成会引起聚合物材料的生物降解。聚合物材料发生降解后会引起添加剂和小分子化合物发生迁移，降低聚合物的稳定性和生物相容性，从而引起设备失效或产生健康问题。对于医疗器械使用的聚合物，应充分了解材料在人体内可能发生的由血液、组织或生物膜交互作用引起的降解过程。此外，在生物膜内高浓度的微生物也会引起严重的感染和健康问题。因此，应当选择合适的聚合物材料（在人体内保持高度稳定性），避免上述各种因素引起的问题，对于生物医疗材料十分必要[4, 5]。

10.2 生物相容性

医用设备或植入体的生物相容性是指材料与机体接触后不会引起宿主反应和有毒有害作用的能力，对于植入体材料来说也是最基本要求[6~8]。在人体内，胶原组织易于封装非生物相容性材料，导致产品无法达到预期功效，这反过来也会导致严重的健康问题。聚合物材料的亲和性在很大程度上影响机体组织生长情况。与亲和性聚合物相比，非相容性聚合物周围包覆的组织较少[8]。如果对某种物质产生排斥反应，人体会尝试通过吞噬细胞或溶菌酶的化学反应将异物与正常组织隔离，因此导致炎症的出现。人体对植入物材料的机体反应与植入体的类型（泡沫状物、纤维或薄膜）、外形、移动情况以及植入位置高度相关。相对于边界粗糙的植入物来说，具有光滑边界的圆形植入物与材料周围机体产生的相互作用较小，组织黏附较少。聚合物粉末具有较大的比表面积，与其他形式的聚合物相比，在组织细胞间会产生更多的相互作用[8]。聚合物材料的某些性质，如低耐磨性和机械应力，会使植入体在人体内发生位移，从而导致病人产生不适反应或疼痛。在使用期间，植入体或植入装置应保持对活体组织无害，且不会形成或溶出有毒物质。生物医用聚合物材料应具备无毒性、非致癌性、无致血栓性、无致炎性和无致免疫性等特征[7, 8]。含有单体、聚合反应催化剂以及溶出性添加剂的聚合物不适用于生物医用材料。由于材料会与血液持续性接触，植入体材料应具备良好的生物相容性，以降低植入体使用期间产生血栓的可能性。因此，为了改善材料的生物相容性，通常利用肝素等抗凝血剂对植入体进行表面改性[9]。在植入人体体内时，生物相容性材料不能与人体整体或局部组织产生相互作用。目前尚未有具体的材料参数或生物测试方法可对聚合物的生物相容性进行定量评估[10]。从定义上来说，生物相容性意味着在特定应用环境中，材料具备可使宿主机体产生适当反应的能力。具有生物相容性的聚合物可以与血液和酶接触，不会发生降解或产生毒性作用。另外，生物相容性聚合物不会导致血栓的形成，不会引起组织分解或破坏免疫系统。生物相容性聚烯烃，特别是高分子量聚乙烯，在使用过程中毒性非常小[7]。聚合物的生物相容性与以下几个因素相关：聚合物的降解产物，与生理活性物质的初始反应，植入体材料在生物介质环境中的稳定性[11]。图10.1为生物材料与人体接触后可能产生的各类反应示意图。

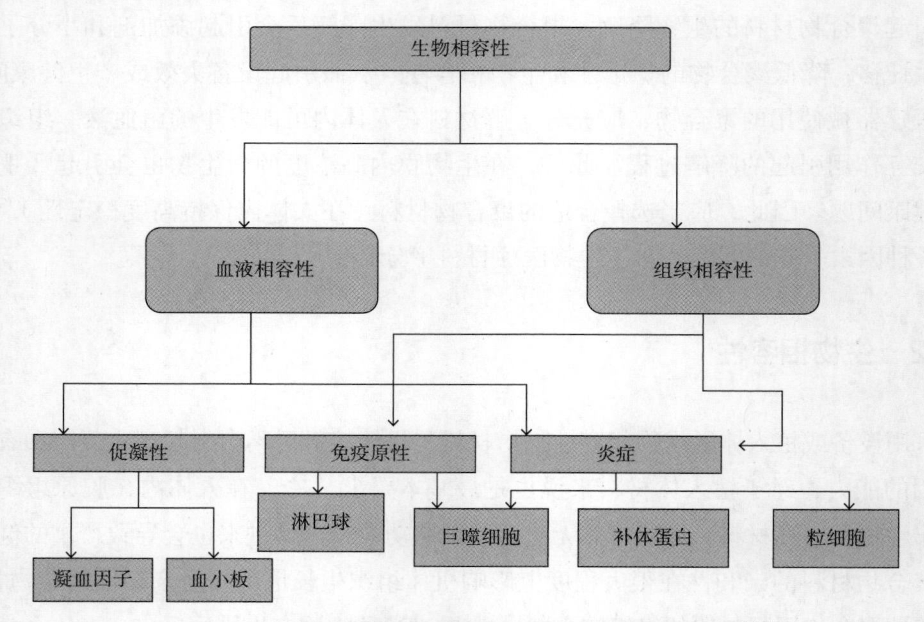

图10.1　材料与生物体组织接触后可能发生的相互作用[11]

10.2.1　生物相容性和毒性

无毒性和生物相容性是两个不同的概念。材料的毒性直接影响细胞的活性。毒性一般是由可溶性材料引起的，毒性的影响既可能是整体的也可以是局部的。材料的生物相容性主要与活体组织接触材料后引起的反应有关。可溶性植入体在人体内会引起材料的溶出。因此生物相容性是植入体材料的最基本要求，对于生物医学设备的使用寿命影响也至关重要。如果材料生物相容性较差，材料在人体内会被胶原纤维包裹，导致产品功能失效。植入材料周围组织将会出现吞噬细胞聚集并且发生不同程度的炎症反应，将材料与正常组织隔离开[9，10]。

10.3 医疗设备用聚合物

医疗器械是近年来兴起的一个新兴领域。根据ISO1385标准，医疗器械是单独使用或是与人体结合使用的具有特殊用途的仪器、器官、植入体、器具、体外试剂或校准器。例如：

（1）用于疾病的诊断、监测和预防；

（2）诊断、监测、治疗和损伤修复；

（3）对生理过程的解剖研究、置换和修正；

（4）生命维持系统；

（5）孕期监控；

（6）人体样本的体外检测。

表10.1所示为医用设备使用的各类聚合物材料，包括人造非生物可降解聚合物和生物降解聚合物。它们主要用于生产各种医疗设备如植入体，药物载体，保护性包装材料和医疗用品[12]。

表10.1 医疗设备中通用的人造聚合物材料[12]

聚合物	医疗设备应用
聚乙烯	骨科内置物、容器、医用导管、无纺布
聚丙烯	一次性制品（如注射器）、无纺布、微孔滤膜、手术缝合线
聚氨酯	韧带置换物、人造心脏瓣膜、血管移植物修复材料、乳房假体、医用导管、套管膜、导管
聚氯乙烯	肺旁路装置、医用导管和套管、透析和气管插管用导管
聚对苯二甲酸乙二醇酯	手术缝合线、人造血管
聚碳酸酯	血液氧合器、血液过滤器、导管接头、透析膜组件
聚甲基丙烯酸甲酯	滤膜、植入物、骨水泥和假肢器官的零件
聚二甲硅氧烷	人造皮肤、关节置换材料、玻璃体置换材料、人工心脏、乳房植入物、各类型导管和套管
聚四氟乙烯	人造血管、医用导管（不常用）
聚醚醚酮	导管
聚乳酸	可吸收植入物
含氟聚合物	假肢器官
丙烯酸树脂	导管接头、血液装置部件、牙科材料、细胞内植入物
纤维素塑料	血液透析膜、血液过滤器
缩醛树脂	哮喘吸入器零件

聚烯烃具有高度生物相容性、出色的耐化学性以及优异的机械性能，是骨科手术中假肢、髋关节和膝关节植入物的主要使用材料。与金属植入体相比，聚烯烃材料的主要优势在于其具有低摩擦系数和聚烯烃的润滑特性而产生的耐磨性[13~17]。

10.4 医用高分子降解机理

人的体内有大量的酶和化学物质，能够与移植入体内的高分子材料发生反应，使人体自身能够降解这些材料。移植的高分子材料能与人体发生化学、机械和分子间的相互作用，降解方式主要分为以下四种[18，19]。

1. 水解

移植入人体内的亲水性高分子可通过水解的方式发生降解。水分子像塑化剂一样被高分子材料吸收，改变了材料的物理性质，从而致使植入的材料或设备的尺寸稳定性下降[20，21]。

2. 氧化

由于人体对植入材料的排异反应而产生的过氧化物会导致材料发生氧化性降解，这种氧化降解过程能够通过环境模拟观察到[22~24]。

3. 酶降解

酶是生物催化剂，能够加速生物体中的化学反应而自身却不发生永久性的损耗。在生物材料的催化水解过程中，酶起到了至关重要的作用。在没有酶的情况下，大多数细胞都不能进行新陈代谢。水解酶是催化水解反应的，对酸碱度敏感的聚合物会发生酶催化降解[25]。定量研究组织酶的方法能够衡量酶在聚乙烯和聚丙烯材料中的活性。氨基肽酶在聚丙烯表面上的活性很低，而氧化还原酶在聚丙烯表面上具有较高的活性。不管是氨基肽酶还是氧化还原酶，在聚乙烯的表面上都具有较高的活性。

4. 物理降解

植入体材料的物理降解主要是依靠温度、空气、光和高能量的射线相互作用而产生的[21]。

10.5 聚烯烃的降解过程

聚烯烃是难以发生水解的，并且对酶催化和物理降解的反应也很微弱。氧化降解是聚烯烃的主要降解方式[30]。

10.5.1 氧化降解

有氧参与的生物降解过程主要分为两个阶段。第一阶段，空气中的氧与聚合物发生反应，导致聚合物的碳链氧化，形成高分子链段。碳链继续与氧作用，生成含氧官能团，如羧酸、酯基、醛和羟基。这就导致疏水聚合物变成亲水性的，易发生水解。第二阶段，氧化产物通过细菌、真菌、藻类等微生物的作用而降解[30~35]。

10.5.2 光降解

聚烯烃在紫外线照射条件下能够发生光降解，这是由于聚烯烃材料在制备过程中产生的不稳定物质（如羰基或氢过氧化物等基团）而导致的[30，31]。

10.5.3 机械力降解

作用在聚烯烃材料上的机械应力能够导致高分子的形貌发生改变，从而导致聚合物的降解[35，36]。

10.5.4 聚烯烃加工方法

聚合物通过挤出、模塑、纺丝、浸渍包覆等不同的加工方式使原材料转变为医用产品，如输液管、医用导管等。不同的添加剂也被用来提高聚合物的性能或改善加工性能，同时也能够提高材料在热、机械作用下的稳定性。图10.2介绍了聚合物在加工过程中常用的添加剂。在产品的制备过程中，这些添加剂起到了非常重要的作用[37]。

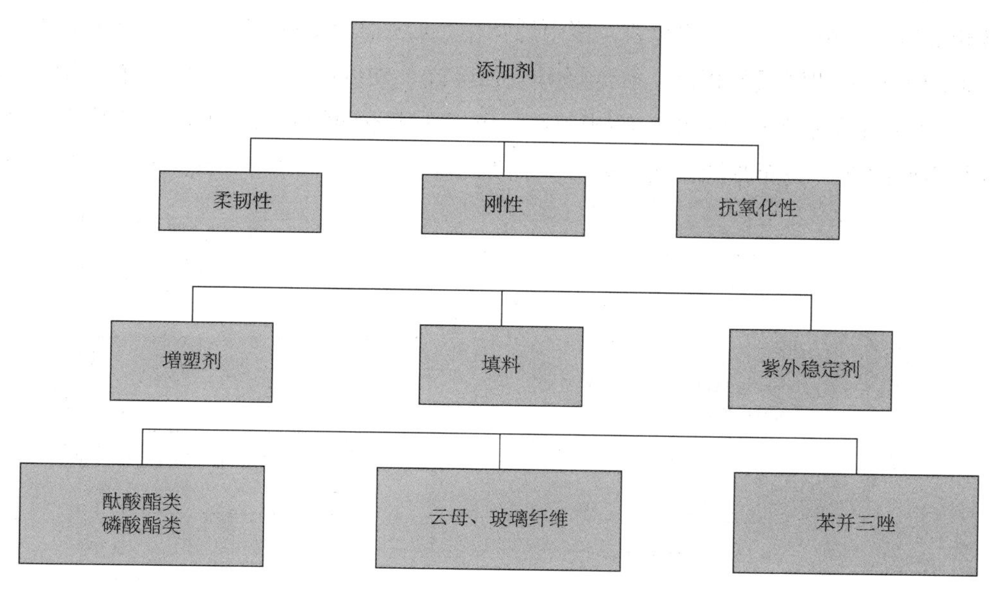

图10.2　心血管生物材料表面改性方法[37]

10.5.5 生物医用聚烯烃的加工方法

生物医用聚烯烃的加工方法主要包括：

（1）固相共混；

（2）热成型；

（3）溶胶凝胶法；

（4）结晶；

（5）原位聚合法；

（6）模压法；

（7）注射成型；

（8）球磨复合法。

热成型和固相共混法都是比较简单的成型方法。在这两种成型过程中，填料和基体的界面作用主要依靠机械啮合，即使后期对材料的表面进行化学处理，填料和基体的界面黏结力仍比较差[38~47]。

10.6 聚烯烃材料在心脑血管系统中的应用

聚烯烃的一个重要应用是作为心血管系统使用的生物材料。材料用于心血管系统时，主要考虑的是材料的力学和物理性质，如疲劳、蠕变、摩擦、耐磨性、强度和变形，以及材料与组织的生物相容性。这些性质可以通过体内和体外实验测试[48]。材料的第一属性由生物材料的内在性质决定。而材料的第二属性即生物相容性对于每种心脏移植材料都是至关重要的[49]。在心血管材料应用中，低密度聚乙烯和高密度聚乙烯均被用于制造血管和心房，也被用于血包的包装。聚丙烯常用于心脏瓣膜的制备[50, 51]。与聚酰胺、聚酯、聚四氟乙烯和聚氨酯相比，聚烯烃具有强度高、硬度高、刚性大和更好的血液相容性[52]。为了提高心血管材料的生物相容性，可以采用不同的方法对聚烯烃和其他生物材料进行表面改性。表面改性方法主要分为三类（见图10.3）：物理法固定生物材料、化学

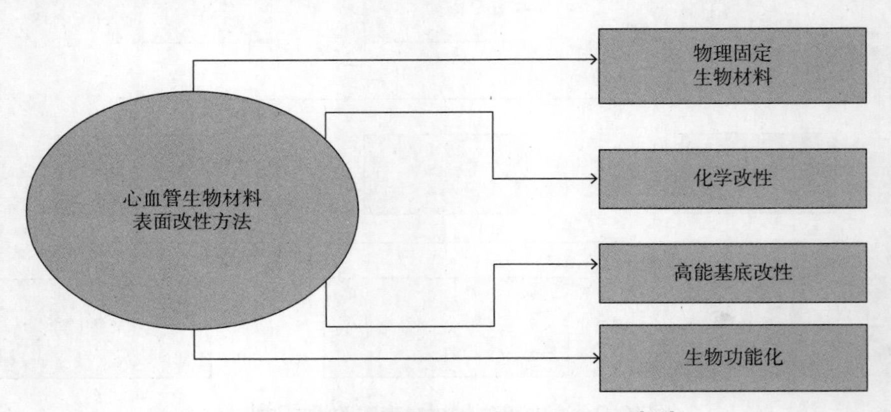

图10.3　心血管生物材料表面改性方法[53]

改性和高能改性处理（如等离子体和离子移植）[53]。

10.6.1 聚乙烯

从20世纪50年代开始，聚乙烯（PE）就开始应用于外科手术材料。在此之后，人们发现，在植入聚合物周围出现的所谓颗粒状组织是机体对移植的微弱反应。聚乙烯虽没有被广泛用于软组织的替代，但却是骨组织的重要替代物，例如髋骨的头部和骨盆骨的其他部分。低压聚乙烯的耐磨性使其在骨组织替代方面被广泛应用。高密度聚乙烯可广泛用于盆腔修复[54]。

10.6.2 聚丙烯

聚丙烯在医疗领域的重要应用得益于其优异的化学稳定性和良好的力学性能。早在20世纪70年代，聚丙烯被用于人造心脏瓣膜的衬里和球关节假体，表现出了适度的活体组织反应，以缝合线的形式被商业化。

10.7 聚烯烃在生物医学领域的应用进展

10.7.1 Al-Cu-Fe类晶体/UHMWPE复合材料——髋臼假体的生物材料

安德森（Anderson）[55]等人制备了Al-Cu-Fe类晶体/UHMWPE复合材料，因UHMWPE的高强度和生物惰性，材料可用于制作髋臼假体。类晶体材料是一种复杂的金属合金，具有低热导系数、低摩擦系数和高硬度的优点。与其他的刚性环径比低的材料相比，类晶体填充聚合物具有更高的耐磨损性和机械性能。销盘式摩擦磨损实验结果显示，Al-Cu-Fe填充UHMWPE材料的耐磨性高于未填充的UHMWPE和铝/UHMWPE。

10.7.2 生物玻璃/HDPE复合物的软组织应用

吴其晔[56]等将制备的生物玻璃/HDPE复合物应用在软组织方面。生物玻璃复合物通过共混、复合、粉碎和模压工艺流程制备。通过复合和连续的工艺处理使生物玻璃粒子均匀地分散在聚合物基体中。复合材料的杨氏模量和硬度随着生物玻璃体积含量的增加而提高，但拉伸强度和断裂应变下降。生物玻璃能够良好地连接硬组织和软组织[57, 58]。

10.7.3 聚烯烃复合物人造骨

金属、聚合物和陶瓷成功应用于医疗设备领域，尤其是在组织替代方面，新型生物材料在过去的20年间迅速发展[59]。当可生物降解聚合物作为复合材料的基体时，这种具有生物活性和可生物降解的材料就慢慢发展起来了。将可生物降解的人造骨用于人体骨骼移植后，发现被移植材料的强度和刚性逐渐下降。当一种生物材料被用作为人造骨应用时，材料在经过人体运动负荷后不应发生尺寸变化，受到冲击后不应产生严重的裂纹或断裂，材料的耐蠕变和耐疲劳性能也应能够满足长期使用需求，所以与人体组织相似的材料就是最合适的组织替代物。聚乙烯具有高度的生物相容性、良好的化学稳定性、较高的拉伸强度和硬度，同时也是非抗原的、抗过敏的、不易被人体吸收、高度稳定、易固定和易加工的材料。聚丙烯也是具有良好拉伸强度和易缝合的惰性生物材料，且与聚乙烯具有相似的生物性质，经常单独或与PMMA复合用作胸腔缺损的重建[60，61]。

10.7.4 可替代生物活性骨聚乙烯

骨头是磷灰盐/胶原蛋白的天然复合物，可使用含有生物活性微填料的复合聚合物来替代皮层骨。由于羟基磷灰石（HA）颗粒的成分与骨头的磷灰盐相似且具有优异的生物活性，所以可作为人造骨的生物活性组分。由羟基磷灰石和聚合物基组成的复合材料作为骨代替物具有足够的强度，聚乙烯被广泛用于整形外科手术中，由聚乙烯和羟基磷灰石复合而成的材料能够仿制皮层骨。在柔软的聚乙烯基体中，高体积含量的羟基磷灰石能够提供较高的生物活性，材料良好的生物活性也能够增强移植材料与其周围组织的结合[62~64]。

10.7.5 用于生物医学的聚乙烯/磁性纳米粒子复合材料

聚烯烃基磁性纳米颗粒可用于磁性细胞分离、药物传递和临床诊断。由于人造生物聚合物相比原生的生物聚合物更便宜，所以在生物医学领域大有用途。在这个特殊应用领域中，低分子量聚乙烯因具有无毒、表面似蜡的特点而被应用。聚乙烯/碳性纳米粒子复合材料是通过超声法将磁性粒子与聚合物在溶剂中均匀分散后制备得到的聚合物乳液。包覆了磁性粒子的聚合物是一种可与蛋白结合的强配体，被广泛应用于细胞分离和免疫分析[65~72]。

10.7.6 低温等离子体处理UHMWPE材料的生物医学应用

表面改性聚烯烃材料被广泛用于生物医学领域。低温等离子体处理聚乙烯非常适合应用于生物医学领域。UHMWPE有着令人满意的机械性能和生物相容性，从而被用于骨节移植和球窝关节的置换手术中。通过低温等离子体表面处理后的UHMWPE是关节整体置换或病变关节重建的主要材料[73]。

10.7.7 聚丙烯单丝的生物医学应用

聚丙烯具有优良的拉伸性能和较少的组织反应性被广泛用于手术缝合线材料。手术线缝合点经常会发生微生物感染，导致伤情恶化或引发相关并发症，使得术后护理较为困难。因此，对聚丙烯缝合线进行改性十分必要。可以引入功能性基团并在基团处固定药物，当缝合线与生物体接触时，药物可缓慢释放并产生抗菌的作用。在聚丙烯分子链上接枝其他聚合物能够较大程度地改变聚丙烯的性质。通过辐照接枝反应引入单体可以在聚丙烯表面形成水凝胶，例如甲基丙烯酸羟基乙酯（HEMA）、甲基丙烯酸、丙烯酰胺和乙烯基吡咯烷酮。接枝反应的弊端在于形成的均聚物会残留在聚合物基体中，且由于接枝物的亲水性而无法完全分离，导致手术线的特性被破坏。在聚丙烯基体上接枝离子组分会导致其拉伸强度降低。为了解决这个问题，可以通过预辐照法接枝非离子型单体（如丙烯腈）。该方法可以减少均聚物的产生，避免聚合物基体产生相分离，从而提高基体的相容性。接枝聚合物能够发生水解生成羧酸基团，可固定后续加入的药物分子。这种接枝聚丙烯单线拥有更高的拉伸强度和很好的抗菌性能[74]。

10.7.8 纤维缠绕带

聚乙烯纤维增强乙丙共聚物制得的纤维缠绕带复合物已经在多种生物医学方面得到应用。曾有一篇报道指出，该复合材料有三种不同的基体和两种缠绕角度。基体复合物与共聚物的比例可调节材料的柔软度以适应不同的生物医学应用[75]。

10.7.9 新型可商业化聚烯烃生物医疗产品

近年来，茂金属催化技术的发展促进了茂金属聚烯烃和环烯烃产品的发展。茂金属是一种单活性点催化剂，其催化聚合生成的聚乙烯的微观结构完全不同于使用齐格勒–纳塔催化剂和菲利普催化剂生产的聚乙烯。茂金属基聚烯烃的性能更优于目前市场上的聚乙烯和聚丙烯，具有较大的发展潜力，也有取代现存聚合物和工程塑料的可能，尤其是要求高透、耐冲击和低温延展性好的医疗产品。因此，聚烯烃在医疗和保健产品方面拥有着良好的前景。

10.7.10 茂金属聚烯烃的优势

茂金属聚丙烯，尤其是间规聚丙烯，目前受到了广泛的关注。这种材料的性质类似于热塑性弹性体。茂金属环烯烃是另一类能够用于医疗注射器方面的材料，使得溶液型药物使用的预装式注射器具有很高的透明度。

茂金属聚烯烃在医疗领域具有吸引力的其他特性还有：

（1）化学惰性，不会与药物发生反应；

（2）分子量分布窄；

（3）可适应伽马射线；

（4）可蒸汽消毒；

（5）可回收，减少处理费用。

同时，茂金属聚烯烃也有一些缺点，如其分子量分布较窄、半结晶周期长和工艺处理难度大所导致的问题[76]。

10.8 前景和挑战

聚烯烃在生物医药领域的应用是非常普遍的。除了近年来所取得的进步外，聚烯烃仍然存在一些缺点，阻碍了其在许多领域的推广应用，这主要是因为与传统材料相比其价格较高。未来的研究重点可聚焦于人体或由于体液或微观生物环境中可能发生的降解过程，更要注重目前医疗领域所用聚烯烃的商业化过程。使用传统方法应针对应用需求设计新材料在医疗领域仍然是个挑战性的问题。

10.9 结束语

在现阶段，由于其优异的力学性能、低成本和轻质等特点，聚烯烃的重要性显著增加。本章内容主要介绍聚烯烃材料的应用现状，并对聚烯烃材料的生物相容性、与体液的相互作用、聚烯烃的降解、用于材料增强的添加剂以及重要的加工技术等方面进行概述。聚烯烃是具有生物相容性的生物可吸收材料，在生物医学领域应用越来越广泛。聚烯烃在生物医药领域的应用包括硬组织材料的使用，如替代性骨材、药物输送控制设备和组织黏合剂。聚烯烃材料的加工方法包括纺丝、浸涂和原位聚合。这类先进加工技术的使用有利于对聚烯烃材料与活体组织相互作用的深入探索，进一步拓宽了聚烯烃在生物医药领域的应用。因此，聚烯烃材料在确保医疗器械和一次性医用品的安全性和质量上发挥了非常重要的作用。同时，聚烯烃材料也为产品的设计、制造、消毒和整合提供了灵活性。聚烯烃在加工高性能、低成本的医疗产品上具有很大优势，且适合大规模自动化生产。但是，聚烯烃的应用也存在一些限制，如人体内聚烯烃降解产物的清理以及现有聚烯烃医用复合材料的商业化。

第11章 汽车工业用聚烯烃

辛蒂尔·乔斯·奇雷耶尔（Cintil Jose Chirayil）、吉赛因·乔伊（Jithin Joy）、汉纳·玛丽亚（Hanna J. Maria）、伊戈尔·克鲁帕（Igor Krupa）、萨布·汤姆斯（Sabu Thoma）

11.1 前言

聚烯烃在汽车中的应用在过去20年中已经引起了人们极大的兴趣，并且与汽车中使用的其他材料相比，它们的应用有进一步增长的趋势。聚烯烃材料的主要优点是其功能性、成本效益的制造方法和相对较低的燃料消耗。在汽车中，聚合物材料可用于内饰和外饰，以及发动机部分和车身中。聚合物纤维易成型、表面光滑、耐化学腐蚀、比金属和玻璃轻，也是良好的绝缘体，所有这些优良特性使得聚烯烃在汽车工业广受欢迎。

由于不断提高的燃油消耗需求，汽车对轻质材料的需求日益突出。聚烯烃材料在汽车中的应用日益增多。与汽车中使用的其他材料相比，聚烯烃材料的功能性、成本效益的制造方法以及相对较低的燃料消耗是选择这些材料的关键因素[1]。在汽车工业使用的所有聚合物中，聚烯烃起主要作用。近20年来，汽车行业使用的聚烯烃材料的数量稳步增长，这得益于聚烯烃优良性能的技术突破。

在汽车中使用聚烯烃可以减轻重量、节省燃料，并提供舒适性和安全性。聚烯烃是非芳香族的，只含有碳和氢原子。除非经过特殊的氧化预处理，否则所有聚烯烃都表现出无孔和非极性的特性。表面能低是聚烯烃另一个固有特性。聚乙烯（PE）和聚丙烯（PP）是两种最重要和普遍使用的通用聚烯烃，这是因为它们的应用范围广、成本低。聚烯烃和基于聚合物的产品（复合材料、混合物、合金和混合材料）广泛用于汽车行业的保险杠、仪表板和内饰件。除了这些特性之外，它们的可回收性和相对容易的加工性使它们非常具有吸引力。过去30年来，汽车行业使用的聚烯烃材料数量大幅增长。由于具有优异的性价比、低密度、低重量、高耐候性和耐磨性以及良好的耐化学性，热塑性聚烯烃在汽车和建筑行业有着广泛的应用。使用聚烯烃的主要优点之一是，通过保持弹性体的弹性和弹性行为，它们可以像热塑性塑料一样容易加工[2]。聚烯烃的需求每年都在不断增加。据报道，未来几年对聚烯烃类产品线型低密度聚乙烯（LLDPE）的需求将增长近6%。如图11.1所示，聚烯烃总消费增长正在逐年增加[3]。

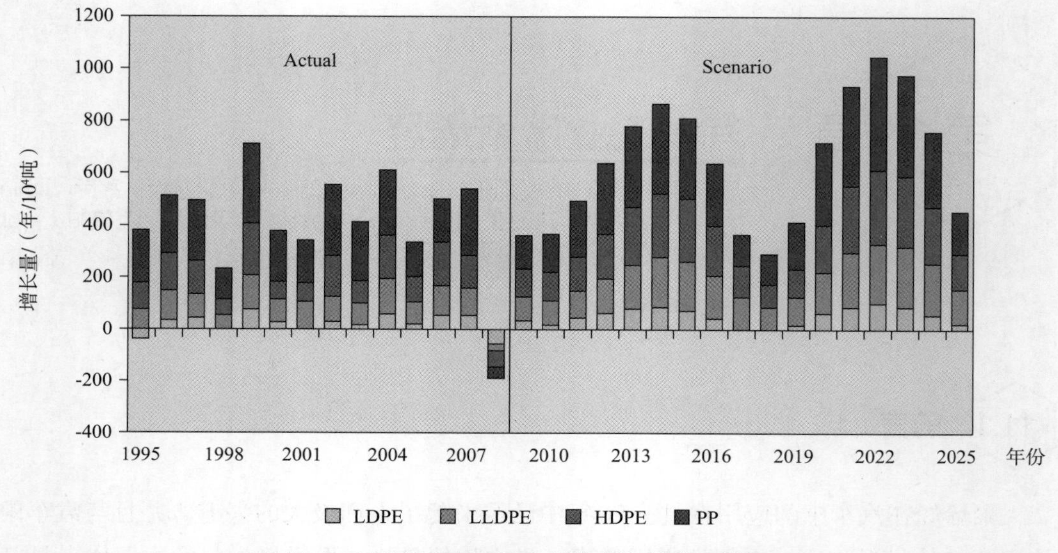

图11.1　1995年至2025年的聚烯烃消费量增长量

11.2　汽车工业中的聚乙烯

聚乙烯及其复合材料具有优异的性价比、柔韧性、低密度、轻质、可回收特性、耐候性和耐化学性，在汽车和建筑领域具有广泛的工业应用。聚乙烯产品在汽车中的主要功能是防止高冲击，吸收噪声和振动，作为黏合剂在不平坦表面上固定物体的载体，如声音反射器密封层、保温层等。使用聚乙烯还可以使车内饰具有柔软的感觉、光滑的轮廓和减重的效果。在不同类型的聚乙烯中，超高分子量聚乙烯（UHMWPE）具有轻质和高拉伸强度好等特点是机械设备中许多磨损部件的理想材料，在物料输送系统和储存容器中也是极好的衬里。自润滑性、耐磨性、耐腐蚀性，对于绝大多数工业领域的工程师和设计师都具吸引力[4]。UHMWPE在降低磨损和摩擦方面表现出色，还可以在工业中作为齿轮箱、门控装置、转向角度传感器或气囊连接器应用。

UHMWPE优异的韧性缘于其较高的分子量。但是，与其他聚乙烯相比，UHMWPE的密度相对较低，表明分子链在晶体结构中的堆积效率较低。UHMWPE具有非常广泛和多样化的应用，可以应用于机器部件、机器移动部件、轴承和齿轮以及气囊连接器中。UHMWPE的加工工艺包括压塑、柱塞挤出、烧结以及凝胶纺丝工艺。20世纪60年代初期，欧洲几家公司进行了UHMWPE的压缩成型，而基于不同的应用则采用了凝胶纺丝（见图11.2）。

另一类可以经受磨蚀或腐蚀条件的聚乙烯是高密度聚乙烯（HDPE）。HDPE的高机械强度和良好的耐磨性使其比其他传统材料更具优势。它可以用于不同类型的设备和建

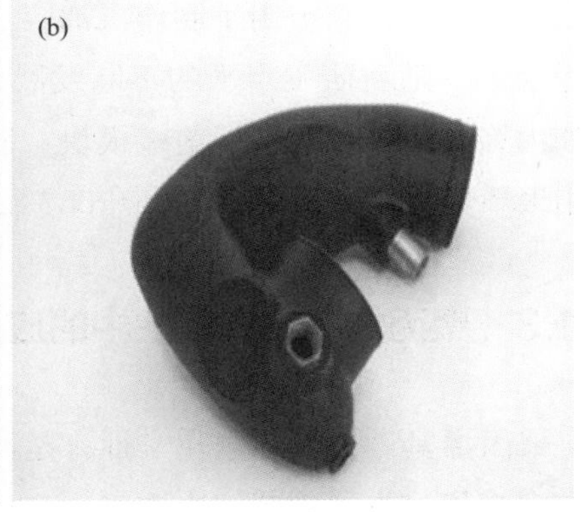

图11.2 （a）超高分子量聚乙烯制安全气囊连接器；（b）交联聚乙烯在汽车风管中应用[4]

筑材料，如家具栏杆和阀门部件。由于具有诸如良好的耐磨性、耐化学性、耐磨性以及优异的滑动性能等性质，HDPE可以取代聚丙烯、聚碳酸酯或含氟聚合物。交联聚乙烯具有良好的耐冲击性、耐化学性、抗环境应力开裂性、良好的热变形温度、低弯曲模量等[5]，在汽车工业中用于冷空气进气系统和过滤器外壳（见图11.2b）。

有趣的是，HDPE基本上代表了聚乙烯的主要应用领域。2007年全球HDPE消费量达到30Mt以上。与其他材料相比，HDPE的优越性主要体现在优异的抗冲击性、高拉伸强度、轻量、低吸湿性等方面。作为一种耐用和安全的聚烯烃，与钢管和聚氯乙烯管相比，HDPE更适合于焊接工艺。HDPE也可以作为汽车油箱和皮卡车内衬材料使用。

（a）内饰和仪表板

（b）配线和电缆

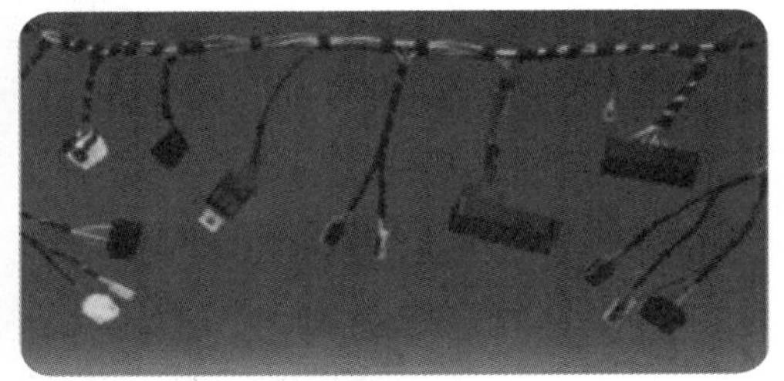

（c）外部零件

（d）保险杠

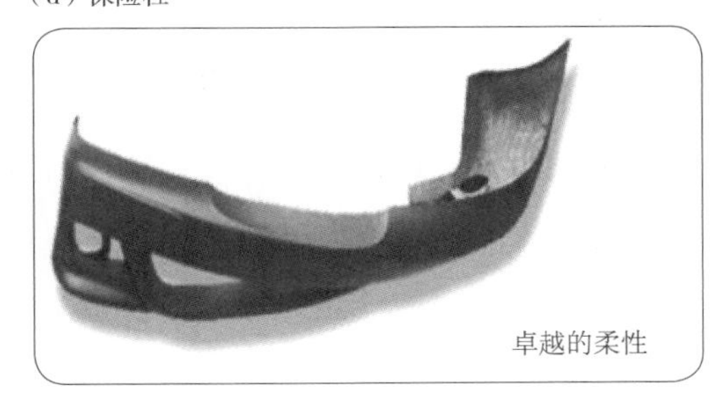

图11.3 聚乙烯在汽车中的应用[6]

在汽车工业中，它被用于制作机油容器、便携式气罐、发动机罩下油箱、油箱和电线绝缘层等。随着研发水平的不断发展，通过对工艺的改进和产品的创新，许多产品，诸如内饰和仪表板外壳、前端模块、前照灯外壳、电池支架和结构梁、水箱等，可以使用聚烯烃复合材料来取代。图11.3显示了聚乙烯在汽车中的各种应用。

11.3 聚丙烯在汽车工业中的应用

聚丙烯具有出色的耐化学性，是所有商用塑料中最轻的材料。当今汽车行业面临的众多挑战提供了创新解决方案。与传统材料相比，聚丙烯低密度的特点显著地提高了燃料经济性，同时降低了材料成本。其卓越的抗噪声、防振动与声振粗糙度（NVH）性能有助于提高乘客的舒适度。因此，聚丙烯已成为汽车行业中最重要的热塑性材料。丙烯均聚物、无规共聚物和抗冲共聚物应用于汽车零部件和电池盒、地毯、电绝缘和织物等产品。聚丙烯纳米复合材料由于其更好的机械性能（如高拉伸强度和模量）以及尺寸稳定性，在汽车领域有广泛的应用[7~11]。聚丙烯复合材料，可以用于电池支架、仪表板载体、车身面板加强件、前端模块、车身底部导流板、电子盒、踏板及其支架、门板和车门模块、保险杠梁、挡泥板延伸件、轮毂盖和车轮装饰环的生产（见图11.4）。

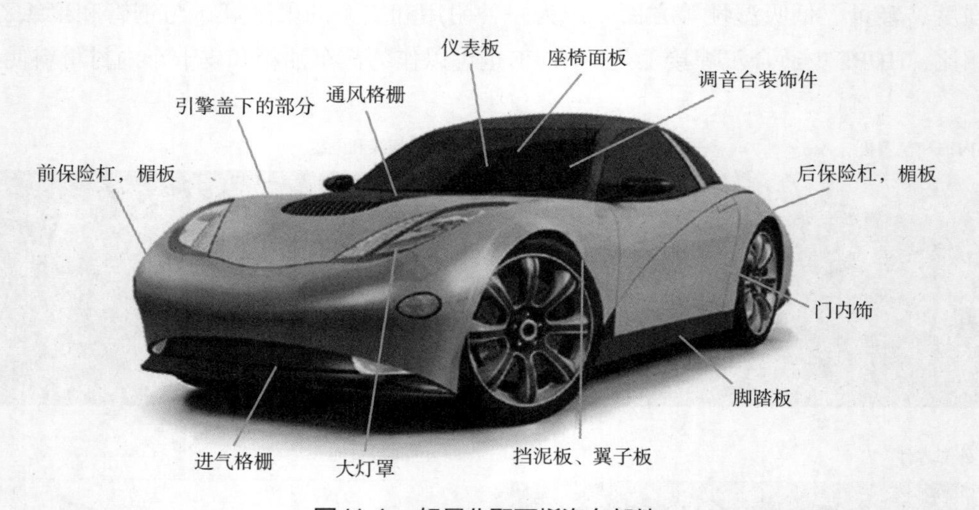

图11.4 轻量化聚丙烯汽车部件

30多年来，聚烯烃已在汽车领域得到非常广泛的应用。如今，欧洲市场上90%以上的保险杠都是以聚丙烯为基础材料生产的。保险杠的关键功能是通过吸收动能来减少损害，使传递的能量最小化。因此，保险杠的设计和加工是非常复杂的系统工程。除了安全功能之外，保险杠还是车辆整体外观的重要组成部分。它们与车身喷漆紧密结合，并融入到照明组件中。随着全球化的到来，保险杠的设计和功能必须满足当地和国际市场的要求。保险杠材料机械性能的持续改进使得其壁厚逐渐减小。保险杠的薄壁化可为制造商节省大量材料，同时得到更轻的组件，从而降低汽车燃料消耗。制造薄壁制品要求原料具有非常好的熔体流动性。尽管聚丙烯具有许多优良的性能，但其抗冲击性较低（特别是在低温下）的缺陷限制了其在汽车工业上的应用。但是，抗冲击性差可以通过向聚丙烯添加抗冲击改进剂来改进。一种最有效的改性剂是乙烯–丙烯–二烯类的三元共聚物（EPDM），已被广泛用于商业化抗冲击聚丙烯树脂中。在Liu和Qiu[13]的研究中，报道了聚烯烃弹性体（POE，乙烯–辛烯共聚物）作为聚丙烯冲击改性剂的效果，以及使用聚烯烃弹性体和高密度聚乙烯增韧聚丙烯用于汽车保险杠的效果。他们分析了不同聚烯烃弹性体和高密度聚乙烯组成对共混复合材料力学性能的影响，证明添加聚烯烃弹性体可以提高聚丙烯的冲击强度，而高密度聚乙烯可以提高聚丙烯的韧性（见图11.5）。

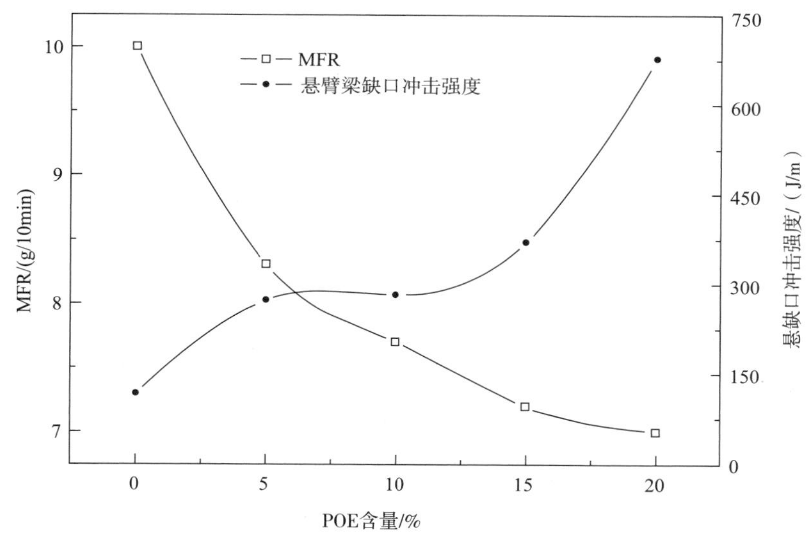

图11.5　POE含量对共混物熔体流动速率（MFR）和冲击强度的影响[13]

11.4　汽车工业用聚丙烯复合材料

目前，以聚合物基复合材料、纳米复合材料和高性能热塑性工程塑料替代金属的相关研究已经在学术和工业研究领域引起了广泛的重视[14~21]。聚丙烯可以通过传统技术进行加工，如注塑和挤出，在复合材料和纳米复合材料应用中显示出巨大的潜力。在用微米和纳米填料增强聚丙烯时，可以获得高刚度和高韧性的复合材料[22]。利用热塑性聚烯烃–黏土纳米复合材料，美国蒙泰尔现利安德巴塞尔公司和通用汽车公司为汽车外饰应用开发了具有良好尺寸稳定性的轻质材料[23]。通用汽车公司使用一种聚丙烯/黏土纳米复合材料制造了2002年中型货车（通用2002年的型号GMC Safari和雪佛兰Astro货车）的两个步进辅助系统，这是聚合物纳米复合材料技术商业化的一个重要里程碑[24]，是首批尝试基于“商品化”塑料如聚丙烯、聚乙烯和聚苯乙烯（PS）的纳米复合材料在汽车外饰中应用的案例之一。

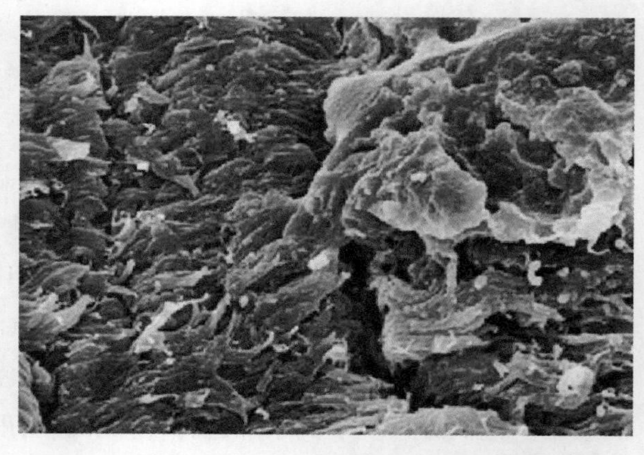

图11.6　复合材料——聚丙烯和乙丙橡胶共聚物的断裂表面的扫描电镜图[27]

由于其耐候性、低密度、低成本和回收性能，由聚丙烯和弹性体组分组成的热塑性聚烯烃纤维混合物在汽车和建筑领域得到了广泛的应用。Liao和Tjong[25]在他们的研究中报道了一种马来酸酐接枝苯乙烯-乙烯-丁二烯-苯乙烯（SEBS-g-MA）组分和含SiC纳米颗粒的聚丙烯（SiCp）以70/30的比例掺混的高弹性体含量热塑性聚烯烃（ETPO）复合材料。该纳米复合材料使用注塑和挤出等加工技术来生产制品。分析这些材料的机械性能和热性能发现，SiCp的添加导致ETPO的拉伸刚度和强度降低。然而，随着SiCp含量的升高，ETPO纳米复合材料的断裂韧性和冲击强度提高了[25]。热塑性聚烯烃弹性体（TPO）在汽车内饰和外饰（诸如仪表板、保险杠面板和门板等）应用中已经显著增加。长期耐用性和耐寒性是使用TPO的主要优点。在2000款福特福克斯和2000款庞蒂克·博纳维尔的仪表板上，以及梅赛德斯奔驰E级，保时捷986/996和本田思域[26]的车门面板上都可以找到这些应用案例。应用乙丙橡胶共聚物作为分散相的聚丙烯基复合材料制作保险杠时，首次使用后，机械性能显著下降[27]。图11.6显示了PP/EPDM复合材料断裂表面的扫描电镜图。

在最近梅布巴尼（Mehbubani）等人的专利中[28]，报道了一种非织造可塑材料的制造方法。该材料由天然纤维素纤维/聚丙烯形成，并具有约76N的弯曲强度。Du等人[29]开发了一个使用天然生物基纤维制造聚合物生物复合材料用于汽车内饰板的简单工艺。生物纤维（牛皮纸浆纤维）和热塑性聚合物首先被湿法成型为纤维/聚合物垫，并且使用模具热成型工艺制成复合材料。生物纤维/聚丙烯复合材料具有与市售非木材天然纤维/聚丙烯复合材料相同的性能，如拉伸强度、弯曲强度、抗冲击性、热变形温度和吸声系数等。图11.7显示了他们开发的复合制备工艺。

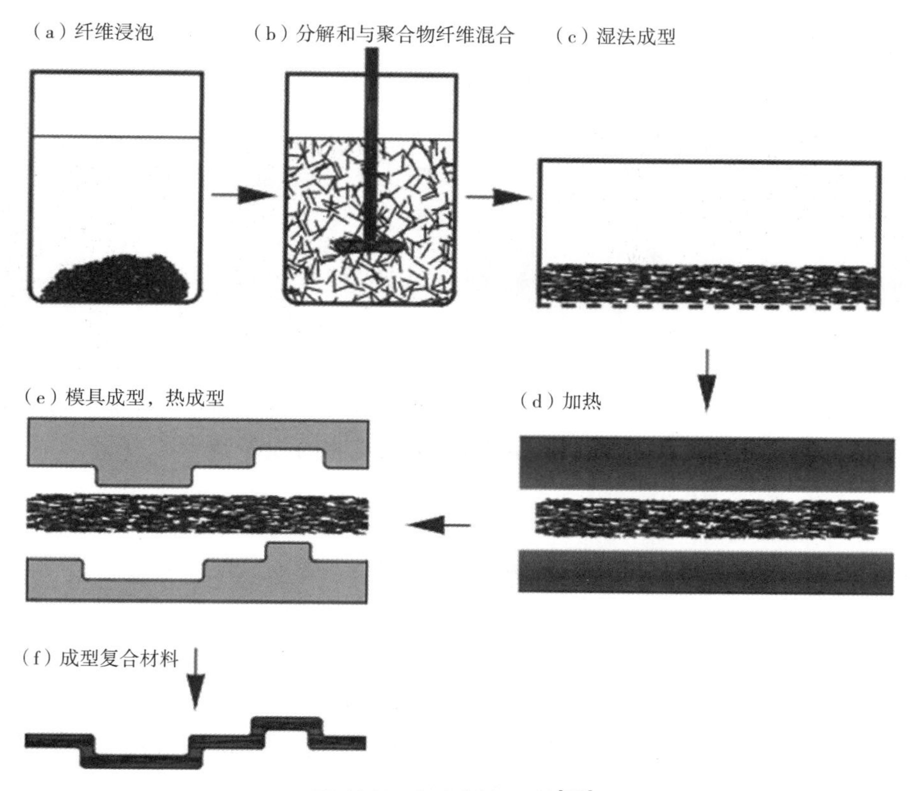

图11.7　复合制备工艺[29]

波特（Potter）和格伦（Grein）[30]在另一项关于乙丙橡胶结构与收缩率关系的研究中，报道了用于汽车行业的聚丙烯/乙丙橡胶（PP / EPR）混合物。他们评估了相形态对PP / EPR共混物的线型热膨胀（CLTE）系数和收缩率的影响。伊努娃（Inuwa）等人[31]报道了关于剥离石墨纳米片对聚对苯二甲酸乙二醇酯/聚丙烯纳米复合材料热阻燃性能的影响。他们研究了PET / PP共混物的可燃性、热性能、形态特征、热导率和膨胀石墨纳米片（GNP）的排列随GNP浓度变化的规律。形态学研究显示，GNP片在材料中分散均匀，并揭示了相互连接的GNP片在材料中的存在方式（见图11.8和

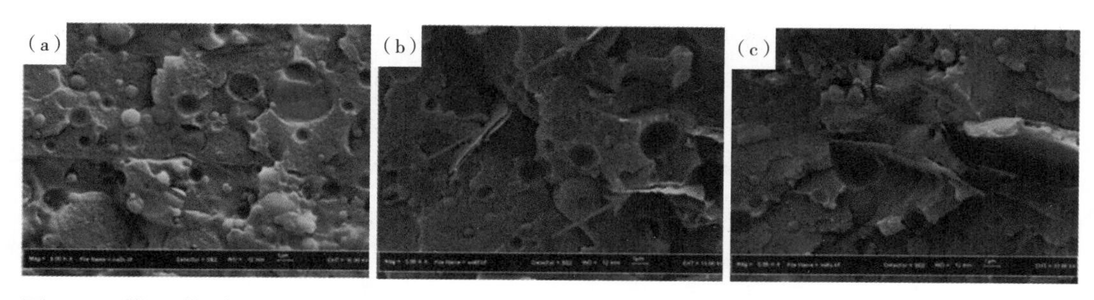

图11.8　共混时间为3h，聚对苯二甲酸乙二醇酯（PET）/聚丙烯（PP）/剥离石墨纳米片（GNP）［PET / PP / GNP］纳米复合材料的FESEM图像。

注：（a）GNP0；（b）GNP3，显示均匀分散的GNP3；（c）GNP3，显示GNP颗粒附着在增容剂表面[31]。

图11.9）。这项研究表明，使用GNP改性的PET / PP聚合物纳米复合材料具有较好的阻燃性和导热性，在电子元器应用上具有非常大的潜力。

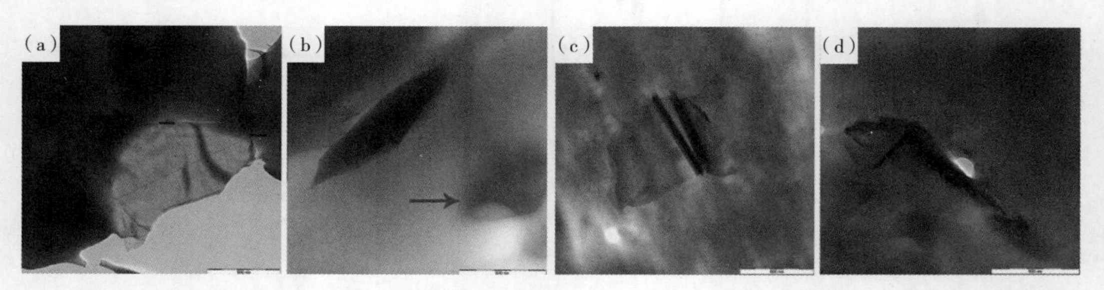

图11.9 （a）在3h负载下相互连接的GNP片,（b）由SEBSg-MAH促进的GNP与聚合物基质的界面,（c）皱褶的GNP片和（d）皱褶的GNP片[31]

11.5 聚烯烃/天然纤维复合材料

由于政府对安全和排放的严格规定，以及对燃料效率的要求越来越高，使得复合材料和塑料在汽车工业中的应用越来越广泛，逐渐取代了传统使用的钢材[32]。已有报道表明，用天然纤维增强的热塑性材料具有优异的机械性能和回收性能等[33~36]。纤维/塑料复合材料行业使用了几种天然纤维和生物可再生纤维（如小麦、芦苇、大豆、洋麻、稻草、黄麻和剑麻等），天然纤维用作复合材料的增强材料已经引起许多行业的关注[37, 38]。与聚合物树脂相比，天然纤维增强聚合物复合材料具有易加工性、相对较低的成本和优异的机械性能等特点，因而得到了广泛应用[39]。十几年来，欧洲汽车制造商和供应商一直在使用热塑性和热固性基体的天然纤维复合材料。这些生物复合材料适用于汽车内饰部件，如汽车座椅靠背、车顶内衬、仪表板、杂物盘以及门板。由于其具有成本优势、轻质、良好的耐热性和优异的机械性能，天然纤维在全球范围内受到了广泛关注[40, 41]。用包括芦苇、大麻、洋麻、椰壳、油棕和剑麻等在内的天然纤维代替非天然纤维具有很多环境优势，这些优势可以拓展它们在许多不同的领域中的应用。由于可塑性低，聚烯烃天然纤维复合材料也存在一些缺点[42~49]。阿拉科希兹（Arrakhiz）等[50]报道了使用埃及姜果棕纤维增强LDPE的机械性能和热性能。他们将碱处理过的埃及姜果棕纤维与不同百分比的LDPE基体复合在一起，并挤出成连续的股线。与纯聚合物相比，纤维含量为20%时复合材料的弹性模量提高了135%，纤维含量为30%时复合材料的杨氏模量提高了145%，在0.1Hz下抗扭模量提高了97%。同时还发现热性能随着姜果棕纤维含量的增加而略微下降。在耶米尔（Yemele）等人报道的另一项工作中[51]，他们用黑色云杉树皮（BSB）纤维和颤抖的杨树树皮（TAB）纤维通过挤压工艺制备了HDPE复合材料，并研究了热水处理原料树皮和添加偶联剂

（MAPE）、润滑剂（OP-100、滑石粉）对树皮/HDPE复合材料力学性能的影响。结果表明，热水处理对用TAB和BSB制成的复合材料的机械性能有显著影响。尽管偶联剂和润滑剂的添加显著降低了韧性和应变，但树皮/HDPE复合材料的弯曲强度和抗拉强度有所提高。塔杰维迪（Tajvidi）等人[52]报道了天然纤维聚丙烯复合材料的玻璃化转变温度（T_g）向低温移动。约瑟夫（Joseph）等人[53]也观察到了关于剑麻聚丙烯生物复合材料的类似结果。纤维和基体之间的结合界面必须进行优化，因为它对有效的应力传递非常重要。由于纤维和基质在化学结构上是不同的，所以在使用天然纤维作为增强材料时需要增强界面处的黏附力[37]。一种方法是通过物理和化学处理方法来改善纤维和基质之间的相容性和黏附性。科雷亚（Correa）等人[54]研究了用均聚物和共聚物作基体的木材复合材料，通过改变偶联剂的类型和木粉的添加量，发现耦合效率和屈服性能之间有很好的相关性。处理热塑性天然纤维复合材料的两个主要问题是木材和聚合物基体的加工温度和表面能差异。诺贝尔（Noble）聚合物公司报道了一种命名为Forte的新型聚丙烯纳米复合材料，该材料在汽车应用中可作为高填充量传统材料的经济型替代产品。在聚合物纳米复合材料中，仅添加3%~5%的填料即可达到与传统增强复合材料（高填充）相同的热性能和机械性能。通过生产更低密度和更高加工性的材料，可以获得强度和阻燃性能的整体提高[55]。

波伦恩（Pöllänen）等[56]研究了高密度聚乙烯形态、热学和力学性能。研究使用商业微晶纤维素（MCC）和黏胶纤维来制备复合材料，以改善填料和基质的化学兼容性，发现HDPE复合材料的热稳定性、杨氏模量和拉伸强度受到纤维素的显著影响。材料的机械性能得到显著改善，随着填充物含量的增加，断裂伸长率降低。研究结果表明以马来酸酐接枝聚乙烯作为增容剂，可以提高填料与HDPE基体之间的黏合性（见图11.10），改善复合材料的力学性能。

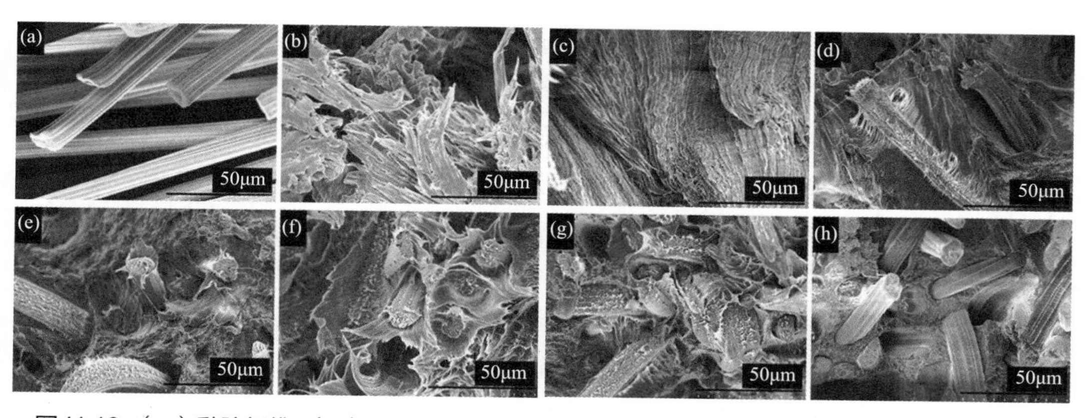

图11.10 （a）黏胶纤维；（b）HDPE的断面；（c）HDPE-PEg MA（马来酸酐接枝聚乙烯）；（d）HDPE-PEg MA-纤维（5%）；（e）HDPE-PEg MA（10%）；（f）HDPE-PEg MA-纤维（20%）；（g）HDPE-PEg MA-纤维（40%）；（h）HDPE-纤维（40%）[56]

斯德罗彼斯（Sdrobis）等[57]人研究了纤维素纸浆对LDPE的改性效果。他们在低温等离子体条件下，使用油酸改性的未经漂白或漂白的牛皮纸纤维素作为增强剂，熔融LDPE混合的复合材料含有高达10%未经处理和改性的纤维素纸浆。研究表明纤维素和基体之间的界面黏结可以通过改性得到改善，当改性浆粕掺入复合基体时，大部分性能得到改善。复合材料的角频率与复数黏度函数的关系变化如图11.11所示。

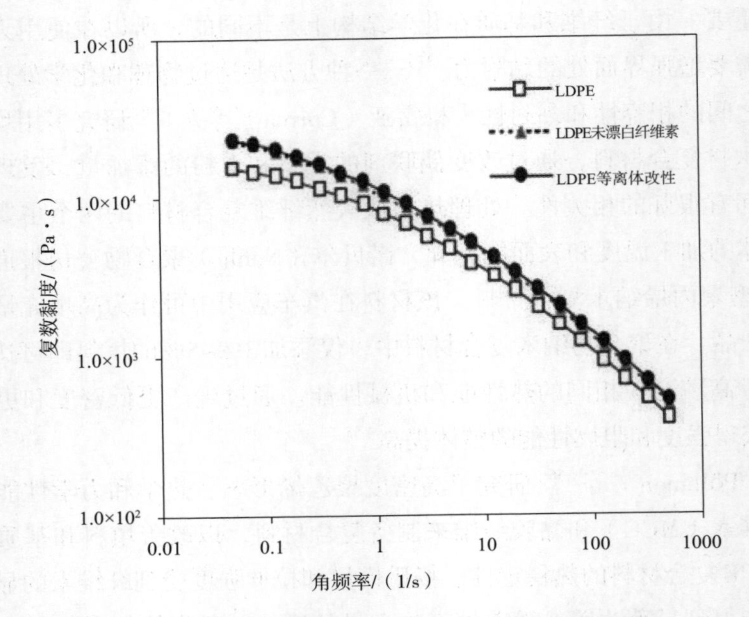

图11.11 含有未漂白纤维素（CUB）和等离子体改性（CUBm）的LDPE和生物复合材料的角频率与复数黏度的函数关系[57]

木材/聚乙烯复合材料由于其优异的性能而广泛用于诸多领域。刘等人[58]使用空气等离子体的低压辉光放电来改善木材/聚乙烯复合材料的黏合性能。不同放电功率下等离子体处理的木材/聚乙烯复合材料的原子力显微镜（AFM）形貌如图11.12所示。他们报道，等离子体处理后接触角减小，且随放电功率降低逐渐减小。

由于生物降解产品需求的不断增加，复合材料的获取手段越来越多样化。一种方法是使用生物质作为天然生物聚合物来生产生物可降解塑料。卡利德（Khalid）等[59]已经报道了使用油棕空果穗纤维（EFBF）进行改性的研究。复合材料是通过将纤维素和EFBF纤维以不同比例（重量分数高达50%）与聚丙烯混合来制备的。使用布拉本达（Brabender）双螺杆混炼机制备了PP-纤维素和PP-EFBF复合材料，并研究了纤维素和EFBF纤维对复合材料力学性能的影响。研究结果表明，与PP-EFBF复合材料相比，PP-纤维素复合材料具有更好的拉伸强度（见图11.13）。

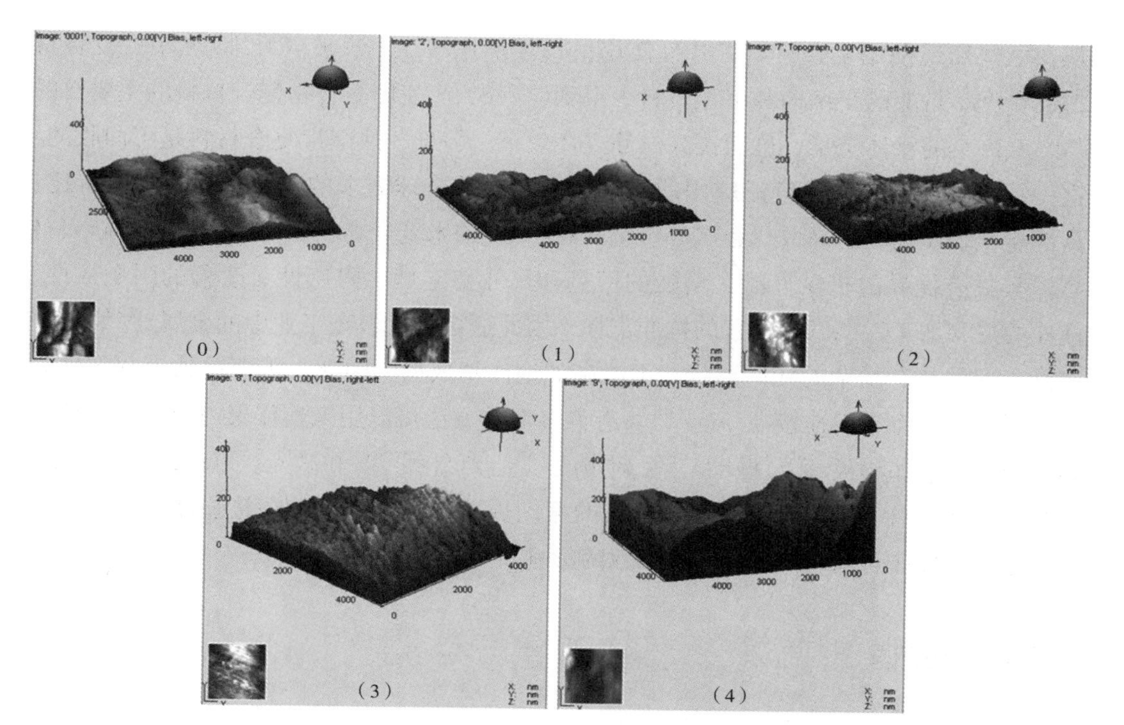

图11.12 不同功率等离子体处理的木材/聚乙烯复合材料表面的AFM形貌：(1) 550W；(2) 650W；(3) 750W；(4) 800W[58]

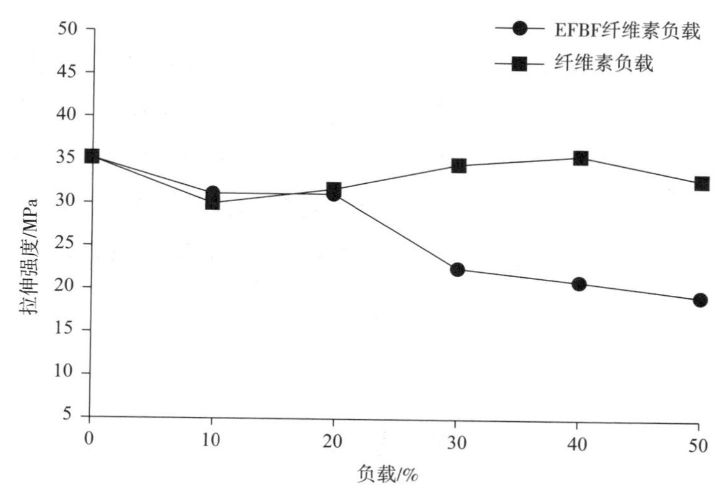

图11.13 聚丙烯复合材料的拉伸强度[59]

11.6 汽车用聚烯烃纳米复合材料及其机遇和应用

汽车行业多种应用领域都能从聚烯烃纳米复合材料中获益，而在纳米复合材料中作为基体材料的热塑性塑料的消费量一直在稳步增长，特别是在汽车行业。汽车行业现在已经广泛使用复合材料，并且使用量每年都在增加。长玻璃纤维/热塑性复合材料已在汽车行业的半结构和工程材料中得到应用[60]。使用聚合物复合材料的主要目的是降低汽车的整体重量，进而提高汽油燃烧效率。另外，热塑性复合材料是可回收的，这一特点被认为是未来广泛应用的强大动力。目前全球需求的预期是使用高性价比、高性能、轻质的材料来取代金属等传统材料[61]。纳米复合材料正是一类这样的新兴材料，其具有优异的机械性能、增强的模量和尺寸稳定性、阻燃性、改善的耐刮擦性、优异的热和加工性能以及改善的抗冲击性，因此适合取代汽车工业中的金属[62, 63]。许多汽车部件具有复杂的几何形状，不能高效地注塑成型。因此，需要单独模制部件并使用焊接工艺将它们连接在一起[64]。有许多焊接方法可以用来连接聚丙烯或热塑性聚烯烃弹性体，如热板[65]、振动[66]、超声波[67]、红外线[68]和激光。以前的研究表明，热塑性聚烯烃弹性体为主材的T形接头的振动焊接产生的合格的焊接强度和接头强度不受振幅、焊接时间和压力等焊接参数的影响[69]。

11.7 结束语

聚烯烃纳米复合材料是汽车行业最近兴起的技术之一，在全球范围内引起了广泛关注。聚烯烃复合材料的研究开发，使得汽车行业可以通过设计和开发具有优异性能的组件及子系统来应对挑战。聚烯烃在汽车工业中的使用已经大量增加。与热固性树脂相比，由于具有优异的机械性能、热性能、良好的电气和阻隔性能以及优异的断裂韧性，聚烯烃纳米复合材料为许多应用的理想材料。利用机械和焊接手段易于连接的能力也使得聚烯烃材料在工业生产中广受欢迎。人们采用科研、具有成本效益的解决方案和各种技术手段来实现这一目标，例如使用特别设计的纳米材料，以允许发动机在较高的温度下运行，同时降低外部冷却（散热）以显著提高燃油效率。

参 考 文 献

1. N. Strumberger, A. Gospocic, C. Bartulic, Polymeric materials in automobiles. Promet Traffic-Traffico. **17**(3) (2005)
2. C.Z. Liao, S.C. Tjong, J. Nanomater. **9**, 3273–3279 (2010)
3. http://www.plastemart.com/upload/Literature/Global-polyethylene-PE-polypropylene-PP-polyolefins-slow%20in-2008.asp
4. J.H. Southern, R.S. Porter, The properties of polyethylene crystallized under the orientation and pressure effects of a pressure capillary viscometer. J. Appl. Polym. Sci. **14**(9), 2305–2317 (1970)
5. T. Kanamoto, A. Tsuruta, K. Tanaka, M. Takeda, R.S. Porter, On ultra-high tensile modulus

by drawing single crystal mats of high molecular weight polyethylene. Polym. J. **15**(4), 327–329 (1983)
6. https://polymers.lyondellbasell.com/portal/binary/com.vignette.vps.basell.BasellFileServl
7. S. Takase, N. Shiraishi, Studies on composites from wood and polypropylenes II. J. Appl. Polym. Sci. **37**(3), 645–659 (1989)
8. J.M. Felix, P. Gatenholm, The nature of adhesion in composites of modified cellulose fibers and polypropylene. J. Appl. Polym. Sci. **42**(3), 609–620 (1991)
9. Y. Mi, X. Chen, Q. Guo, Bamboo fiber-reinforced polypropylene composites: crystallization and interfacial morphology. J. Appl. Polym. Sci. **64**(7), 1267–1273 (1997)
10. P. Mapleston, Mod. Plast. **73**, 605–732 (1999)
11. L. Jilkén, G. Mälhammar, R. Seldén, The effect of mineral fillers on impact and tensile properties of polypropylene. Polym. Test. **10**(5), 329–344 (1991)
12. http://polymer-additives.specialchem.com/centers/polyolefin-reinforcement-enter/reinforced-polyolefins-for-automotive
13. G. Liu, G. Qiu, Study on the mechanical and morphological properties of toughened polypropylene blends for automobile bumpers. Polym. Bull. **70**(3), 849–857 (2013)
14. S. Komarneni, Nanocomposites. J. Mater. Chem. **2**(12), 1219–1230 (1992)
15. L.M. Sherman, Plast. Technol. 52 (1999)
16. R. Westervelt, K. Walsh, Chem. Week (1999)
17. NIST, ATP Project Brief 97-02-0047 (1997)
18. H. Guggenbuhl, Die Weltsoche **9**, 25 (1989)
19. M.T. Takemori, Polym. Eng. Sci. **19**, 1104–1113 (1979)
20. E.P. Giannelis, Polymer layered silicate nanocomposites. Adv. Mater. **8**(1), 29–35 (1996)
21. T. Kurauchi, A. Okada, T. Nomura, T. Nishio, S. Saegusa, R. Deguchi, SAE Tech. Paper Ser. **910**, 584–599 (1991)
22. H.G. Karian, *Plastics Engineering*, vol. 51 (Marcel Dekker, New York, 1999)
23. R. Ottaviani, W. Rodgers, P. Fasulo, T. Pietrzyk, C. Buehler, *Global SPETPO Conference*, Sept 1999
24. Auto applications drive commercialization of nanocomposites. Plast. Addit. Compd. **4**, 30–33 (2002)
25. C.Z. Liao, S.C. Tjong, J. Nanomater. **9**, 3279–3341 (2010)
26. N. Kakarala, S. Shah, *SPE Automotive TPO Global Conference* (2000) , pp.147–158
27. M.P. Luda, G. Ragosta, P. Musto, D. Acierno, L. Di Maio, G. Camino, V. Nepote, Regenerative recycling of automotive polymer components: poly (propylene) based car bumpers. Macromol. Mater. Eng. **288**(8), 613–620 (2003)
28. R. Mehbubani, A. Khosroshashi, B. Taylor, S.P. Yanchek, US patent, 20140272343 A1 Publication number US20140272343 A1, US 14/216,444
29. Y. Du, Y. Ning, T. Kortschot, A. Mark, J. Mater. Sci. 2630–2639 (2014)
30. G.D. Potter, C. Grein, Borealis. Expr Polym. Lett. **8**, 282–292 (2014)
31. I.M. Inuwaa, A. Hassana, D.-Y. Wangb, S.A. Samsudina, M.K. Mohamad Haafiza, C.S.L. Wongd, M. Jawaide. doi:10.1016/j.polymdegradstab.2014.08.025
32. S. Mohanty, S.K. Verma, S.K. Nayak, Dynamic mechanical and thermal properties of MAPE treated jute/HDPE composites. Compos. Sci. Technol. **66**(3), 538–547 (2006)
33. A. Bourmaud, C. Baley, Investigations on the recycling of hemp and sisal fibre reinforced polypropylene composites. Polym. Degrad. Stab. **92**(6), 1034–1045 (2007)
34. A. Bourmaud, C. Baley, Rigidity analysis of polypropylene/vegetal fibre composites after recycling. Polym. Degrad. Stab. **94**(3), 297–305 (2009)
35. A. Bourmaud, A. Le Duigou, C. Baley, What is the technical and environmental interest in reusing a recycled polypropylene–hemp fibre composite? Polym. Degrad. Stab. **96**(10), 1732–1739 (2011)
36. A. Le Duigou, I. Pillin, A. Bourmaud, P. Davies, C. Baley, Effect of recycling on mechanical behaviour of biocompostable flax/poly (l-lactide) composites. Compos. A Appl. Sci. Manuf. **39**(9), 1471–1478 (2008)
37. J. George, M.S. Sreekala, S. Thomas, A review on interface modification and characterization of natural fiber reinforced plastic composites. Polym. Eng. Sci. **41**(9), 1471–1485 (2001)
38. D.R. Mulinari, H.J. Voorwald, M.O.H. Cioffi, M.L.C. da Silva, S.M. Luz, Preparation and properties of HDPE/sugarcane bagasse cellulose composites obtained for thermokinetic mixer. Carbohydr. Polym. **75**(2), 317–321 (2009)

39. D.R. Mulinari, H.J. Voorwald, M.O.H. Cioffi, M.L.C. da Silva, S.M. Luz, Preparation and properties of HDPE/sugarcane bagasse cellulose composites obtained for thermokinetic mixer. Carbohydr. Polym. **75**(2), 317–321 (2009)
40. M. Pracella, D. Chionna, I. Anguillesi, Z. Kulinski, E. Piorkowska, Functionalization, compatibilization and properties of polypropylene composites with hemp fibres. Compos. Sci. Technol. **66**(13), 2218–2230 (2006)
41. A. Bourmaud, C. Baley, Rigidity analysis of polypropylene/vegetal fibre composites after recycling. Polym. Degrad. Stab. **94**(3), 297–305 (2009)
42. S.B. Srahim, R.B. Cheikh, Influence of fibre orientation and volume fraction on the tensile properties of unidirectional Alfa-polyester composite. Compos. Sci. Technol. **67**(1), 140–147 (2007)
43. Y. Li, K.L. Pickering, R.L. Farrell, Analysis of green hemp fibre reinforced composites using bag retting and white rot fungal treatments. Ind. Crops Prod. **29**(2), 420–426 (2009)
44. S.H. Aziz, M.P. Ansell, The effect of alkalization and fibre alignment on the mechanical and thermal properties of kenaf and hemp bast fibre composites: part 1–polyester resin matrix. Compos. Sci. Technol. **64**(9), 1219–1230 (2004)
45. M.M. Haque, M. Hasan, M.S. Islam, M.E. Ali, Physico-mechanical properties of chemically treated palm and coir fiber reinforced polypropylene composites. Bioresour. Technol. **100**(20), 4903–4906 (2009)
46. H.A. Khalil, H. Ismail, H.D. Rozman, M.N. Ahmad, The effect of acetylation on interfacial shear strength between plant fibres and various matrices. Eur. Polym. J. **37**(5), 1037–1045 (2001)
47. J. Harun, K. Abdan, K. Zaman, Rheological behaviour of injection moulded oil palm empty fruit bunch fibre–polypropylene composites: Effects of electron beam processing versus maleated polypropylene. Mol. Cryst. Liq. Cryst. **484**(1), 134–500 (2008)
48. X. Lu, M.Q. Zhang, M.Z. Rong, G. Shi, G.C. Yang, Self-reinforced melt processable composites of sisal. Compos. Sci. Technol. **63**(2), 177–186 (2003)
49. A. Keller, Compounding and mechanical properties of biodegradable hemp fibre composites. Compos. Sci. Technol. **63**(9), 1307–1316 (2003)
50. F.Z. Arrakhiz, M. El Achaby, M. Malha, M.O. Bensalah, O. Fassi-Fehri, R. Bouhfid, A. Qaiss, Mechanical and thermal properties of natural fibers reinforced polymer composites: Doum/low density polyethylene. Mater. Des. **43**, 200–205 (2013)
51. M.C.N. Yemele, A. Koubaa, A. Cloutier, P. Soulounganga, T. Stevanovic, M.P. Wolcott, Effects of hot water treatment of raw bark, coupling agent, and lubricants on properties of bark/HDPE composites. Ind. Crops Prod. **42**, 50–56 (2013)
52. M. Tajvidi, R.H. Falk, J.C. Hermanson, Effect of natural fibers on thermal and mechanical properties of natural fiber polypropylene composites studied by dynamic mechanical analysis. J. Appl. Polym. Sci. **101**(6), 4341–4349 (2006)
53. P.V. Joseph, G. Mathew, K. Joseph, G. Groeninckx, S. Thomas, Dynamic mechanical properties of short sisal fibre reinforced polypropylene composites. Compos. A Appl. Sci. Manuf. **34**(3), 275–290 (2003)
54. C.A. Correa, C.A. Razzino, E. Hage, J. Thermoplast. Compos. Mater. **20**(2010), 223–239 (2007)
55. Lux Research. The Nanotech Report 2004
56. M. Pöllänen, M. Suvanto, T. Pakkanen, Cellulose reinforced high density polyethylene composites—Morphology, mechanical and thermal expansion properties. Compos. Sci. Technol. **76**, 21–28 (2013)
57. A. Sdrobis, R.N. Darie, M. Totolin, G. Cazacu, C. Vasile, Low density polyethylene composites containing cellulose pulp fibers. Compos B. **43**, 1873–1880 (2012)
58. Y. Liu, Y. Tao, X. Lv, Y. Zhang, M. Di, Study on the surface properties of wood/polyethylene composites treated under plasma. Appl. Surf. Sci. **257**, 1112–1118 (2010)
59. M. Khalid, C.T. Ratnam, T.G. Chuah, S. Ali, S.Y. Thomas, Choong a comparative study of polypropylene composites reinforced with oil palm empty fruit bunch fiber and oil palm derived cellulose. Mater. Des. **29**, 173–178 (2008)
60. S. Komarnenei, J. Mater. Chem. **2**, 1219 (1992)
61. L.M. Sherman, Plast. Technol. **52**, 123–129 (1999)
62. R. Westervelt, K. Walsh, Chem. Week **24**, 84–89 (1999)
63. NIST, ATP Project Brief 97-02-0047 (1997)

64. D.A. Grewell, A. Benatar, J.B. Park, *Plastics and Composites Welding Handbook*, vol 10 (2003)
65. C.Y. Wu, A. Mokhtarzadeh, M.Y. Rhew, A. Benatar, *SPE, ANTEC 61th Annual Technical Conference* (2003)
66. C.Y. Wu, L. Trevino, *Vibration Welding of TPO, SPE, ANTEC 60th Annual Technical Conference* (2002)
67. J. Park, J. Liddy, Effect of paint over spray for vibration and ultrasonic welding processes. *SPE, ANTEC 62nd Annual Technical Conference* (2004)
68. Y.S. Chen, A. Benatar, Infrared welding of polypropylene. *SPE, ANTEC 53rd Annual Technical Conference* (1995)
69. C.Y. Wu, M. Cherdron, D.M. Douglass, Laser welding of polypropylene to thermoplastic polyolefins. *SPE, ANTEC 61th Annual Technical Conference* (2003)

第12章 聚烯烃的热降解、氧化降解和燃烧

乔泽夫·里奇利（Jozef Rychlý）、莱达·里奇拉（Lyda Rychlá）

12.1 前言

在较低的温度下纯聚烯烃对热和热氧化降解相当敏感（LT降解），高温容易降解（HT降解），或与火焰直接接触时最易燃烧。对降解现象不同方面的理解是聚烯烃更好地在诸多工业领域应用的主要问题之一。值得注意的是，聚烯烃的燃烧通常是高温降解的严重后果，但是高温降解和相当慢的低温降解在机理上存在着差异。

12.2 低温降解

低温降解涉及250℃以下与聚烯烃降解有关的所有现象。在这样的条件下，由于化学成分及添加剂不同聚烯烃表现出不同程度的稳定性。其稳定性受到以下因素的影响：

（1）热；

（2）氧气；

（3）光，特别是太阳辐射（波长>300nm）；

（4）高能辐射；

（5）机械应力；

（6）生物侵蚀；

（7）与聚烯烃接触的液体；

（8）漂白和/或冲洗的方法除去添加剂；

（9）初始摩尔质量及其分布；

（10）聚烯烃合成中的杂质。

降解方式是由聚烯烃结构中的第一个引发点的性质和其暴露的环境决定的。根据聚烯烃上第一个引发点的出现途径，降解类型可以分为光降解（光分解）、热降解（热分解）、光氧化或热氧化降解，这些都涉及到氧气、辐射分解和机械化学降解。此外，

聚烯烃可能会在臭氧、过氧化物、酸碱性化合物、卤素或其他化合物的作用下降解，也可能在电场、等离子体和电晕放电、超声波、激光辐射等作用下降解。

对于聚烯烃，第（4）条、第（6）条和第（7）条影响因素属于不重要的因素，因此本章不做讨论。

图12.1描述了聚烯烃产品的假设寿命轨迹。它的典型特征是降解诱导期的存在，在此期间材料性质发生了显著变化，如图12.1中的A点。时间间隔AB的长短（诱导期）取决于聚烯烃稳定剂的效果。在B点，由于长时间的引发反应，聚合物稳定剂失效，产品性能开始恶化。C点表明产品失效，不能继续使用。

起初发生在聚烯烃中的变化是看不见的，最后会出现裂纹、光泽度变差和颜色变化，而在发泡材料中，这种变化是混乱的。伴随着多裂缝的形成和机械性能的大幅降低（见图12.2），甚至可以用肉眼看到聚合物降解的后期阶段。

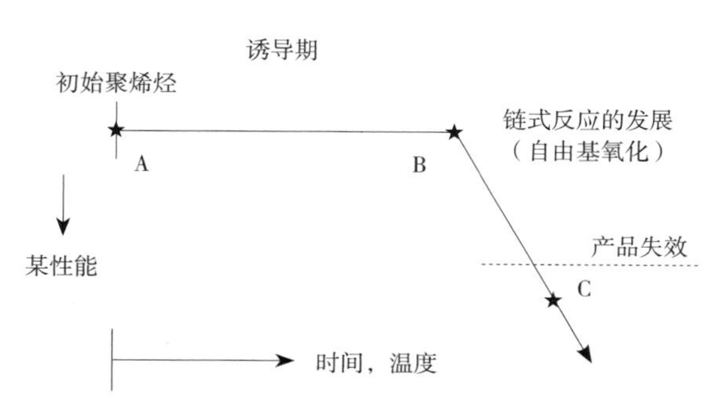

图12.1　聚烯烃产品的寿命轨迹

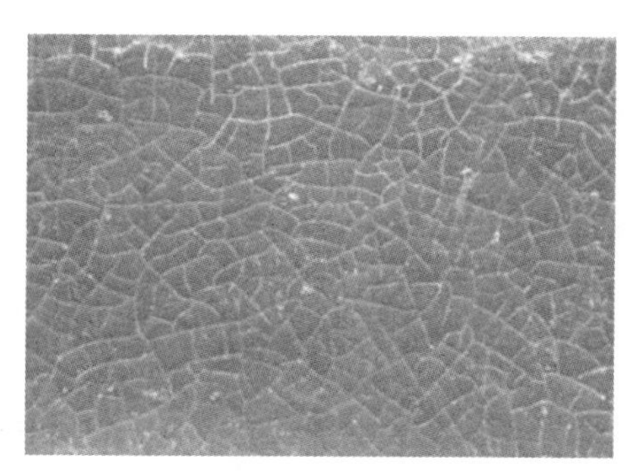

图12.2　低密度聚乙烯薄膜（彩色）在降解的后期阶段（图12.1的C点）

聚烯烃的寿命轨迹也被称为“老化”，如果是由于环境作用而引起的聚烯烃性能的长期变化，偏向于使用这个术语。它可能涉及物理过程的参与，如重结晶、暴晒褪色而失去稳定剂和机械作用引发的脆化。在较早的文献中，读者可能也会遇到用于金属的“腐蚀”一词。

涉及聚烯烃降解和性能下降的化学过程通常与平均摩尔质量的降低或增加有关，摩尔质量的降低是由于大分子链的断裂；摩尔质量的增加是由于交联导致，这时聚烯烃变得不溶于任何溶剂。

这一过程的化学机理可以用聚烯烃降解过程的Bolland–Gee（波兰－吉）机理[1]（见图12.3）解释为氢过氧化物导致的自由基反应。它是在氧化聚烯烃中发生的一系列基本反应。图12.3是动力学的普适方法，并且包括了在250℃以下的聚烯烃的热氧化降解研究方法。一个非常有效的降低聚合物稳定性的共同因素是氧，它会影响到任何一种引发方式。根据图12.3中的反应4～反应12，氧的存在与向聚合物结构中快速引入不稳定的O–O键和自由基机理的发展有关。根据反应，在引发过程中产生的自由基（P）

（反应1）存在氢的基体下会转化为过氧化氢自由基（PO_2）（反应4），并进一步转化为氢过氧化物（反应5）。反应8中的烷氧自由基或者裂解，或者摩尔质量减少，最终可能会从基体PH中夺走氢原子（见图12.4）。

$PH \longrightarrow P^\bullet$	键直接断裂成自由基	反应1
$PH \longrightarrow R$ + 低摩尔质量产物	解聚，热重量分析法	反应2
$PH + O_2 \longrightarrow P^\bullet + HO_2^\bullet$	末端基团氧化	反应3
$P^\bullet + O_2 \longrightarrow PO_2^\bullet$	氧气吸收	反应4
$PO_2^\bullet + PH \longrightarrow POOH + P^\bullet$	差示扫描量热法	反应5
$POOH \longrightarrow PO^\bullet + {}^\bullet OH$		反应6
$2POOH \longrightarrow PO^\bullet + PO_2^\bullet + H_2O$		反应7
$PO^\bullet(P^\bullet) \longrightarrow P_1^\bullet$ + 低摩尔质量产物，主链断开	红外光谱，热重量分析法	反应8
$2PO_2^\bullet \longrightarrow$ 非自由基产物		反应9
$2PO_2^\bullet \longrightarrow\ >C{=}O^\star + >CHOH + O_2^\star$	化学发光	反应10
$PO_2^\bullet + P^\bullet \longrightarrow POOP$		反应11
$P^\bullet + P^\bullet \longrightarrow P—P$	交联	反应12

图12.3 用于聚合物氧化降解自由基机理的Bolland-Gee机理（适用于250℃以下）

$$-CH_2-C(CH_3)(O^\bullet)-CH_2- \longrightarrow -CH_2-C(CH_3){=}O + {}^\bullet CH_2-$$

$(PO^\bullet)$

$$-CH_2-C(CH_3)(O^\bullet)-CH_2- + PH \longrightarrow -CH_2-C(CH_3)(OH)-CH_2- + P^\bullet$$

图12.4 烷氧基自由基在聚丙烯降解中的反应途径

氢过氧化物作为中间产物引发了连锁反应，除非有稳定剂来中断该反应（图12.5中反应13和反应14）（在这里InH是一种链断裂的抗氧化抑制剂，D是一种过氧化物分解剂）。

当测试大于60℃时，二烷基过氧化物、二酰基过氧化物、氢过氧化物和过酸的热分解取决于过氧化物的结构。二酰基过氧化物和过氧酸通常比二烷基过氧化物和氢过氧化物的稳定性差。

一些痕量金属和金属离子甚至可以在室温下引发分解氢过氧化物，并导致聚烯烃的降解。催化剂残留的痕量金属离子或多或少地存在于所有聚烯烃中，可能会对聚合物的氧化和随后的降解有很大的影响。金属离子的反应效率取决于其配体的价态和类型，其顺序假定为：

Cu > Mn > Fe > Co > Ni

这个顺序与表示过氧化氢分解的haber–weiss（哈伯–韦斯）循环反应中离子的反应活性是一致的（见图12.6）。在反应的过程中，氢过氧化物同时扮演着氧化剂或还原剂的角色。

$$P^{\bullet} + O_2 \longrightarrow PO_2^{\bullet} \quad 反应4$$

$$PO_2^{\bullet} + PH \longrightarrow POOH + P^{\bullet} \quad 反应5$$

$$PO_2^{\bullet} + InH \longrightarrow POOH + In^{\bullet} \quad 反应13$$

$$POOH + D \longrightarrow 非活性产物 \quad 反应14$$

图12.5 聚烯烃稳定剂作用机理（图12.3补充）

$$POOH + Me^{n+} \longrightarrow PO^{\bullet} + Me^{(n+1)+} + {}^{-}OH$$

$$Me^{(n+1)+} + POOH \longrightarrow PO_2^{\bullet} + Me^{n+} + H^{+}$$

图12.6 氢过氧化物在氧化还原反应过程中分解

氢过氧化合物的分解（反应6和反应7，见图12.3）可以是单分子或双分子反应，是导致自由基链分解的最重要的反应。有时在单分子引发后，当氢过氧化合物的浓度足够高时，会发生双分子反应。如果氧化反应发生在固体聚合物的致密体系中，由于在各链段间的扩散受到限制，氢过氧化物会在初始引发点周围聚集，氧化过程可能具有不均匀性。这种情况主要发生在引发反应以氢过氧化物的双分子降解为主导的情况下。

反应8（见图12.3）表明由烷氧自由基的β分裂导致摩尔质量的减少，与自由基中心向周围的基团和羟基基团的转移相竞争（见图12.4），随后形成了自由水，而C═C不饱和键则在聚合物链中随机出现。

图12.3中反应10～反应12代表了自由基的终止反应，它们可能具有交联的特征（见反应12）或形成二烷基过氧化物（反应10和反应11），它们可以作为新的引发剂。反应10的第一个平行反应是叔氧基自由基的典型反应，而第二种反应是二次（或主要）过氧化氢自由基。在后一种情况下，过氧化氢的歧化反应按罗素机理发生，在激发三重态和单态中形成了羰基和氧。激发态向基态的转化过程伴随着一定的放射过程（化学发光）。

12.2.1 低温降解过程的表征研究

图12.3针对Bolland–Gee机理的基本反应，说明对于聚烯烃的降解过程应分别使用何种实验方法进行研究。

12.2.1.1 化学发光[2~14]

光发射主要是由二次过氧自由基的重组而产生的，这些自由基会产生单态氧、醇和三羰基（反应10，见图12.3和图12.7）。由于自由基的重组速率与降解的引发速率有直接的关系，所以该方法可能推导出具有代表性的聚烯烃氧化模式。在下面的反应中，由于同步释放的热量（450kJ/mol），可能会形成激发态的三酮和单态氧。

图12.8说明在120℃的氧气环境中，聚烯烃的结构如何影响观察到的化学发光反应模式。正如预期，降解性按照聚异戊二烯＞聚丁二烯＞聚丙烯＞聚乙烯的顺序下降，与聚合物结构中C═C双键和叔碳原子的数量相对应。

一般规律是平均摩尔质量较高的聚合物比摩尔质量较低的聚合物更稳定。这可能与后者可参与反应的端基浓度更高有关，端基会促进热氧化反应的引发（见图12.9）。

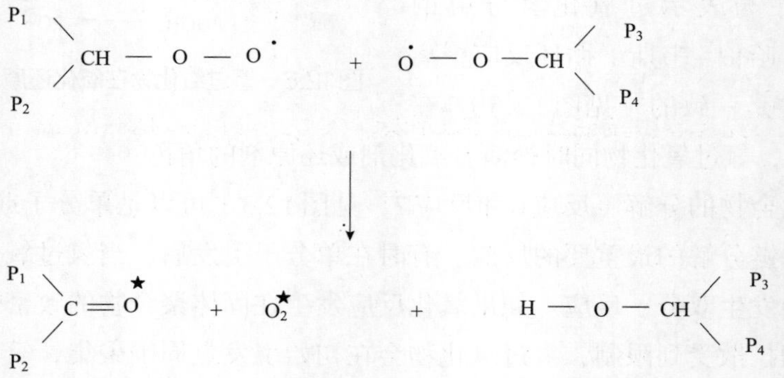

$$(P_1)(P_2)CH-O-O^{\cdot} + {}^{\cdot}O-O-CH(P_3)(P_4) \longrightarrow (P_1)(P_2)C=O^{\star} + O_2^{\star} + H-O-CH(P_3)(P_4)$$

图12.7　过氧化自由基的歧化作用导致的化学发光（星号表示相应的激发态）

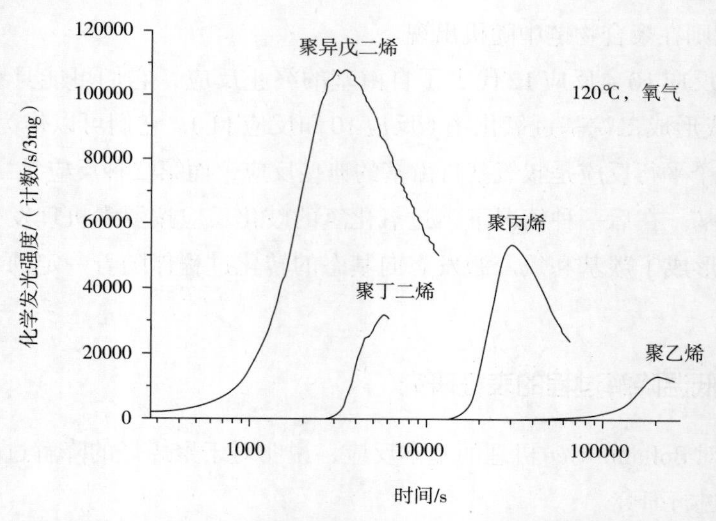

图12.8　主链中具有叔碳的饱和及不饱和烃聚合物（聚丙烯、聚异戊二烯）的化学发光比较

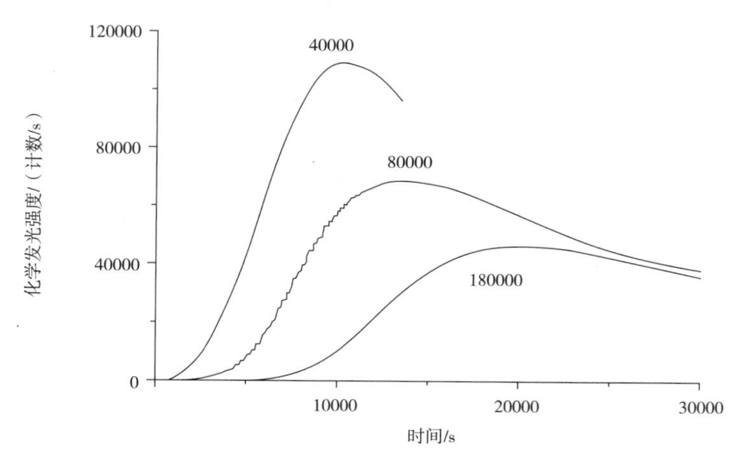

图12.9　120℃氧气条件下不同摩尔质量的聚丙烯粉末样品的化学发光氧化（每条曲线的数字表示以g/mol为单位的平均摩尔质量）

化学发光信号的强度通常用于评估聚合物热氧稳定性和其随时间或温度变化的动力学，它是由以下条件决定的：

（1）聚合物的质量，光氧化和热氧化的历史，可在氢过氧化物、羰基或其他氧化结构和末端基团的浓度中表现出来。氧化的速率可能与平均摩尔质量和分布有关，也与非晶/晶体结构的比例有关。然而，聚合物不能简单地按照给定温度下的光发射强度来排序。化学发光时间模式与样品氧化的速率有关，但不同聚合物时间模式可能不尽相同。

（2）聚烯烃的表面性质。例如，对于一种特定的聚合物，薄膜和粉末的信号强度将会不同。

（3）在氧化样品周围气氛中氧气的温度和浓度。

（4）聚烯烃稳定化的程度和质量。

应该强调的是，非等温模式的方法更适合于研究聚合物的瞬态降解状态，和研究老化过程中聚合物在生命轨迹线（见图12.8）上所处的位置。

12.2.1.2　差示扫描量热仪（DSC）

当测试在氧气气氛中进行时，差示扫描量热法可以提供聚合物晶体熔融过程和氧化放热曲线的完整信息（见图12.10）。随着聚合物稳定化程度的加深，放热曲线会向高温方向移动。

12.2.1.3　热重分析法

在非等温的热重分析中，可以观察到由于聚烯烃的降解导致挥发物的释放（反应2和反应8，见图12.3）。同时，也可以评估在聚合物中初始存在的易挥发小分子化合物的含量、无机添加剂中的水含量和复合聚烯烃体系中残留无机物质的含量，以及在交联反应中形成的残余碳。如图12.11所示为聚乙烯和聚丙烯在氮气和氧气气氛中降解的对比。在两种气氛中，聚乙烯均比聚丙烯表现得更稳定；然而，氧对聚乙烯的影响更为明显。

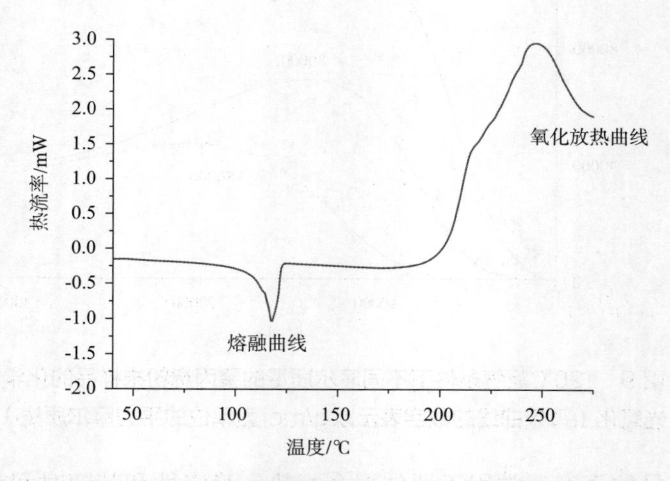

图12.10 聚乙烯氧化过程的DSC曲线（升温速率5℃/min）

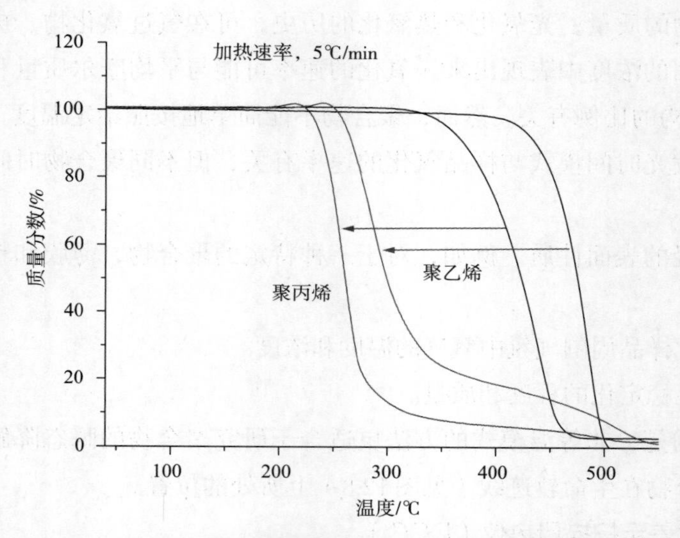

图12.11 聚乙烯和聚丙烯在氮气和氧气中降解的非等温热重分析（样品加热速率5℃/min）

12.2.1.4 光谱法观察羰基或羟基的变化

观察羟基或羟基的变化不仅能够跟踪加速实验条件下聚合物的稳定性，还能够了解自然老化过程中的稳定性。图12.12为纯聚丙烯或加入抗氧剂后的降解过程。抗氧剂为酚类抗氧化剂1010（见图12.13）或苯并呋喃酮系具有“推拉效应”的抗氧剂HP136（见图12.14）。

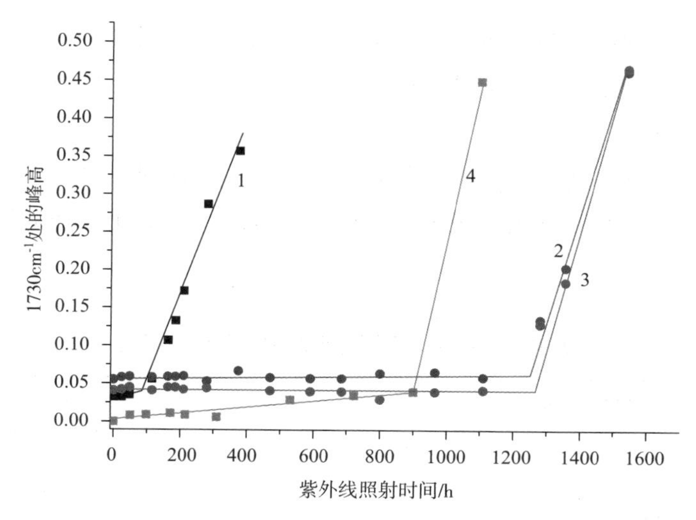

图12.12　紫外辐照下加入抗氧剂HP136和1010的聚丙烯在 $1730cm^{-1}$ 处羰基峰的强度的演变

注：线1是纯聚丙烯，线2为加入0.15%抗氧剂HP136，线3为加入0.3%抗氧剂HP136，线4加入0.1%抗氧剂1010。

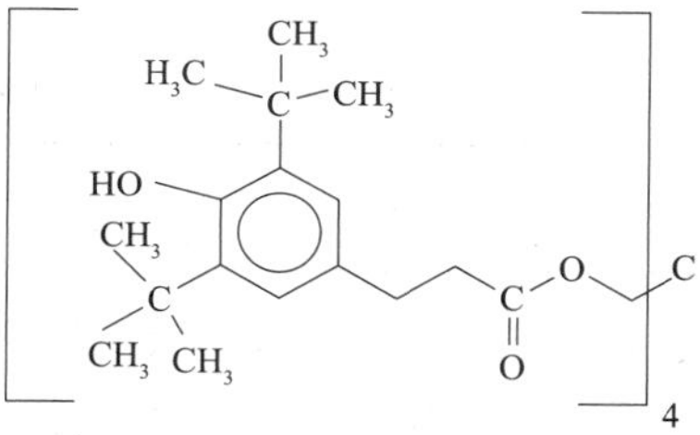

图12.13　具有最优异抗氧化效率的抗氧剂1010的结构

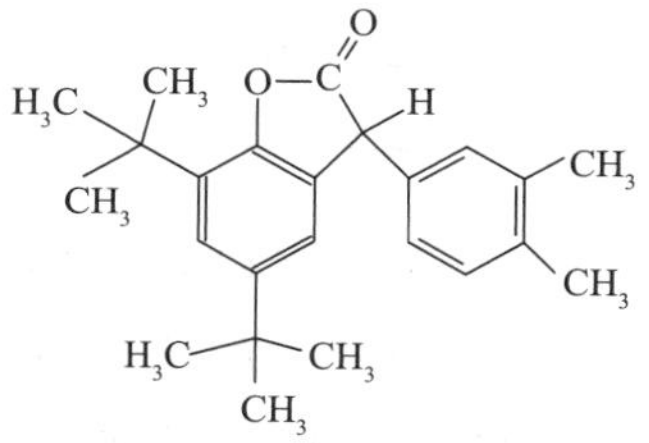

图12.14　抗氧剂HP 136的基本组成部分

12.2.1.5　过氧化物或羰基的分析测定

在20世纪90年代初，通常采用碘滴定法测定氧化聚烯烃中形成的过氧化物。由于该方法需要实验操作过程非常精确，所以，目前已较少使用，更优选的技术是用二氧化氮或二氧化硫衍生氢过氧化物，随后用光谱学方法测定所得到的衍生物。

12.2.2　聚烯烃低温降解的防护[15~19]

在现代社会和工业中，评估特定应用的聚合物材料的剩余使用寿命非常重要。其实际意义在于可以给出聚合物失效时部分材料特性的极限值（如拉伸强度、断裂伸长率、电导率、低摩尔质量化合物的渗透性和平均聚合度）。自由基降解机理的聚合物稳定剂通常能够清除体系中的自由基或氢过氧化物。这些添加剂的作用体现在图12.5中的反应13～反应14中，并与反应4～反应6的自由基扩散相竞争。反应13和反应14哪个为主导，可以区分抗氧剂是通过清除烷基或过氧化自由基来干预氧化循环的抑制型或断链抗氧化剂，还是通过使氢过氧化物非自由基分解来阻止自由基形成的预防性抗氧化剂。

使用最广泛的抗氧化剂是位阻酚和双酚类；其他添加剂主要和酚类抗氧剂混合使用起到协同作用。表12.1列出了用于稳定聚烯烃以防止热氧化和降解的最推荐的抗氧剂结构。

表12.1 聚烯烃低温稳定最常用添加剂列表

二芳基二芳基胺	Ar NH Ar
位阻酚类（抗氧剂1010、抗氧剂1076）	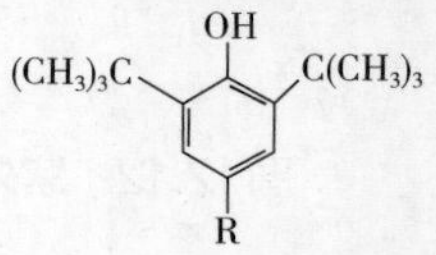 OH, $(CH_3)_3C$, $C(CH_3)_3$, R
含氮、磷和硫的预防性抗氧化剂，如巯基苯并咪唑	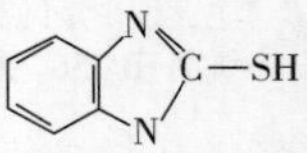 N, C—SH, N
［二烷基硫代氨基甲酰基］化合物Sn、Ni（M）等	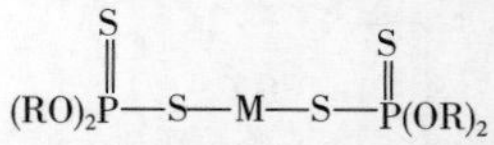 S, S, $(RO)_2P—S—M—S—P(OR)_2$

空间位阻酚对于阻止饱和聚合物烃发生热氧化非常有效，只需添加10^{-4}~10^{-3}摩尔分数（基体的百万分之一）的抗氧剂，便足以将诱导期延长几个数量级。稳定机理和结构–性能关系的趋势一般容易理解，但是针对稳定剂效率的定量（动力学）方法研究较少，并且通常基于简化的假设并不是总是有效的。例如，假设引发速率处于固定态或为定值（明确地假定或源于稳态假设），在终止反应中稳定剂清除自由基占主导地位。当假设稳定剂消耗速率与引发速率相等时（至少在一级近似的情况下），通常难以解释非常高的稳定剂效率。

为了满足环境友好的要求，生物抗氧剂受到很大关注，如生育酚、黄酮类等常常被用作加工过程稳定剂。此类抗氧剂的稳定效率弱于受阻酚等稳定剂，然而自然界中可能还存在目前未知的稳定机理。通过这些机理可能达到较高的稳定效率，如氢过氧化物形成时的光氧化过程可能会将生物抗氧剂转化为更高效的稳定剂结构，从而阻止降解的进行，而且在氧化剂消耗殆尽之前该过程还会重复数次。这种过程与热力学中的高效可逆反应有些类似。

12.2.2.1 混合稳定剂中的协同效应和拮抗效应

在测试聚烯烃时，当混合抗氧剂的氧化诱导时间大于在相应浓度下各单一组分的氧化诱导时间的代数和时，说明抗氧剂各组分间有协同作用；相反就是产生了拮抗作用。

以下是几种不同抗氧化剂的协同作用机理：

（1）由于温度升高或光的作用，聚烯烃中添加剂发生加成反应，生成更有效的稳定剂。例如：芳香胺+巯基苯并咪唑。

（2）一种氧化还原机理。例如氢过氧化物能氧化更协同混合物中的高效成分，而混合物中的低活性组分能将氧化产物再还原。例如：芳香族胺+酚类。

（3）链断裂抗氧化剂和螯合化合物的平行效果。螯合化合物会与过渡金属离子结合成复杂化合物，并将其转化为效率较低的引发剂。链断裂抗氧化剂会分解过氧化物，从而减少引发反应。稳定后的聚合物试样的退火效应可能会延长其诱导期，这一过程也可能发生这种效应，无论何时，只要存在空间受阻酚，就可以与过渡金属反应，并将其转化为低效的引发剂。

（4）活性自由基和化合物的相互作用，能够减少基体中引发自由基的链转移反应。这种情况可能发生在添加了空间受阻酚或芳香胺的带有C═C双键共轭的化合物。

（5）链断裂抗氧化剂（受阻酚）和过氧化氢分解剂（有机硫化物或磷酸盐）的协同作用。

上述机理可以相互结合，对聚烯烃稳定性的影响可能相当复杂。

自从早些时候开辟了一条新的路线，协同抗氧剂的研究已经不像以前那么活跃。许多公司的兴趣在于如何提高给定的聚烯烃的稳定性。有时，当改变现有的添加剂的使用条件时，会发现新的特性和效果，例如改变聚烯烃的起始或初始纯度。如图12.15所示的例子，显示了协同作用（5）。理论计算得出，当受阻酚（断链抗氧化剂）和磷

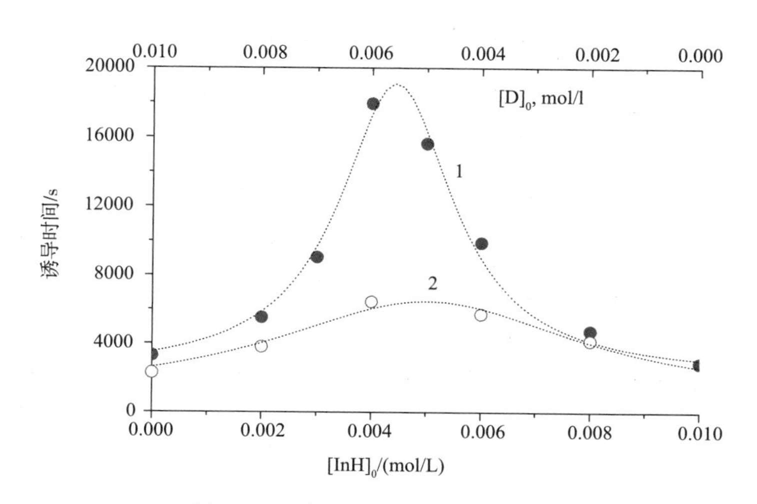

图12.15　氧化诱导时间的理论曲线

注：w_i=0，（根据图12.3的反应1得到初始零速率），由总浓度为0.01mol/L的抑制剂InH（断链抗氧化剂）和D（过氧化物分解）组成的混合物。下面的曲线2是与曲线1相同参数值的诱导时间图，但是由于聚烯烃的纯度降低引起的起始速率 $w_i=5\times10^{-8}$ mol/L（图12.3中反应1和反应3的总和）。氢过氧化物的初始浓度均为0.001mol/L。

酸盐（过氧化物分解剂）的摩尔比为1：1时，诱导时间可以提高几倍，表明该配方可能是成功的。因此，聚烯烃添加剂的协同作用的程度严重依赖于原始聚烯烃的纯度，说明低缺陷位可能与初始引发有关。曲线2表明，如果氧化的引发方式独立于氢过氧化物引发（反应1和反应3，见图12.3）之外，这两种抗氧化剂协同作用的理论效应是可以忽略的。

12.2.2.2 抗紫外线稳定

充当光过滤剂、光吸收剂和激发态猝灭剂的添加剂被称为光稳定剂。对光的有效稳定化需要消除聚烯烃光解过程中出现的自由基。

光过滤剂在光源和聚合物分子之间形成一道防护屏障。光过滤剂可被用作表面涂料或聚合物材料中的颜料，它们的存在可能会影响聚合物的氧气扩散速率。

光吸收剂吸收和驱散紫外线的能量，它们的效果类似于针对短波段的特定过滤器。

激发态猝灭剂使在聚合物体系中出现的激发态失活，从而抑制大分子链的直接断裂。

与热稳定剂类似，为给定的聚合物选择合适的光稳定剂需要对光氧化过程相关“专有技术”有较好的理解。2-羟基-4-烷氧基二苯甲酮、苯并三唑、水杨酸盐和镍（II）螯合物、炭黑等是最常用的光稳定剂。光稳定剂应该具有高度的耐光性，这主要因为在2位的芳族化合物中的羟基与特定发色基团有关，它们能够形成分子内氢键（见图12.16）。

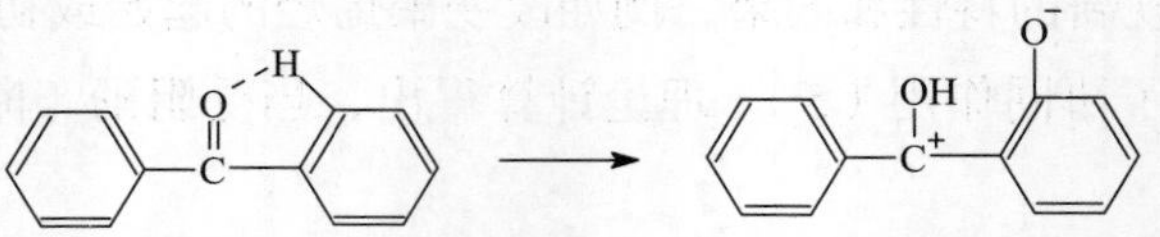

图12.16 2-羟基二苯甲在聚烯烃结构中能量耗散的一种途径

2-羟基二苯甲酮在光激发下形成两性离子，并且在氢离子转移到羰基的氧原子之后，再次异构化回到稳定剂的原始结构。在一系列反应中，在给定条件下，吸收的光转化为对聚烯烃无害的热量。在没有2-羟基基团的二苯甲酮中，这样的系列反应不会发生，并且形成了激发的单重态和随后的三重态羰基。后者含有高活性的烷氧基自由基，能够从周围的C—H键中提取氢，导致进一步降解。二苯甲酮是光敏剂，而2-羟基二苯甲酮起光稳定剂的作用。

一些苯基水杨酸酯的光稳定作用归因于它们可能会光转化为2-羟基二苯甲酮衍生物（见图12.17）。

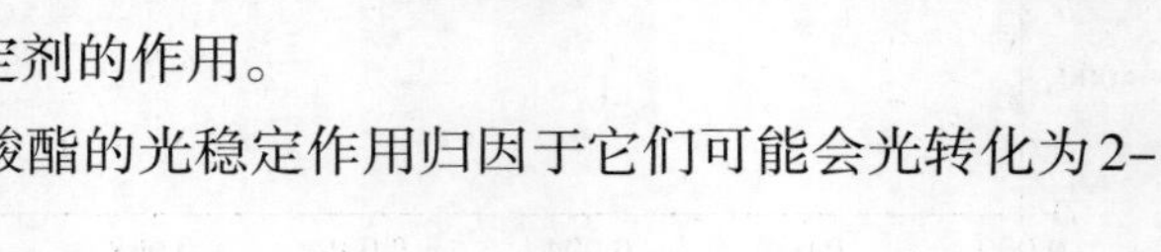

图12.17 水杨酸苯酯简单转化为2-羟基二苯甲酮

炭黑具有综合的抗氧化和滤光效果，其效率在很大程度上取决于颗粒大小和聚合物介质中的分散性。其他颜料的光稳定效率通常相当低。

令人惊讶的是，受阻胺（HALS）显示出对聚烯烃和聚二烯的高度光稳定效率。研究表明，HALS的作用无法通过淬火或吸收的机理来解释，而是通过清除过氧化氢或烷基自由基的一些化学过程来解释。在这个反应中，半稳定的亚硝基自由基会周期性地再生，如图12.18和图12.19所示。

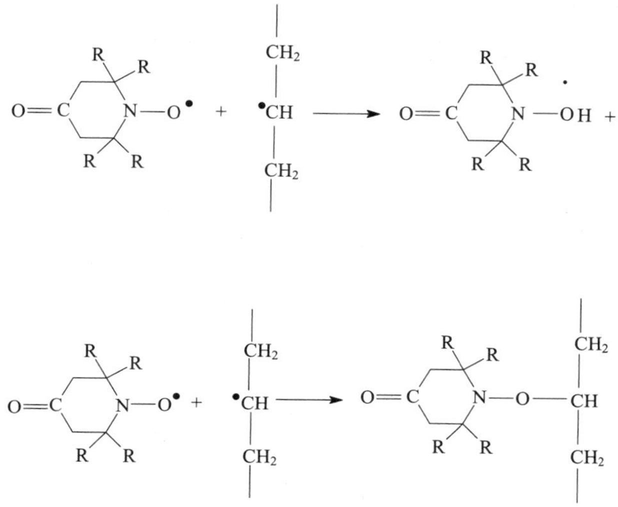

图12.18　聚烯烃中HALS结构的再生循环

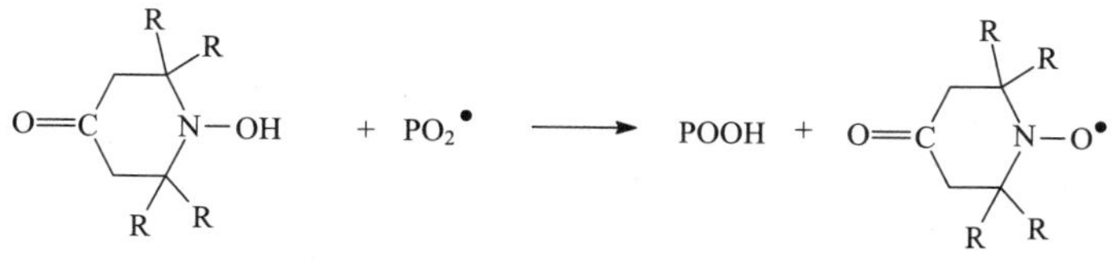

图12.19　氧化聚烯烃中硝酰自由基的再生

硝基自由基通过歧化或终止机理与聚合物烷基自由基反应，随后与过氧化自由基反应再生（见图12.19）。

但是可能会有一些附加的影响。由于其极性结构，HALS可能与过氧化氢结合并出现在氧化攻击的位置。硝酰自由基与低氧化态的金属离子的反应也可以起到互补的稳定作用（见图12.20），该反应消除了过氧化氢的自由基分解（见图12.21），从而阻止了反应性烷氧基的生成。

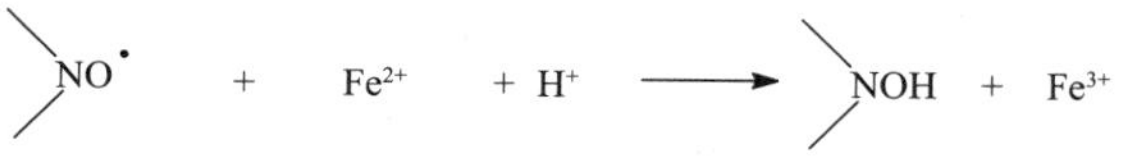

$$>NO^{\bullet} + Fe^{2+} + H^{+} \longrightarrow >NOH + Fe^{3+}$$

图12.20　消除过渡金属低氧化态的例子

$$Fe^{2+} + POOH \rightarrow Fe^{3+} + RO\cdot + {}^{-}OH$$

图12.21　过氧化氢氧化过渡金属阳离子的低氧化态

12.2.2.3　推拉效应化合物在聚烯烃熔体稳定化中的应用及其在紫外和热氧化稳定中的应用[23~29]

可以通过带有推拉效应的苯并呋喃酮型内酯来举例说明，此类化合物常用作聚丙烯的加工稳定剂和弱抗氧化剂（见图12.20）。它们的效果基于高效清除以碳和氧为中心的自由基的能力。目前，已经合成了大量具有不同化学结构的苯并呋喃酮，并且由苯并呋喃酮和常规稳定剂组成的组合抗氧化剂已被广泛用作聚烯烃的优异抗氧化剂[20~24]。最近，发现这些化合物可以作为极佳的紫外线稳定剂（见图12.22），这可能是由于它们能够转化为2-羟基二苯甲酮衍生物（见图12.23）。在聚合物瞬时状态的测

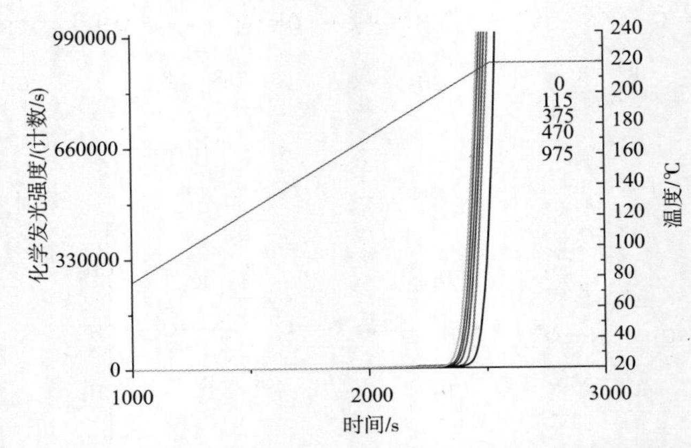

图12.22　含有质量分数为0.15%抗氧化剂HP136的聚丙烯在空气中辐照的化学发光强度曲线（加热速率5℃/min）

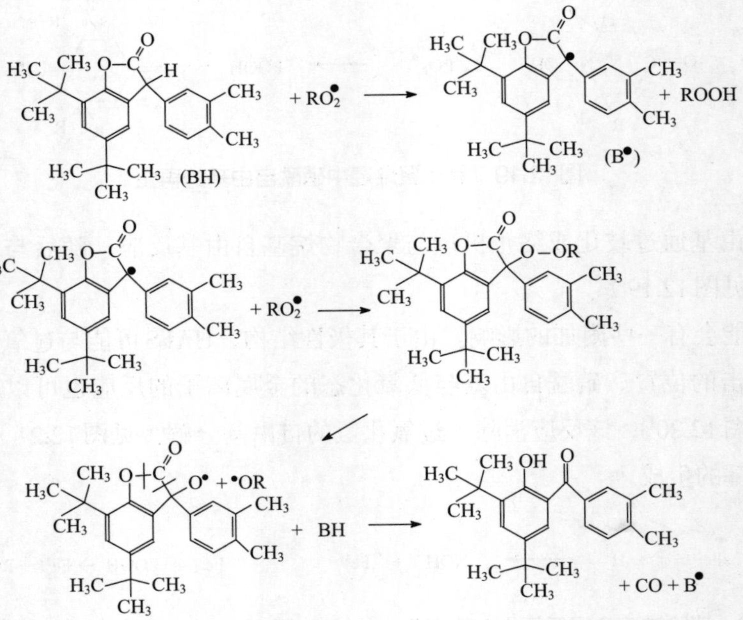

H_3C CH_3 O C O H CH_3 CH_3 CH_3 H_3C CH_3 CH_3 (BH) $+ RO_2^{\bullet}$ → H_3C CH_3 O C O CH_3 CH_3 CH_3 H_3C CH_3 CH_3 ($B^{\bullet}$) + ROOH

H_3C CH_3 O C O CH_3 CH_3 CH_3 H_3C CH_3 CH_3 $+ RO_2^{\bullet}$ → H_3C CH_3 O C O O-OR CH_3 CH_3 CH_3 H_3C CH_3 CH_3

H_3C CH_3 O C O $O^{\bullet}$ + $^{\bullet}OR$ CH_3 CH_3 CH_3 H_3C CH_3 CH_3 + BH → H_3C CH_3 OH O CH_3 CH_3 CH_3 H_3C CH_3 CH_3 + CO + $B^{\bullet}$

图12.23　自由基反应的顺序导致2-羟基苯甲酮衍生物（对光有稳定作用）

试中，研究化学发光强度与温度在温度尺度上的位置，发现即使聚丙烯接受紫外辐射1000h之后也几乎保持不变。

12.3 高温降解引起的点燃。保护聚烯烃免受火灾风险及其伴随现象[26~41]

没有明显的迹象表明聚烯烃的低温氧化和高温氧化并最终发生点火和燃烧之间的关系，但是，它确实存在。与氧化相比，聚烯烃的燃烧是一种强烈的现象，其中聚合物被完全破坏，仅留下一些烟和残余炭。但是，聚烯烃燃烧的特征可以作为低温老化过程的“指纹”。

在过去的20年里，研究者热心于用锥形量热计测量燃烧的聚合物，以便筛选和评估其可燃性。虽然关于该技术的论文数量稳步增加，但仍缺乏关于普通聚合物特别是聚烯烃燃烧行为的研究。大多数论文涉及热稀薄样品和纯聚合物。然而，科学界似乎主要关心如何由一次锥形量热仪实验中得出大量数据，研究主要集中在比较改性和未改性聚合物样品的热释放速率曲线方面。值得注意的是，除了放热率和峰值之外，质量损失、焦炭产量、有效的燃烧热、点火时间、CO和烟雾形成以及推导出的量，例如FIGRA（燃烧增长速率）和MARHE（热释放速率），都可以从一次锥形量热仪的运行中得到。标准锥形量热仪实验使用厚度为50mm及以下，尺寸为10cm × 10cm的样品。然而，对最初形态为粉末、颗粒或液体的非标准样品的研究可能有助于更好地理解聚合物燃烧。

文献已经公开了大量有关各种聚烯烃（工业生产或新合成）的燃烧的数据，展示了各种改性方法如何提高给定聚合物的阻燃性能。热释放率与时间的关系图通常是大多数此类评估中可能遇到的第一张图，它由氧气消耗率得到，如图12.24和图12.25所示。

$$-CH_2CH_2- \quad + \quad 3O_2 \longrightarrow 2\,CO_2 \quad + \quad 2\,H_2O$$

(28 g) + (96 g) ⟶ 聚合物燃烧的热量为45kJ/g

↓

每消耗1g氧气会释放13.1kJ热量

图12.24 在锥形量热仪中使用的热释放测定原理

$$-CH_2CH_2- \quad + \quad O_2 \longrightarrow 2C + 2\,H_2O$$

图12.25 在缺氧条件下聚乙烯燃烧产生的聚合物和碳只有15kJ/g

将耗氧速率换算至单位为kW/m^2的放热率时，需要考虑到经验知识，即燃烧过程中消耗1g氧气释放13.1 kJ的热量，在仪器校正时要考虑到火焰位于样品表面的哪一侧。

一些聚烯烃的燃烧如图12.26所示。正如所料，点火时间与在氮气气氛中的非等温热重分析结果相符。聚异丁烯是个例外。聚异丁烯的峰值放热率为其他聚烯烃放热率的三分之一以下。这可能与在聚异丁烯燃烧过程中释放相当大量的烟雾有关。如图12.27所示，1g聚合物消耗的氧气量可能足以说明问题。

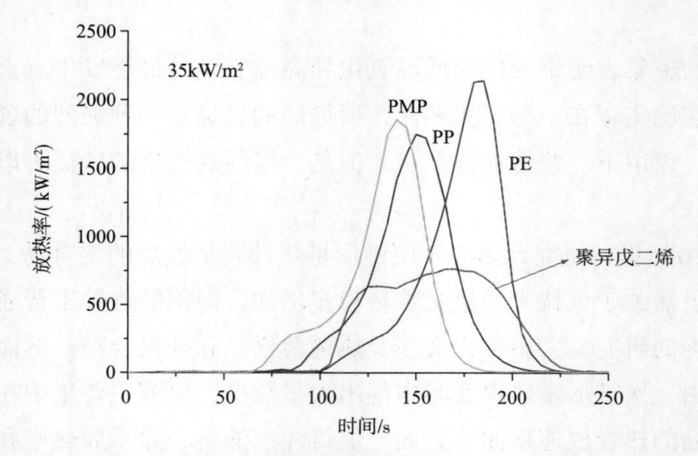

图12.26 锥形量热仪中燃烧几种聚烯烃（聚-4-甲基-1-戊烯、聚丙烯、聚乙烯）的放热速率（锥形辐射量为35kW/m²）

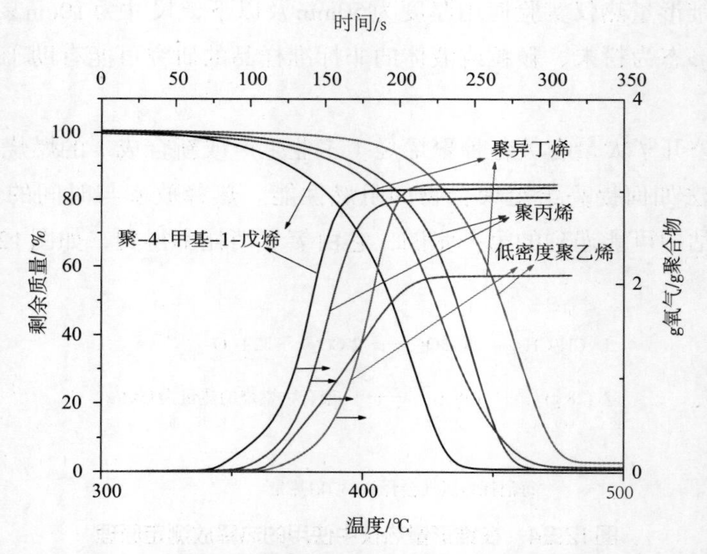

图12.27 一些聚烯烃的非等温热重分析（加热速率5℃/min）与耗氧量的变化的比较

锥形量热仪燃烧检测的聚烯烃是从ResinKit（文索基特公司，罗得岛州）获得的（见表12.2）。样品为2mm厚，属于非标准尺寸。样品从片上切下的样品表面积为36cm^2。更多信息请访问www.resinkit.com。

表12.2 ResinKit聚烯烃及非等温热重分析（氮气气氛）和锥形量热仪燃烧实验测定的一些参数

样品序号	来自ResinKit公司的高分子	聚合物的耗氧率/（g/s·g）	HRR峰值/（kW/m^2）	TSR/（$m^2/m^2·g$）	挥发物最大释放速率的温度（热重法）/℃	k（400℃时，热量法）	E_a/（J/mol）	主要分解过程的所占比例，TG法
22	聚异丁烯 2.08	0.0237	765	457.5	429.8	8.70×10^{-4}	222687	0.93
24	聚乙烯（低密度） 3.08	0.072	2138	115.6	459.3	1.70×10^{-4}	241644	0.922
25	聚乙烯（高密度） 3.04	0.0724	1864	128	465.2	1.17×10^{-4}	240275	0.966
27	聚丙烯（均聚物） 2.93	0.061	1748	267.6	441.6	5.00×10^{-4}	247457	0.954
28	聚丙烯（硫酸钡增强） 2.66	0.044	1400	161.8	422	1.17×10^{-3}	175513	0.632
36	聚丙烯（玻璃填充） 1.9	0.028	980	149.6	440.7	5.30×10^{-4}	235156	0.526
38	聚丙烯（阻燃的） 2.42	0.0504	1486	223.4	432.8	9.00×10^{-4}	235912	0.657
43	聚戊烯 3.03	0.0696	1854	174.4	419.1	1.85×10^{-3}	260335	0.759
44	聚丙烯（滑石粉增强） 1.73	0.0137	538	148.8	404.3	2.70×10^{-3}	259940	0.579
45	聚丙烯（碳酸钙增强） 1.76	0.0154	584	131.4	449.5	3.60×10^{-4}	229700	0.551
49	聚乙烯（中密度） 3	0.0391	1171	153.2	452.5	2.63×10^{-4}	238855	0.965

注：a表示TOC（聚合物样品的总耗氧量/g），TSR是总的烟雾释放量，HRR是热释放速率，TG是非等温热重量分析法。

12.3.1 非等温热重量分析法的评价

非等温热重分析的数值评估是有意义的，因为聚合物的燃烧通常与其相关。从单一热重分析中提取的活化能表示聚合物稳定的程度及其可燃性。

非等温热重分析表明挥发性降解产物的形成是一个复杂的过程。非等温热重曲线明显由几个独立的过程组成，可用一级方程描述，即$-\frac{\mathrm{d}m}{\mathrm{d}t}=km$（$t$是时间，$m$是降解样品的质量，$k$是聚烯烃降解成挥发性产物的速率常数）。在非等温模式下：

$$-\frac{\mathrm{d}m}{m\mathrm{d}T}\frac{\mathrm{d}T}{\mathrm{d}t}=A\exp\left(-\frac{E}{RT}\right) \tag{式12.1}$$

式中，$\beta=\frac{\mathrm{d}T}{\mathrm{d}t}$是线型升温速率，$T$代表绝对温度，$A$是预指数因子，$E$是降解过程的活化能。积分后，得到$m=m_0\exp\left[-\frac{A}{\beta}\int_{T_0}^{T}\exp\left(-\frac{E}{RT}\right)\mathrm{d}T\right]$，对于由$j$个温度相关分量组成的过程——“波”，有：

$$m=m_0\sum_{i=1}^{j}\alpha_i\exp\left[-\frac{A_i}{\beta}\int_{T_0}^{T}\exp\left(-\frac{E_i}{RT}\right)\mathrm{d}T\right] \tag{式12.2}$$

如果质量变化以原始质量的百分比表示（m_0），通过非线型回归分析方程可能会发现与聚丙烯（$i=1$）、无机添加剂（$i=2$）和聚合物残留质量（$i=3$）分解有关的三重参数α_i、A_i、E_i。该方程适用于实验质量m与记录温度T［从初始温度T_0（实验室温度）到实验的最终温度T（550℃）］。

表12.2给出了ResinKit提供的聚烯烃的基本数据。

12.3.2 氮气中的非等温热重分析、点燃时间、耗氧量和聚烯烃

在非等温热重分析实验中，样品也被完全分解为挥发物和碳残留物，最有可能揭示聚烯烃在较低温度下的降解与点燃、燃烧之间的相互联系。

图12.28显示了聚丙烯热降解过程中挥发物的释放。云母加强了聚丙烯的稳定性，而卤化阻燃剂降低了稳定性。两种复合聚合物都与纯聚合物进行了比较。低密度、中密度和高密度聚乙烯的热稳定性与主聚合物链中的支链数目有关。有趣的是，消耗的氧气量表示的可燃性遵循相似的趋势，如图12.29所示。

12.3.3 非等温热重分析法和聚烯烃的可燃性

阻燃剂结构中通常包含一些薄弱点，会在一个附加过程中产生自由基，聚合物中的阻燃剂的用量应比抗氧剂高一个数量级。

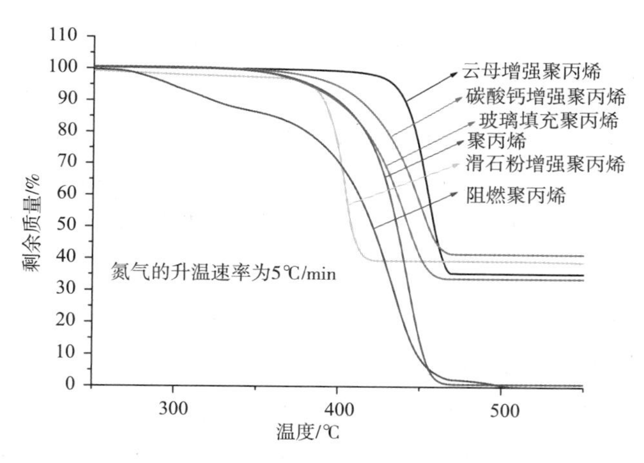

图12.28　含有添加剂的聚丙烯的非等温热重分析

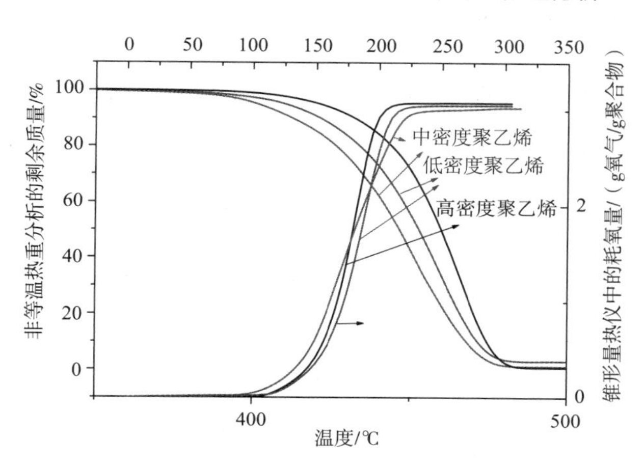

图12.29　低密度、中密度和高密度聚乙烯的非等温热重分析与锥形量热仪中样品燃烧过程中消耗的氧气量

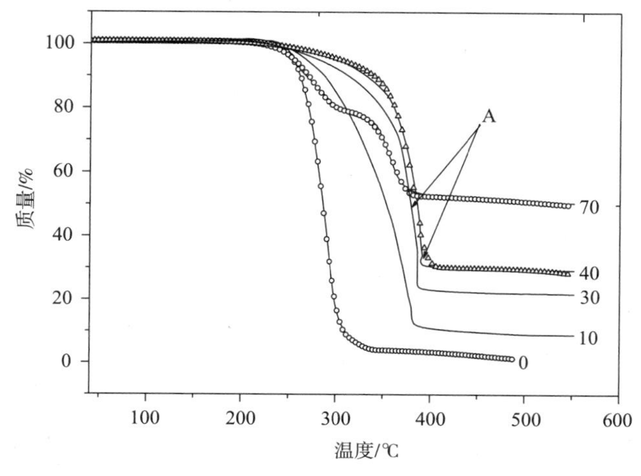

图12.30　添加Mg（OH）$_2$的聚丙烯在空气中的非等温热重分析（升温速率5℃/min）

注：图中数字表示以$t\%$计的Mg（OH）$_2$的初始浓度。点代表了非等温热重分析式（12.2）适合的例子［12.3.1节中的式（12.2）的三个一阶分解过程的总和（$j=3$）］。箭头指向实验的斜率。

作为延缓燃烧的一个例子，给出了一些无机添加剂（如氢氧化镁和氧化镁）对聚丙烯的影响，它们使燃烧过程的热释放速率显著降低（见图12.30和表12.2）。这种效果在相应混合物中添加剂含量相对较高时变得非常明显。与由于释放水引起的吸热效应起重要作用的$Mg(OH)_2$相比，MgO也降低了热释放速率。然而令人惊讶的是，MgO导致的热释放速率的降低比$Mg(OH)_2$更明显。这表明MgO对聚丙烯燃烧过程中熔体反应起到了重要作用。

根据表12.3，当$Mg(OH)_2$添加量高达70%时，聚合物的极限氧指数（LOI）值显著增加了约33%，同时聚合物变脆并且其他机械性能也有损失。与纯聚合物相比，含有氧化镁和氢氧化物的聚丙烯燃烧时即使镁化合物含量低至20%也不会太剧烈。这也可能是由于MgO对来自火焰的发射热比从金属样品台底部有更好的反射效果。MgO保留在样品台底部，燃烧形成的材料层形成在上表面。

表12.3 聚丙烯+添加剂［$Mg(OH)_2$和MgO］燃烧的主要特征

样品	弹式量热计测定的总燃烧热/（J/g）	LOI /%	*t*/s	HRR峰值/（kW/m^2）
聚丙烯 HF322	48270	17.5	62，61	954，971
聚丙烯，粉末			37，36	1070，1022
聚丙烯+10%$Mg(OH)_2$	43343	17.7	71	849
聚丙烯粉末+16.6%MgO			22，25	409，386
聚丙烯+20%$Mg(OH)_2$	38694	18.9	79	695
聚丙烯+30%$Mg(OH)_2$	34289	20.1	80	544
聚丙烯粉末+33.3% MgO			16，17	245.4，271.3
聚丙烯+40%$Mg(OH)_2$	29187	21.1	78	417
聚丙烯+50%$Mg(OH)_2$	24250	22.4	43	353
聚丙烯粉末+50% MgO			15，15	176，161
聚丙烯+60%$Mg(OH)_2$	19785	22.6	41	215.3
聚丙烯粉末+66.6% MgO			16	127
聚丙烯+70%$Mg(OH)_2$	15237	33.2	45	157.5
聚丙烯粉末+83.3% MgO			19，23	82.3，75.6

注：HRR是热释放速率，LOI是极限氧指数，*t*是点火的时间，圆锥的辐射值是$35kW/m^2$。

假设将MgO与聚丙烯粉末混合至总重量15g，点火时间开始会降低，并随着MgO含量的提高开始稍微增加（见表12.3）。当使用含有$Mg(OH)_2$的聚丙烯小片时，其初始质量低于MgO与聚丙烯粉末的混合物的初始质量，可以观察到点燃时间开始就有所提高；然而，当Mg（OH）$_2$质量含量为40%～50%时，点燃时间迅速降低。因此，似乎当Mg（OH）$_2$高于40%后，镁化合物的催化作用超过了释放水的作用。

由弹式量热计测定的总燃烧热量与聚丙烯混合物中的Mg（OH）$_2$含量成比例降低。

12.3.4 聚烯烃燃烧中烟雾的产生

在通常情况下，聚烯烃的高温降解会产生更多的不饱和化合物（有C＝C双键的化合物），在燃烧中会出现更多的烟（见图12.31）。这些化合物充当形成富碳颗粒C的前驱体，产生乙炔衍生物。在富氧火焰中，这些烟雾实体在随后的氧化过程中被移除。

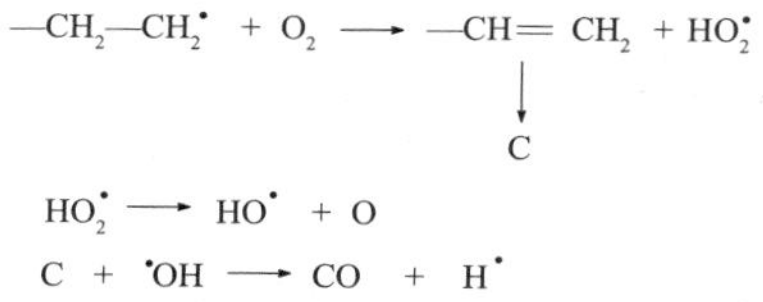

$$\text{—CH}_2\text{—CH}_2^{\bullet} + \text{O}_2 \longrightarrow \text{—CH}{=}\text{CH}_2 + \text{HO}_2^{\bullet}$$

$$\text{—CH}{=}\text{CH}_2 \downarrow \text{C}$$

$$\text{HO}_2^{\bullet} \longrightarrow \text{HO}^{\bullet} + \text{O}$$

$$\text{C} + {}^{\bullet}\text{OH} \longrightarrow \text{CO} + \text{H}^{\bullet}$$

图12.31 聚合物燃烧过程中形成富碳分子的初始步骤

从所检测的聚烯烃（见图12.32）中，燃烧聚异丁烯产生烟雾最多，其在高温降解期间形成大量的烯烃单体。聚乙烯属于燃烧时产生最少烟雾的聚合物。含溴系阻燃剂和其他有机阻燃剂的聚烯烃也会形成大量的烟雾。

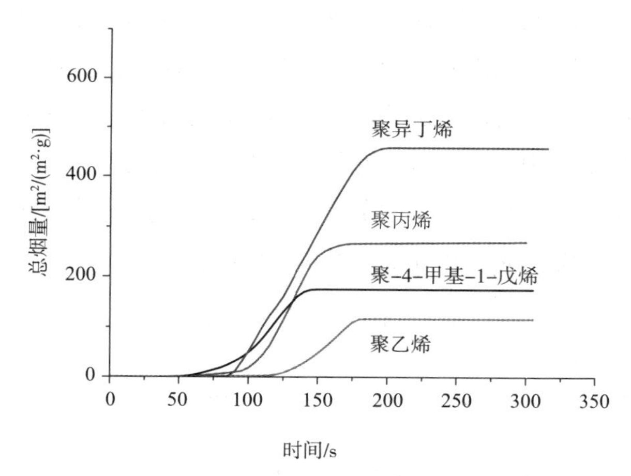

图12.32 几种聚烯烃燃烧过程中释放的烟雾

（锥度量热仪的数据量为35kW/m^2）

当聚丙烯中氢氧化镁质量含量增加到40%时，聚丙烯燃烧过程中释放的烟雾总量沿一定斜率减少（见图12.33）。然而，当Mg（OH）$_2$含量高于这个值后，释放的总烟量具有较高的斜率，对于质量分数为70%的Mg（OH）$_2$的样品，总烟量最终达到约5m^2/m^2·g的值。当添加剂含量在40%以下时，减少烟气的稀释效果占优势，而在较高的含量下，活性氧化镁表面的碳氧化的支持机制也起到了一定的作用。

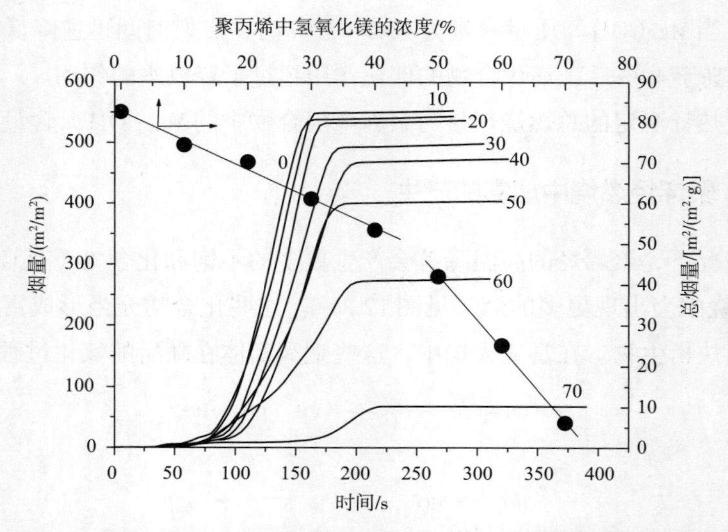

图12.33　聚丙烯与Mg（OH）$_2$燃烧过程中释放的烟量和释放的总烟量（锥形辐射度为35kW/m^2）

12.3.5　低温降解和高温降解机理间的联系

图12.34揭示了低温氧化转化为点燃的主要原因。如果烷基自由基与氧形成过氧化物自由基（反应4）的反应被歧化反应（反应4a）代替，则点燃成为聚烯烃降解的可能替代物。与活化能为零的反应4相比，歧化反应具有几十kJ/mol的活化能。因此，温度升高导致了反应4的替换，并且氢和氧原子以及羟基自由基出现在气相中。分支通过反应4c发生。燃烧的延迟是基于用溴化氢或卤化锑、卤化磷清除这些反应性原子，并把它们转化成较不活泼的物质。注意到，在燃烧的情况下，使用的术语是延迟而不是抑制。无机添加剂有清除反应热（反应4c）和改变冷凝相反应的特性。

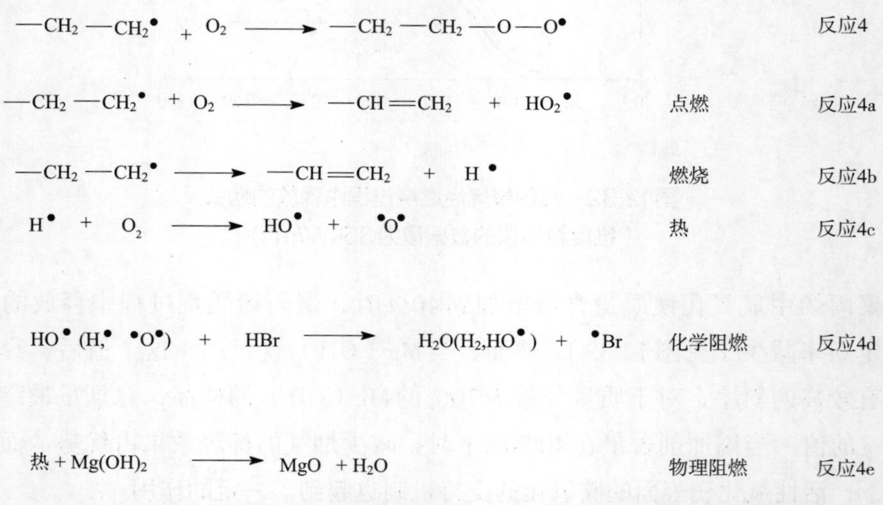

图12.34　基本氧化过程变化引起点燃的阈值和最终阻滞燃烧的机理简述

12.4 结束语

本章从机理上概述了聚烯烃的低温和高温降解之间可能存在的联系。在低温降解时，聚烯烃基本性能的损失会受到限制；在高温降解时，聚烯烃产品的所有使用性能全部破坏。然而，低温降解期间聚烯烃的逐步变化的痕迹可以通过高温测试揭示，例如非等温热重分析和非等温化学发光，其提供了低温降解和老化程度的指纹演变特征。

致谢

本出版物是项目实施的结果：在极端条件下应用过程和化学过程的材料中心，层中心和系统中心。第二部分由欧洲区域发展基金（ERDF）资助的研究与开发运行计划提供支持。感谢授权机构VEGA 2/0147/12、VEGA 2/0161/14、VEGA 2/0122/15和HUSK计划1101/1.2.1/0209对于先进的生物友好聚合物的授权。

参考文献

1. J.L. Bolland, G. Gee, Trans. Farad. Soc. **42**, 236–243 (1946)
2. G.E. Ashby, Oxyluminescence from polymers. J. Polym. Sci. **50**, 99–106 (1961)
3. R.E. Barker, J.H. Daane, P.M. Rentzepis, Thermochemiluminescence of polycarbonate and polypropylene. J. Polym. Sci. A **3**, 2033–2045 (1965)
4. A.M. Wynne, W.W. Wendlandt, The thermal light emission properties of alathon 1: effect of experimental parameters. Thermochim. Acta **14**, 61–69 (1976)
5. M.P. Schard, C.A. Russell, Oxyluminescence of polymers I: general behavior of polymers. J. Appl. Poly. Sci. **8**, 985–995 (1964)
6. L. Reich, S.S. Stivala, *Elements of Polymer Degradation*. (McGraw-Hill, New York, 1971), pp. 99, 161
7. C.H. Hsueh, W.W. Wendlandt, Effect of some experimental parameters on the oxyluminescence curves of selected materials. Thermochim. Acta **99**, 37–42 (1986)
8. W.W. Wendlandt, The oxyluminescence of polymers: a review. Thermochim. Acta **72**, 363–372 (1984)
9. C.H. Hsueh, W.W. Wendlandt, The kinetics of oxyluminescence of selected polymers. Thermochim. Acta **99**, 41–43 (1986)
10. W.W. Wendlandt, The oxyluminescence and kinetics of oxyluminescence of selected polymers. Thermochim. Acta **71**, 129–137 (1983)
11. L. Matisová-Rychlá, J. Rychlý, Inherent relations of chemiluminescence and thermooxidation of polymers. In *Advances in Chemistry, Series 249: Polymer Durability, Degradation, Stabilization and Lifetime Prediction*, ed. by R.L. Clough, N.C. Billingham, K.T. Gillen (Ameircan Chemical Society, Washington DC, 1996), p. 175
12. J. Rychlý, L. Rychlá, Chemiluminescence from polymers. In *Ageing and Stabilisation of Paper*, ed. by M. Strlič, J. Kolar (National and University Library, Ljubljana, Slovenia, 2005), pp. 71–90
13. K. Jacobsson, P. Eriksson, T. Reitberger, B. Stenberg, Chemiluminescence as a tool for

polyolefin oxidation studies. In *Long Term Properties of Polyolefins, Advances in Polymer Science*, vol. 169, ed. by A.C. Albertsson (Springer, Berlin, 2004), pp. 151–176
14. L. Rychlá, J. Rychlý, New concepts in chemiluminescence at the evaluation of thermooxidative stability of polypropylene from isothermal and non-isothermal experiments. In *Polymer Analysis and Degradation* (Chap. 7), ed. by A. Jimenez, G.E. Zaikov (Nova Science Publishers, New York, 2000), p. 124
15. C. Albano, E. de Freitaz, Evaluation of the Kinetics of decomposition of polyolefin blends. Polym. Degrad. Stab. **61**, 289–295 (1989)
16. G. George, M. Celina, Homogeneous and heterogeneous oxidation of polypropylene. In *Handbook of Polymer Degradation*, ed. by S. Halim Hamid, M. Dekker (Second Edition, Inc., New York, 2000), p. 277
17. L. Zlatkevich, *Luminescence Techniques in Solid State Polymer Research* (Chap. 7). (M. Dekker, New York, 1989)
18. J. Verdu, *Oxidative Ageing of Polymers* (Wiley, Hoboken, 2012)
19. J. Pospisil, S. Nespurek, Chain-breaking stabilizers in polymers: the current status. Polym. Degrad. Stab. **49**, 99–110 (1995)
20. A. Mar'in, L. Greci, P. Dubs, Antioxidant activity of 3-aryl-benzofuran-2-one stabilizers (Irganox HP-136) in polypropylene. Polym. Degrad. Stab. **76**, 89–94 (2002)
21. A. Mar'in, L. Greci, P. Dubs, Physical behavior of 3-aryl-benzofuran-2-one (IrganoxHP-136), in polypropylene. Polym. Degrad. Stab. **78**, 3–7 (2002)
22. X. Meng, Z. Xin, X. Wang, Structure effect of benzofuranone on the antioxidant activity in polypropylene. Polym. Degrad. Stab. **95**, 2076–2081 (2010)
23. W. Voigt, R. Todesco, New approaches to the melt stabilization of polyolefins. Polym. Degrad. Stab. **77**, 397–402 (2002)
24. X. Meng, W. Gong, Z. Xin, Zi Cai, Study on the antioxidant activities of benzofuranones in melt processing of polypropylene. Polym. Degrad. Stab. **91**, 2888–2893 (2006)
25. P. Solera, New trends in polymer stabilization. J. Vinyl Addit. Technol. **4**(3), 197–210 (1998)
26. V. Babrauskas, Development of the cone calorimeter—A bench-scale heat release rate apparatus based on oxygen consumption. Fire Mater. **8**, 81–95 (1984)
27. V. Babrauskas, R.D. Peacock, Heat release rate: the single most important variable in fire hazard. Fire Saf. J. **18**, 255–272 (1992)
28. C. Huggett, Estimation of rate of heat release by means of oxygen consumption measurements. Fire Mater. **4**, 61–65 (1980)
29. V. Babrauskas, Related quantities; (a) heat of combustion and potential heat. In *Heat Release in Fires* (Chap. 8), ed. by V. Babrauskas, S.J. Grayson (E & FN Spon, Chapman & Hall, London, 1996)
30. ISO 5660-1:2002, Reaction-to-fire tests—Heat release, smoke production and mass loss rate—Part 1: heat release rate (cone calorimeter method)
31. ISO 5660-2:2002, Reaction-to-fire tests—Heat release, smoke production and mass loss rate—Part 2: smoke production rate (dynamic measurement)
32. ISO/TR 5660-3:2003, Reaction-to-fire tests—Heat release, smoke production and mass loss rate—Part 3: guidance on measurement
33. T.R. Hull, B.K. Candola, Fire retardancy of polymers: new strategies and mechanisms. Science (2009)
34. B. Schartel, Fire retardancy of polymeric materials (Chap. 15). In Uses of Fire Tests in Materials Flammability Development, 2nd edn, ed. by C.A. Wilkie, A.B. Morgan (CRC Press, New York, 2009)
35. J. Lindholm, A. Brink, M. Hupa, The influence of decreased sample size on cone calorimeter results. Fire Mater. **36**, 63–73 (2012)
36. J. Rychlý, L. Rychlá, K. Csomorová, Characterisation of materials burning by a cone calorimeter 1: pure polymers. J. Mater. Sci. Eng. **A2**, 174–182 (2012)
37. B. Schartel, T.R. Hull, Development of fire-retarded materials—interpretation of cone calorimeter data. Fire Mater. **31**, 327–354 (2007)
38. J.W. Gilman, C.L. Jackson, A.B. Morgan, R. Harris Jr., Flammability properties of polymer—layered silicate nanocomposites: polypropylene and polystyrene nanocomposites. Chem. Mater. **12**, 1866–1873 (2000)
39. T. Kashiwagi, E. Grulke, J. Hilding, K. Groth, R. Harris, K. Butler, J. Shields, S. Kharchenko,

J. Douglas, Thermal and flammability properties of polypropylene/carbon nanotube nanocomposites. Polymer **45**, 4227–4239 (2004)
40. J. Rychly, M. Hudakova, L. Rychla, Cone calorimetry burning of thermally thin polyethylene. J. Therm. Anal. Calorim. **115**, 527–535 (2014)
41. D. Hopkins Jr., Predicting the ignition time and burning rate of thermoplastics in the cone calorimeter, Thesis, NIST-GCR-95-677, Faculty of the Graduate School of The University of Maryland, 1995

第13章 聚烯烃回收

萨丽（P.S.Sar）、沙里卡（T.Sharika）、比西（K.Bicy）、萨布·汤姆斯（Sabu Thomas）

13.1 前言

聚烯烃是应用最广泛的聚合物，聚乙烯（PE）和聚丙烯（PP）占全球近45%的聚合物市场。这类聚合物由于使用广泛，已成为我们日常生活的重要组成部分。聚烯烃是最重要的热塑性塑料，具有质量轻、耐用、坚固、价格低廉、耐高温、电绝缘和耐腐蚀等优点，广泛用于薄膜、电池外壳、汽车零部件、家用器皿电器元件（PP）、工业包装和薄膜、煤气管（HDPE）、箱包、玩具、容器、管（LDPE）等领域[1~5]。塑料使用量的增长加重了塑料废物对环境的污染，因此，塑料废物的处理已经成为当今最重要的课题之一。聚烯烃和饱和烃类聚合物对生物降解具有高抗性。塑料的高消耗和大批塑料废物的产生已经成为环保领域讨论最多的话题之一。由于塑料使用的不可避免，针对该问题的解决途径是3R原则——回收、再利用和减少使用量。

回收是将塑料废物转化为可利用的产品，从而减少其对环境的恶化，并从浪费中获得经济利益。回收过程分为：收集、分类、隔离和后处理。回收为减少石油使用量、二氧化碳排放量和废弃物处理量提供了可能[6]。

聚烯烃回收技术分为一级（再挤出）、二级（机械）、三级（化学）和四级（能量回收）方案和技术[7]。一级回收是指将可回收材料加工成产品而不改变其特性，性能与原产品保持类似。二级回收涉及机械回收，即将塑料废物加工成与原有产品不同特性的新产品。三级回收涉及化学回收，从塑料废料中产生基本的化学品和燃料。四级回收是指通过燃烧或焚烧来重新获取塑料废物的能量[8, 9]。

传统的塑料废物处理方式是填埋。填埋的主要缺点是填埋物无法恢复和再利用。塑料填埋处理后，其中的某些添加剂和分解副产物可能会成为有机污染源[10~12]，造成土壤和地下水的污染。一级回收也称为再挤出，通常在原有的加工生产线中进行。该过程涉及将单一聚合物的清洁废料重新挤出循环，目的是生产与原材料相似的新产品。二级回收即机械循环回收技术通常根据来源、形状和可用性将废料的尺寸减小到期望的形状和形式，如丸粒、薄片或粉末。三级处理方式对近年来固体塑料废物的回收利用具有重要意义。先进的热化学处理方法涵盖广泛，用于生产燃料和石化原料。近年来，非催化热裂解（热解）因其原油附加值和极具价值的产品而备受关注。对于固体塑料废物，尤其是城市固体废物（MSW）来说，可以实现的回收方式是能量回收。

在塑料废物收集、分拣和后处理方面不断出现的新技术为回收带来了新机会。本章将对聚烯烃的回收进行概括性介绍，包括从分离技术到应用再生材料的各种回收方法和技术简介。

13.2 分选技术

回收的第一步是废物原料的收集、分离和分类。通常，原始废料包含除纸张、玻璃和其他污染物以外的各种聚合物。分选技术是回收前重要的一步，另外，分离混合塑料会遇到各种问题（由于塑料特性不同），并且它是塑料废物管理中最棘手的过程之一。随着科技的发展，现在已经出现了多种分选技术。

物理分离技术是一种可靠的塑料废物分离方法，包括近红外分选（NIR）、摩擦电分离、沉浮和浮选[13~15]。近红外技术（由手工分类支持的）基于聚合物类型的光谱识别原理，它的速度快、分辨率高，缺点是不适用于黑色物品或小物品，价格昂贵，并且表面敏感而导致材料回收率低[16]。基于静电荷的摩擦静电分选是聚烯烃分选的另一种方式。这种技术对操作条件要求很高并且只能用于清洁、干燥和未经表面处理的聚合物废料[17]。密度分选基于密度差异进行筛分，是最便宜也是最简单的分离技术，它的理论基础是密度。这种技术可用于任何大小和颜色的材料，但材料之间需要有效的密度差异（$10 \sim 40 kg/m^3$）。密度分选方法对塑料分选没有特别的帮助，因为大多数塑料的密度都很接近[18]。浮选是一种基于材料不同表面性质的分选技术，例如对试剂、温度、时间、粒度和粗糙度等敏感度[19]不同的材料进行分选。

家庭包装废物常用的分离技术是基于传感器的近红外光谱分选技术，根据不同类型聚合物的近红外光谱的显著差异。能够快速可靠地识别各种聚合物，特别是聚烯烃。但是，该技术无法用于体积较小或较大的物体，也无法检测黑色材料，如汽车部件和一些电子类废物，因为辐射光会被材料完全吸收。实际上，对于包装类聚合物来说，约一半的材料最终会被截留下来。

另一种可采用的分离方法是磁密度分离法（MDS），这是一种基于密度的分选技术[20]。分选技术采用一种液相分离介质，该介质为包含粒径10~20nm磁性氧化铁悬浮粒子的带有密度梯度的水溶液。采用磁性粒子，在垂直方向上产生指数差别的磁性力，液体密度在垂直方向上也出现显著差别。相同密度的塑料颗粒将漂浮在同一个平面位置——此位置液体的有效密度与塑料颗粒的密度相等。基于这种原理，塑料混合物分离成许多层，具有相同密度的碎片停留在同一个垂直高度，该过程需要几秒钟[21]。磁密度分离与其他再生技术相比在成本上具有优势。早期的分离实验在原理上证实了：控制严格的磁密度分离技术可用于聚丙烯和聚乙烯混合物的回收。巴克（BaRRcr）成功获得了高质量的聚丙烯，聚丙烯与聚乙烯的比例从初始的70：30提高到97%[21]。

13.3 回收方法

塑料回收过程主要分为四类：一级、二级、三级和四级。根据塑料废物的性质来选择回收方法。一级回收是将废料再挤出后，直接与塑料原料一同使用。二级回收固体塑料废弃物又称机械回收，广泛用于塑料消费品的回收，尤其是城市塑料废弃物。通过这种物理方法，（PSW）被制成塑料产品加以利用。

三级回收又称为化学回收，该回收过程将塑料废弃物转化为小分子（通常为液体或气体），可用于化工产品和塑料的生产。三级回收过程中，聚合物的化学结构发生改变，聚合物发生分解，有利于利润性和可持续性工业化过程，可以提高产品收率，使废物最小化。

热分解是在没有催化剂的条件下，下对塑料废物进行控温加热的过程。热分解是一种先进的转化技术，使各种塑料废物中的碳氢组分转化成清洁、高热值的气体，用于气体发动机、发电或者锅炉。

13.3.1 再挤出（一级）

一级回收过程清洁、无污染，是适用于单一类塑料废料的回收方法。该方法简单、成本低，是目前最为流行的一种回收技术，适用于有废料投料控制能力和生产经验的工厂。这种回收方式确保了由废料制备的产品性能与原料制备的产品性能相接近。为了确保产品性能，回收的废料可以与原始材料混合或者用作二级材料。

13.3.2 机械回收（二级）

机械回收也称为物理回收，是通过机械工艺过程来回收塑料废物，如磨碎、清洗、分离、干燥、二次筛分和混合。该方法回收的材料常常替代塑料原料用于生产新的塑料产品。因为包含再熔融和再加工过程，仅热塑性材料可以通过机械回收方式循环使用[9]。从能量效率和绿色排放的角度来看，机械回收被认为是最有效的回收方法。

吉恩（Jin）等通过对低密度聚乙烯样品的100次挤出循环实验研究了机械循环对LDPE的流变和热性能的影响[22]。实验结果显示，LDPE能承受40次挤出循环而不会出现任何降解。卡塔利斯（Kartalis）等[23]报道了LDPE/中密度聚乙烯（MDPE）的熔融混合过程，研究显示经过5次连续混合熔融过程后聚乙烯的分子量开始降低。巴卢利（Bahlouli）等[24]对聚丙烯复合材料的可回收性进行实验研究。他们通过熔融挤出研究回收过程对聚丙烯基复合材料性能的影响[三元乙丙橡胶（EPDM）聚丙烯和滑石粉/聚丙烯]，对复合材料经过每一个挤出周期后的机械性能、结构、流变性能进行评价。研究发现，纯聚丙烯复合材料的熔体黏度和机械性能随着回收周期的增加而降低。复合材料这些性能的改变是因为加工过程中材料的结构发生变化。

13.3.3 化学回收

化学回收也称为原料回收，回收方法见图13.1。

对于所有的化学回收，固体废料通过化学分解或热分解形成化学中间体，中间体通常是气体、液体，也可能为蜡和固体，可用于生产石化产品。进而分解为单体或者化合物的混合物[25]。在化学回收过程中，解聚产生单体，部分降解可产生其他具有次生价值的物质。焚烧回收能源是降低有机物体积的有效途径。

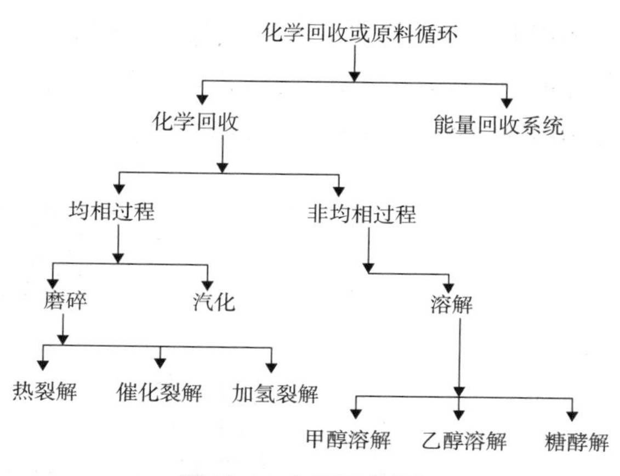

图13.1 化学回收框架

13.3.3.1 非均相回收

非均相回收主要包括化学溶解或溶剂溶解，通过使用化学试剂或者溶剂使高分子聚合物降解成单体。这是一种二次回收技术，根据聚合物性质选择各种不同的溶剂种类。按溶剂性质可分为甲醇分解、乙醇分解、糖酵解等[26]。

13.3.3.2 均相回收

均相回收包括化学溶解或者溶剂溶解。塑料用化学试剂或者溶剂处理而降解成单体。根据化学试剂类型，可分为水解、甲醇分解、乙醇分解和糖酵解等。

1．汽化或部分氧化。

汽化是聚合物废料直接燃烧的过程。这种方式在获取热量方面具有优势，但会产生有毒的硫氧化物、二噁英和轻烃等化学物质，对环境造成污染。由于水蒸气或者空气（氧）的存在，塑料会发生不完全氧化，生成碳氢化合物的混合物。山本（Yamamoto）等描述了一种新的废料汽化方法，利用炼铁炼钢技术和冶炼系统生产高热值的高纯气体。据报道，通过两阶段热解和不完全氧化过程，从塑料废料中提取氢气的效率能达到60% ~70%。通过塑料废料和生物的共同汽化过程，氢气产量提高，减少了一氧化碳排放量。在氧气和一氧化氮的存在下，聚烯烃氧化得到高产量的化学品，如乙酸[27]。

贺茂云（Maoyun He）等用NiO/g-Al_2O_3作为催化剂研究了来源于城市聚乙烯废料的催化蒸气汽化。反应条件为：700～900℃、常压、硫化床反应器。他们考察了温度对气体的组成和产量蒸气分解，冷气效率和碳转化率的影响。汽化蒸气中的气体组成以及催化体系和非催化体系的热解组合物见图13.2。实验结果显示，采用NiO/g-Al_2O_3催化剂，通过一个简单的汽化过程就可以从聚乙烯废料中提取合成气。他们同时研究了温度和蒸气在合成气生产中的作用。研究显示，提高反应温度可以增加聚乙烯废料转化成合成气的效率，并且能提高合成气中氢的比例。当温度从700℃提高到900℃，焦炭和焦油的产率降低，气相产物产率增加。当蒸气存在时也观测到相同的结果。上述研究证明，NiO/g-Al_2O_3是聚乙烯废料蒸气汽化过程的活性催化剂；引入蒸气可以提高气相产率，加快聚乙烯废料的转化[29]。

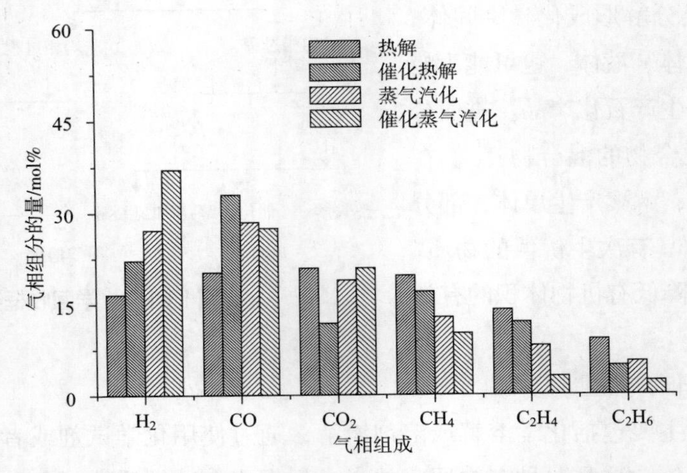

图13.2 汽化过程气相组成、催化和非催化过程的热失重

2．裂解。

聚合物回收过程采用不同类型的裂解。主要类型如下：

（1）热裂解；

（2）催化裂解；

（3）加氢裂解。

3．催化裂解。

催化裂解是重烃通过催化剂进行裂解的过程。聚丙烯和聚乙烯等聚烯烃的回收采用这种方式。在实验室规模中，采用连续流动反应器，有液相接触和气相接触两种催化方式。对于第一种催化方式，催化剂与熔融态聚合物接触，此过程中催化剂主要和低聚物反应。在气相接触中，催化剂与热降解聚合物接触[27]。

为了降低裂解温度，许多类型的催化剂技术被开发出来，降低了裂解过程的能量消耗，提高了转化率。通过采用特殊催化剂可以得到高市值的烃产品，通过催化剂可以生产目标产物[28]。均相催化剂（固体酸）广泛用于重烃裂解[29]。催化剂的酸性官能团攻击聚合物长分子链，将长分子链片断解聚成低分子量物质，所形成的中间体经氢和碳原子重排而发生位移，形成高质量的同分异构体并且可以经历环化反应。这个过程通过烯烃碳鎓离子的 π 键的分子间攻击来实现。由于酸和金属离子的存在使得催化剂具有双功能。催化剂结构中的金属部位对加氢/脱氢产生催化作用，酸性官能团对异构化产生催化作用。催化使长链烃支化，直链烷烃环化成环烷烃，萘类形成芳烃。

烃类原料的催化裂解通常要使用各种沸石分子筛，例如ZSM-5、Beta、Y以及一些固体酸类分子筛，如硅-铝、铝和黏土等。聚乙烯的回收过程中也常常使用复合催化剂，如SAHA/ZSM-5和MCM-41/ZSM-5等[30]。

通过催化剂的研究可以了解聚合物的催化降解过程。沃特尔·卡明斯基（Walter Caminsky）等研究了聚乙烯的催化降解过程，该过程使用路易斯酸催化剂，如氯化铝和四氯化钛。催化剂溶于熔融的聚烯烃中，这样能将催化剂浓度降低至0.1% ~1%[31]。他们发现采用这种催化方式，小分子C_4组分含量显著提高。他们将这一实验分别在间歇反应器（PR-1）和流化床（LWS-5）中进行考察。从气相色谱图13.3可以清楚地看到，相对于使用催化剂的体系，未使用催化剂的体系包含更多的长链烃，这也证明催化剂能提高产物的产率。

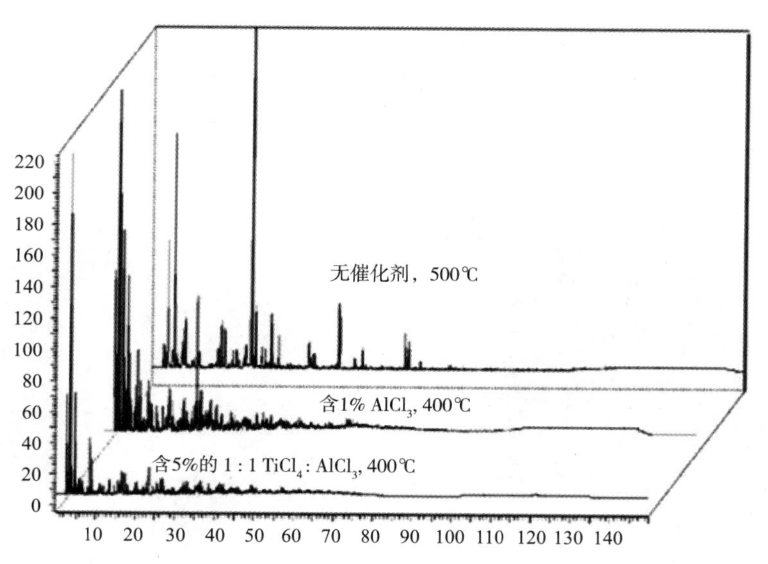

图13.3 聚丙烯热分解过程的气相色谱对比［包含$AlCl_3$（1）或$TiCl_4/AlCl_3$催化剂油］（保留时间：min）[31]

他们对催化剂的质量分数与产物组成的关系也进行了研究，随着催化剂用量的增加，小分子物质增多，并且热分解温度降低至300℃，如图13.4所示。

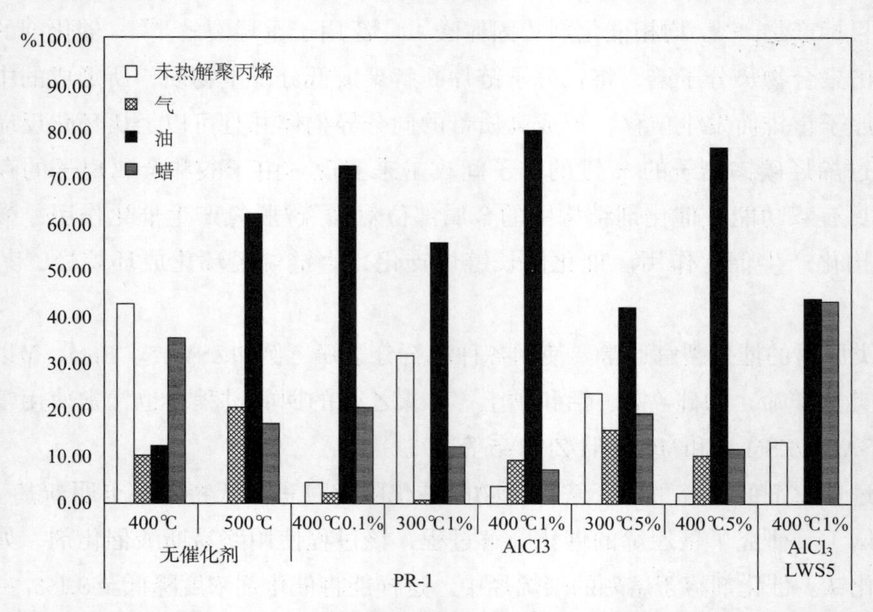

图13.4　分别在300℃，400℃，500℃，采用间歇反应器（PR-1）或硫化床反应器（LWS-5）的聚乙烯热分解过程的产物组成

阿奇利亚斯（Achilias）等[32]采用溶解/再沉淀（机械回收）和热分解（化学回收）对低密度聚乙烯、高密度聚乙烯和聚丙烯进行了回收。回收高聚物的质量用FTIR（傅里叶变换红外光谱仪）和DSC（差示扫描量热法）进行分析。图13.5和图13.6显示了溶解温度和聚合物原始组成对HDPE、LDPE和PP的回收质量分数的影响。研究表明：在所有的实验条件下，聚合物的回收率均较高；高溶解温度和低浓度有助于聚合物的回收。

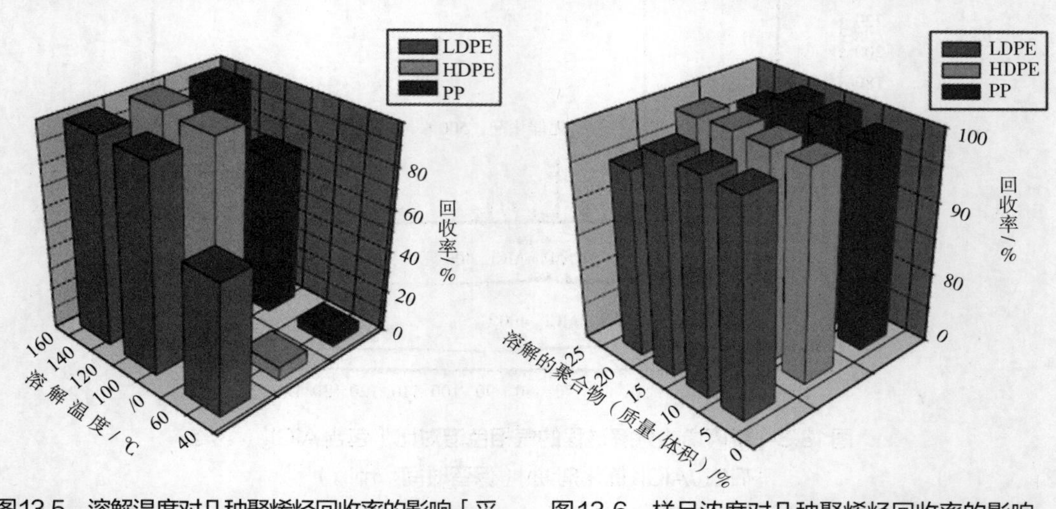

图13.5　溶解温度对几种聚烯烃回收率的影响［采用二甲苯/正己烷和5%（质量/体积）样品浓度］[32]

图13.6　样品浓度对几种聚烯烃回收率的影响（采用二甲苯/正己烷，反应温度140℃）

图13.7反映几种聚烯烃废料（HDPE、LDPE、PP）的回收率。从图中可知，几种塑料废料的回收率均较高，采用热分解/再沉淀技术使得从塑料废料中回收出纯聚合物的难度降低。回收得到的固态和液态聚合物主要由脂肪族烃组成（一系列的烯烃和炔烃），可以作为石化原料，用于塑料或成品油的生产。

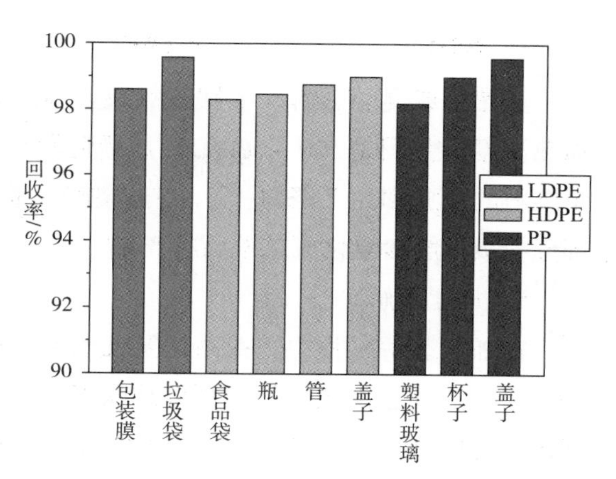

图13.7 通过热分解/再沉淀技术从不同的塑料废料中回收聚烯烃［使用二甲苯/正己烷溶剂，反应温度140℃，样品浓度5%（质量/体积）］

罗纳格希（Rownaghi）等[33]采用热失重分析法对高密度聚乙烯商业样品热分解过程中催化剂活性和硅–铝催化剂的催化行为进行预测。使用硅–铝催化剂（SiO_2：Al_2O_3质量比=10：90，40：60）和介孔材料，尤其是SiAl30和SiAl80，可降低活化能，极大影响HDPE的降解。HDPE的热分解见图13.8。

沙恩（Shan）等研究了聚乙烯降解过程中硫化铅的作用，硫化铅的存在诱导聚乙烯产生电荷。聚乙烯分子链上不均匀的电荷分布导致了部分聚乙烯分子片段脱氢产生碳鎓离子[34]。他们同时考察了温度、时间和催化剂剂量对气相、油和蜡的含量及组成的影响，研究表明，催化裂解效率可以达到100%，产物为液体、蜡和气体。当存在催化剂时，焦炭的量极低，可以忽略不计。

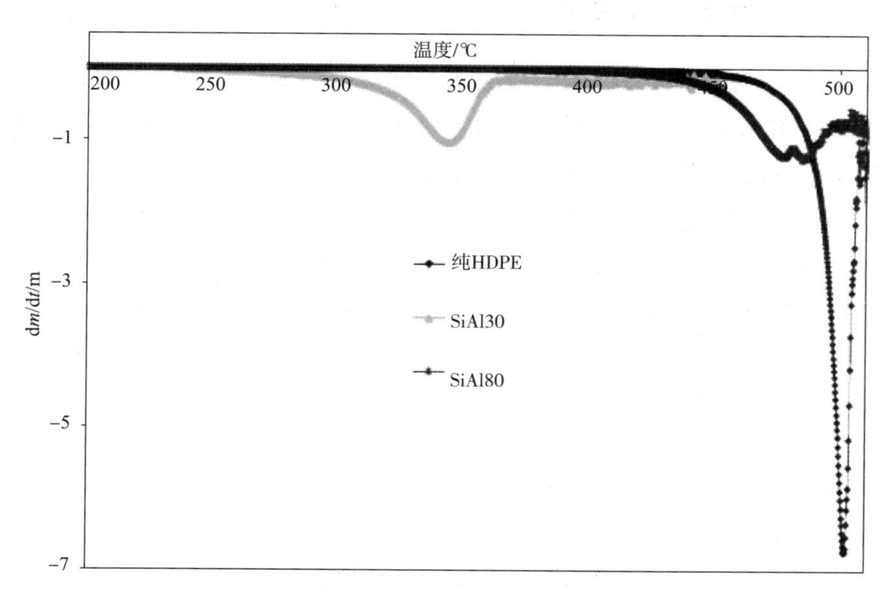

图13.8 HDPE催化降解和非催化降解比较（热重分析参数：升温速率为5℃/min，塑料与催化剂重量比=2：1）[33]

4. 热裂解。

热裂解或高温分解，在缺乏氧或空气的条件下加热聚合物，得到侵蚀残留物；当加热温度的范围是500～800℃时，得到焦炭和挥发组分。组成和各组分比例取决于塑料废料的性质和加工条件[35]。在热裂解过程中，由于存在分子内和分子间的反应，一部分初级降解物转化成二次反应产物。

5. 加氢裂解。

在加氢裂解过程中，在高压氢气和催化剂的作用下，高碳烃（石油）的分子断裂成小分子。通过加氢裂解，可以从众多组分的碳氢化合物中获得高质量的汽油。许多催化剂适用氢裂解，包括一些过渡金属（如Pt、Ni、Mo、Fe等），它们用固体酸（如硅铝氧化物、沸石分子筛、氧化铝、硫酸氧化锆等）作载体。在这类催化剂作用下发生裂解和加氢反应生成汽油产物[36]。

文卡泰什（Venkatesh）等研究了HDPE、PP和PS在催化剂（$Pt/ZrO_2/SO_4$和$Ni/ZrO_2/SO_4$）存在下的加氢裂解过程。研究发现，带有氢化金属的硫酸盐改性金属氧化物对于HDPE、PP和PS的加氢裂解具有良好的催化效果。HDPE和PP的加氢裂解主要生成汽油组分范围内即C_5～C_{12}的支化烯烃，而PS主要生成苯、环状物和烷基芳香烃。催化剂中掺入非贵金属（如Ni）后，在温和条件［160℃，2515kPa（冷）氢气］下，催化剂对聚合物的加氢裂解不表现活性，在325℃时催化活性增强，显示Ni的存在提高了催化剂的高温催化活性[37]。

13.3.4 聚烯烃的热解回收

塑料的加工、运输和消费过程会造成各种环境污染。从经济、政治、科技、能源、材料和环境因素考虑，塑料产生的污染可以被解决[38]。从能量利用角度来看，因为塑料制品的高热值，生产化学品可能是另一种选择[39]。焚烧和热解是两个主要的研发方向。在焚烧过程中，塑料的烃结构被破坏而产生燃烧产物。在热解过程中，烃转化成其他烃类，产物可以用于燃料、新的原料和单体[40]。因此，热分解（或裂解）是聚合物在氧气或者惰性气氛（如氮气）存在下通过加热产生的化学降解和热降解过程。

在热解过程中，温度是最重要的影响因素。根据所加工的原料，在使用或不使用催化剂条件下，烃的热分解反应温度为400～800℃[41]。动态（如一些间歇反应器结构）或等温加热系统（如硫化床反应器）可作为热解反应器。其中，等温加热系统最为常用。热分解产物主要包括焦炭和可分离成烃油、烃蜡和不凝气的易挥发物质[42]。

按破坏塑料分子结构的热解温度的不同，通常可以分为低温、中温和高温三种[43]。几种热解温度包括：小于或等于600℃、600～800℃、大于800℃[44]。通常高温热解过程会使气相产物的比例提高，而低温热解过程中液相产物会增多。反应温度的增加会导致油状产物的减少和气相产物的增加。原因是反应温度提高，二次裂解反应会将重组分转化成气相物质[45]。热解产物可被用作燃料和石化产品[44]。

通常聚烯烃的高温（700℃）热解会产生C_1～C_4气体和芳香物质（苯、甲苯和环苯）。聚烯烃低温热解（400～500℃）会产生高热值气体、可压缩烃油和烃蜡[46]。

13.3.4.1　热解反应机理

塑料的热裂解（无催化剂）是一个自由基机理，在热量的激发下发生。由于聚合物分子间的连接非常弱，大分子在热量作用下表现出不稳定性。与聚合物相比，直链单元的小分子模式通常更具稳定性[47]。

在热解过程中，通常发生下列基元反应：

（1）引发反应；

（2）次生自由基的形成；

（3）解聚形成单体；

（4）有利或不利的氢转移反应；

（5）分子间氢转移产生烯烃和烷烃；

（6）乙烯基异构化；

（7）歧化终止或自由基重组。

塑料热失重通过一个氢转移的自由基链反应进行。在随后的二次反应中，两个自由基直接反应形成未重排的支链产物[48]。因而，聚烯烃热裂解产生大量的蜡质烃产品。超过500℃油质烃产品会增多。相反，催化裂解发生在更低温度下，产生小分子支链烃。这种催化裂解由于能耗低和高价值产物而更具潜力。

近几年，通过聚烯烃催化裂解生产油和气相产品越来越引起人们的兴趣，因为这种催化方式需要的能量低并能产生更多有价值的产品。通过使用催化剂，可以改变烃的结构。相对于非催化剂过程，催化裂解能量消耗低，并产生更多的支链烃。大量关于催化剂（如沸石、硅胶氧化铝、介孔分子筛MCM-41、US-Y和HZSM-5 固体酸）和反应条件的研究被报道出来。研究发现HZSM-5和催化裂化催化剂能使汽油沸点范围烃的产率提高。

催化裂解通常通过碳鎓离子中间体的产生而发生。当催化剂为路易斯酸时能使聚合物产生氢阴离子。如果催化剂为布朗斯特（Bronsted）酸，则会在最初的反应阶段向大分子引入质子而形成碳鎓离子。由于存在催化剂活性点，裂解过程形成的片段进一步裂解成更小分子的烃［48］。降解是在样品内部不稳定的初级片段进一步的裂解。

早期研究显示，聚乙烯热失重包括自由基的形成和夺氢反应两个步骤。但聚苯乙烯的热失重是一个自由基链反应，包括引发、转移和重整步骤。降解的最大反应速率影响自由基类型[49]。自由基的形成速率随着其稳定性的增加而增加，所以，热挥发过程中产生的自由基越稳定，其转化率越高。

13.3.4.2 热解产物的影响因素

塑料热解得到的产品取决于塑料种类、进料装置、停留时间、反应温度、反应器类型和冷凝装置[42]。反应温度和停留时间强烈影响热解产率以及塑料组分的分布。祖德（Jude）等研究了间歇反应器中的LDPE热裂解过程，结果显示：产生了范围广泛的碳氢化合物，芳烃和烷烃（烯烃和烷烃）的收率很大程度上取决于热解温度和停留时间。

研究发现，低密度聚乙烯在400℃下分解，最佳出油率发生在425℃，产生的油富含短链烃和长链脂肪烃。而450℃和500℃的油中含有高比例的与柴油和汽油组分相当的化合物，以及高产量的碳氢化合物气体和焦炭。在450℃，即使停留时间为零，LDPE塑料样品也会完全降解产生富含脂肪族的油。增加热解时间可以改变油的组成，而芳烃和其他轻馏分仅在较高浓度下生成。一般来说，LDPE裂解油热值相当高，为42.7MJ/kg。此外，由于二次反应，还产生了额外的裂解、异构化和芳构化反应，生成大量的烃类气体和焦炭[49]。烃类气体成分的详细组成与热解温度和停留时间有关，见图13.9和图13.10。

在研究中，聚苯乙烯的降解起始于350℃，与LDPE混合时，即使在400℃时也会形成液态油。聚苯乙烯的降解初期产生黏性油，随着停留时间的增加和温度的升高，产物组成发生变化，产生了低黏度油和焦炭；在500℃下形成高达30%的焦炭，表明芳香化合物在较高温度下发生环结构的缩合反应。研究结果表明：实验采用的反应系统可以明显降解低密度聚乙烯和聚苯乙烯生产高级燃料油，以及用于能源生产、炼油化工原料生产、新型工业原料（如油漆工业中的乙苯和甲苯）生产等。因此，通过改变反应温度和停留时间等参数，通过不同反应条件下的产物混合，可以获得高质量的燃料馏分[49]。

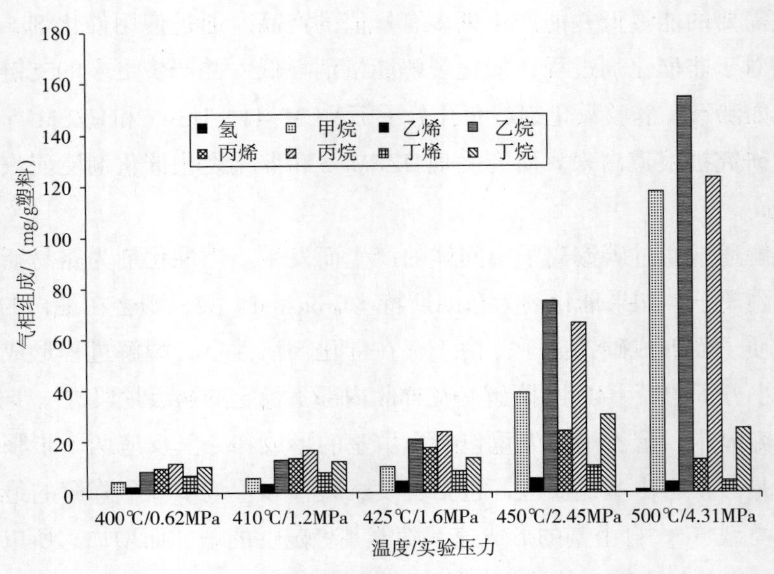

图13.9 LDPE裂解气相组成与温度的关系[49]

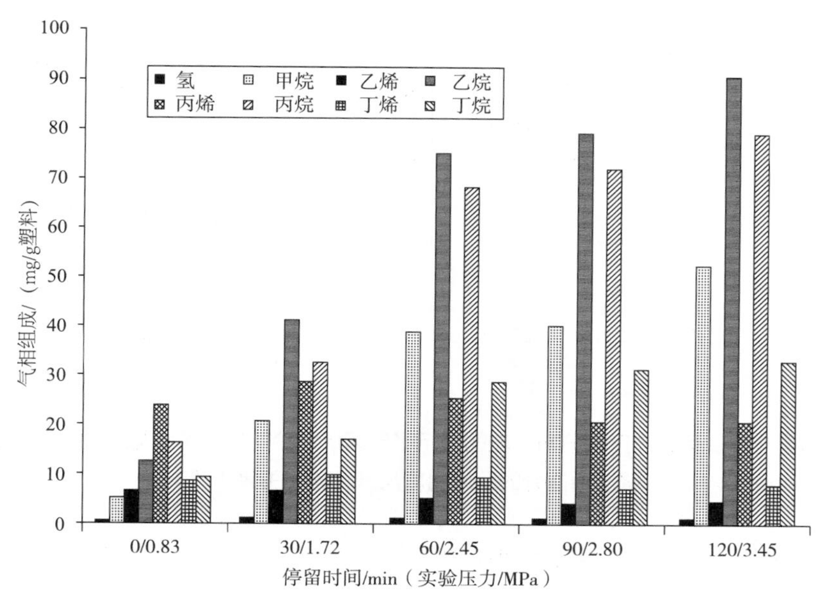

图13.10 LDPE裂解气相组成与停留时间的关系[49]

阿拉比乌鲁蒂亚（Arabiourrutia）等人研究了三种不同的聚烯烃塑料（HDPE、LDPE和PP）在锥形喷动床反应器的热解过程。与流化床反应器相比，该技术对烃蜡具有很高的选择性。这种反应器要求低的停留时间和高的加热速率，能减少二次反应，并能提高一次裂解产物（蜡）的产率。该技术和热解一样是一种有效、通用的聚烯烃废料利用技术。流化床反应器中难以处理的黏性固体颗粒可在锥形喷动床反应器中进行处理。喷动床热解特别适合制备烃蜡。这种技术获得的热解产物可以用作炼油厂的裂解过程中的替代进料。

烃蜡中轻重组分比随着温度的升高而显著增加。如果是低温下的热解，会得到较高分子量的烃蜡，因为高温裂解过程更加剧烈。此外，尽管升高热解温度烯烃结构会增加，但烃蜡主要还是由烷烃组成的。在较高的温度下，所有烃蜡的热值都比较高，在600℃时得到的烃蜡的热值为44～45MJ/kg，与标准燃料的热量相同。聚烯烃蜡没有特定的熔点，会在一定温度范围内熔化。阿拉比乌鲁蒂亚等人得出的结论是，通常在最低温度范围得到的烃蜡与500℃下得到烃蜡的组成相同，尤其是聚丙烯烃蜡[50]。

苏（Su）等人研究了在不同条件下，热解装置中聚丙烯和聚乙烯废料的裂解组分。他们研究了反应温度（650～750℃）、进料速率以及流化介质对产物种类的影响[45]。聚丙烯馏分热解产生的烃油产量占总产物的43%，烃油中混合芳烃量占聚丙烯馏分的53%。聚乙烯馏分能产生超过60%总产物的烃油和32%的混合芳烃。结果表明，聚乙烯馏分的热解生成的液体产物比聚丙烯馏分高出很多。对于聚丙烯和聚乙烯馏分，如果在高温下进行反应，它们得到的油中含有大量的芳烃。由于分子内自由基转移，聚丙烯的降解比聚乙烯容易，导致了较高的产气量。图13.11显示了反应温度对产品组成分布的影响。

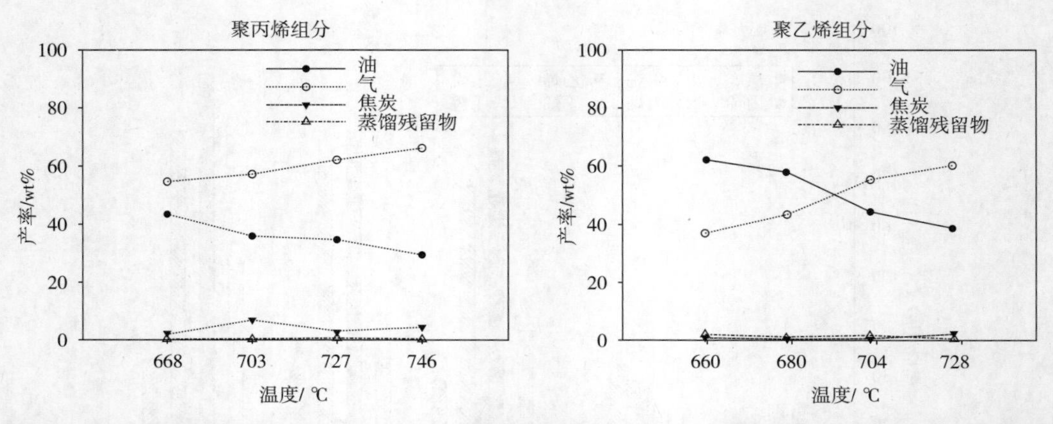

图13.11　与反应温度有关的产物分布（左图显示了聚丙烯馏分的反应温度与产物分布关系，右图是聚乙烯馏分的反应温度与产物分布关系）[46]

图13.12和图13.13反映出聚丙烯馏分和聚乙烯馏分的进料速度对油气产率的影响。

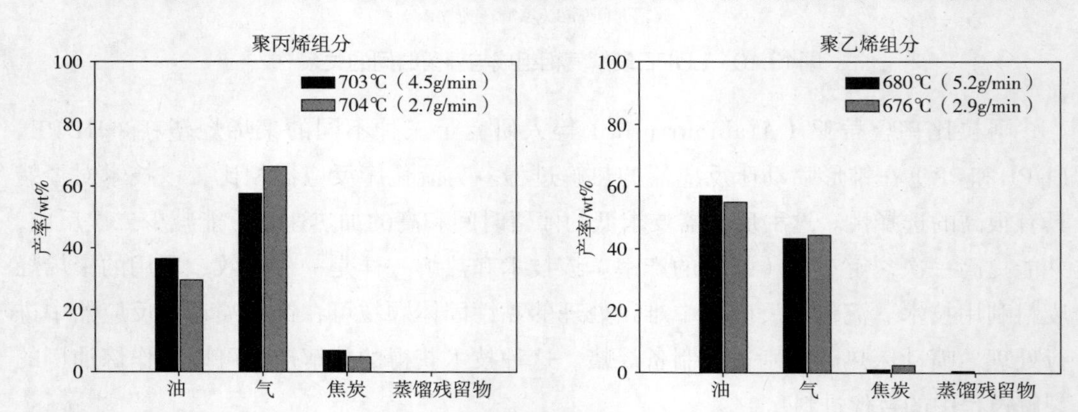

图13.12　进料速度的影响（左图显示了产物分布与聚丙烯进料速度的关系，右图显示了产物分布与聚乙烯进料速度关系）

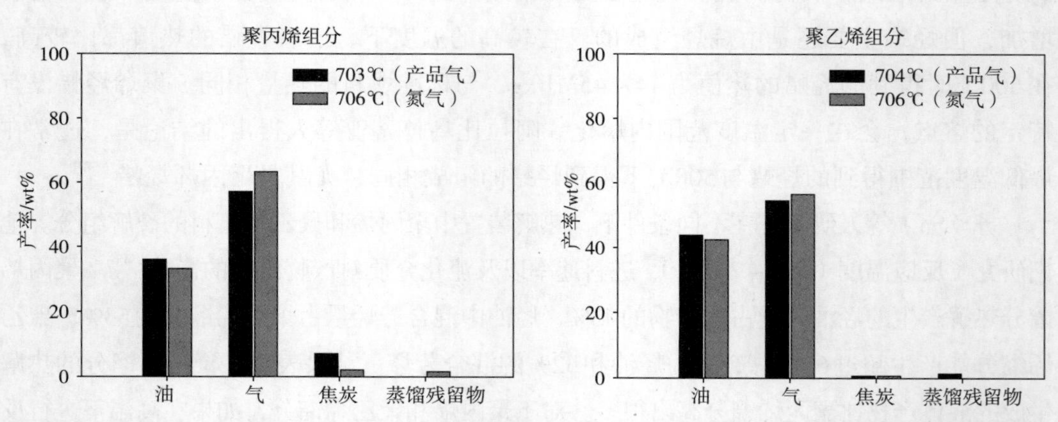

图13.13　流化介质的影响（左图显示了聚丙烯馏分的流化介质与产物分布关系，右图显示了聚乙烯馏分的流化介质与产物分布关系）

由图13.12所示，聚丙烯馏分和聚乙烯馏分在较高进料速度下均有较高的产油率。因为高的进料速度会产生较高数量的热解蒸气，从而提高了产油率。此外，较高的进料速度降低了反应器中热解蒸气的停留时间，阻止了二次裂解，如热裂解的进行。

图13.13显示了流化介质对产物分布的影响。在这两种情况下，当把析出气体作为流化介质时，产油率增加。当使用氮气时，氮气会稀释热解过程中的蒸气，阻止蒸气发生可产生含油成分的化学反应。这些反应会产生含油的成分，例如与二烯烃和烯烃发生狄尔斯－阿尔德（Diels-Alder）反应。与氮气相反，如果使用析出气体，其中的一些成分会与反应器中的热解蒸气反应形成油。结果表明，提高进料速度和使用析出气体作为流化介质会提高聚丙烯和聚乙烯馏分裂解的产油率。

13.3.4.3　催化裂解

通常聚烯烃的催化裂解需要大量的催化剂。在某些情况下，催化剂的使用量高达聚合物原料质量分数的20%。这是催化裂解过程中的一个主要问题。在催化裂解过程中，高黏度聚合物熔体与固体催化剂表面接触率较低。支链烃或芳烃主要由二次反应形成。

卡明斯基（Kaminsky）等使用路易斯酸和齐格勒－纳塔混合催化剂（如$TiCl_4$、$AlCl_3$），考察了催化剂对于聚乙烯热解过程的影响。这些催化剂溶于黏稠的聚烯烃熔体中，使得催化剂浓度降至0.1%～1%。同时，通过使用路易斯酸（如$AlCl_3$或$TiCl_4/AlCl_3$），热解温度大大降低。

卡明斯基等人能够将聚丙烯的热解温度下降至远低于500℃（非催化实验温度），并且增加催化剂用量，聚丙烯也可以在300℃热解。提高催化剂用量，轻油馏分和气体馏分增加。但较高的催化剂用量会产生二次反应，并且反应的选择性降低。使用合适的催化剂，可以降低热解温度，降低能耗。可以使用文中提到的催化剂[51]来降低加工成本。这些催化剂可以提供低温度低、能耗的热解过程，从而使成本大大降低。

13.3.4.4　微波诱导热解

Tech-En Ltd.9（英国埃诺公司）开发了一种被称为微波诱导热解的新工艺。在此过程中，诸如碳的微波吸收材料与高微波穿透性的塑料混合。最初，碳被暴露在微波场中，几分钟内，它就可以达到1000℃。在加热的过程中，微波吸收的能量通过传导转移到与碳混合的塑料中。这提供了一个非常有效的能量转移，并产生了高度还原的化学环境。这种高度还原的化学环境避免形成不必要的含氧碳氢化合物。在微波诱导热解的过程中，热量分布更高，对加热过程有较好的控制，这是微波加热的主要优点。微波辐射提供极高的温度，可以获得较高的塑料加热速率。微波辐射源能够高效地将电能转换成热能（80%～85%），并将热量传递给负载。这种现代设备由于可靠性高而比其他加热方式更具竞争力。

卡洛斯（Carlos）采用新型微波诱导工艺研究了高密度聚乙烯和铝/聚合物层压材

料的热解过程[52]。研究结果显示，该新工艺与其他传统工艺具有相似的特征，其优点是在处理“问题”废料（如层压板方面）具有优势。以前的研究表明，气体、液体/蜡和固体残渣的产量在很大程度上取决于过程的特性和变量，但有一个普遍共识就是过程温度越高，气体产率越高。

表13.1所示为研究人员在500℃和600℃聚乙烯热解实验结果，以及使用微波诱导热解装置得到的实验结果。这些结果表明，从500℃到600℃，产品的产率差别不大。这与之前的大多数研究结果相反，可以用降解过程的配置和特征来解释。

表13.1 文献和本研究中聚乙烯热解过程的产品占比（未报道）[52] %

项目	500℃			600℃		
	气	油/蜡	固体	气体	油/蜡	固体
间歇流化床	7～16	—	—	18～60	—	—
裂解器1000	2.42	97.5	NR	14.6	85.3	NR
固定床	8～12	83～90	2～5	20～35	55～74	6～10
流化床	10.8	89.2	0	24.2	75.8	0
本工作 微波诱导热解	19	81	0	20.9	79.1	0

13.4 聚烯烃废弃物的回收定性表征

即使没有特定的标准，聚烯烃废料在进入回收过程之前也必须要进行定性分析，以提高产品质量。在聚烯烃废料的回收过程中，考虑到在最初或后续加热过程中以及紫外线照射中可能产生的降解，需要对废料组成进行鉴别。众所周知，聚合物材料的性质强烈依赖于它们的结构，如果聚合物发生氧化，这些性质将发生变化。傅立叶变换红外光谱法（FTIR）是一种用于分析多组分样品组成的分析方法，适用于聚烯烃降解过程的监测[53]。包装废物中聚合物密度分布是利用密度分离对聚烯烃进行回收的最关键参数。定义聚合物密度分布的主要目的是建立正确的切割密度。由于聚烯烃的密度一般低于水，所以可以用不同密度（通常是880～1000kg/m^3）的水－乙醇混合物测定样品的密度分布。Hu等[54]在回收前测量了塑料废料的壁厚分布。他们发现，与吹塑成型的废料相比，注射成型废料的壁更薄。

热塑性熔体的流变特性可用于表征材料的流动性能，为聚合物加工提供了重要信息。吹塑材料的黏度通常比注塑材料高[55]。我们还可以通过测定熔体流动指数来分离聚合物。

13.5 聚烯烃回收料的应用

回收塑料在新型附加值产品开发中的应用一直备受人们的关注。对于每天都会大量产生的塑料废料来说，回收塑料在复合材料生产方面应用的可能性非常大。被部分污染的聚合物材料，相对于原始材料，其力学性能有所下降。此外，工业废料和生活消费品废料的性能波动是相似的。总体上，废料比原始料的性能波动性大，工业废料比生活消费品废料的性能波动性小。塑料再利用的空间非常大，如运输货物类塑料的再利用，以及高附加值产品（如汽车和电子设备类塑料部件）的再利用和再制造。这在工业规模上是常见的，如在运输中重复使用的集装箱和托盘。

某些塑料废料的性能与原始料接近，实验表明，聚乙烯回收料的机械性能只有轻微变化[56]。从废塑料制造的产品越来越多，包括纤维增强塑料复合材料（FRPCs）[57]。由于再生木材的成本较低，废木材纤维/面粉做成的FRPCs也得到普及。阿肖里（Ashori）等人[58]用再生聚丙烯和高密度聚乙烯与木质纤维复合，使用改性聚丙烯（MAPP）偶联剂得到复合材料已经被用于制造地板。阿单尤（Ardanuy）等人[59]制备了聚丙烯基绿色泡沫回收塑料，用从农业残渣中得到的未经处理的和经过化学处理的纤维素纤维来增强。结果表明，这些泡沫材料在建筑、汽车等领域具有广阔的应用前景。

近几年，纳米技术逐渐用于聚烯烃回收领域。作为一种新的回收方式，各种纳米材料（如石墨、碳纳米管、纳米碳酸钙、二氧化硅、云母和黏土等）均已用于聚合物废料的回收。这种技术的优势在于，加入极少量的纳米填料即可显著提高聚合物回收料的性能。并且，相容剂在共混和复合材料中的使用使聚合物的回收更具价值。然而，为了经济高效地利用回收聚合物，使其具有更可接受的特性，回收过程需要进行更多的科学研究，提高材料的竞争性。首先要改善所制备的纳米复合材料的界面结合性，进行增容、功能化和表面改性等工作；其次，添加纳米填料或复合纳米填料来改善性能以及赋予材料新性能。研究表明，纳米填料加入聚合物废料可以生产新产品或产生意想不到的性能，如低重量、低成本和易加工性。

13.6 结束语

当今世界各国对聚烯烃的回收再利用表现出极大关注。回收再利用可减少能源和物质消耗，提高生态效益。塑料回收的意义之一是减少塑料原料的需求量。低密度聚乙烯、高密度聚乙烯和聚丙烯是广泛使用的聚烯烃，在日常生活中有着广泛的应用。本章详细讨论了聚烯烃的各种回收技术，此外，还讨论了着聚烯烃废料的各种分离技术和聚烯烃回收料的应用。根据聚合物和产品的性质，可选择适合的回收方法。回收技术的进步提高了经济效益，这通过两种方式体现：一是提高了产品收率或生产效率，二是缩小了再生树脂和原树脂的价值差距，使回收成本降低。

总之，塑料回收是废料后续管理的一种方法，由于它带来的经济和环境效益，塑料回收变得越来越重要。但由于技术、经济、社会行为等方面的因素，聚合物废料在收集和原始料替代方面仍然面临着严峻的挑战，聚合物废料回收技术仍需要进一步发展。塑料废料的回收是提高聚合物行业环境绩效的有效途径，同时也有助于改善再生塑料的使用和规格。裂解似乎是目前石油和气相产品中最有效的技术，这些产品很可能用于生产新聚合物的原料。因此，裂解可以让聚合物废料重新回归石化领域。化学回收技术可以确保物料回收的一般原则，但回收成本高于机械回收；并且聚合物必须经历解聚和重聚，而这在能量利用方面并非是有利的。

参考文献

1. F. Cavalieri, F. Padella, Development of composite materials by mechanochemical treatment of post-consumer plastic waste. Waste Manag. **22**(8), 913–916 (2002)
2. S.M. Al-Salem, P. Lettieri, J. Baeyens, Recycling and recovery routes of plastic solid waste (PSW): a review. Waste Manag. **29**(10), 2625–2643 (2009)
3. R. Dewil, K. Everaert, J. Baeyens,. The European plastic waste issue: trends and toppers in its sustainable re-use. In: *Proceedings of the 17th International Congress of Chemical and Process Engineering* (2006), pp. 27–31
4. K. Hamad, M. Kaseem, F. Deri, Recycling of waste from polymer materials: An overview of the recent works. Polym. Degrad. Stab. **98**(12), 2801–2812 (2013)
5. USEPA, Municipal solid waste in the United States: 2000 facts and figures. Executive summary. Office of solid waste management and emergency response (5305 W), EPA530-S-02-001 (2002)
6. USEPA, Municipal solid waste in the United States: 2007 facts and figures. Executive summary. Office of solid waste management and emergency response (5306P), EPA530-R-08-010, Nov, 2008. Available at: www.epa.gov
7. D.N. Beede, D.E. Bloom, Economics of the generation and management of MSW. NBER working papers 5116. National Bureau of Economic Research, Inc. (1995)
8. M.L. Mastellone, Thermal treatments of plastic wastes by means of fluidized bed reactors. Ph.D. Thesis, Department of Chemical Engineering, Second University of Naples, Italy, 1999
9. ASTMD-5033-90, Standard guide for development of ASTM standards relating to recycling and use of recycled plastics (2000)
10. N. Horvat, F.T.T. Ng, Tertiary polymer recycling: study of polyethylene thermolysis as a first step to synthetic diesel fuel. Fuel **78**(4), 459–470 (1999)
11. J. Oehlmann et al., A critical analysis of the biological impacts of plasticizers on wildlife. Philos. Trans. Roy. Soc. B Biol. Sci. **364**(1526), 2047–2062 (2009)
12. E.L. Teuten et al., Transport and release of chemicals from plastics to the environment and to wildlife. Philos. Trans. Roy. Soc. B Biol. Sci. **364**(1526), 2027–2045 (2009)
13. S. Serranti, L. Valentina et al., An innovative recycling process to obtain pure polyethylene and polypropylene from household waste. Waste Manag. **35**, 12–20 (2015)
14. G. Dodbiba et al., Sorting techniques for plastics recycling. Chin. J. Process Eng. (2006)
15. D. Froelich et al., State of the art of plastic sorting and recycling: Feedback to vehicle design. Min. Eng. **20**(9), 902–912 (2007)

16. G. Dodbiba, T. Fujita, Progress in separating plastic materials for recycling. Phys. Sep. Sci. Eng. **13**(3-4), 165–182 (2004)
17. S. Serranti, A. Gargiulo, G. Bonifazi, Classification of polyolefins from building and construction waste using NIR hyperspectral imaging system. Resour. Conserv. Recycl. **61**, 52–58 (2012)
18. G. Wu, J. Li, Z. Xu, Triboelectrostatic separation for granular plastic waste recycling: a review. Waste Manag. **33**(3), 585–597 (2013)
19. S. Karlsson, Recycled polyolefins. Material properties and means for quality determination. In: *Long Term Properties of Polyolefins* (Springer, Berlin, 2004), pp. 201–230
20. H. Shent, R.J. Pugh, E. Forssberg, A review of plastics waste recycling and the flotation of plastics. Resour. Conserv. Recycl. **25**(2), 85–109 (1999)
21. E.J. Bakker, P.C. Rem, N. Fraunholcz, Upgrading mixed polyolefin waste with magnetic density separation. Waste Manag. **29**(5), 1712–1717 (2009)
22. H. Jin et al., The effect of extensive mechanical recycling on the properties of low density polyethylene. Polym. Degrad. Stab. **97**(11), 2262–2272 (2012)
23. C.N. Kartalis, C.D. Papaspyrides, R. Pfaendner, Recycling of post-used PE packaging film using the restabilization technique. Polym. Degrad. Stab. **70**(2), 189–197 (2000)
24. A. Bourmaud, C. Baley, Rigidity analysis of polypropylene/vegetal fibre composites after recycling. Polym. Degrad. Stab. **94**(3), 297–305 (2009)
25. N. Bahlouli et al., Recycling effects on the rheological and thermomechanical properties of polypropylene-based composites. Mater. Des. **33**, 451–458 (2012)
26. D.S. Achilias et al., Chemical recycling of plastic wastes made from polyethylene (LDPE and HDPE) and polypropylene (PP). J. Hazard. Mater. **149**(3), 536–542 (2007)
27. S. Kumar, A.K. Panda, R.K. Singh, A review on tertiary recycling of high-density polyethylene to fuel. Resour. Conserv. Recycl. **55**(11), 893–910 (2011)
28. A.A. Garforth et al., Feedstock recycling of polymer wastes. Curr. Opin. Solid State Mater. Sci. **8**(6), 419–425 (2004)
29. M. He et al., Syngas production from catalytic gasification of waste polyethylene: influence of temperature on gas yield and composition. Int. J. Hydrogen Energy **34**(3), 1342–1348 (2009)
30. J. Aguado, D.P. Serrano, Feedstock Recycling of Plastic Wastes, vol. 1. Royal society of chemistry (1999)
31. W. Kaminsky, I.-J.N. Zorriqueta, Catalytical and thermal pyrolysis of polyolefins. J. Anal. Appl. Pyroly. **79**(1), 368–374 (2007)
32. D.S. Achilias et al., Recycling techniques of polyolefins from plastic wastes. Global NEST J. **10**(1), 114–122 (2008)
33. A.A. Rownaghi, L. Tang, C. Li, Catalytic degradation of high density polyethylene using thermal gravimetric analysis
34. J. Shah, M.R. Jan, Z. Hussain, Catalytic pyrolysis of low-density polyethylene with lead sulfide into fuel oil. Poly. Degrad. Stab. **87**(2), 329–333 (2005)
35. J. Aguado, D.P. Serrano, Feedstock Recycling of Plastic Wastes, vol. 1. Royal society of chemistry (1999)
36. A.G. Buekens, H. Huang, Catalytic plastics cracking for recovery of gasoline-range hydrocarbons from municipal plastic wastes. Resour. Conserv. Recycl. **23**(3), 163–181 (1998)
37. K.R. Venkatesh et al., Hydrocracking of polyolefins to liquid fuels over strong solid acid catalysts. Prepr. Pap. Am. Chem. Soc. Div. Fuel Chem. **40**, 788–788 (1995)
38. H.-J. Radusch, Future perspectives and strategies of polymer recycling. In: *Frontiers in the Science and Technology of Polymer Recycling* (Springer, Netherlands, 1998), pp. 451–467
39. A.L. Bisio, N.C. Merrieam, Technologies for polymer recovery/recycling and potential for energy savings. In: *How to Manage Plastics Waste: Technology and Market Opportunities* (1994), pp. 15–31
40. S.G. Howell, A ten year review of plastics recycling. J. Hazard. Mater. **29**(2), 143–164 (1992)
41. E. Butler, G. Devlin, K. McDonnell, Waste polyolefins to liquid fuels via pyrolysis: review of commercial state-of-the-art and recent laboratory research. Waste Biomass Valorization **2**(3), 227–255 (2011)
42. J. Scheirs, K. Walter (eds.), *Feedstock Recycling and Pyrolysis of Waste Plastics* (Wiley, 2006)
43. WRAP, The Chinese markets for recovered paper and plastics. In: *Waste and Resources Action Program* (Oxan, 2009)

44. A. Buekens, Introduction to feedstock recycling of plastics. In: *Feedstock Recycling and Pyrolysis of Waste Plastics* (2006), pp. 1–41
45. N. Kiran, E. Ekinci, C.E. Snape, Recyling of plastic wastes via pyrolysis. Resour. Conserv. Recycl. **29**(4), 273–283 (2000)
46. S.-H. Jung et al., Pyrolysis of a fraction of waste polypropylene and polyethylene for the recovery of BTX aromatics using a fluidized bed reactor. Fuel Process. Technol. **91**(3), 277–284 (2010)
47. S. Kumar, A.K. Panda, R.K. Singh, A review on tertiary recycling of high-density polyethylene to fuel. Resour. Conserv. Recycl. **55**(11), 893–910 (2011)
48. R. Bagri, P.T. Williams, Catalytic pyrolysis of polyethylene. J. Anal. Appl. Pyrol. **63**(1), 29–41 (2002)
49. J.A. Onwudili, N. Insura, P.T. Williams, Composition of products from the pyrolysis of polyethylene and polystyrene in a closed batch reactor: effects of temperature and residence time. J. Anal. Appl. Pyrol. **86**(2), 293–303 (2009)
50. M. Arabiourrutia et al., Characterization of the waxes obtained by the pyrolysis of polyolefin plastics in a conical spouted bed reactor. J. Anal. Appl. Pyrol. **94**, 230–237 (2012)
51. W. Kaminsky, I.-J.N. Zorriqueta, Catalytical and thermal pyrolysis of polyolefins. J. Anal. Appl. Pyrol. **79**(1), 368–374 (2007)
52. C. Ludlow-Palafox, H.A. Chase, Microwave-induced pyrolysis of plastic wastes. Ind. Eng. Chem. Res. **40**(22), 4749–4756 (2001)
53. P. Costa, et al., Study of the pyrolysis kinetics of a mixture of polyethylene, polypropylene, and polystyrene. Energy Fuels **24**(12), 6239–6247 (2010)
54. B. Hu et al., Recycling-oriented characterization of polyolefin packaging waste. Waste Manage. **33**(3), 574–584 (2013)
55. V. Goodship (ed.), ARBURG Practical Guide to Injection Moulding (iSmithers Rapra Publishing, 2004)
56. K. Jayaraman, D. Bhattacharyya, Mechanical performance of woodfibre–waste plastic composite materials. Resour. Conserv. Recycl. **41**(4), 307–319 (2004)
57. D.P. Kamdem et al., Properties of wood plastic composites made of recycled HDPE and wood flour from CCA-treated wood removed from service. Compos. Part A Appl. Sci. Manuf. **35**(3), 347–355 (2004)
58. A. Ashori, A. Nourbakhsh, Characteristics of wood–fiber plastic composites made of recycled materials. Waste Manag. **29**(4), 1291–1295 (2009)
59. M. Ardanuy, M. Antunes, J.I. Velasco, Vegetable fibres from agricultural residues as thermo-mechanical reinforcement in recycled polypropylene-based green foams. Waste Manage. **32**(2), 256–263 (2012)

第14章 生物降解塑料：将何去何从

埃莫·基耶利尼（Emo Chiellini）
安德烈亚·科尔蒂（Andrea Corti）

目前，全球高分子材料及相关塑料制品的年消费量已超过3亿吨，其中仅有不到200万吨的材料来自可再生聚合材料。当这些可再生聚合材料用于生产塑料产品时，都需要符合欧盟官方的一个模棱两可的术语认定——“生物塑料”[1，2]。

我们在确定“生物塑料”时常常使用“嵌合”这个属性，因为塑料物品都是人造的，无论是日用品还是工程塑料，或者热固性塑料，都有最终的使用寿命。

需要强调的是，“生物塑料”一词除了术语的含糊不清外，甚至没有包含在可降解、可生物降解聚合物以及塑料物品等欧盟技术报告的相关术语中[3]。

第一段提到的塑料生产数据可从图14.1中查到，其中（a）部分为自20世纪50年代以来记录的全球聚合物材料和相关塑料制品的生产趋势[4]，而（b）部分则是自2008年以来可再生资源生产的聚合物材料转化为相关“生物基”塑料制品的增长趋势[5]。

值得一提的是，全球范围内约40%高分子材料被转化为短期使用寿命的相关塑料制品，这些产品具有“日用品”的属性，满足了食品类或非食品类包装应用的需要，或用于生产一次性柔性、半柔性以及刚性用品（一次性消耗品）。

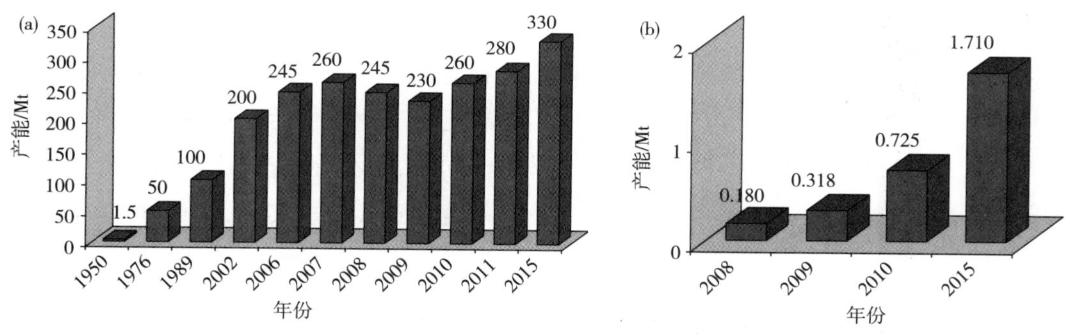

图14.1 （a）1950～2015年全球塑料产能；（b）2008～2015年全球生物基聚合物产能

自20世纪中叶以来，经历了使用无机原料（石、铁、银、金）的各个时代之后，我们正处于塑料时代的中期，这是基于利用有机物原料能够容易地生产热塑性和热固性塑料。

因为塑料的不可替代性，预计塑料制品将在今后很长一段时间存在于人类的生活中。随着全球人口增长（见图14.2）以及人类活动范围的不断扩大，塑料制品必然会更深入地渗透到人类生活的各个领域。

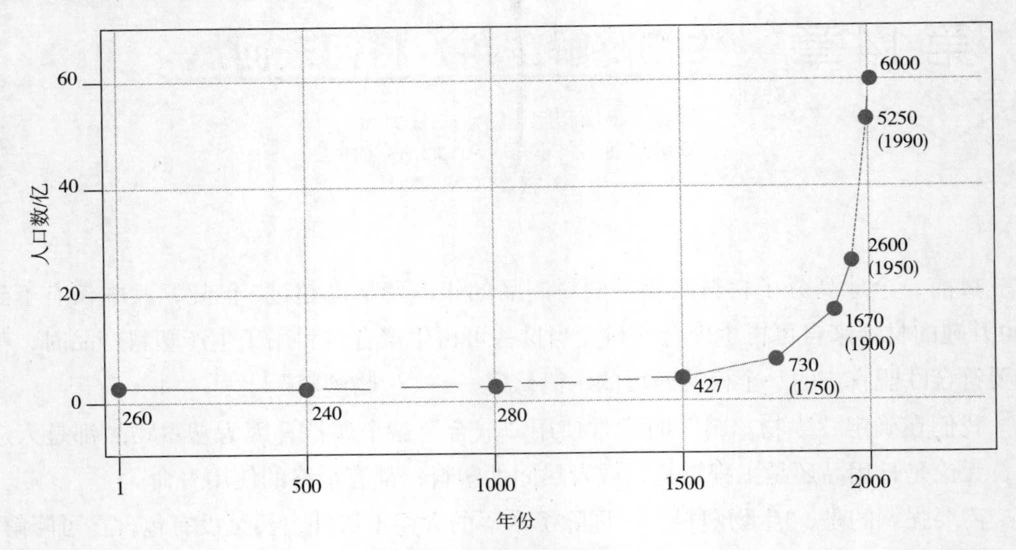

图14.2　世界人口的增长

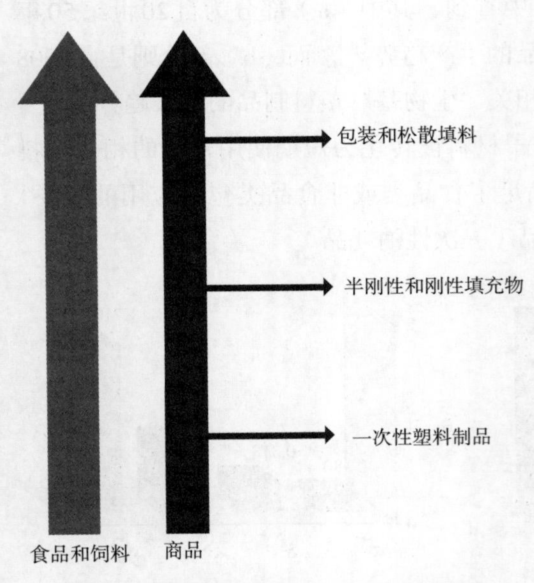

图14.3　需求增长与人口增长的对比图

这一点很容易理解，这意味着，饲料、食品以及随之产生的日用品的高效增长，势必伴随着塑料在各种环境中不慎释所放带来的负面影响风险的加剧（见图14.3）。

然而，一个不容忽视的严重问题是，短寿命的塑料（最显而易见的就是日用品）在各种环境中的逐渐积累，不仅由于其在环境中的不慎丢弃，而且也由于人们缺乏对工业和生活废物的有效分类和收集。同时，我们还应该认识到，上述问题具有全球意义。事实上，一个在南非沿海地区被随意丢弃的塑料制品，也许会在海洋中漂浮最终到达北欧或北美的海滩[6, 7]。

因此，丢弃于环境中的废弃塑料具有跨国身份，要减轻塑料废物对环境潜在的有害影响并不是一件容易的事情。

过去几十年，塑料废物在环境中不断积累的主要原因是塑料制品的原料来自石化燃料中未取代的聚合材料。这类材料的分子骨架由碳原子组成，以降解时间为特征，它们在不同的环境中生物降解的时间长达几十年，甚至上百年[8]。

因此，应该积极地采取行动来提升和促进政策方面的引导，加大科研力度，提出与社会经济发展相适应的具体可行的解决方案，其中包括在全球范围内采取合理有效的塑料废物管理方案，如图14.4所示。

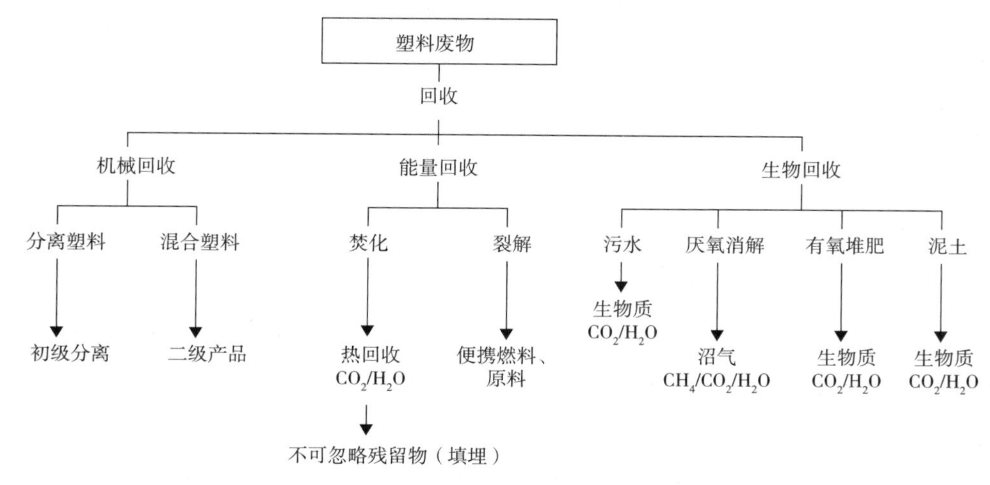

图14.4　塑料废料处理图示

在上述背景下，我们必须特别注意发展中国家和转型期国家在塑料废料方面的处理问题。例如，联合国工业发展组织通过其处于帕德里奇亚诺（意大利的里雅斯特）的国际科学和技术中心（ICS）推动和支持了一个关于生态友好聚合物材料的项目，该项目于1996年启动，但实施过程却达到十年之久（见表14.1）[9]。

表14.1　由联合国工业发展组织的国际科学和技术中心组织的在新兴和发展中国家推动的关于生态友好聚合物材料和生物降解塑料的形成性活动计划。

启动时间	会议类型	计划发起地	启动时间	会议类型	计划发起地
1996年12月	SPCM	意大利，的里雅斯特	2002年9月	EGM	意大利，的里雅斯特
1997年6月	TC	埃及，亚历山大	2002年10月	WSP	泰国，曼谷
1997年11月	WSP	印度，普纳	2002年10月	WSP	中国，北京
1998年4月	EGM	意大利，的里雅斯特	2002年11月	WSP	智利，圣地亚哥
1998年9月	WSP	土耳其，安塔利亚	2003年7月	EGM	意大利，的里雅斯特
1998年11月	WSP	巴西，坎皮纳斯	2004年4月	WSP	伊朗，德黑兰
1999年3月	WSP	卡塔尔，多哈	2004年10月	WSP	中国，北京
1999年9月	WSP	中国，上海	2004年11月	WSP	乌干达，坎帕拉
1999年10月	WSP	斯洛伐克，斯莫梭尼斯	2004年12月	EGM	意大利，的里雅斯特
2000年3月	WSP	阿联酋，沙加	2005年11月	WSP	哥斯达黎加，圣何塞
2000年9月	WSP	韩国，首尔	2005年12月	EGM	意大利，的里雅斯特

续表

启动时间	会议类型	计划发起地	启动时间	会议类型	计划发起地
2000年11月	EGM	意大利，的里雅斯特	2006年2月	EGM	意大利，的里雅斯特
2001年6月	WSP	波兰，罗兹	2006年6月	WSP	塞尔维亚，贝尔格莱德
2001年9月	WSP	印度尼西亚，雅加达	2006年12月	WSP	印度，普纳
2001年11月	WSP	巴林，麦纳麦	2007年10月	WSP	中国，北京
2001年12月	EGM	意大利，的里雅斯特	2008年3月	WSP	埃及，开罗

注：SPCM为科学规划委员会会议，TC为培训大会，WSP为研讨会，EGM为专家组会议。

应更多地向人们传播包括聚合物材料的设计和发展，以及如生态兼容和生物降解塑料制品的基本概念，引导塑料商品消费后的正确管理方案。本文作者也很乐意为此做出积极贡献。

解决塑料环境积累的方法之一是嵌合“生物塑料”，它能友好地替代以石化燃料为原料的塑料商品。尽管在可再生塑料的设计和生产方面（见图14.5）人们已经做出了许多努力，但全球范围内的生物基塑料产品仍然非常有限，大约仅占以石油为原料的塑料产品的5%。

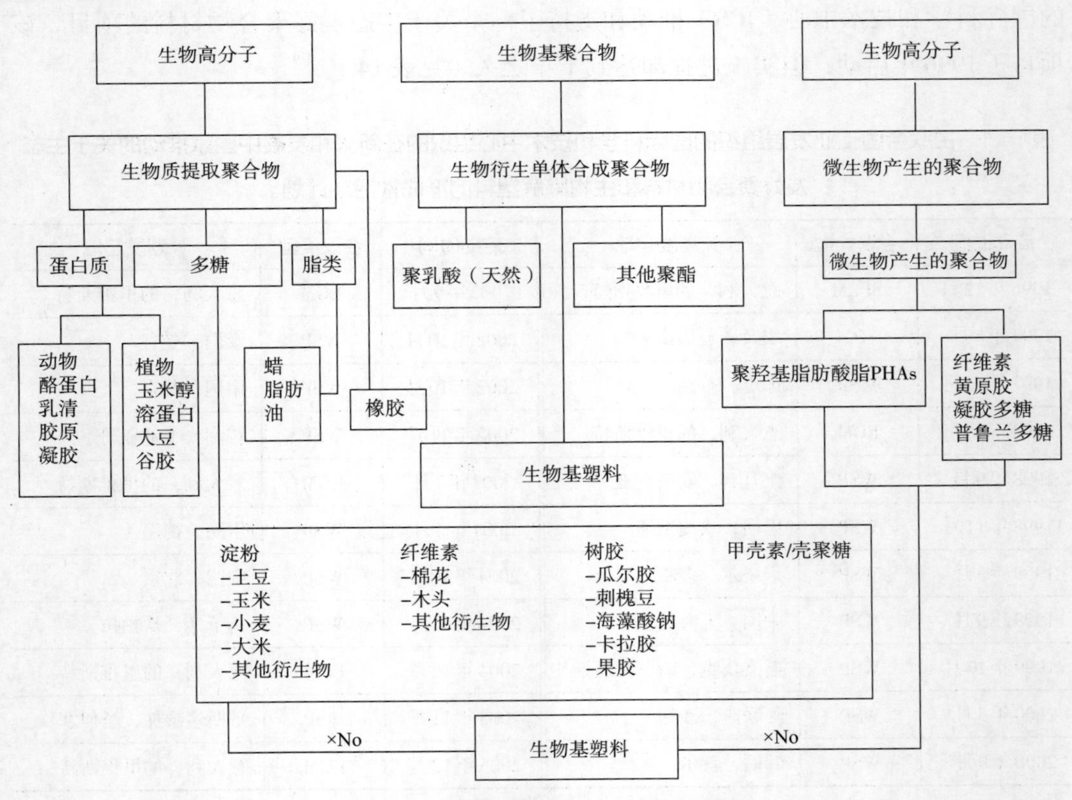

图14.5　天然和衍生聚合物及相关塑料

人们通常关注生物降解塑料的生产、消费和废料管理，包括石化燃料和可再生资源。值得一提的是，20世纪80年代末召开了“第一次国际可降解聚合物材料和塑料科学共识研讨会”[10]，作为一个学科范围广泛的跨学科会议，来自世界各国的研究人员参与了此次会议。客观来说，生物降解塑料的全球市场所表现出来的生产率增长的特点与学术界和工业界的投入极不相称，这些投入是为了使生物降解材料在塑料制品和一次性消费品上获得突破和合理的配额。

因此，近期工业的重点发展方向是对“绿色化学”的贯彻执行，但这未必会为原材料、食品和塑料商品的需求增长提供良好的解决办法。

值得一提的是，根据IBAM工业联合会发布的数据，2004年生物基塑料的生产和消费量是5万吨，但两年后的生物基塑料生产和消费量仅能达到15万吨[11]。据估计，生物基塑料的生产和消费量将会比现在提高一个数量级以上，但其与石化燃料类塑料商品的比例差距并未减小[12]（见图14.1）。

以下是一个关于减轻传统聚乙烯购物袋造成的环境负担的研究案例：在20世纪80年代末，意大利颁布了一项具有法律效力的法令[13]，随后又将其写入法律[14]。该法律规定，在意大利国内对传统聚乙烯购物袋的消费进行限制，每消费一次收取100意大利里拉（相当于5欧元）的税费。大约10年后，意大利环境部又废除了这项法律[15]。该案例说明，作为新的投入，生物基塑料将会用于高消费量的商业领域，如包装领域，其中包括商业包装袋。

综上所述，由此可知，人们十分期待能够降解的聚合物材料和相关塑料制品的出现，这些材料需符合EN13432/02[16]、EN 14995–06[17]和ISO 17088[18]等标准中的相关规范，并且来源于农业废料或可再生资源，不以垄断为目的，符合商品竞争原则，且不限制消费者的自由量裁权，不抑制对食品安全的商品的自由流通。

因此，可以肯定的是，除了生物降解/可降解高分子材料和相关塑料制品外，无论石化燃料还是工农业废料，任何生产原料都是源于石化燃料的大量利用，后经过原有配方的重新设计而生产出来并使其具有生态兼容性的。实际上，如果对目前用于生产大量塑料制品的聚合物类型进行分析，可以认为80%～85%的聚合物材料是碳主链结构（图14.6 2011年全球塑料产品类型），聚烯烃是这类材料中最主要的一类。

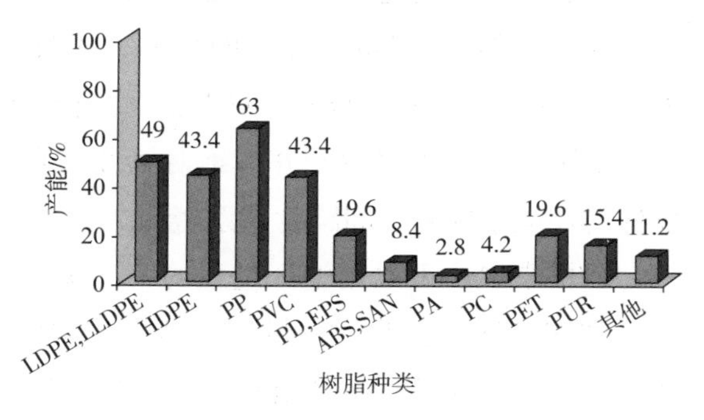

图14.6　2011年全球塑料产品类型

这类材料和相关制品不能被环境中的微生物最终分解，仅除了那些具有促氧活性基团的微生物（如表14.2报道的微生物）。[20]然而，必须考虑到，由于大分子的高分子量，其碳链在氧化反应中的反应速率级数是-2，因此，这种分解过程通常极其缓慢，所以要避免此类材料在环境中的大量积累。

表14.2　具有烃氧化功能的细菌和酵母

细菌类型	酵母	细菌类型	酵母
无色杆菌	念珠菌	棒状杆菌	酵母菌
不动杆菌	隐球菌	黄杆菌	锁掷酵母
放线菌	得巴利菌	小单胞	掷孢
气单胞菌	内孢酶	分枝杆菌	球拟酵母
产碱杆菌	汉逊酵母	诺卡氏菌	丝孢酵母
节杆菌	假丝酵母	假单胞菌	
杆状菌	毕赤酵母	螺旋菌	
贝内克菌	红酵母	弧菌	
短杆菌	酵母菌		

目前许多科学研究和技术都在模拟这种氧化过程，目的在于得到加速碳链大分子结构氧化反应的促氧剂。微生物的存在能够打开碳链而得到功能性碎片，这个过程受到不同环境中微生物群的影响。

氧化-生物降解不再是一个空洞的概念，其在兼顾环保和大宗塑料/一次性消费品自由竞争方面显得尤为重要。

由于亲水官能团的存在，以及助氧化剂/前降解添加剂［见图14.7（b）］起到的"串联"作用，聚合物材料的全碳主链上的功能片断会变湿润，从而为存在于环境中的各种微生物群对材料的进攻提供了便利条件，最终聚合物材料会被分解为安全无害的水、二氧化碳和细胞生物质，见图14.7（a）。

助氧化剂/促降解添加剂的添加，使我们有了一个全新的概念，即在特定的环境下，所有的聚合物材料都可以称之为生物降解材料。

实际上，生物降解性并非绝对属性，它与材料或其相关产品的生物降解过程实际发生的环境条件和时间跨度关系密切。

严格来说，可以用整个过程的关键步骤对可降解高分子材料及其相关塑料物品进行鉴别和定性，据此，材料和产品分为"可水解生物降解"和"氧化-生物降解"两类，区别主要在整个降解过程的第一步（见图14.8）。在这两种情况下，最终的步骤都

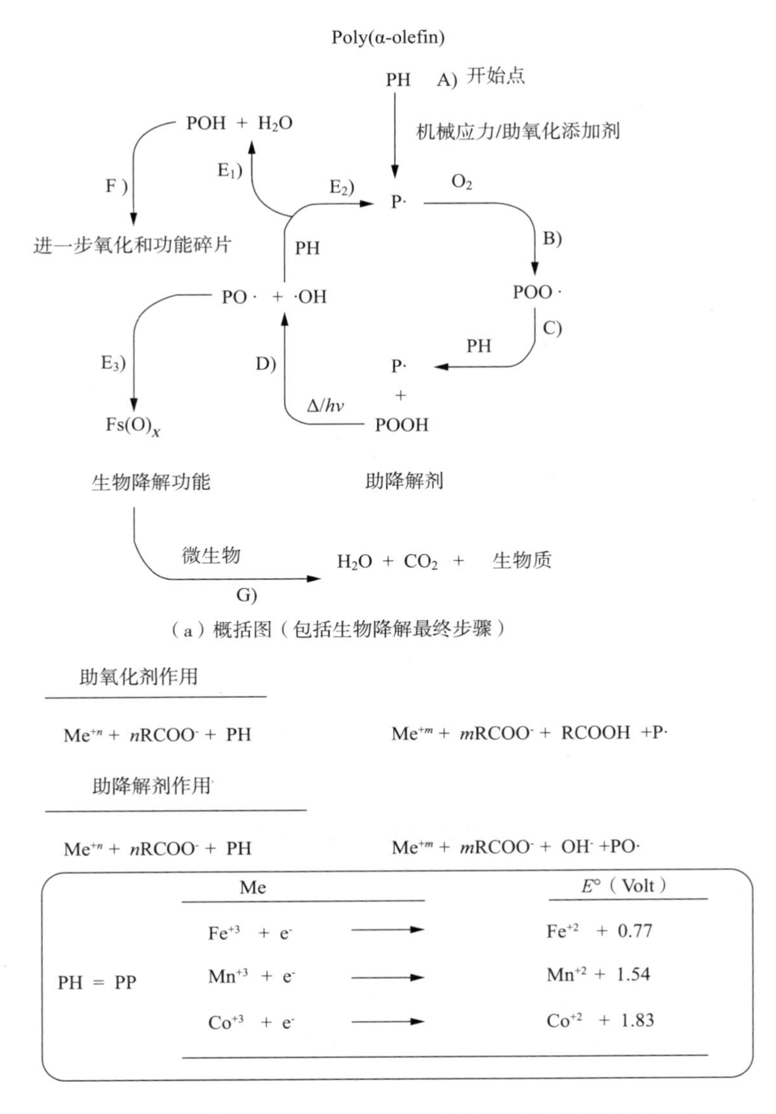

（a）概括图（包括生物降解最终步骤）

（b）特定的过渡金属盐能促进氧化反应，并随后以串联方式作用于全碳主链聚合物材料降解过程

图14.7　全碳主链聚合物材料的氧化降解机理

是由微生物将高分子材料分解成水，二氧化碳和细胞生物质，这个过程同大分子碳链断裂的水解或氧化是不同的。

如图14.9所示，这两类聚合物材料降解的主要区别是第一步的能量分布。实际上，氧化降解的关键点C–H活化能相比杂聚物降解过程的水解步骤的活化能高出一个数量级，例如聚酯。因此，为了加快全碳主链聚合物材料的降解速度，需要加入少量催化剂来促进C–H键氧化。

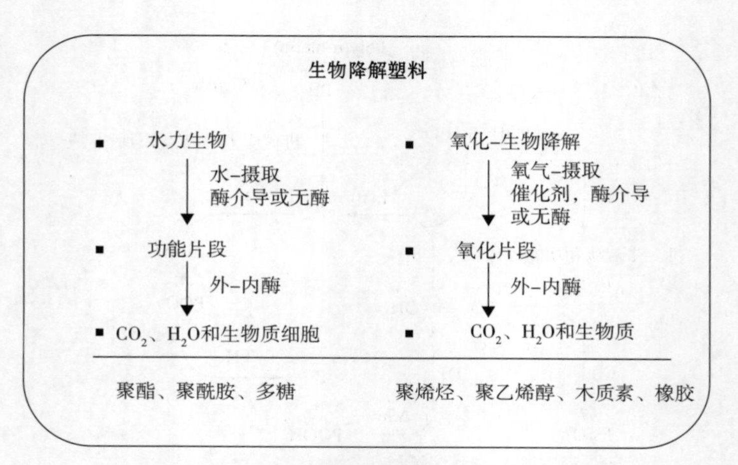

图14.8　环境可降解的聚合物和塑料

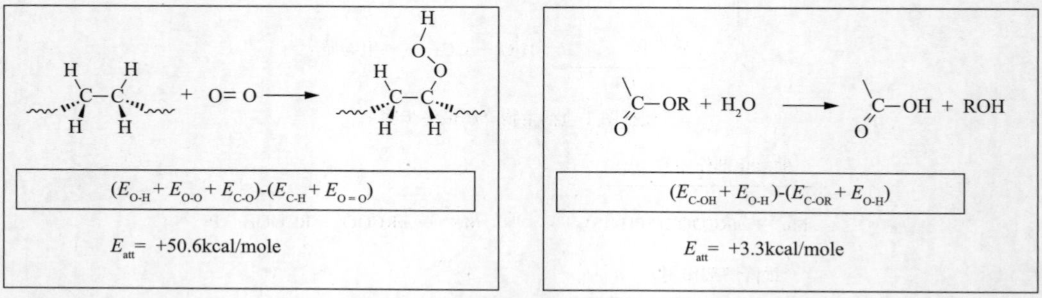

$$-CH-CH- + O{=}O \longrightarrow -CH-C(OOH)-$$

$$(E_{O\text{-}H}+E_{O\text{-}O}+E_{C\text{-}O})\text{-}(E_{C\text{-}H}+E_{O=O})$$

E_{att}= +50.6kcal/mole

$$C(=O)\text{–}OR + H_2O \longrightarrow C(=O)\text{–}OH + ROH$$

$$(E_{C\text{-}OH}+E_{O\text{-}H})\text{-}(E_{C\text{-}OR}+E_{O\text{-}H})$$

E_{att}= +3.3kcal/mole

图14.9　在含氧和水解生物降解的主要步骤中的能量分布

在图14.10中，显示了由低密度聚乙烯（LDPE）大分子链上的氧代生物降解性攻击效应简图。它的基线包括目前必须监测的参数，用于获得关于以碳骨架氧化开始的各种步骤的实验证据。所述步骤以碳主链的氧化开始，然后分子链断裂为不同的功能片断，在有氧条件下，环境中的微生物将其转化成水、二氧化碳和细胞生物质[21-31]。

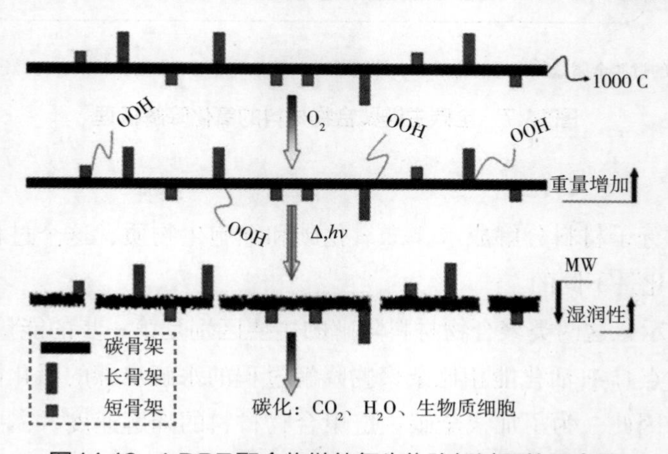

图14.10　LDPE聚合物链的氧生物降解过程的示意图

值得一提的是，有人对氧化可生物降解聚合物材料和塑料（OBPs）是持怀疑和轻视态度的，他们的立场往往基于以下几点：

（1）由于存在重金属，促氧化剂/降解助剂会产生毒性［绝对错误，因为所引用的添加剂是过渡金属脂肪酸盐，而这种过渡金属是存在于土壤和水（淡水或海水）中的微量元素］。

（2）OBPs不适合作为第二类原材料进行机械回收（绝对不符合事实，通常只要回收商能通过适当的方式对材料和制品进行升级并进行机械回收即可）。

（3）过程第一步产生的氧化碎片在环境中积累，从而对动植物造成严重的有害影响。［这是一个很值得商榷的观点，因为在实验中我们观察到无机（非仿生步骤）攻击产生的碎片可能会经历进一步的氧化性微生物攻击（仿生步骤），同时伴随着产生水、二氧化碳和生物质的微生物代谢攻击］。

在参考文献中报道了虽不全面但已经很具说服力的证据[32~36]。

14.1 结束语

全脂肪族碳骨架的OBPs，如聚乙烯（PE）和聚丙烯（PP），当使用相对少量的助氧化剂/助降解剂（0.5%~1%的过渡金属脂肪酸盐，如Fe、Mn、Co或它们的联合体），在预计的使用期结束时容易发生氧化－生物降解反应。这些反应至关重要，因为它们可有效控制因消费者随意丢弃而导致塑料废弃物破坏环境的情况。

事实上，根据掺杂在塑料制品中的助氧化剂/助降解剂的类型和含量，以及记录那些被有意或无意废弃的塑料制品的环境条件，可以预测生物降解所需的时间，从而减少塑料废弃物在环境中的积累。

最后，关于以全脂肪族碳骨架聚合物材料为基础的氧化生物降解塑料的生产和消费的增长前景，可以参考2014年和2015年报告的相关参考文献（见表14.3）——一直致力于微生物氧化降聚合物材料领域的研究。

表14.3　近期关于含氧生物可降解聚合物材料和相关塑料制品的论文列表

M. U. de la Orden, J. M. Montes, J. M. Urreaga, A. Bento, M. R. Ribeiro,E. P é rez,M. L. Cerrada. “Thermo and photo-oxidation of functionalized metallocene high density polyethylene: Effect of hydrophilic groups” , *Polym.Degad.Stab.*, 111, 78 – 88 (2015)
M. E. Boscaro, E. A. De Nadai Fernandes, M. A. Bacchi, S. M. Martins–Franchetti, L. G. Cofani dos Santos, S. S. N. S. Cofani dos Santos. “Neutron activation analysis for chemical characterization of Brazilian oxo–biodegradable plastics” , *J. Radioanal. Nucl. Chem.*, 303, 421 – 426 (2015)

R. Vijayvargiya, A. K. S. Bhadoria, A. K. Nema. "Photo and biodegradation performance of polypropylene blended with photodegradable additive ferrocene (Part – I)", *Int. J. Appl. Sci., Eng. Res.*, 3, 153 – 170 (2014)
S. K. Samal, E. G. Fernandes, A. Corti, E. Chiellini. "Bio–based Polyethylene – Lignin Composites Containing a Pro–oxidant/Pro–degradant Additive: Preparation and Characterization", *J. Polym.Environ.*, 22, 58 – 68 (2014)
T. Muthukumar, A. Aravinthana, R. Dineshram, R. Venkatesan, M, Doble. "Biodegradation of Starch Blended High Density Polyethylene using Marine Bacteria Associated with Biofilm Formation and its Isolation Characterization", *Microb. & Biochem. Technol.*, 6, 116 – 122 (2014)
M. Takev, P. Velev, V. Samichkov. "Physicomechanical Properties of Biodegradable Composites, Based on Polypropylene and Paper From old Newspapers", *J. Chem. Technol. and Metall.*, 49, 363 – 369 (2014)
F. Masood, T. Yasin, A. Hameed. "Comparative oxo–biodegradation study of poly–3–hydroxybutyrate–co–3–hydroxyvalerate/polypropylene blend in controlled environments", *Int. Biodeterior. Biodegrad.* 87, 1 – 8 (2014)
S. T. Harini, S. Padmavathi, A. Satish, B. Raj. "Food compatibility and degradation properties of pro–oxidant–loaded LLDPE film", *J. Appl. Polym. Sci.*, 131, (2014)
M. M. Reddy, M. Misra, A. K. Mohanty. "Biodegradable Blends from Corn Gluten Meal and Poly (butylene adipate–co–terephthalate)(PBAT): Studies on the Influence of Plasticization and Destructurization on Rheology, Tensile Properties and Interfacial Interactions", *J. Polym. Environ.*, 22, 167 – 175 (2014)
L. S. Montagna, A. L. Catto, M. M. de Camargo Forte, E. Chiellini, A. Corti, A. Morelli, R. M. Campomanes Santana. "Comparative assessment of degradation in aqueous medium of polypropylene films doped with metal free (experimental) and transition metal containing (commercial) pro–oxidant/pro–degradant additives after exposure to controlled UV radiation". *Polym. Degrad. Stab.*, 120, 186 – 192 (2015)

参考文献

1. L. Shen, J. Haufe, M. K. Patel, Product overview and market projection of emerging bio-based plastics, PRO-BIP (2009)
2. CEN/TR 15932-2009, *Plastics-Recommendation for Terminology and Characterisation of Bioplastics*
3. CEN/TR 15351-2005, *Plastics-Guide for Vocabulary in the Field of Degradable and Biodegradable Polymers and Plastic Items*
4. www.plasticseurope.com
5. press@european-bioplastics.org
6. J.G.B. Derraik, The pollution of the marine environment by plastic debris: a review. Mar. Pollut. Bull. **44**, 842 (2002)
7. M.R. Gregory, Environmental implications of plastic debris in marine settings-entanglement, ingestion, smothering, hangers-o, hitch hiking and alien invasions. Philos. Trans. R. Soc. B-Biol. Sci. **364**, 2013 (2009)
8. Y. Ohtake, T. Kobayashi, H. Asabe, N. Murakami, Studies on biodegradation of LDPE: obervation of LDPE films scattered in agricultural fields or in garden soil. Polym. Degrad.

Stab. **60**, 79 (1998)

9. ICS-UNIDO program on *Plastic Waste Management and Sustanaible Development*, Dec. 1996–Mar. 2008
10. S.A. Barenberg, J.L. Brash, R. Narayan, A.E. Redpath, *Degradable materials, perspectives, issues, and opportunities* (CRC Press, Boca Raton, 1990)
11. https://plasticssource.com/splasticsresource/docs/900/840.pdf, https://www.plasticseurope.org 2006
12. www.biomassmagazine.com 2009; www.Plasticculture.com 2009
13. Decreto Legge del Parlamento Italiano n. 397 del 09/09/1988 "Disposizioni urgenti in materia di smaltimento dei rifiuti"
14. Legge Ordinaria del Parlamento Italiano n. 475 del 09/11/1988 "Disposizioni urgenti in materia di smaltimento dei rifiuti industriali", art. 1, comma 8
15. Decreto legge del Parlamento Italiano n. 22 del 05/02/1997 "Attuazione delle Direttive 91/156/CEE sui rifiuti, 91/689/CEE sui rifiuti pericolosi e 94/62/CE sugli imballaggi e sui rifiuti di imballaggio, art. 56
16. EN 13432-02, *Requirements for Packaging Recoverable Through Composting and Biodegradation*. Test scheme and evaluation criteria for the final acceptance of packaging
17. EN 14995-06, *Plastics: Evaluation of Compostability*. Test Scheme and Specifications
18. ISO 17088-08/12, *Specifications for Compostable Plastics*
19. www.cipet.gov.in, *Plastics Industry-Statistics*
20. D.T. Gibson (ed.), *Microbial Degradation of Organic Compounds* (Marcel Dekker Inc. New York, 1984)
21. E. Chiellini, Oxo-biodegradabili: realtà, non-fiction, Com. Pack **4**, 16 (2012)
22. E. Chiellini, A. Corti, G. Swift, Biodegradation of thermally-oxidized, fragmented low-density polyethylenes. Polym. Degrad. Stab. **81**, 341 (2003)
23. E. Chiellini, A. Corti, A simple method suitable to test the ultimate biodegradability of environmentally degradable polymers. Macromol. Symp. **197**, 381 (2003)
24. E. Chiellini, A. Corti, S. D'Antone, R. Baciu, Oxo-biodegradable carbon backbone polymers—oxidative degradation of polyethylene under accelerated test conditions. Polym. Degrad. Stab. **91**, 2739 (2006)
25. E. Chiellini, A. Corti, S. D'Antone, N.C. Billingham, Microbial biomass yield and turnover in soil burial biodegradation tests: carbon substrate effects. J. Polymer Environ. **15**, 169 (2007)
26. E. Chiellini, A. Corti, S. D'Antone, Oxo-biodegradable full carbon backbone polymers—biodegradation behavior of thermally oxidized polyethylene in an aqueous medium. Polym. Degrad. Stab. **92**, 1378 (2007)
27. E. Chiellini, *Environmentally Compatible Food Packaging* (CRC Press, Cambridge, 2008)
28. A. Corti, M. Sudhakar, M. Vitali, S.H. Imam, E. Chiellini, Oxidation and biodegradation of polyethylene films containing pro-oxidant additives: Synergistic effects of sunlight exposure, thermal aging and fungal biodegradation. Polym. Degrad. Stab. **95**, 1106 (2010)
29. E. Chiellini, A. Corti, S. D'Antone, D. Wiles, *Oxobiodegradable Polymers: Present Status and Perspectives in Handbook of Biodegradable Polymers*, eds. by Lendlein & Schroeter Eds, Wiley-VCH, Weinheim (Germany), 379 (2011)
30. E. Chiellini, A. Corti, *Developments and Future Trends for Environmentally Degradable Plastics*, eds. by P. Fornasiero, S.M. Graziani Renewable Resources and Renewable Energy: A Global Challenge, vol 91 (Taylor and Francis Group, LLC, 2011)
31. A. Corti, M. Sudhakar, E. Chiellini, Assessment of the whole environmental degradation of oxo-biodegradable linear low density polyethylene (LLDPE) films designed for mulching applications. J. Polym. Environ. **20**, 1018 (2012)
32. I. Jakubowicz, N. Yarahmadi, V. Arthurson, Kinetics of abiotic and biotic degradability of low-density polyethylene containing prodegradant additives and its effect on the growth of microbial communities. Polym. Degrad. Stab. **96**, 919 (2011)
33. S. Verstichel- Organic Waste Systems (OWS) Final Report, Ecotoxicity Tests—Cress Test. Summer Barley Plant Growth Test Earthworm, Acute Toxicity Test Daphnia, Acute Toxicity on Compost Residuals of EPI-TDPA-Study CH-3/2 (Cress Test), Study CH-3/3 (Summer barley plant growth test) Study CH-3/4 (Earthworm, acute toxicity test), Study CH-3/5

(Daphnia, acute toxicity test)
34. M. Brunet, D. Graniel, L. Cote, *Environment Department Quebec*. Evaluation of the impact of biodegradable bags on the recycling of traditional plastic bags- CRIQ File n. 640-PE35461-Final Technical Report
35. Roediger Agencies cc, Polymer Science Building Analytical Laboratory; De Beer Street, Stellenbosch 7600; 6th March 2012; "Recycling Report on d2w oxo-biodegradable Plastics"
36. I. Jakubowicz, J. Enebro, Effects of reprocessing of oxobiodegradable and non-degradable polyethylene on the durability of recycled materials. Polym. Degrad. Stab. **97**, 316 (2012)